普 通 高 等 学 校 研 究 生 教 材

运筹学与最优化方法

第 3 版

侯福均　吴祈宗　编著

机 械 工 业 出 版 社

本书共11章，内容包括运筹学思想与运筹学建模、基本概念和基本理论、线性规划、最优化搜索算法的结构与一维搜索、无约束最优化方法、约束最优化方法、目标规划、整数规划、网络计划、层次分析法及智能优化计算简介。这些内容是管理类、经济类专业研究生应具备的知识。作为教材，本书着重阐述基本思想、理论和方法，力求做到深入浅出，通俗易懂。每一章章末配有适当的习题，便于读者理解、消化书中的内容。

本书可作为管理类、经济类及大多数工科类专业硕士研究生的教材，也可作为应用数学、计算数学及管理科学与工程专业本科高年级学生的教材或参考书，对于从事运筹及优化应用的技术人员和管理人员也有一定的参考价值。

图书在版编目（CIP）数据

运筹学与最优化方法/侯福均，吴祈宗编著．—3版．—北京：机械工业出版社，2022.5（2025.1重印）
普通高等学校研究生教材
ISBN 978-7-111-70295-5

Ⅰ.①运…　Ⅱ.①侯…②吴…　Ⅲ.①运筹学-研究生-教材②最优化算法-研究生-教材　Ⅳ.①O22②O242.23

中国版本图书馆CIP数据核字（2022）第037407号

机械工业出版社（北京市百万庄大街22号　邮政编码100037）
策划编辑：曹俊玲　　责任编辑：曹俊玲　李　乐
责任校对：李　婷　王　延　　封面设计：马精明
责任印制：李　昂
北京捷迅佳彩印刷有限公司印刷
2025年1月第3版第5次印刷
184mm×260mm・17印张・415千字
标准书号：ISBN 978-7-111-70295-5
定价：51.80元

电话服务
客服电话：010-88361066
010-88379833
010-68326294

网络服务
机　工　官　网：www.cmpbook.com
机　工　官　博：weibo.com/cmp1952
金　书　网：www.golden-book.com
机工教育服务网：www.cmpedu.com

前言

运筹学在自然科学、社会科学、工程技术、生产实践、经济建设及现代化管理中有着重要的意义，在近几十年中得到了迅速发展和广泛应用。作为运筹学的重要组成部分——最优化方法，是研究生相应课程的基本内容。本书根据管理类、经济类及大多数工科类硕士研究生知识结构的需要，系统地介绍了运筹学建模的基本思想，最优化方法中线性规划、非线性规划的理论及应用方法，目标规划，整数规划，层次分析法，网络计划，并对一些较新的智能优化计算方法进行了介绍，内容尽力体现新颖、实用，力求跟上时代的步伐。

本书建立在读者具备高等数学和线性代数知识的基础之上，力图讲清各部分内容的基本思想、基本理论及方法，努力做到深入浅出，通俗易懂。

为了节省篇幅，突出重点，本书没有安排本科阶段运筹学重点讲述的动态规划和排队论等内容。没有这些知识，不会影响对本书内容的理解。

本书对层次分析法进行了系统介绍。这是本书的特色。由于层次分析法在当前已成为运筹学中最有效、最实用的方法之一，并且它在经济建设的各领域中所创造的效益也是十分突出的，因此，我们把它作为一个重要组成部分写入本书。

作为有一定针对性的教材，本书在内容的选择、例题的安排等方面注意专业知识的相关性，在每一章章末配有适当的习题，便于读者理解、消化书中的内容。

本书是针对管理类、经济类及大多数工科类专业的硕士研究生学习运筹学课程编写的，也可作为应用数学、计算数学及管理科学与工程专业本科高年级学生的教材或参考书，对于从事运筹及优化应用的工程技术人员和管理人员也有一定的参考价值。

在我们从事运筹及优化方面的学习、教学和科研工作中，北京理工大学的刘宝光教授、丁丽娟教授等给予了大力支持与帮助，在此表示衷心的感谢。在本书的编著过程中，我们参考了国内外有关文献资料，它们对本书的成文起到了重要作用，在此对有关作者一并表示衷心的感谢。

限于我们的水平，书中难免有不当或失误之处，敬请广大读者批评指正。

侯福均　吴祈宗

目录

前言
第 1 章　运筹学思想与运筹学建模 …… 1
1.1　运筹学的特点及其应用 …… 2
1.2　运筹学建模 …… 3
1.3　基本概念和符号 …… 13
习题 …… 17
第 2 章　基本概念和基本理论 …… 20
2.1　数学规划模型的一般形式 …… 20
2.2　凸集、凸函数和凸规划 …… 21
2.3　多面体、极点和极方向 …… 29
习题 …… 35
第 3 章　线性规划 …… 37
3.1　线性规划模型 …… 37
3.2　线性规划的单纯形法 …… 42
3.3　线性规划的对偶问题 …… 61
3.4　灵敏度分析 …… 69
习题 …… 74
第 4 章　最优化搜索算法的结构与一维搜索 …… 81
4.1　常用的搜索算法结构 …… 81
4.2　一维搜索 …… 87
习题 …… 99
第 5 章　无约束最优化方法 …… 100
5.1　最优性条件 …… 100
5.2　最速下降法 …… 102
5.3　牛顿法及其修正 …… 104
5.4　共轭梯度法 …… 108
5.5　变尺度法 …… 111
5.6　直接搜索算法 …… 117
习题 …… 120

第 6 章　约束最优化方法 …… 122
6.1　Kuhn-Tucker 条件 …… 122
6.2　既约梯度法及凸单纯形法 …… 134
6.3　罚函数法及乘子法 …… 147
习题 …… 157
第 7 章　目标规划 …… 160
7.1　目标规划模型 …… 160
7.2　目标规划的几何意义及图解法 …… 163
7.3　求解目标规划的单纯形法 …… 164
习题 …… 168
第 8 章　整数规划 …… 170
8.1　整数规划问题的提出 …… 170
8.2　整数规划解法概述 …… 173
8.3　分枝定界法 …… 175
8.4　割平面法 …… 180
8.5　0-1 规划的隐枚举法 …… 186
8.6　分派问题及解法 …… 190
习题 …… 199
第 9 章　网络计划 …… 202
9.1　网络图 …… 202
9.2　关键路线与时间参数 …… 204
9.3　网络的优化 …… 206
习题 …… 209
第 10 章　层次分析法 …… 210
10.1　层次分析法的基本过程 …… 210
10.2　层次分析法应用中若干问题的处理 …… 221
10.3　应用举例 …… 232
习题 …… 241
第 11 章　智能优化计算简介 …… 243
11.1　人工神经网络与神经网络优化算法 …… 243
11.2　遗传算法 …… 246
11.3　模拟退火算法 …… 254
11.4　神经网络权值的混合优化学习策略 …… 257
11.5　应用举例 …… 259
参考文献 …… 263

第 1 章

运筹学思想与运筹学建模

运筹学（Operations Research，简称 OR）作为科学名字，是在 20 世纪 30 年代末出现的。第二次世界大战期间，运筹学的研究与应用范围主要是战略、战术方面。随着世界性战争的结束，各国的经济迅速发展，世界范围内的激烈竞争也体现在经济、技术方面，运筹学的研究也向这些方面拓展。为了适应时代的要求，运筹学在几十年中，无论在理论上还是应用上都得到了快速的发展。在应用方面，今天运筹学已经涉及服务、管理、规划、决策、组织、生产、建设等诸多方面，甚至可以说，很难找出它不涉及的领域。在理论方面，由于运筹学的需要和受其影响而发展起来或得到扩展的一些数学分支，如数学规划、应用概率与统计、应用组合数学、对策论、数理经济学、系统科学等，都得到了迅速发展。

运筹学是一门应用科学，很难给出一个确切的定义。根据运筹学工作者的一些论述，我们可以较深刻地理解这门科学的内涵。运筹学工作的先驱、诺贝尔奖获得者、著名物理学家帕特里克·布莱克特（P. M. S. Blackett），从 1940 年就开始从事运筹学方面的研究与应用了。他曾多次指出：运筹学的一个明显的特征，正如目前所实践的，是它有或应该有一个严格且实际的性质，其目标是帮助人们找出一些方法，来改进正在进行中的或计划在未来进行的作战效率。为了达到这一目的，要研究过去的作战来明确事实，要得出一些理论来解释事实，最后利用这些事实和理论对未来的作战做出预测……

我们可以罗列出一些论述："运筹学是为决策机构在对其控制下业务活动进行决策时，提供以数量化为基础的科学方法。""运筹学是一门应用科学，它广泛应用现有的科学技术知识和数学方法，解决实际中提出的专门问题，为决策者选择最优决策提供定量依据。""运筹学是一种给出问题坏的答案的艺术，否则的话，问题的结果会更坏。"实质上，运筹学的基本目的是找到"优"的方案、途径，而在实际中，最优只能是一种理想追求。由于问题的复杂性、各种确定与不确定因素的综合影响，运筹学目标的准确（或有保障的）定位应该是通过研究使我们避开更坏的结果。

从哲学角度，可以说运筹学就是用科学方法去了解和解释运行系统的现象。它在自然界的范围内所选择的研究对象就是这些系统。这种系统时常包含着人和在自然环境中运行的"机器"，这个广义的"机器"可以推广到按照公认的规则运行的复杂社会结构。

把运筹学作为一门科学，是因为它用科学方法来创建其知识。它与其他科学的不同就在于，它研究的是运行系统的现象，这是自然界中被其他科学大大地忽略了的部分。

综上所述，运筹学的思想就是对人们所关心的对象（“机器”或运行系统）进行深入的了解、分析和研究，更加注重量化分析，得到信息，再合理运用有关的数学工具、系统方法等进行研究，提出有效方案来解决问题。

1.1 运筹学的特点及其应用

1.1.1 朴素运筹学思想与其深刻的内涵

自从我国 1956 年引入运筹学以来，已有几十年的历史。这期间，运筹学在我国有了很大的发展，它在经济建设中的地位得以确立。但是，运筹学在我国的发展与世界很多国家相比，尚有不小的差距，其中最主要的是认识与基础的问题。人们公认，Operations Research 译为运筹学是非常恰当的。在我国历史上的军事和科学技术方面，对运筹思想的运用是世界著名的，从春秋战国和三国时期的战争中就可举出很多运用运筹思想取得战争胜利的例子。这反映出，运筹学注重系统数据采集、分析并研究优化方案的思想是一种朴素、自然的思想。实际上，很多人都在自觉不自觉地运用这种思想。另一方面，人们常说“道高一尺，魔高一丈”，在竞争中，各方共同运用这些思想解决问题时，就表现为对运筹学的认识水平、研究程度和运用能力。

随着科学技术的发展，特别是信息社会的到来，运筹学的内涵不断扩大，涉及的数学及其他基础学科的知识越来越多，熟练掌握并运用这门学科有效解决实际问题的难度也逐渐加大。根据运筹学的发展，数学、计算机科学及其他新兴学科的最新知识、技术都能很快融入其中，特别是人直接参与决策，使得运筹学的发展更进入了一个崭新的阶段。

因此，必须加强对运筹学的研究与应用，逐步缩短与世界发达国家的距离。

1.1.2 运筹学研究的工作步骤

为了有效地应用运筹学，根据运筹学的特征，应当遵循下列六条原则：合伙原则、催化原则、独立原则、互相渗透原则、宽容原则和平衡原则。这些原则反映了运筹学工作者与其他各种因素的横向和纵向的联系。

运筹学研究的工作步骤可以归纳为以下九个内容：

（1）目标的确定。这一步骤即确定决策者期望从方案中得到什么。这个目标不应限制在过分狭小的范围内，同时也要避免对研究目标做不必要的扩大。

（2）方案计划的研制。实施一项运筹学研究的过程常常是一个创造性的过程。计划的实质是规定要完成某些子任务的时间，然后创造性地按时完成这一系列子任务。这样做能够推动运筹学分析者做出结论，有助于方案的成功。对计划的任意延期和误时会导致分析者消极工作和管理者漠不关心。

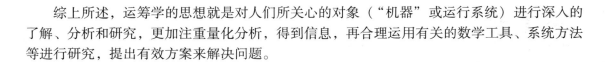

（3）问题的表述。这项工作需要与管理人员进行深入讨论，经常包括与其他职员和业务人员的接触及必要数据的采集，以便了解问题的本质、历史与未来，以及问题各个变量之间的关系。这项任务的目的是为研究中的问题提供一个模型框架，并为以后的工作确立方向。在这里，首先要考虑问题是否能够分解为若干串行或并行的子问题；其次要确定模型建立的细节，如问题尺度的确定、可控制决策变量的确定、不可控制状态变量的确定、有效性度量的确定，以及各类参数、常数的确定。

（4）模型的研制。模型是对各变量关系的描述，是正确研制、成功解决问题的关键。构成模型的关系有几种类型，常用的有定义关系、经验关系和规范关系。

（5）计算手段的拟定。在模型研制的同时，需要研究如何用数值方法求解模型。其中包括对问题变量性质（确定性、随机性、模糊性）、关系特征（线性、非线性）、手段（模拟、优化）及使用方法（现有的、新构造的）等的确定。

（6）程序明细表的编制、程序的设计和调试。计算过程需要编制程序来实现计算机运算，运筹学研究应包含对算法过程的描述、计算流程框图的绘制。程序的实现及调试可以交由程序员完成，或会同程序员完成。

（7）数据收集。把有效性试验和实施方案所需的数据收集起来加以分析，研究输入的灵敏性，从而可以更准确地估计得到的结果。

（8）验证。验证运筹学在研究与应用中的重要性无论怎样强调都不会过分。验证包括两个方面：第一，确定验证模型，包括为验证一致性、灵敏性、似然性和工作能力而设计的分析和试验；第二，验证的进行，即用前一步收集到的数据对模型做完全试验。这种试验的结果，往往要求模型必须重新设计，并要求重新编写相联系的程序。

（9）实施。运筹学分析者往往认为，模型验证后，任务就完成了，这是不对的。事实上，一项研究的真正困难往往在方案的最后一步，即在实施和维护时才暴露出来。因此，要使得整个研究有效，必须取得那些与所研究的决策问题或受到影响的各种职能有关的各级管理人员的配合，或者让他们参与其中。

1.2 运筹学建模

1.2.1 运筹学建模的一般思路

运筹学建模在理论上应属于数学建模的一部分。因此，运筹学建模所采用的手段、途径就是数学建模中所采用的。本节所要介绍的是根据运筹学本身的特征来处理建模问题的一般思路。

经过长期、深入的研究和发展，人们将运筹学处理的问题归纳成一系列具有较强背景和规范特征的典型问题。因此，运筹学建模就要把相当的精力放在将实际问题合理地描述为某典型的运筹模型中。在这个过程中，要求运筹学工作者具有以下几个方面的知识和能力：

（1）熟悉典型运筹模型的特征和它的应用背景。

（2）有理解实际问题的能力，包括广博的知识，搜集信息、资料和数据的能力。

（3）有抽象分析问题的能力，包括抓主要矛盾、逻辑思维、推理、归纳、联想和类比等能力。

（4）有运用各类工具和知识的能力，包括运用数学知识、计算机、自然科学和工程技术等的能力。

（5）有试验校正、维护修正模型的能力。

根据问题本身的情况，按照上节的讨论，在建模时一般有如下思路：

（1）直接方法。当熟悉问题的内在关系、特征以及运筹学的典型模型特点时，常常可以直接得到一些问题的模型或问题归类。例如，确定问题属于线性规划、非线性规划、整数规划、排队模型等的哪一个。有时模型的参数也可以直接从问题本身得到。

（2）类比方法。通过类比，把新遇到的问题用已知类似问题的模型来建立该问题的模型。这时得到的往往是模型归类，而模型参数需用其他方法取得。

（3）模拟方法。利用计算机程序实现对问题的实际运行模拟，可以得到有用的数据。这些数据常用来求得模型参数，或对所建立模型的合理性、正确性进行检验。

（4）数据分析法。利用数据处理的方法分析各数据变量之间的关系是确定关系还是相关关系，以及是何种相关等。这种方法还可以用回归分析找出变量的变化趋势，从而得到合理的数学模型。大量的模型参数也常常使用数据处理的统计方法来求得。另外，回归模型常常就是一个无约束最优化模型。

（5）试验分析法。通过试验分析建模是工程管理中常用的方法。以局部的试验产生数据，经过统计处理得到总体的模型或模型归类。试验分析法更多地用于产生模型参数。

1.2.2 运筹学模型的评价

一个好的运筹学模型，不仅能比较真实地反映实际问题，还要具备以下几个优点：

1. 易于理解

模型应力求简明。这里要强调一点，模型并不是越大越复杂越好。应当把实际问题中那些不重要的因素删去。这样，一方面，形成模型以后，由于变量和约束个数较少，便于计算求解；另一方面，也更易于揭示主要因素对问题的影响以及它们之间的关系。

模型中变量、函数符号要接近所代表的实际因素、资源和目标的原意，这样易于理解模型所表示的实际问题的结构，而且当变量和约束个数很多时，对于模型和解的解释也是便利的。

2. 易于探查错误

如果上面一点做得比较好，那么模型也是易于探查错误的。模型的错误一般有两种：①书写错误；②模型与实际问题不符。后一类错误在建立模型时应尽量避免，在评价模型及其解时，也可以找出错误并改正。前一类错误的避免，一方面要求细心，另一方面要求模型的书写形式要规范，变量次序最好固定不变。如果在某个函数关系中不出现某个变量，那么该变量的位置最好以空白代替。约束条件中，把等式约束与不等式约束分成两组，分开来写。而在不等式约束中又可以把“≤”不等式与“≥”不等式分开来写。为便于清楚地表明每个约束所代表的实际的资源限制，不必把两种形式的不等式统一成一种。

3. 易于计算

运筹学模型问题是否易于求解，取决于问题的规模、复杂程度，当前计算技术水平和解该问题的算法。降低问题的复杂程度和规模可以通过以下几个途径达到：

（1）采用简单的函数。与其在建模时花费许多时间、精力，寻找很好地反映现实情况但非常复杂的函数，不如在误差允许的范围内，采用简单的函数。在这一点上，尤其应该注意的是，非线性函数在计算方面的困难远比线性函数大得多。

（2）删去不必要的变量和约束条件。在建立模型前，分析问题时就应该注意把那些不重要的因素和资源限制简化掉。建立模型后，应注意删去那些多余的约束条件。多余的约束条件是指该约束条件被删去后，可行解集没有改变。一个简单的例子是 $x_1 \leqslant a$ 和 $x_1 \leqslant b$，这

里 $b>a>0$，那么条件 $x_1 \leqslant b$ 就是多余的。尤其要删去那些非线性的约束条件。但是没有实用的一般方法能识别模型中的多余约束条件。尽管如此，在求解运筹学模型前，对它进行一番数学上的分析，讨论一下它的性质，仍是非常必要的。

（3）函数变换。通过将复杂的函数进行代数处理，可以达到降低模型复杂程度的目的。例如 $\boldsymbol{Y}$ 是 $n \times n$ 可逆矩阵，非线性约束 $\boldsymbol{Y}^{-1}\boldsymbol{g}(\boldsymbol{x})=\boldsymbol{b}$，可变成$\boldsymbol{g}(\boldsymbol{x})-\boldsymbol{Y}\boldsymbol{b}=\boldsymbol{0}$，如果 $\boldsymbol{g}(\boldsymbol{x})$ 是线性函数，那么就把一个非线性约束变成线性约束。利用对数函数可以把乘积变成求和。例如 $\prod_{n} x_n^{a_n} \leqslant c$，如果要求 x_n 和 c 都大于零，那么上式等价于 $\sum_{n} a_n \ln x_n \leqslant \ln c$，这是关于对数函数的线性求和。

解决一类运筹学问题，有多种算法可供选择，某些特别的问题也有专门的算法来处理。某个算法对某一类问题特别有效，但对其他问题也许就一筹莫展。建立模型时，注意到一些算法具备的解某类问题的优势是有益处的。在误差允许的范围内，可以选用适于某算法的模型结构。因此建模者应该对优化算法进行系统的了解，熟悉每种算法的优点和缺点。

运筹学模型中的典型问题具有特殊的结构，在应用中经常出现，因此，应用数学家对这些典型问题给予了专门研究，对它们的性质有深入的了解，并产生了一些有效率的算法。某些运筹学模型经过数学上的处理，可以转化为典型问题，如分块线性的非线性规划可以转化为线性规划。因此，熟悉典型问题的结构，对求解模型是有帮助的。

1.2.3 运筹学建模举例

在运筹学模型中，一类最重要的模型是数学规划模型，它们有如下共同形式：

$$\begin{cases} \text{opt.} \quad f(x_i;\ \xi_j;\ c_k) \\ \text{s. t.} \quad g_h(x_i;\ \xi_j;\ d_l) \leqslant (\text{或}=,\ \text{或} \geqslant) 0 \end{cases}$$

其中，i，j，k，h，l 为指标变量取值从 1 开始顺序排列的有限自然数；f 是实值函数（或向量值函数），称之为目标函数；g_h 为一系列函数，称之为约束函数；opt. 表示对右面的函数优化，一般取最大（max）或最小（min）；s. t. 是 subject to 的缩写，表示问题的解要“满足”后面的各等式或不等式组；x_i 为研究型决策变量；ξ_j 为随机因素；c_k，d_l 为问题的确定型参数。

这类模型的形式表示要在限定的约束条件下求得目标函数的最优。

在讨论中常把约束条件表示为集合的形式：

$$S = \{x_i \mid g_h\ (x_i;\ \xi_j;\ d_l) \leqslant (=,\ \geqslant) 0\}$$

称为约束集合或可行解集合（简称可行集）。为了讨论方便，这类模型常记成下列简单的形式：

$$\begin{cases} \text{opt.}\ f(\boldsymbol{x}) \\ \text{s. t.}\ \boldsymbol{x} \in S \end{cases}$$

这里，opt. 与 s. t. 的含义同上；$\boldsymbol{x}$ 为向量，即 $\boldsymbol{x}=(x_1,\ x_2,\ \cdots,\ x_n)$；$S$ 是约束集合。这里没有明显地标出参数和随机因素。

数学规划模型按其函数特征及变量性质可细分为不同的规划模型，常见的有：

（1）线性规划。各函数均为线性函数，变量均是确定型的问题。

（2）非线性规划。各函数中含有非线性函数，变量均为确定型的问题。

（3）多目标规划。上两类问题中，若目标函数是向量值函数，则为多个目标函数的问题。

（4）整数规划。上面问题中若决策变量的取值范围是整数（或离散值），则为整数规划的问题。

（5）动态规划。求解多阶段决策过程的问题。

（6）随机规划。当问题存在随机因素时，求解过程有其特殊的要求，常把它们归类为随机规划。

还有许多种归类方法，有的是针对问题本身特点进行分类的，有的是根据处理方法特征进行分类的，这里不一一列举。

为了帮助读者建立运筹学模型的概念，并了解建模思想的实际应用，下面举一些例子，其中有些例子做了较大程度的简化。把一些与后文有关章节紧密联系的例子融合到方法过程的讨论当中，在这里不进行特别描述。

例 1-1 我国某钢厂是一个产品繁多、产品结构较复杂的特殊钢厂。在一定的能源、原材料供应、设备能力和人力等条件下，应考虑如何合理安排产品品种及产量，以获得最大的总利润。这个问题由当地的高校及钢厂的有关人员共同研究，并建立了线性规划模型。通过计算得到结果，用到实际当中取得了很好的效果。

这里的目标很明确，是要求最大的总利润。设产品可划分为 n 种，其产量分别为 x_1，x_2，…，x_n；各产品的利润率分别为 r_1，r_2，…，r_n。这里利润率=单位产品价格−单位产品成本。于是得到目标函数

$$f(x_1, x_2, \cdots, x_n)=\sum_{i=1}^{n} r_i x_i \tag{1-1}$$

反映国家计划、社会需要、设备及车间生产能力、原材料及能源等方面的情况，有如下约束条件：

（1）设备能力的约束。假设对产量起决定作用的设备（或某些车间或工段）有 m 个。记每种设备的有效总工作时数为 A_j，$j=1$，2，…，m。又设第 i 种产品每吨产量需要消耗第 j 个设备的工作时数为 a_{ij}（单位：h/t）（见表 1-1）。于是，得到约束

$$\sum_{i=1}^{n} a_{ij}x_i \leqslant A_j,\ j=1,\ 2,\ \cdots,\ m \tag{1-2}$$

表 1-1

设备	产品					设备的有效总工作时数
	1	2	3	…	n	
1	a_{11}	a_{21}	a_{31}	…	a_{n1}	A_1
2	a_{12}	a_{22}	a_{32}	…	a_{n2}	A_2
3	a_{13}	a_{23}	a_{33}	…	a_{n3}	A_3
⋮	⋮	⋮	⋮		⋮	⋮
m	a_{1m}	a_{2m}	a_{3m}	…	a_{nm}	A_m

（2）生产指标的约束。国家规定生产必须完成 8 种指标。这里只讨论了合格率和成材率这两种指标，因为这两种指标对产品结构优化影响较大。设第 i 种产品的合格率为 b_{i1}，成

材率为 b_{i2}，国家规定的总合格率为 B_1，总成材率为 B_2。那么，可得到下列约束：

$$\sum_{i=1}^{n} \frac{x_i}{b_{ij}} \leqslant \left(\sum_{i=1}^{n} x_i \right) \frac{1}{B_j},\quad j = 1,\ 2$$

或写成

$$\sum_{i=1}^{n} x_i \left(1 - \frac{B_j}{b_{ij}} \right) \geqslant 0,\quad j = 1,\ 2$$

（3）原材料的约束。设有 L 种原材料是来源不足的，每种最多的供应量为 c_j。显然，对来源充足的原材料来说不会对产量有约束，故不需要考虑。设第 i 种产品每吨产量对第 j 种原材料的消耗量为 c_{ij}（单位：t）（见表 1-2），于是得到约束

$$\sum_{i=1}^{n} c_{ij} x_j \leqslant c_j,\quad j = 1,\ 2,\ \cdots,\ L$$

表　1-2

原材料	产品					供应量
	1	2	3	…	n	
1	c_{11}	c_{21}	c_{31}	…	c_{n1}	c_1
2	c_{12}	c_{22}	c_{32}	…	c_{n2}	c_2
3	c_{13}	c_{23}	c_{33}	…	c_{n3}	c_3
⋮	⋮	⋮	⋮		⋮	⋮
L	c_{1L}	c_{2L}	c_{3L}	…	c_{nL}	c_L

（4）能源的约束。电力不足是影响某钢厂产量的决定因素。设第 i 种产品每吨耗电量为 d_i(单位：kW·h/t)，全厂最大供电量为 D(kW·h)。于是又得到一个约束

$$\sum_{i=1}^{n} d_i x_i \leqslant D$$

（5）市场需求。在生产上要考虑社会需要，某些产品即使利润不高，甚至亏损，也必须不少于一个最低限度的产量。设第 i 种产品的最低限度产量为 f_i（单位：t）（当没有这个限制时可取相应的 $f_i = 0$）；市场最大需求量为 e_i（单位：t）。于是得到下列上、下界约束：

$$f_i \leqslant x_i \leqslant e_i,\quad i = 1,\ 2,\ \cdots,\ n$$

综合上面的分析，得到以下线性规划模型：

$$\begin{cases} \max \quad f(x_1,\ x_2,\ \cdots,\ x_n) = \sum_{i=1}^{n} r_i x_i \\ \text{s.t.} \quad \sum_{i=1}^{n} a_{ij} x_i \leqslant A_j,\quad j = 1,\ 2,\ \cdots,\ m \\ \qquad \sum_{i=1}^{n} x_i \left(1 - \frac{B_j}{b_{ij}} \right) \geqslant 0,\quad j = 1,\ 2 \\ \qquad \sum_{i=1}^{n} c_{ij} x_i \leqslant c_j,\quad j = 1,\ 2,\ \cdots,\ L \\ \qquad \sum_{i=1}^{n} d_i x_i \leqslant D \\ \qquad f_i \leqslant x_i \leqslant e_i,\quad i = 1,\ 2,\ \cdots,\ n \end{cases} \tag{1-3}$$

在实际建模中，还有一些约束，如国家要求该厂的产品满足一定的合金比；由于工艺的原因，要求某些产品之间的比例数大于某一定值等。这些约束很容易表示成式（1-2）的形式，这里不再叙述。

模型中的参数，往往无法直接得到，如约束条件（1）中的 A_j，a_{ij}，（2）中的 b_{ij}，（3）中的 c_j，（4）中的 D，（5）中的 e_i。这些数据的取得需要根据过去的情况进行统计处理，具体方法可参考本书有关章节。这个工作量是很大的，有时由于数据不完全，会给建模造成一些困难，此时往往需要对模型进行适当的简化，以便得到相对较好的优化方案。

某些条件实际上可能是非线性的，如（1），（3），（4）可能是非线性的。但是非线性规划在求解中会产生较大困难，因而在误差允许的范围内，常常用线性关系近似。一般情况，可以得到满意的结果。

例 1-2 讨论某所大学在培养、教育中考虑为其毕业生安排工作位置的问题，这是很复杂的问题。为了简便，做如下假设：

（1）假设工作位置有三类：政府部门、工矿企业和科研院所。

（2）假设每个毕业生只接受一个工作位置。

（3）假设考虑 n 年的情况，第 j 年（$j=1，2，\cdots，n$）毕业的人数为 N_j。

要考虑的问题是找出分配工作位置的比例系数 λ_1，λ_2，λ_3，使得在安置工作时能较好地符合各类工作位置的要求。

令 G_j，I_j 和 S_j 分别表示第 j 年进入政府部门、工矿企业和科研院所的人数。因此应该有 $G_j+I_j+S_j=N_j$。但是按照要找出的比例系数 λ_1，λ_2，λ_3，实际进入三类不同工作部门的人数为 $\hat{G}_j=\lambda_1 N_j$，$\hat{I}_j=\lambda_2 N_j$，$\hat{S}_j=\lambda_3 N_j$。

要得到与需求相符合得较好的比例，一种考虑办法是使所有 $G_j-\hat{G}_j$，$I_j-\hat{I}_j$，$S_j-\hat{S}_j$ 的绝对值均为最小，那么可建立下面的目标函数：

$$f(\lambda_1，\lambda_2，\lambda_3)=\sum_{j=1}^{n}\left[(G_j-\hat{G}_j)^2+(I_j-\hat{I}_j)^2+(S_j-\hat{S}_j)^2\right]$$

把 $\hat{G}_j=\lambda_1 N_j$，$\hat{I}_j=\lambda_2 N_j$，$\hat{S}_j=\lambda_3 N_j$ 代入，得

$$f(\lambda_1，\lambda_2，\lambda_3)=\sum_{j=1}^{n}\left[(G_j-\lambda_1 N_j)^2+(I_j-\lambda_2 N_j)^2+(S_j-\lambda_3 N_j)^2\right]$$

要让 $f(\lambda_1，\lambda_2，\lambda_3)$ 最小。

由于第 j 年毕业人数是 N_j，于是应有 $\lambda_1+\lambda_2+\lambda_3=1$，又比例系数就它们的意义来说是非负的，即 $\lambda_1\geqslant 0$，$\lambda_2\geqslant 0$，$\lambda_3\geqslant 0$，这些就是问题的约束函数，于是得到下列非线性规划模型：

$$\min \quad f(\lambda_1，\lambda_2，\lambda_3)=\sum_{j=1}^{n}\left[(G_j-\lambda_1 N_j)^2+(I_j-\lambda_2 N_j)^2+(S_j-\lambda_3 N_j)^2\right]$$

$$\text{s.t.}\begin{cases} h(\lambda_1，\lambda_2，\lambda_3)=\lambda_1+\lambda_2+\lambda_3-1=0 \\ g_1(\lambda_1，\lambda_2，\lambda_3)=-\lambda_1\leqslant 0 \\ g_2(\lambda_1，\lambda_2，\lambda_3)=-\lambda_2\leqslant 0 \\ g_3(\lambda_1，\lambda_2，\lambda_3)=-\lambda_3\leqslant 0 \end{cases}$$

这类问题的求解，有一些有效的方法，这里不进行介绍，可参考有关最优化算法的文献。

例 1-3　一零售商店需要储存和销售货物，如何进货最好，这是经常遇到的问题。由于影响因素很多，因而一般地讨论这种问题会有不少困难。为了简便，考虑一种货物，如收音机。为了保障销售，需要有一定的库存。假设商店用于担负收音机存货的资金不能超过 S。收音机共有 n 个型号，j 型号收音机的外包装体积为 V_j，仓库用于存储收音机的最大容积为 V。收音机为批量订货，每订购一批型号为 j 的收音机，需花费手续费 a_j（由于每批进货的数量是相同的，因而入库费用可同手续费合并来计）。每台 j 型收音机的单价为 c_j，每年对 j 型收音机的需求量为 d_j。这里 a_j，c_j 和 d_j 有一定的随机性，因此它们的取值一般是通过对前面若干情况进行统计分析得到的，关于统计的方法可参看本书有关章节。库存的费用常常同货物价格有关，假设 j 型收音机年库存费用与价格的比为 q_j。安排进货的原则是使订货及存储的年平均花费最小。

令 x_j 表示一批 j 型收音机的订货台数。首先建立目标函数，即订货及存储的年平均费用。对 j 型收音机，订货费用应是每批手续费 a_j 同批数 d_j/x_j 的乘积，即 a_jd_j/x_j；存储的年平均费用应是存货的平均数量 $x_j/2$ 同年存储费 q_jc_j 的乘积，即 $q_jc_jx_j/2$。于是得到目标函数：

$$f(\boldsymbol{x})=\sum_{j=1}^{n}\left(\frac{a_jd_j}{x_j}+\frac{q_jc_jx_j}{2}\right)$$

其中，$\boldsymbol{x}=(x_1,\ x_2,\ \cdots,\ x_n)^{\mathrm{T}}$。

再来看约束条件。库存总价值不能超过上限，即 $g_1(\boldsymbol{x})=\sum_{j=1}^{n} c_jx_j-S\leqslant 0$；仓库容量的限制，即 $g_2(\boldsymbol{x})=\sum_{j=1}^{n} V_jx_j-V\leqslant 0$；每批订货量不可能为负，故有$x_j\geqslant 0(j=1,\ 2,\ \cdots,\ n)$ 或记 $\boldsymbol{x}\geqslant\mathbf{0}$。

那么，得到下面的非线性规划模型：

$$\min\quad f(\boldsymbol{x})=\sum_{j=1}^{n}\left(\frac{a_jd_j}{x_j}+\frac{q_jc_jx_j}{2}\right)$$

$$\text{s.t.}\quad\begin{cases}g_1(\boldsymbol{x})=\sum_{j=1}^{n} c_jx_j-S\leqslant 0\\ g_2(\boldsymbol{x})=\sum_{j=1}^{n} V_jx_j-V\leqslant 0\\ g_{j+2}(\boldsymbol{x})=-x_j\leqslant 0,\ j=1,\ 2,\ \cdots,\ n\end{cases}$$

在工程设计和企业管理中常常遇到决策变量只能取整数值或若干离散的数值的情况，这类数学规划，称之为整数规划或离散规划。当决策变量中，一部分取整数值或离散值，另一部分为连续型变量时，称之为混合型整数规划。还有一类非常重要的问题，它的决策变量只可取两个值，0 或 1，称之为 0-1 规划。从理论上来说，任何一个整数规划问题，都能变换为 0-1 规划。

例 1-4　设有 n 件物品，第 j 件物品质量为 m_j，价值为 c_j 元（见表 1-3），今有一个背包，它的最大承载能力为 W，那么选择哪些物品装入背包带走最好？

表　1-3

物品	1	2	3	…	n
价值（元）	c_1	c_2	c_3	…	c_n
质量	m_1	m_2	m_3	…	m_n

显然，这个问题是在选择不超重的条件下，使取得的物品价值最高，这就是著名的“背包问题”。

引入变量 x_j，$j=1, 2, \cdots, n$，使 x_j 只取值 0 或 1，则

$$x_j=\begin{cases}0 & \text{表示不取第}\ j\ \text{件物品}\\ 1 & \text{表示取第}\ j\ \text{件物品}\end{cases}$$

那么，目标函数就是所取物品的总价值为

$$f(x_1, x_2, \cdots, x_n)=\sum_{j=1}^{n} c_j x_j$$

它的约束条件，即质量限制为

$$g(x_1, x_2, \cdots, x_n)=\sum_{j=1}^{n} m_j x_j - W \leqslant 0$$

于是得到下列整数规划模型：

$$\begin{cases}\max \quad f(x_1, x_2, \cdots, x_n)=\sum_{j=1}^{n} c_j x_j \\ \text{s. t.} \quad \begin{cases} g(x_1, x_2, \cdots, x_n)=\sum_{j=1}^{n} m_j x_j \leqslant W \\ x_j=0\ \text{或}\ 1,\ j=1, 2, \cdots, n \end{cases}\end{cases} \tag{1-4}$$

在管理中经常会遇到与上面的例子在本质上完全类似的问题。设某管理部门筹集了一笔资金，总额为 W 元，准备用于投资建厂。有 n 个可供选择的地点，并且在第 j 个地点建厂需投资 W_j 元，建成后可取得利润为 c_j 元。问题为在这笔资金范围内，如何选地点建厂可获得最大利润。

令

$$x_j=\begin{cases}0 & \text{在第}\ j\ \text{地点不建厂}\\ 1 & \text{在第}\ j\ \text{地点建厂}\end{cases},\ j=1, 2, \cdots, n$$

那么，可建立同式（1-4）一样的整数规划模型。

在有些情况下，可能会得到非线性的“背包问题”。

例 1-5　某地区原设立了 n 个雨量观测站，根据历年观测的情况，认为可以适当减少雨量观测站，以节省资金而不影响或极小影响雨量信息的获得。对这个问题的解答，从不同角度分析可得出不同的讨论方法。从某个角度来说，每个雨量观测站的年降雨量是随机变量，这个随机变量的方差越大，该站的观测值所提供的信息量也就越大。同时，不同雨量观测站的降雨量不是独立的，两站降雨量的协方差，表示两地降雨量的相关性质，因此所有协方差绝对值之和越大，则雨量观测站的多余度就越大。

根据历年观测的情况可以估计出各雨量观测站雨量的方差 V_j（$j=1, 2, \cdots, n$），以及

每两个雨量观测站之间雨量的协方差 c_{ij}（i，j=1，2，…，n；$i \neq j$）（见表 1-4）。这里 V_j，c_{ij} 的估计可以有多种方法，在概率、统计方面的书籍中都有一定的介绍，这里不进行讨论。

表　1-4

雨量观测站	1	2	3	…	n	方差
1	c_{11}	c_{12}	c_{13}	…	c_{1n}	V_1
2	c_{21}	c_{22}	c_{23}	…	c_{2n}	V_2
3	c_{31}	c_{32}	c_{33}	…	c_{3n}	V_3
⋮	⋮	⋮	⋮		⋮	⋮
n	c_{n1}	c_{n2}	c_{n3}	…	c_{nn}	V_n

引入变量 x_j(j=1，2，…，n)，只取 0 或 1，则

$$x_j=\begin{cases}0 & \text{表示撤销第} j \text{个雨量观测站} \\ 1 & \text{表示保留第} j \text{个雨量观测站}\end{cases}$$

根据实际情况，可确定一个信息量下限 V，于是把问题叙述为，在使保留下来的雨量观测站各方差之和不小于 V 的条件下，让这些保留下来的雨量观测站各协方差之和最小，即多余度最小。那么，得到下列二次背包问题模型：

$$\begin{cases}\min \quad f(x_1,\ x_2,\ \cdots,\ x_n)=\sum\limits_{i=1}^{n}\sum\limits_{j=1}^{n} c_{ij}x_ix_j \\ \text{s. t.} \quad g(x_1,\ x_2,\ \cdots,\ x_n)=\sum\limits_{j=1}^{n} V_jx_j - V \geqslant 0 \\ \qquad x_j=0 \text{ 或 } 1,\ j=1,\ 2,\ \cdots,\ n\end{cases} \tag{1-5}$$

这类问题还可以用其他方法来求解，例如通过聚类分析，把多余度降下来。这属于统计的方法，这里不进行讨论。

上面的二次背包问题模型还在许多常见的实际问题中得到应用。例如，在科学技术的发展过程中，通信卫星技术用在邮政系统中传递信息。卫星地面站把信息转换为电信号，通过卫星把不同的地方连接起来。已知有 n 个可供选择的地面站位置，在第 j 个位置建站需投资 V_j 元，现有总的资金为 V 元，平均每天在第 i 站和第 j 站之间传送的邮件（信息）为 c_{ij}。在允许的资金范围内，在哪些地方建站可使交换的邮件（信息）量最大？

引入变量 x_j（j=1，2，…，n），只取 0 或 1，则

$$x_j=\begin{cases}0 & \text{在} j \text{位置不建站} \\ 1 & \text{在} j \text{位置建站}\end{cases}$$

容易得到同式（1-5）完全类似的二次背包问题模型：

$$\begin{cases}\max \quad f(x_1,\ x_2,\ \cdots,\ x_n)=\sum\limits_{i=1}^{n}\sum\limits_{j=1}^{n} c_{ij}x_ix_j \\ \text{s. t.} \quad g(x_1,\ x_2,\ \cdots,\ x_n)=\sum\limits_{j=1}^{n} V_jx_j - V \leqslant 0 \\ \qquad x_j=0 \text{ 或 } 1,\ j=1,\ 2,\ \cdots,\ n\end{cases} \tag{1-6}$$

这类问题在铁路、水运、空运等许多系统中都能遇到。

例 1-6 在城市规划中，适当地布置服务设施，如学校、医院、消防站、娱乐区等，是非常重要的工作。下面考虑一个学校位置的问题。

假设人口集中在城市的 N 个区域里，第 n 个区域的人口为 p_n。经过论证，有 M 个位置可供学校选择。问题是如何来选择？

显然，选择方案同考虑的因素有关，从不同角度出发，会产生不同的选择方案。下面从距离上来讨论这个问题。

令 $d_{nm}\geqslant 0$ 为第 n 个区域的中心到第 m 个位置的距离（见表 1-5）。引入 0-1 变量，则

表 1-5

居民区域	学校位置				人口数
	1	2	…	M	
1	d_{11}	d_{12}	…	d_{1M}	p_1
2	d_{21}	d_{22}	…	d_{2M}	p_2
⋮	⋮	⋮		⋮	⋮
N	d_{N1}	d_{N2}	…	d_{NM}	p_N

$$y_m=\begin{cases}1 & \text{第 } m \text{ 个位置被选，} m=1,2,\cdots,M\\ 0 & \text{否则}\end{cases}$$

$$x_{nm}=\begin{cases}1 & \text{如果第 } n \text{ 个区域的儿童到第 } m \text{ 个位置上学，} n=1,2,\cdots,N;\ m=1,2,\cdots,M\\ 0 & \text{否则}\end{cases}$$

一个约束条件可以是一个区域的儿童必须有一个位置上的学校上学，即

$$\sum_{m=1}^{M} x_{nm}\geqslant 1,\ n=1,2,\cdots,N \tag{1}$$

同时，当某个区域无学校时，也就是说，当 $y_m=0$ 时，意味着 $x_{nm}=0$，$n=1,2,\cdots,N$。在数学上可表示成

$$\sum_{n=1}^{N} x_{nm}\leqslant y_m N,\ m=1,2,\cdots,M \tag{2}$$

另外，由第 m 个位置的学校负责的各区域总人口数为

$$S_m=\sum_{n=1}^{N} p_n x_{nm},\ m=1,2,\cdots,M \tag{3}$$

在费用方面，设将来分配给建学校的资金为 W 元，在第 m 个位置建校的费用同服务的人口数有关，设为 $f_m(S_m)$，那么应有

$$\sum_{m=1}^{M} f_m(S_m)\leqslant W \tag{4}$$

还会有一些其他约束。例如，假定某区域人口较多，并假定要么选位置 1 和位置 2，要么选位置 3 和位置 4 用来为该区域儿童提供上学条件，但不可同时选，即

$$y_1+y_2\geqslant 2 \quad \text{或} \quad y_3+y_4\geqslant 2$$

为了数学上表达方便，引入一个 0-1 变量 z，即

$$z=\begin{cases}1 & \text{选择位置 1 和 2}\\ 0 & \text{选择位置 3 和 4}\end{cases}$$

那么，得到两个约束

$$\begin{cases} y_1+y_2 \geqslant 2z \\ y_3+y_4 \geqslant 2\ (1-z) \end{cases} \tag{5}$$

再取一个表示从第 n 个区域到学校的距离的量

$$d_n = \sum_{m=1}^{m} d_{nm}x_{nm} \quad （注意，这里只有一个\ x_{nm}=1）$$

一个合理的目标是使学生从其所在区域到学校的最远距离达到最小。即令

令
$$D=\max\ \{d_n:\ n=1,\ 2,\ \cdots,\ N\} \tag{6}$$
求
$$\min D \tag{7}$$

式（6）、式（7）可等价地表示为下列约束：

$$D - \sum_{m=1}^{M} d_{nm}x_{nm} \geqslant 0,\ n=1,\ 2,\ \cdots,\ N \tag{8}$$

根据式（1）~式（8）可得到下列整数规划模型：

min　　D

s. t.
$$\begin{cases} D - \sum_{m=1}^{M} d_{nm}x_{nm} \geqslant 0,\ n=1,\ 2,\ \cdots,\ N \\ \sum_{m=1}^{M} x_{nm} \geqslant 1,\ n=1,\ 2,\ \cdots,\ N \\ \sum_{n=1}^{N} x_{nm} \leqslant y_m N,\ m=1,\ 2,\ \cdots,\ M \\ S_m - \sum_{n=1}^{N} p_n x_{nm} = 0,\ m=1,\ 2,\ \cdots,\ M \\ \sum_{m=1}^{M} f_m(S_m) \leqslant W \\ y_1+y_2-2z \geqslant 0 \\ y_3+y_4+2z-2 \geqslant 0 \\ x_{nm},\ y_m,\ z\ \text{均为 0-1 变量},\ n=1,\ 2,\ \cdots,\ N;\ m=1,\ 2,\ \cdots,\ M \end{cases}$$

1.3 基本概念和符号

1.3.1 向量和子空间投影定理

我们的讨论是在 n 维欧氏空间中进行的。本书使用下列符号：

$\mathbf{R}^n$ 表示 n 维欧氏空间；$\boldsymbol{x} \in \mathbf{R}^n$，称 $\boldsymbol{x}$ 为 $\mathbf{R}^n$ 中的向量，若不进行特别说明，本书中的向量指列向量。$\boldsymbol{x}=(x_1,\ x_2,\ \cdots,\ x_n)^{\mathrm{T}}$，其中 $x_i(i=1,\ 2,\ \cdots,\ n)$ 为 $\boldsymbol{x}$ 的分量，符号“T”表示转置。

为了区别，标示不同向量时用上标，如 $\boldsymbol{x}^{(1)},\ \boldsymbol{x}^{(2)},\ \cdots,\ \boldsymbol{x}^{(m)} \in \mathbf{R}^n$。由这 m 个向量构成的子空间记为 $L(\boldsymbol{x}^{(1)},\ \boldsymbol{x}^{(2)},\ \cdots,\ \boldsymbol{x}^{(m)}) \triangleq \{\boldsymbol{x} \in \mathbf{R}^n \mid \boldsymbol{x} = \sum_{i=1}^{m} \alpha_i \boldsymbol{x}^{(i)},\ \alpha_i \in \mathbf{R},\ i=1,\ 2,\ \cdots,\ m\}$，

简记为 L。

设 $\boldsymbol{x}$，$\boldsymbol{y}\in\mathbf{R}^n$，$\boldsymbol{x}$，$\boldsymbol{y}$ 的内积记为 $\boldsymbol{x}^{\mathrm{T}}\boldsymbol{y}\triangleq\sum_{i=1}^{n}x_iy_i$。在不做特殊说明时，我们用 $\|\cdot\|$ 表示 2 范数。在讨论时，常用到施瓦兹（Schwartz）不等式：设 $\boldsymbol{x}$，$\boldsymbol{y}\in\mathbf{R}^n$，则 $|\boldsymbol{x}^{\mathrm{T}}\boldsymbol{y}|\leqslant\|\boldsymbol{x}\|\ \|\boldsymbol{y}\|$，且等号成立的充分必要条件是 $\boldsymbol{x}$，$\boldsymbol{y}$ 共线，即存在实数 λ，有 $\boldsymbol{x}=\lambda\boldsymbol{y}$。

设 L 是 $\mathbf{R}^n$ 的一个子空间，它的余子空间或正交补记为

$$L^{\perp}\triangleq\{\boldsymbol{x}\in\mathbf{R}^n\mid\boldsymbol{x}^{\mathrm{T}}\boldsymbol{y}=0,\ \forall\boldsymbol{y}\in L\}$$

显然，任意 $\boldsymbol{z}\in\mathbf{R}^n$，存在唯一分解 $\boldsymbol{z}=\boldsymbol{x}+\boldsymbol{y}$，使 $\boldsymbol{x}\in L$，$\boldsymbol{y}\in L^{\perp}$。称 $\boldsymbol{x}$，$\boldsymbol{y}$ 分别为 $\boldsymbol{z}$ 在子空间 L，$L^{\perp}$ 上的投影，这时有 $\|\boldsymbol{z}\|^2=\|\boldsymbol{x}\|^2+\|\boldsymbol{y}\|^2$，即为投影定理。

定理 1-1（投影定理） 设 L 为 $\mathbf{R}^n$ 的子空间，那么，$\forall\boldsymbol{z}\in\mathbf{R}^n$，$\exists$ 唯一 $\boldsymbol{x}\in L$，$\boldsymbol{y}\in L^{\perp}$，使 $\boldsymbol{z}=\boldsymbol{x}+\boldsymbol{y}$，且 $\boldsymbol{x}$ 为问题

$$\begin{cases}\min\ \|\boldsymbol{z}-\boldsymbol{u}\|\\ \text{s. t.}\quad \boldsymbol{u}\in L\end{cases}$$

的唯一解，而问题的最优值为 $\|\boldsymbol{y}\|$。

规定：$\boldsymbol{x}$，$\boldsymbol{y}\in\mathbf{R}^n$，$\boldsymbol{x}\geqslant\boldsymbol{y}$ 表示有 $x_i\geqslant y_i$，$\forall i=1, 2, \cdots, n$。

类似地，规定“$\leqslant$”“$=$”“$>$”“$<$”关系。下面给出一个明显且很有用的定理。

定理 1-2 设 $\boldsymbol{x}\in\mathbf{R}^n$，$\alpha\in\mathbf{R}$。$L$ 为 $\mathbf{R}^n$ 的线性子空间。

（1）如果 $\boldsymbol{x}^{\mathrm{T}}\boldsymbol{y}\leqslant\alpha$，$\forall\boldsymbol{y}\in\mathbf{R}^n$，$\boldsymbol{y}\geqslant\boldsymbol{0}$，那么，$\boldsymbol{x}\leqslant\boldsymbol{0}$，$\alpha\geqslant0$。

（2）如果 $\boldsymbol{x}^{\mathrm{T}}\boldsymbol{y}\leqslant\alpha$，$\forall\boldsymbol{y}\in L$，那么 $\boldsymbol{x}\in L^{\perp}$，$\alpha\geqslant0$；特别当 $L=\mathbf{R}^n$ 时，$\boldsymbol{x}=\boldsymbol{0}$。

证明 （1）反证，设 $\boldsymbol{x}=(x_1, \cdots, x_n)^{\mathrm{T}}$，其中 $x_j>0$，满足 $\boldsymbol{x}^{\mathrm{T}}\boldsymbol{y}\leqslant\alpha$，$\forall\boldsymbol{y}\in\mathbf{R}^n$，$\boldsymbol{y}\geqslant\boldsymbol{0}$。

考虑 $\boldsymbol{y}_\lambda=(0, \cdots, 0, \lambda, 0, \cdots, 0)^{\mathrm{T}}$，其中除第 j 个元素 $\lambda>0$ 外，其余分量均为零，显然这个 $\boldsymbol{y}_\lambda\geqslant\boldsymbol{0}$。那么 $\boldsymbol{x}^{\mathrm{T}}\boldsymbol{y}_\lambda=\lambda x_j$，对于任意 $\alpha\in\mathbf{R}$，只要 λ 充分大必然有 $\boldsymbol{x}^{\mathrm{T}}\boldsymbol{y}_\lambda>\alpha$，矛盾。所以，$\boldsymbol{x}\leqslant\boldsymbol{0}$。

当特殊地取 $\boldsymbol{y}=\boldsymbol{0}$ 时，就得到 $\alpha\geqslant0$。

（2）首先同（1）一样可得 $\alpha\geqslant0$。下面用反证法证明 $\boldsymbol{x}\in L^{\perp}$。设 $\boldsymbol{x}\notin L^{\perp}$，满足 $\boldsymbol{x}^{\mathrm{T}}\boldsymbol{y}\leqslant\alpha$，$\forall\boldsymbol{y}\in L$。$\boldsymbol{x}$ 分解成 $\boldsymbol{x}=\boldsymbol{x}'+\boldsymbol{x}''$，其中 $\boldsymbol{x}'\in L$，$\boldsymbol{x}''\in L^{\perp}$，必有 $\boldsymbol{x}'\neq\boldsymbol{0}$。考虑 $\boldsymbol{y}_\lambda=\lambda\boldsymbol{x}'$，$\lambda>0$，则 $\boldsymbol{y}_\lambda\in L$，而 $\boldsymbol{x}^{\mathrm{T}}\boldsymbol{y}_\lambda=\lambda\boldsymbol{x}'^{\mathrm{T}}\boldsymbol{x}'=\lambda\|\boldsymbol{x}'\|^2$，同样对 $\forall\alpha$，只要 λ 充分大，有 $\boldsymbol{x}^{\mathrm{T}}\boldsymbol{y}_\lambda>\alpha$，矛盾。

定理 1-2 可以有各种不同形式，如：若 $\boldsymbol{x}^{\mathrm{T}}\boldsymbol{y}\leqslant\alpha$，$\forall\boldsymbol{y}\in\mathbf{R}^n$，$\boldsymbol{y}\leqslant\boldsymbol{0}$，则 $\boldsymbol{x}\geqslant\boldsymbol{0}$，$\alpha\geqslant0$；若 $\boldsymbol{x}^{\mathrm{T}}\boldsymbol{y}\geqslant\alpha$，$\forall\boldsymbol{y}\in\mathbf{R}^n$，$\boldsymbol{y}\geqslant\boldsymbol{0}$，则 $\boldsymbol{x}\geqslant\boldsymbol{0}$，$\alpha\leqslant0$；若 $\boldsymbol{x}^{\mathrm{T}}\boldsymbol{y}\geqslant\alpha$，$\forall\boldsymbol{y}\in L$，则 $\boldsymbol{x}\in L^{\perp}$，$\alpha\leqslant0$；等等。

1.3.2 梯度向量及黑塞（Hesse）矩阵

设 $f(x)$：$\mathbf{R}^n\to\mathbf{R}$，$f$ 二次可微。

定义 1-1 设 $f(\boldsymbol{x})$ 在 $S\subset\mathbf{R}^n$ 上有定义，$\boldsymbol{x}^{(0)}\in\operatorname{int}S$，若 $\exists\boldsymbol{p}\in\mathbf{R}^n$ 使对 $\forall\boldsymbol{x}\in S$ 有

$$f(\boldsymbol{x})=f(\boldsymbol{x}^{(0)})+\boldsymbol{p}^{\mathrm{T}}(\boldsymbol{x}-\boldsymbol{x}^{(0)})+\|\boldsymbol{x}-\boldsymbol{x}^{(0)}\|\alpha(\boldsymbol{x},\boldsymbol{x}^{(0)})$$

其中，$\lim\limits_{x\to x^{(0)}}\alpha(\boldsymbol{x},\boldsymbol{x}^{(0)})=0$，则称$f(\boldsymbol{x})$在$\boldsymbol{x}^{(0)}$处可微，向量$\boldsymbol{p}$称为$f$在$\boldsymbol{x}^{(0)}$处的梯度，记为

$$\nabla f(\boldsymbol{x}^{(0)})=\boldsymbol{p}$$

如果进一步存在对称的n阶方阵$\boldsymbol{H}$，使对$\forall \boldsymbol{x}\in S$有

$$f(\boldsymbol{x})=f(\boldsymbol{x}^{(0)})+\nabla f^{\mathrm{T}}(\boldsymbol{x}^{(0)})(\boldsymbol{x}-\boldsymbol{x}^{(0)})+\frac{1}{2}(\boldsymbol{x}-\boldsymbol{x}^{(0)})^{\mathrm{T}}\boldsymbol{H}(\boldsymbol{x}-\boldsymbol{x}^{(0)})+\|\boldsymbol{x}-\boldsymbol{x}^{(0)}\|^2\beta(\boldsymbol{x},\boldsymbol{x}^{(0)})$$

其中，$\lim\limits_{x\to x^{(0)}}\beta(\boldsymbol{x},\boldsymbol{x}^{(0)})=0$，则称$f(\boldsymbol{x})$在$\boldsymbol{x}^{(0)}$处二次可微，矩阵$\boldsymbol{H}$称为$f$在$\boldsymbol{x}^{(0)}$的黑塞矩阵，记$\nabla^2 f(\boldsymbol{x}^{(0)})=\boldsymbol{H}$。

不难得到，当$f(\boldsymbol{x})$在$\boldsymbol{x}^{(0)}$处可微或二次可微时，

$$\nabla f(\boldsymbol{x}^{(0)})=\left(\frac{\partial f(\boldsymbol{x}^{(0)})}{\partial x_1},\cdots,\frac{\partial f(\boldsymbol{x}^{(0)})}{\partial x_n}\right)^{\mathrm{T}} \tag{1-7}$$

$$\nabla^2 f(\boldsymbol{x}^{(0)})=\begin{pmatrix}\dfrac{\partial^2 f(\boldsymbol{x}^{(0)})}{\partial x_1^2} & \dfrac{\partial^2 f(\boldsymbol{x}^{(0)})}{\partial x_2\partial x_1} & \cdots & \dfrac{\partial^2 f(\boldsymbol{x}^{(0)})}{\partial x_n\partial x_1}\\ \dfrac{\partial^2 f(\boldsymbol{x}^{(0)})}{\partial x_1\partial x_2} & \dfrac{\partial^2 f(\boldsymbol{x}^{(0)})}{\partial x_2^2} & \cdots & \dfrac{\partial^2 f(\boldsymbol{x}^{(0)})}{\partial x_n\partial x_2}\\ \vdots & \vdots & & \vdots\\ \dfrac{\partial^2 f(\boldsymbol{x}^{(0)})}{\partial x_1\partial x_n} & \dfrac{\partial^2 f(\boldsymbol{x}^{(0)})}{\partial x_2\partial x_n} & \cdots & \dfrac{\partial^2 f(\boldsymbol{x}^{(0)})}{\partial x_n^2}\end{pmatrix} \tag{1-8}$$

考虑向量值函数$F(x)$：$\mathbf{R}^n\to\mathbf{R}^m$，记$F(\boldsymbol{x})=(f_1(\boldsymbol{x}),\cdots,f_m(\boldsymbol{x}))^{\mathrm{T}}$，其中，$f_i(\boldsymbol{x})$：$\mathbf{R}^n\to\mathbf{R}(i=1,2,\cdots,m)$。

定义 1-2 设$F(\boldsymbol{x})$：$S\to\mathbf{R}^m$，$S\subset\mathbf{R}^n$，$\boldsymbol{x}^{(0)}\in S$，如果存在$n\times m$阶矩阵$\boldsymbol{A}$，对$\forall\boldsymbol{x}\in S$，有

$$F(\boldsymbol{x})=F(\boldsymbol{x}^{(0)})+\boldsymbol{A}^{\mathrm{T}}(\boldsymbol{x}-\boldsymbol{x}^{(0)})+\|\boldsymbol{x}-\boldsymbol{x}^{(0)}\|\alpha(\boldsymbol{x},\boldsymbol{x}^{(0)})$$

其中，$\lim\limits_{x\to x^{(0)}}\alpha(\boldsymbol{x},\boldsymbol{x}^{(0)})=0$，$\alpha(\boldsymbol{x},\boldsymbol{x}^{(0)})\in\mathbf{R}^m$，则称$F$在$\boldsymbol{x}^{(0)}$处可微，$\boldsymbol{A}$为$F$在$\boldsymbol{x}^{(0)}$处的偏导数矩阵，记$F'(\boldsymbol{x}^{(0)})=\boldsymbol{A}$。

可以证明，当F在$\boldsymbol{x}^{(0)}$处可微时，各偏导数$\dfrac{\partial f_i(\boldsymbol{x}^{(0)})}{\partial x_j}$（$i=1,2,\cdots,m$；$j=1,2,\cdots,n$）存在，且

$$F'(\boldsymbol{x}^{(0)})=(\nabla f_1(\boldsymbol{x}^{(0)}),\nabla f_2(\boldsymbol{x}^{(0)}),\cdots,\nabla f_m(\boldsymbol{x}^{(0)}))$$

$$=\begin{pmatrix}\dfrac{\partial f_1(\boldsymbol{x}^{(0)})}{\partial x_1} & \cdots & \dfrac{\partial f_m(\boldsymbol{x}^{(0)})}{\partial x_1}\\ \vdots & & \vdots\\ \dfrac{\partial f_1(\boldsymbol{x}^{(0)})}{\partial x_n} & \cdots & \dfrac{\partial f_m(\boldsymbol{x}^{(0)})}{\partial x_n}\end{pmatrix} \tag{1-9}$$

根据数学分析的有关理论，有下列泰勒展开式。设$f(x)$：$S\to\mathbf{R}$，$S\subset\mathbf{R}^n$，当$f(\boldsymbol{x})$在$\boldsymbol{x}^{(0)}$处一阶或二阶连续可微时有：

一阶泰勒展开式

$$f(\boldsymbol{x})=f(\boldsymbol{x}^{(0)})+\nabla f^{\mathrm{T}}(\boldsymbol{x}^{(0)})(\boldsymbol{x}-\boldsymbol{x}^{(0)})+o(\|\boldsymbol{x}-\boldsymbol{x}^{(0)}\|) \tag{1-10}$$

二阶泰勒展开式

$$f(\boldsymbol{x})=f(\boldsymbol{x}^{(0)})+\nabla f^{\mathrm{T}}(\boldsymbol{x}^{(0)})(\boldsymbol{x}-\boldsymbol{x}^{(0)})+\frac{1}{2}(\boldsymbol{x}-\boldsymbol{x}^{(0)})^{\mathrm{T}}\nabla^2 f(\boldsymbol{x}^{(0)})(\boldsymbol{x}-\boldsymbol{x}^{(0)})+o(\|\boldsymbol{x}-\boldsymbol{x}^{(0)}\|^2) \tag{1-11}$$

进一步还有一阶、二阶的中值公式。$\forall \boldsymbol{x}\in S$存在$\lambda\in(0,1)$，$\boldsymbol{x}_\lambda=\boldsymbol{x}^{(0)}+\lambda(\boldsymbol{x}-\boldsymbol{x}^{(0)})$，使

$$f(\boldsymbol{x})=f(\boldsymbol{x}^{(0)})+\nabla f^{\mathrm{T}}(\boldsymbol{x}_\lambda)(\boldsymbol{x}-\boldsymbol{x}^{(0)}) \tag{1-12}$$

又存在$\mu\in(0,1)$，$\boldsymbol{x}_\mu=\boldsymbol{x}^{(0)}+\mu(\boldsymbol{x}-\boldsymbol{x}^{(0)})$，使

$$\begin{aligned}f(\boldsymbol{x})=f(\boldsymbol{x}^{(0)})&+\nabla f^{\mathrm{T}}(\boldsymbol{x}^{(0)})(\boldsymbol{x}-\boldsymbol{x}^{(0)})+\\&\frac{1}{2}(\boldsymbol{x}-\boldsymbol{x}^{(0)})^{\mathrm{T}}\nabla^2 f(\boldsymbol{x}_\mu)(\boldsymbol{x}-\boldsymbol{x}^{(0)})\end{aligned} \tag{1-13}$$

对于向量值函数，有相应的泰勒展开式：

$$F(\boldsymbol{x})=F(\boldsymbol{x}^{(0)})+(F'(\boldsymbol{x}^{(0)}))^{\mathrm{T}}(\boldsymbol{x}-\boldsymbol{x}^{(0)})+o(\|\boldsymbol{x}-\boldsymbol{x}^{(0)}\|) \tag{1-14}$$

其中最后的无穷小量是m维的无穷小量。但是向量值函数没有中值公式，为了进行必要的估计，可使用下列积分形式：

$$F(\boldsymbol{x})=F(\boldsymbol{x}^{(0)})+\left(\int_0^1 F'(\boldsymbol{x}^{(0)}+\lambda(\boldsymbol{x}-\boldsymbol{x}^{(0)}))\mathrm{d}\lambda\right)^{\mathrm{T}}(\boldsymbol{x}-\boldsymbol{x}^{(0)}) \tag{1-15}$$

利用上面的定义，可得到下列特殊函数的一阶或二阶导数。

（1）$f(\boldsymbol{x})=\boldsymbol{c}^{\mathrm{T}}\boldsymbol{x}$，$\boldsymbol{c}\in\mathbf{R}^n$，则$\nabla f(\boldsymbol{x})=\boldsymbol{c}$。

（2）$f(\boldsymbol{x})=\frac{1}{2}\boldsymbol{x}^{\mathrm{T}}\boldsymbol{G}\boldsymbol{x}+\boldsymbol{c}^{\mathrm{T}}\boldsymbol{x}+p$，其中$\boldsymbol{G}$为$n\times n$对称矩阵，$\boldsymbol{c}\in\mathbf{R}^n$，$p\in\mathbf{R}$，则$\nabla f(\boldsymbol{x})=\boldsymbol{G}\boldsymbol{x}+\boldsymbol{c}$，$\nabla^2 f(\boldsymbol{x})=\boldsymbol{G}$。

（3）$F(\boldsymbol{x})=\boldsymbol{A}\boldsymbol{x}+\boldsymbol{b}$，$\boldsymbol{A}$为$m\times n$矩阵，$\boldsymbol{b}\in\mathbf{R}^m$，则$F'(\boldsymbol{x})=\boldsymbol{A}^{\mathrm{T}}$。

利用复合函数的链式规则，注意向量运算。设$f(\boldsymbol{A}\boldsymbol{x}+\boldsymbol{b})$，那么，$f$关于$\boldsymbol{x}$的梯度记$\boldsymbol{y}=\boldsymbol{A}\boldsymbol{x}+\boldsymbol{b}$，则

$$\nabla_x f(\boldsymbol{A}\boldsymbol{x}+\boldsymbol{b})=\boldsymbol{A}^{\mathrm{T}}\nabla_y f(\boldsymbol{y})$$

关于$\boldsymbol{x}$的二阶黑塞矩阵为

$$\nabla_x^2 f(\boldsymbol{A}\boldsymbol{x}+\boldsymbol{b})=\boldsymbol{A}^{\mathrm{T}}\nabla_y^2 f(\boldsymbol{y})\boldsymbol{A}$$

1.3.3 点和方向

在解数学规划问题时，常常要涉及迭代点和搜索方向，点和方向在$\mathbf{R}^n$中都是向量，所涉及的点是$\mathbf{R}^n$中的一个固定的向量，一般用$\boldsymbol{x}$，$\boldsymbol{y}$，$\boldsymbol{z}$等来记；本书谈到的方向指自由向量，它有固定的长度和方向，但起始点可移动，一般用$\boldsymbol{d}$，$\boldsymbol{s}$等来记。$\boldsymbol{x}+\lambda\boldsymbol{d}$表示从$\boldsymbol{x}$点出发沿方向$\boldsymbol{d}$，移动$\boldsymbol{d}$长度的$\lambda$倍所得到的向量，如图1-1所示。函数$f(\boldsymbol{x})$沿这个方向的斜率为$f_\lambda'(\boldsymbol{x}+\lambda\boldsymbol{d})|_{\lambda=0}=\nabla f^{\mathrm{T}}$

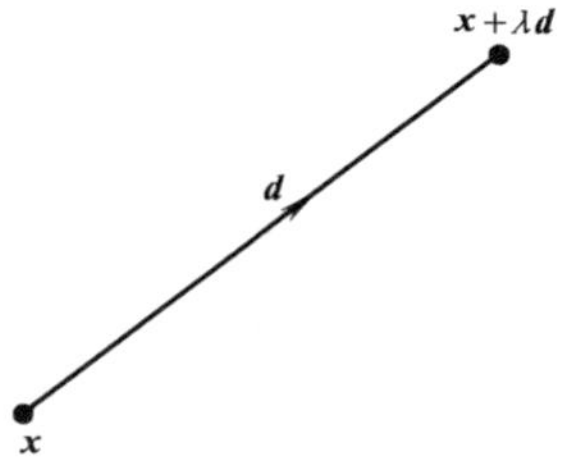

图 1-1

$(\boldsymbol{x})\boldsymbol{d}$，称关于 λ 的二阶导数为函数 f 沿此方向的曲率。

$$f''_{\lambda}(\boldsymbol{x}+\lambda\boldsymbol{d})\big|_{\lambda=0}=\boldsymbol{d}^{\mathrm{T}}\nabla^2 f(\boldsymbol{x})\boldsymbol{d}$$

定义 1-3　设 $S\subset\mathbf{R}^n$，非空，f：$S\to\mathbf{R}$，$\boldsymbol{x}\in S$，$\boldsymbol{d}\in\mathbf{R}^n$，$\boldsymbol{d}\neq\boldsymbol{0}$，使当 $\lambda>0$ 充分小时有 $\boldsymbol{x}+\lambda\boldsymbol{d}\in S$，如果极限

$$\lim_{\lambda\to 0^+}\frac{f(\boldsymbol{x}+\lambda\boldsymbol{d})-f(\boldsymbol{x})}{\lambda}$$

存在（包括取 $\pm\infty$），则称 f 在 $\boldsymbol{x}$ 点沿 $\boldsymbol{d}$ 有方向导数，记为

$$f'(\boldsymbol{x};\boldsymbol{d})=\lim_{\lambda\to 0^+}\frac{f(\boldsymbol{x}+\lambda\boldsymbol{d})-f(\boldsymbol{x})}{\lambda} \tag{1-16}$$

显然，当 f 在 $\boldsymbol{x}$ 点可微时，$f'(\boldsymbol{x};\ \boldsymbol{d})=\nabla f^{\mathrm{T}}(\boldsymbol{x})\ \boldsymbol{d}$。

1.3.4 正定矩阵

定义 1-4　对一个 n 阶方阵 $\boldsymbol{M}$，如果其对任意非零向量 $\boldsymbol{Z}$ 都有 $\boldsymbol{Z}^{\mathrm{T}}\boldsymbol{M}\boldsymbol{Z}>0$，其中 $\boldsymbol{Z}^{\mathrm{T}}$ 为 $\boldsymbol{Z}$ 的转置，则 $\boldsymbol{M}$ 为正定矩阵。

定理 1-3　对于 n 阶实对称矩阵 $\boldsymbol{M}$，下列条件是等价的：

（1）$\boldsymbol{M}$ 是正定矩阵。

（2）$\boldsymbol{M}$ 的特征值均为正。

（3）$\boldsymbol{M}$ 的一切顺序主子式均为正。

习　题

1. 生产某种机床需要 A，B，C 三种轴类零件，用同一种长 6m 的圆形钢材加工，其中 A，B，C 的长度分别为 1.3m，2.4m，3.2m。每台机床所需这三类轴的数量分别为 5 根、3 根和 1 根。现要生产此机床 200 台，问如何下料可使所用的圆形钢材数最少？试建数学模型。

2. 某饲养场饲养供实验用的动物，已知动物生长对饲料中的三种营养成分蛋白质、矿物质和维生素特别敏感，每个动物每天对上述营养成分的最低需要量分别为 70g、3g 和 10mg。该饲养场用五种饲料喂养动物，这五种饲料的营养成分含量及价格见表 1-6（每千克的含量及价格）。试建立数学模型，求既满足动物的需要又能使总成本最低的饲料配方。

表　1-6

饲　料	蛋白质/g	矿物质/g	维生素/mg	价格（元）
A	0.30	0.10	0.05	0.20
B	2.00	0.05	0.10	0.70
C	1.00	0.02	0.02	0.40
D	0.60	0.20	0.20	0.30
E	1.80	0.05	0.08	0.50

3. 某公司制造并出售 A，B 两种酒，每瓶加工时间分别为 3h、4h，在一个生产周期内共有 20000h 可使用。直接的成本为 A 酒每瓶 24 元，B 酒每瓶 16 元，可供使用的资金为 32000 元。另外，本生产周期内 A 酒销售收入的 45%、B 酒销售收入的 30%可在此期间回收到手，作为经营费用支付。假设生产的酒全部可以售出，销售价格为 A 酒每瓶 48 元，B 酒每瓶 43. 20 元。试建立数学模型，使公司收益最大。

4. 某石油钻井钻探的负责人必须从 10 个可行位置中挑选 5 个费用最低的点进行钻探。设 10 个点的标号分别为 s_1，s_2，…，s_{10}，各点钻探费用分别为 c_1，c_2，…，c_{10}。按区域发展规划，有如下规定：

（1）同时钻了 s_1 和 s_7 后，就不能钻 s_8。

（2）钻了 s_3 或 s_4 后，就不能钻 s_6。

（3）s_5，s_6，s_7，s_8 中只能钻 2 个。

试构造一个在满足上述要求的前提下寻求钻探费用最小方案的数学规划模型。

5. 有 1，2，3，4 四种零件均可在设备 A 或设备 B 上加工，已知在这两种设备上分别加工一个零件的费用见表 1-7。又知设备 A 或 B 只要有零件加工均需要设备的起动费用，分别为 100 元和 150 元。现要求加工 1，2，3，4 零件各 3 件。问应如何安排使总的费用最小？试建立数学规划模型。

表　1-7　　（单位：元）

设备	零件			
	1	2	3	4
A	50	80	90	40
B	30	100	50	70

6. 某造船厂根据合同从当年起连续三年每年年末各提供 4 艘规格相同的大型客货轮。已知该厂这三年内生产大型客货轮的能力及每艘客货轮的成本见表 1-8。

表　1-8

年　　度	正常生产时间内可完成的客货轮数（艘）	加班生产时间内可完成的客货轮数（艘）	正常生产时每艘成本（万元）
1	3	3	500
2	5	2	600
3	2	3	500

已知加班生产时，每艘客货轮成本比正常时高出 60 万元；又知造出来的客货轮若当年不交货，每艘积压一年造成损失为 30 万元。在签订合同时，该厂已积压了 2 艘未交货的客货轮，而该厂希望在第三年末完成合同还能储存一艘备用。问该厂如何安排每年客货轮的生产量，在满足上述各项要求的情况下总的生产费用最少？试建立数学规划模型。

7. 通过计算偏导数验证下列算式：

（1）若 $f(\boldsymbol{x})=\boldsymbol{c}^{\mathrm{T}}\boldsymbol{x}+\alpha$，则 $\nabla f(\boldsymbol{x})=\boldsymbol{c}$。

（2）若 $f(\boldsymbol{x})=\dfrac{1}{2}\boldsymbol{x}^{\mathrm{T}}\boldsymbol{G}\boldsymbol{x}+\boldsymbol{c}^{\mathrm{T}}\boldsymbol{x}+\alpha$，则 $\nabla f(\boldsymbol{x})=\boldsymbol{G}\boldsymbol{x}+\boldsymbol{c}$，$\nabla^2 f(\boldsymbol{x})=\boldsymbol{G}$。

（3）若 $\boldsymbol{A}$ 是 $m\times n$ 矩阵，$\boldsymbol{b}\in\mathbf{R}^m$，$\boldsymbol{g}(\boldsymbol{x})=\boldsymbol{A}\boldsymbol{x}+\boldsymbol{b}$，则 $\boldsymbol{g}'(\boldsymbol{x})=\boldsymbol{A}^{\mathrm{T}}$。

8. 求下列函数的梯度和黑塞矩阵：

（1）$f_1(\boldsymbol{x})=x_1^2-x_1+x_2^2+x_1x_2+9$

（2）$f_2(\boldsymbol{x})=3x_1x_2+2x_1^2+x_2^2+5x_3^2-6x_1x_3+4x_1x_2x_3+17$

（3）$f_3(\boldsymbol{x})=10-(x_2-x_1^2)^2$

（4）$f_4(\boldsymbol{x})=\ln(x_1^2+x_2^2+x_1x_2)$

（5）$f_5(\boldsymbol{x})=6x_1^2x_2+2x_2^2x_3+x_3^3-x_1^2+3x_2^2+2x_1x_2x_3-5x_1+3x_2-x_1x_2+59$

9. 设 $F(\boldsymbol{x})=(f_1(\boldsymbol{x}),\ f_2(\boldsymbol{x}),\ f_3(\boldsymbol{x}))^{\mathrm{T}}$，其中 $f_1(\boldsymbol{x})$，$f_2(\boldsymbol{x})$，$f_3(\boldsymbol{x})$ 分别为第 8 题中的相应函数，求 $F(\boldsymbol{x})$ 的偏导数矩阵。

10. 求第 8 题中各函数的一阶和二阶泰勒展开式。

11. 设 $\boldsymbol{x}=(x_1,\ x_2,\ x_3)^{\mathrm{T}}$，$\boldsymbol{d}=(d_1,\ d_2,\ d_3)^{\mathrm{T}}$，求第 8 题（2）与（5）中的函数在 $\boldsymbol{x}$ 点沿方向 $\boldsymbol{d}$ 的方向导数 $f_2'(\boldsymbol{x};\ \boldsymbol{d})$，$f_5'(\boldsymbol{x};\ \boldsymbol{d})$。

第 2 章

基本概念和基本理论

数学规划在最优化领域占有重要的地位。它除了本身具有较强的实际背景外，还是求解许多更复杂规划问题的基础。由于数学规划问题的求解难度较大，又涉及较深的数学理论，因此，它成了深入学习运筹学的重要基础。由于很多实际问题的精度要求较高，以及计算机技术的飞速发展，使得数学规划在近几十年来得到了长足发展。经过运筹学工作者的长期努力，数学规划的理论和应用都显示出了其重要而又深远的意义。

在下面几章将着重介绍数学规划的重要成果，注重对其研究、应用思路及实施手段的介绍，尽量避免涉及深邃难懂的理论推导。

本章将介绍数学规划模型的一般形式、凸集、凸函数和凸规划，这些都是后面几章要涉及的内容，是学习优化算法的必备知识。

2.1 数学规划模型的一般形式

第 1 章中已经介绍了数学规划建模的一些思路，为了方便叙述，这里记数学规划模型的一般形式为

$$(fS)\quad \begin{cases}\min & f(\boldsymbol{x})\\ \text{s.t.} & \boldsymbol{x}\in S\end{cases} \tag{2-1}$$

式中，$S\subset\mathbf{R}^n$ 为 n 维欧氏空间的集合，称约束集合或可行集；f：$S\to\mathbf{R}$ 为目标函数；若 $\boldsymbol{x}\in S$，称 $\boldsymbol{x}$ 为问题（fS）的可行解。

当 $\boldsymbol{x}^*\in S$，且满足对 $\forall\boldsymbol{x}\in S$ 有 $f(\boldsymbol{x}^*)\leqslant f(\boldsymbol{x})$ 时，称 $\boldsymbol{x}^*$ 是问题（fS）的最优解，记 opt.。有时把最优解简称为解，对于 $f^*=f(\boldsymbol{x}^*)$，称之为问题（fS）的最优值。

定义 2-1 考虑问题（fS），设 $\boldsymbol{x}^*\in S$，有：

（1）若 $f(\boldsymbol{x}^*)\leqslant f(\boldsymbol{x})$，$\forall\boldsymbol{x}\in S$，则称 $\boldsymbol{x}^*$ 为问题（fS）的全局最优解（或最优解或解），记 g. opt.（global optimum）（或 opt.）。

（2）若存在 $\boldsymbol{x}^*$ 的邻域 $N(\boldsymbol{x}^*)$，使得 $f(\boldsymbol{x}^*)\leqslant f(\boldsymbol{x})$，$\forall\boldsymbol{x}\in S\cap N(\boldsymbol{x}^*)$，则称 $\boldsymbol{x}^*$ 为问题（fS）的局部最优解，记 l. opt.（local optimum）。

（3）对于（1）或（2），若 $\boldsymbol{x}^*$ 可满足当 $\boldsymbol{x}\neq\boldsymbol{x}^*$ 时严格不等式成立，则分别称为严格全局最优解和严格局部最优解。

定义 2-1 的几何意义如图 2-1 所示。x，y，z 均为 l. opt.，x，y 还是严格的 l. opt.，y 是严格的 g. opt.。

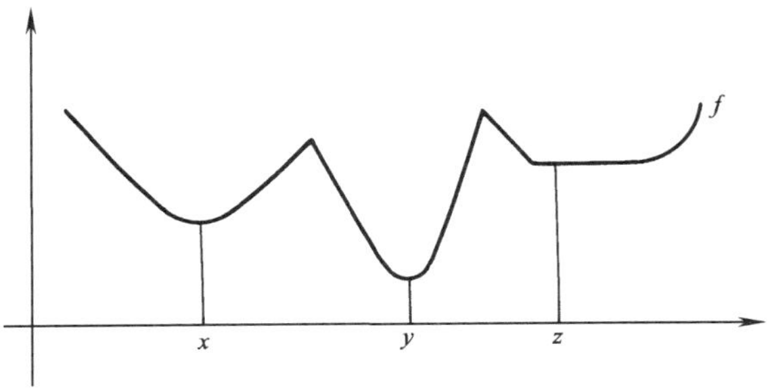

图　2-1

在线性与非线性规划的研究、应用中，常用函数直接表示各变量之间的关系，于是有下面的表示形式：

$$(fgh)\begin{cases}\min & f(\boldsymbol{x}) \\ \text{s. t.} & g_i(\boldsymbol{x})\leqslant 0,\ i=1,\ 2,\ \cdots,\ m \\ & h_j(\boldsymbol{x})=0,\ j=1,\ 2,\ \cdots,\ l\end{cases} \tag{2-2}$$

式中，$\boldsymbol{x}\in\mathbf{R}^n$，$f$，$g_i$，$h_j$ 均为从 $\mathbf{R}^n$ 到 $\mathbf{R}$ 的实值多元函数。为了区别，常称$g_i(\boldsymbol{x})\leqslant 0$（$i=1$，$2$，$\cdots$，$m$）为不等式约束，称 $h_j(\boldsymbol{x})=0(j=1$，$2$，$\cdots$，$l)$ 为等式约束。显然对应于问题 (fS)，这里 $S=\{\boldsymbol{x}\mid g_i(\boldsymbol{x})\leqslant 0, h_j(\boldsymbol{x})=0,\ i=1,\ 2,\ \cdots,\ m;\ j=1,\ 2,\ \cdots,\ l\}$。也常把式（2-2）表示为矩阵形式：

$$(f\boldsymbol{gh})\begin{cases}\min & f(\boldsymbol{x}) \\ \text{s. t.} & \boldsymbol{g}(\boldsymbol{x})\leqslant\mathbf{0} \\ & \boldsymbol{h}(\boldsymbol{x})=\mathbf{0}\end{cases} \tag{2-3}$$

式中，$\boldsymbol{g}(\boldsymbol{x})=(g_1(\boldsymbol{x}),\ g_2(\boldsymbol{x}),\ \cdots,\ g_m(\boldsymbol{x}))^{\mathrm{T}}$：$\mathbf{R}^n\to\mathbf{R}^m$

$\boldsymbol{h}(\boldsymbol{x})=(h_1(\boldsymbol{x}),\ h_2(\boldsymbol{x}),\ \cdots,\ h_l(\boldsymbol{x}))^{\mathrm{T}}$：$\mathbf{R}^n\to\mathbf{R}^l$

均为向量值函数，其余含义同上。在后文讨论中，这两种形式从表示形式上不会产生概念的混淆，因此不在文中特别说明。

2.2 凸集、凸函数和凸规划

2.2.1 凸集

定义 2-2　设 $S\subset\mathbf{R}^n$，如果 $\boldsymbol{x}^{(1)}$，$\boldsymbol{x}^{(2)}\in S$，$\lambda\in[0,\ 1]$，均有

$$\lambda\boldsymbol{x}^{(1)}+(1-\lambda)\boldsymbol{x}^{(2)}\in S \tag{2-4}$$

则称 S 为凸集。

由定义知，凸集的特征是集合中任两点连成的线段必属于这个集合，如图 2-2 所示。

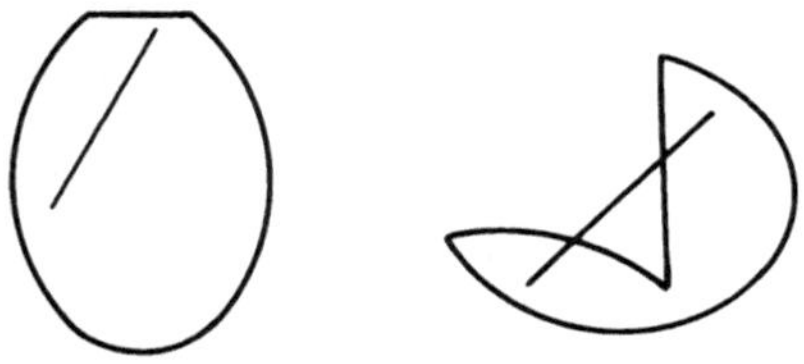

图 2-2

a）凸集 b）非凸集

为了便于归类及讨论，规定空集∅为凸集，单点集 $\{\boldsymbol{x}\}$ 为凸集。

例 2-1 设 $\boldsymbol{A}$ 为 $m\times n$ 矩阵，$\boldsymbol{b}\in\mathbf{R}^m$，证明 $S=\{\boldsymbol{x}\mid \boldsymbol{A}\boldsymbol{x}=\boldsymbol{b}\}$ 是凸集。

证明 任取 $\boldsymbol{x}^{(1)}$，$\boldsymbol{x}^{(2)}\in S$，$\lambda\in(0,1)$，记

$$\boldsymbol{x}_\lambda=\lambda\boldsymbol{x}^{(1)}+(1-\lambda)\boldsymbol{x}^{(2)}$$

则有

$$\boldsymbol{A}\boldsymbol{x}^{(1)}=\boldsymbol{b},\ \boldsymbol{A}\boldsymbol{x}^{(2)}=\boldsymbol{b}$$

$$\begin{aligned}\boldsymbol{A}\boldsymbol{x}_\lambda&=\boldsymbol{A}(\lambda\boldsymbol{x}^{(1)}+(1-\lambda)\boldsymbol{x}^{(2)})\\&=\lambda\boldsymbol{A}\boldsymbol{x}^{(1)}+(1-\lambda)\boldsymbol{A}\boldsymbol{x}^{(2)}\\&=\lambda\boldsymbol{b}+(1-\lambda)\boldsymbol{b}\\&=\boldsymbol{b}\end{aligned}$$

因此，$\boldsymbol{x}_\lambda\in S$，由定义 2-2 得到 S 是凸集。

定义 2-3 设 $\boldsymbol{x}^{(1)}$，$\boldsymbol{x}^{(2)}$，…，$\boldsymbol{x}^{(m)}\in\mathbf{R}^n$，$\lambda_i\geqslant 0$，$i=1,2,\cdots,m$，且 $\sum_{i=1}^{m}\lambda_i=1$，则称 $\sum_{i=1}^{m}\lambda_i\boldsymbol{x}^{(i)}$ 为点 $\boldsymbol{x}^{(1)}$，$\boldsymbol{x}^{(2)}$，…，$\boldsymbol{x}^{(m)}$ 的凸组合。

定义 2-3 中用到的是二点凸组合。可以证明，设 $S\subset\mathbf{R}^n$ 非空，由 S 中所有有限点的凸组合构成的集合为凸集，称它为 S 的凸包，记为 cov（S）。显然，如果 S 是凸集，那么

$$S=\operatorname{cov}(S)$$

当 S 为 m 个点构成的有限点集，$S=\{\boldsymbol{x}^{(1)},\cdots,\boldsymbol{x}^{(m)}\}$ 时，它的凸包 $\operatorname{cov}(\boldsymbol{x}^{(1)},\cdots,\boldsymbol{x}^{(m)})$ 称为多胞形。进一步地，若有 $\boldsymbol{x}^{(2)}-\boldsymbol{x}^{(1)}$，…，$\boldsymbol{x}^{(m)}-\boldsymbol{x}^{(1)}$ 线性无关时，则称这个多胞形为单纯形。显然，$\mathbf{R}^n$ 中的单纯形至多是 $n+1$ 个点的凸包，如图 2-3 所示。

可以证明，如果 $\boldsymbol{x}^{(1)}$，$\boldsymbol{x}^{(2)}$，…，$\boldsymbol{x}^{(m)}\in\mathbf{R}^n$ 满足 $\boldsymbol{x}^{(2)}-\boldsymbol{x}^{(1)}$，$\boldsymbol{x}^{(3)}-\boldsymbol{x}^{(1)}$，…，$\boldsymbol{x}^{(m)}-\boldsymbol{x}^{(1)}$ 线性无关，则任意 $i=1,2,\cdots,m$，均有 $\boldsymbol{x}^{(1)}-\boldsymbol{x}^{(i)}$，$\boldsymbol{x}^{(2)}-\boldsymbol{x}^{(i)}$，…，$\boldsymbol{x}^{(i-1)}-\boldsymbol{x}^{(i)}$，$\boldsymbol{x}^{(i+1)}-\boldsymbol{x}^{(i)}$，…，$\boldsymbol{x}^{(m)}-\boldsymbol{x}^{(i)}$ 线性无关。

凸集有下列明显性质：

（1）若 S_1，S_2 是凸集，那么它们的交 $S_1\cap S_2$ 是凸集。

（2）若 S 是凸集，那么 S 的内点集 int$S$ 是凸集，S 的闭包 cl$S$ 是凸集。

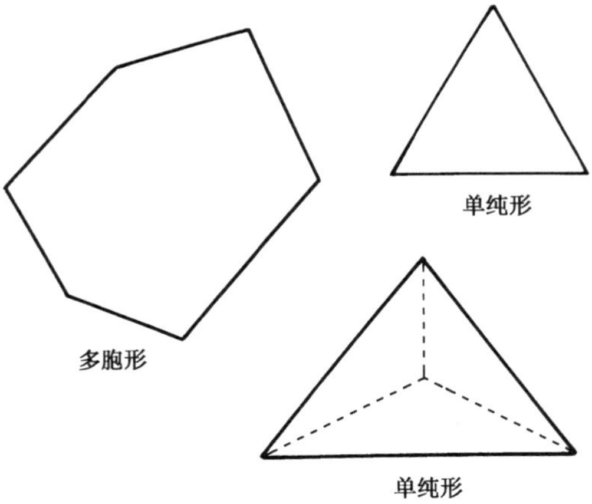

图　2-3

读者可以思考，上面的两个性质的逆命题是否成立。若不成立，举出例子来说明。

凸集的性质中涉及的重要概念有分离和支撑，下面做简要介绍。

定义 2-4　设 S_1，$S_2 \subset \mathbf{R}^n$，非空，若 $\exists \boldsymbol{p} \in \mathbf{R}^n$，$\boldsymbol{p} \neq \mathbf{0}$ 及 $\alpha \in \mathbf{R}$，使满足：

$$\begin{cases} \boldsymbol{p}^{\mathrm{T}}\boldsymbol{x} \geqslant \alpha, & \forall \boldsymbol{x} \in S_1 \\ \boldsymbol{p}^{\mathrm{T}}\boldsymbol{x} \leqslant \alpha, & \forall \boldsymbol{x} \in S_2 \end{cases} \tag{2-5}$$

则称超平面 $H=\{\boldsymbol{x}: \boldsymbol{p}^{\mathrm{T}}\boldsymbol{x}=\alpha\}$ 分离 S_1 和 S_2。H 称为分离超平面。

如果 $S_1 \cup S_2 \not\subset H$，则称为正常分离。

如果式（2-5）中的两式均以严格不等式成立，则称 H 严格分离 S_1 和 S_2。

如果进一步存在 $\varepsilon>0$，使满足：

$$\begin{cases} \boldsymbol{p}^{\mathrm{T}}\boldsymbol{x} \geqslant \alpha+\varepsilon, & \forall \boldsymbol{x} \in S_1 \\ \boldsymbol{p}^{\mathrm{T}}\boldsymbol{x} \leqslant \alpha, & \forall \boldsymbol{x} \in S_2 \end{cases} \tag{2-6}$$

则称 H 强分离 S_1 和 S_2。

显然，强分离、严格分离蕴含正常分离，强分离一定可转换为严格分离（见图 2-4）。

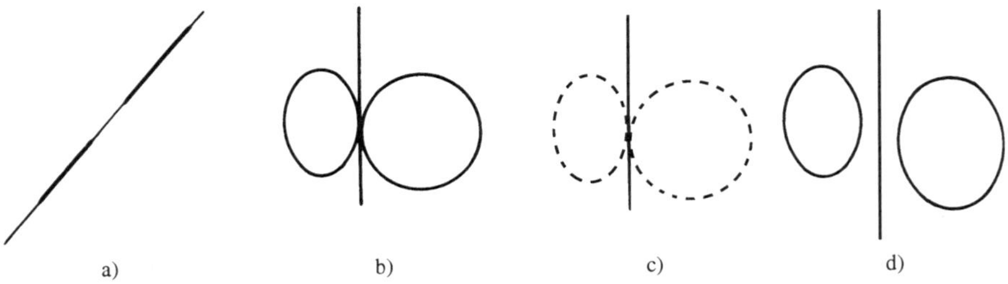

图　2-4

a）非正常分离　b）正常分离　c）严格分离　d）强分离

可以证明，如果 S_1，S_2 为凸集，且 $\mathrm{int}S_1 \cap \mathrm{int}S_2 = \varnothing$，则存在超平面分离 S_1，S_2，即 $\exists \boldsymbol{p} \in \mathbf{R}^n$，$\boldsymbol{p} \neq \mathbf{0}$，使

$$\sup\{\boldsymbol{p}^{\mathrm{T}}\boldsymbol{x}: \boldsymbol{x} \in S_1\} \leqslant \inf\{\boldsymbol{p}^{\mathrm{T}}\boldsymbol{x}: \boldsymbol{x} \in S_2\}$$

如果 $\mathrm{cl}S_1 \cap \mathrm{cl}S_2 = \varnothing$，那么进一步有，存在超平面强分离 S_1，S_2，即 $\exists \boldsymbol{p} \in \mathbf{R}^n$，$\boldsymbol{p} \neq \mathbf{0}$ 及 $\varepsilon > 0$，使

$$\sup\{\boldsymbol{p}^{\mathrm{T}}\boldsymbol{x}: \boldsymbol{x} \in S_1\} + \varepsilon \leqslant \inf\{\boldsymbol{p}^{\mathrm{T}}\boldsymbol{x}: \boldsymbol{x} \in S_2\}$$

上面 $\mathrm{int}S$ 和 $\mathrm{cl}S$ 分别表示 S 的内集和闭包。sup 和 inf 分别表示集合的上确界和下确界，即最小上界和最大下界。

定义 2-5 设 $S \subset \mathbf{R}^n$，非空，$\bar{\boldsymbol{x}} \in \partial S$（表示 S 的边界点集）。$\boldsymbol{p} \in \mathbf{R}^n$，$\boldsymbol{p} \neq \mathbf{0}$，如果满足 $\boldsymbol{p}^{\mathrm{T}}(\boldsymbol{x} - \bar{\boldsymbol{x}}) \geqslant 0$，$\forall \boldsymbol{x} \in S$，则称超平面 $H = \{\boldsymbol{x}: \boldsymbol{p}^{\mathrm{T}}(\boldsymbol{x} - \bar{\boldsymbol{x}}) = 0\}$ 为 S 在 $\bar{\boldsymbol{x}}$ 点的支撑超平面。又若 $S \not\subset H$，则称正常支撑。

显然，对于一个集合 S 的边界点 A，可能存在一个支撑超平面，也可能存在多个支撑超平面或不存在支撑超平面（见图 2-5）。可以证明，当 S 为凸集时，其任一边界点存在支撑超平面。

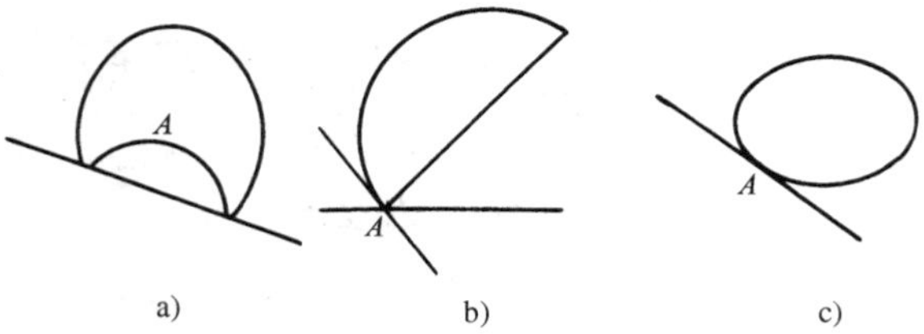

图 2-5

a）不存在支撑超平面 b）存在多个支撑超平面 c）存在唯一支撑超平面

在优化问题的计算中常涉及一类特殊的凸集——凸锥，下面做一些介绍。

定义 2-6 设非空集合 $C \subset \mathbf{R}^n$，如果 $\forall \boldsymbol{x} \in C$ 对 $\forall \lambda > 0$ 有 $\lambda \boldsymbol{x} \in C$，则称 C 为以 0 为顶点的锥（注意不一定含 0 点）。若 C 又是凸集，则称 C 为凸锥。

显然，零点集 $\{0\}$ 是凸锥。我们规定空集 $\varnothing$ 是凸锥。一般凸锥、非凸锥的例子如图 2-6 所示。

设 $\boldsymbol{x}^{(1)}$，$\boldsymbol{x}^{(2)}$，…，$\boldsymbol{x}^{(m)} \in \mathbf{R}^n$，$\lambda_i \geqslant 0 (i = 1, 2, \cdots, m)$，则 $\sum_{i=1}^{m} \lambda_i \boldsymbol{x}^{(i)}$ 称为 $\boldsymbol{x}^{(1)}$，$\boldsymbol{x}^{(2)}$，…，$\boldsymbol{x}^{(m)}$ 的非负组合。若再有条件 $\sum_{i=1}^{m} \lambda_i > 0$，则称为半正组合。显然凸组合是半正组合。

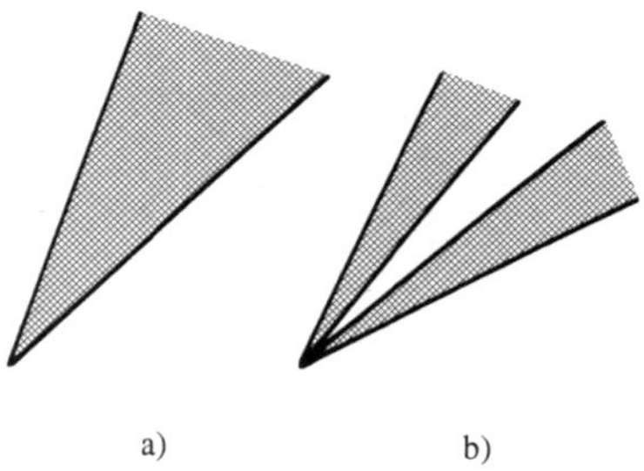

图 2-6

a）凸锥 b）非凸锥

容易证明：①非空集合 $S \subset \mathbf{R}^n$ 的所有半正组合构成包含 S 的最小凸锥；②$C \subset \mathbf{R}^n$ 是凸锥的充分必要条件是 C 的任意有限点的半正组合属于 C。

2.2.2 凸函数

定义 2-7　设$S\subset\mathbf{R}^n$，非空，凸集，函数$f:S\to\mathbf{R}$，如果对$\forall\boldsymbol{x}^{(1)}, \boldsymbol{x}^{(2)}\in S$，$\forall\lambda\in(0,1)$，恒有

$$f(\lambda\boldsymbol{x}^{(1)}+(1-\lambda)\boldsymbol{x}^{(2)})\leqslant\lambda f(\boldsymbol{x}^{(1)})+(1-\lambda)f(\boldsymbol{x}^{(2)}) \tag{2-7}$$

则称f为S上的凸函数。如果式（2-7）恒以严格不等式成立，则称f为S上的严格凸函数。

当$-f$为凸或严格凸函数时，称f为凹或严格凹函数。

凸函数的几何意义是，对于S中任意两点，这两点连成的线段上的点的函数值必不超过两端点函数值的相应凸组合，如图 2-7 所示。

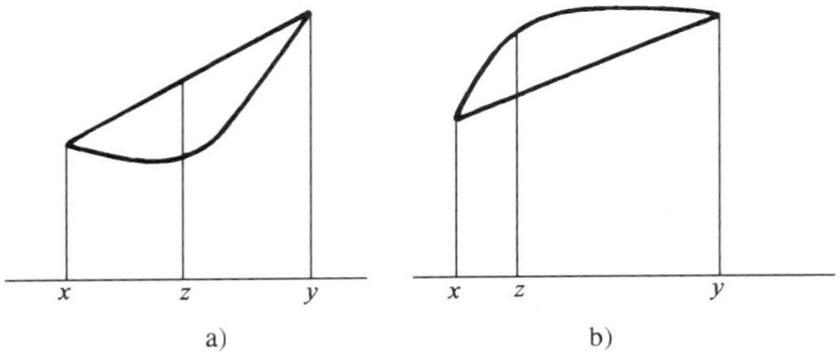

$z=\alpha x+(1-\alpha)y$

图　2-7
a）凸函数　b）凹函数

可以证明，如果$f(\boldsymbol{x})$是凸集S上的凸函数，那么任意$\boldsymbol{x}^{(1)}, \boldsymbol{x}^{(2)}, \cdots, \boldsymbol{x}^{(m)}\in S$，及$\forall\lambda_i\geqslant0(i=1,2,\cdots,m)$，$\sum_{i=1}^{m}\lambda_i=1$，有

$$f\left(\sum_{i=1}^{m}\lambda_i\boldsymbol{x}^{(i)}\right)\leqslant\sum_{i=1}^{m}\lambda_i f(\boldsymbol{x}^{(i)}) \tag{2-8}$$

定义 2-8　设$S\subset\mathbf{R}^n$，非空，$f:S\to\mathbf{R}$，$\alpha\in\mathbf{R}$，则称

$$S_\alpha=\{\boldsymbol{x}\mid f(\boldsymbol{x})\leqslant\alpha,\boldsymbol{x}\in S\} \tag{2-9}$$

为f的水平集。

水平集S_α是通过函数f加以限制的定义集合的子集，如图 2-8 阴影部分所示。容易证明，当f为凸函数时，$\forall\alpha\in\mathbf{R}$，$S_\alpha$是凸集。但是它的逆不成立。例如，设

$$f(\boldsymbol{x})=\begin{cases}1, & \boldsymbol{x}\geqslant\mathbf{0}\\0, & \boldsymbol{x}<\mathbf{0}\end{cases}$$

显然，$f(\boldsymbol{x})$不是凸函数，但水平集总是凸的。

$$S_{\alpha}=\begin{cases}\varnothing, & \alpha<0\\(-\infty, 0), & 0\leqslant\alpha<1\\(-\infty, +\infty), & \alpha\geqslant 1\end{cases}$$

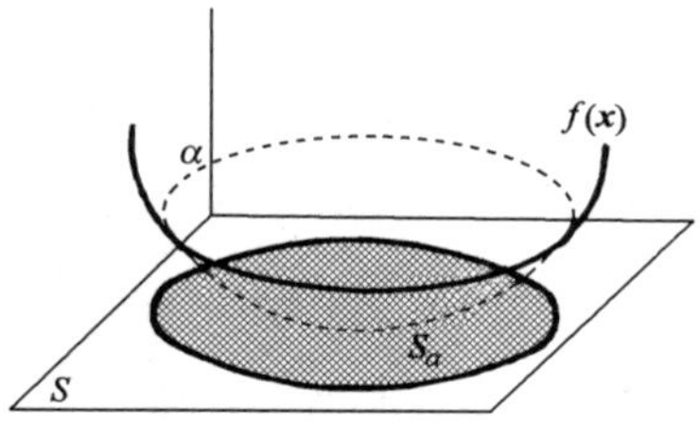

图 2-8

凸函数具有下列重要性质（这里只介绍不证明）：

（1）若 f 在 S 上凸，那么 f 在 int$S$ 上连续。

（2）若 f 在非空凸集 S 上凸，设 $\boldsymbol{x}\in S$，$\boldsymbol{d}\in\mathbf{R}^n$，$\boldsymbol{d}\neq\mathbf{0}$，且当 λ 充分小时，均有 $\boldsymbol{x}+\lambda\boldsymbol{d}\in S$，那么 f 在 $\boldsymbol{x}$ 点沿方向 $\boldsymbol{d}$ 的方向导数存在。

下面讨论可微凸函数。设 $S\subset\mathbf{R}^n$，非空，开，凸，f 在 S 上可微，在这些假设下有如下定理：

定理 2-1 在上面假设下，有：

（1）f 在 S 上凸 $\rightleftharpoons\forall\bar{\boldsymbol{x}}\in S$，有 $f(\boldsymbol{x})\geqslant f(\bar{\boldsymbol{x}})+\nabla f^{\mathrm{T}}(\bar{\boldsymbol{x}})(\boldsymbol{x}-\bar{\boldsymbol{x}})$，$\forall\boldsymbol{x}\in S$。

（2）f 在 S 上严格凸 $\rightleftharpoons\forall\bar{\boldsymbol{x}}\in S$，有 $f(\boldsymbol{x})>f(\bar{\boldsymbol{x}})+\nabla f^{\mathrm{T}}(\bar{\boldsymbol{x}})(\boldsymbol{x}-\bar{\boldsymbol{x}})$，$\forall\boldsymbol{x}\in S$，$\boldsymbol{x}\neq\bar{\boldsymbol{x}}$。

证明 只证明（1），（2）的证明类似。

必要性：$\forall\boldsymbol{x}^{(1)}$，$\boldsymbol{x}^{(2)}\in S$，$\forall\lambda\in(0, 1)$，记

$$\boldsymbol{x}_{\lambda}=\lambda\boldsymbol{x}^{(1)}+(1-\lambda)\boldsymbol{x}^{(2)}$$

由条件

$$\begin{aligned}f(\boldsymbol{x}^{(1)})&\geqslant f(\boldsymbol{x}_{\lambda})+\nabla f^{\mathrm{T}}(x_{\lambda})(\boldsymbol{x}^{(1)}-\boldsymbol{x}_{\lambda})\\&=f(\boldsymbol{x}_{\lambda})+(1-\lambda)\nabla f^{\mathrm{T}}(\boldsymbol{x}_{\lambda})(\boldsymbol{x}^{(1)}-\boldsymbol{x}^{(2)})\end{aligned}$$

类似地，

$$f(\boldsymbol{x}^{(2)})\geqslant f(\boldsymbol{x}_{\lambda})+\lambda\nabla f^{\mathrm{T}}(\boldsymbol{x}_{\lambda})(\boldsymbol{x}^{(2)}-\boldsymbol{x}^{(1)})$$

上面两式中，前一式乘以 λ 加上后一式乘以（$1-\lambda$），则得到

$$f(\boldsymbol{x}_{\lambda})\leqslant\lambda f(\boldsymbol{x}^{(1)})+(1-\lambda)f(\boldsymbol{x}^{(2)})$$

即 f 凸。

充分性：$\forall\bar{\boldsymbol{x}}$，$\boldsymbol{x}\in S$，$\lambda\in(0, 1)$，考虑泰勒展开式

$$\begin{aligned}f(\lambda\boldsymbol{x}+(1-\lambda)\bar{\boldsymbol{x}})&=f(\bar{\boldsymbol{x}}+\lambda(\boldsymbol{x}-\bar{\boldsymbol{x}}))\\&=f(\bar{\boldsymbol{x}})+\lambda\nabla f^{\mathrm{T}}(\bar{\boldsymbol{x}})(\boldsymbol{x}-\bar{\boldsymbol{x}})+o(\lambda\|\boldsymbol{x}-\bar{\boldsymbol{x}}\|)\end{aligned}$$

由 f 凸，得

$$f(\lambda\boldsymbol{x}+(1-\lambda)\bar{\boldsymbol{x}})\leqslant\lambda f(\boldsymbol{x})+(1-\lambda)f(\bar{\boldsymbol{x}})$$

合并上两式并除以 λ 得到

$$f(\boldsymbol{x}) \geqslant f(\bar{\boldsymbol{x}}) + \nabla f^{\mathrm{T}}(\bar{\boldsymbol{x}})(\boldsymbol{x}-\bar{\boldsymbol{x}}) + \frac{o(\lambda \|\boldsymbol{x}-\bar{\boldsymbol{x}}\|)}{\lambda}$$

令 $\lambda \to 0$，则得到结论。

定理 2-2　在上面的假设下，有：

(1) f 在 S 上凸 $\rightleftharpoons \forall \boldsymbol{x}^{(1)}, \boldsymbol{x}^{(2)} \in S$，$(\nabla f(\boldsymbol{x}^{(1)}) - \nabla f(\boldsymbol{x}^{(2)}))^{\mathrm{T}}(\boldsymbol{x}^{(1)} - \boldsymbol{x}^{(2)}) \geqslant 0$。

(2) f 在 S 上严格凸 $\rightleftharpoons \forall \boldsymbol{x}^{(1)}, \boldsymbol{x}^{(2)} \in S$，$\boldsymbol{x}^{(1)} \neq \boldsymbol{x}^{(2)}$，$(\nabla f(\boldsymbol{x}^{(1)}) - \nabla f(\boldsymbol{x}^{(2)}))^{\mathrm{T}}(\boldsymbol{x}^{(1)} - \boldsymbol{x}^{(2)}) > 0$。

证明　只证明（1），（2）的证明类似。

必要性：$\forall \boldsymbol{x}^{(1)}, \boldsymbol{x}^{(2)} \in S$，$\exists \lambda \in (0, 1)$，记 $\boldsymbol{x}_\lambda = \lambda \boldsymbol{x}^{(1)} + (1-\lambda)\boldsymbol{x}^{(2)}$，由中值公式得

$$f(\boldsymbol{x}^{(2)}) - f(\boldsymbol{x}^{(1)}) = \nabla f^{\mathrm{T}}(\boldsymbol{x}_\lambda)(\boldsymbol{x}^{(2)} - \boldsymbol{x}^{(1)})$$

根据条件

$$(\nabla f(\boldsymbol{x}_\lambda) - \nabla f(\boldsymbol{x}^{(1)}))^{\mathrm{T}}(\boldsymbol{x}_\lambda - \boldsymbol{x}^{(1)}) = (1-\lambda)(\nabla f(\boldsymbol{x}_\lambda) - \nabla f(\boldsymbol{x}^{(1)}))^{\mathrm{T}}(\boldsymbol{x}^{(2)} - \boldsymbol{x}^{(1)}) \geqslant 0$$

故

$$\nabla f^{\mathrm{T}}(\boldsymbol{x}_\lambda)(\boldsymbol{x}^{(2)} - \boldsymbol{x}^{(1)}) \geqslant \nabla f^{\mathrm{T}}(\boldsymbol{x}^{(1)})(\boldsymbol{x}^{(2)} - \boldsymbol{x}^{(1)})$$

代入前式，得

$$f(\boldsymbol{x}^{(2)}) \geqslant f(\boldsymbol{x}^{(1)}) + \nabla f^{\mathrm{T}}(\boldsymbol{x}^{(1)})(\boldsymbol{x}^{(2)} - \boldsymbol{x}^{(1)})$$

由定理 2-1 得到 f 凸。

充分性：由定理 2-1，$\forall \boldsymbol{x}^{(1)}, \boldsymbol{x}^{(2)} \in S$，

$$f(\boldsymbol{x}^{(1)}) \geqslant f(\boldsymbol{x}^{(2)}) + \nabla f^{\mathrm{T}}(\boldsymbol{x}^{(2)})(\boldsymbol{x}^{(1)} - \boldsymbol{x}^{(2)})$$

$$f(\boldsymbol{x}^{(2)}) \geqslant f(\boldsymbol{x}^{(1)}) + \nabla f^{\mathrm{T}}(\boldsymbol{x}^{(1)})(\boldsymbol{x}^{(2)} - \boldsymbol{x}^{(1)})$$

两式相加，整理即得

$$(\nabla f(\boldsymbol{x}^{(1)}) - \nabla f(\boldsymbol{x}^{(2)}))^{\mathrm{T}}(\boldsymbol{x}^{(1)} - \boldsymbol{x}^{(2)}) \geqslant 0$$

定理 2-3　在上面假设下，再设 f 在 S 上二次可微，则

(1) f 在 S 上凸 $\rightleftharpoons \forall \boldsymbol{x} \in S$，$\nabla^2 f(\boldsymbol{x})$ 半正定。

(2) 如果 $\forall \boldsymbol{x} \in S$，$\nabla^2 f(\boldsymbol{x})$ 正定，则 f 在 S 上严格凸。

证明　(1) 必要性：$\forall \boldsymbol{x}, \bar{\boldsymbol{x}} \in S$，由二阶中值公式，$\exists \lambda \in (0, 1)$，$\boldsymbol{x}_\lambda = \bar{\boldsymbol{x}} + \lambda(\boldsymbol{x} - \bar{\boldsymbol{x}}) = \lambda \boldsymbol{x} + (1-\lambda)\bar{\boldsymbol{x}}$，使

$$\begin{aligned} f(\boldsymbol{x}) &= f(\bar{\boldsymbol{x}}) + \nabla f^{\mathrm{T}}(\bar{\boldsymbol{x}})(\boldsymbol{x}-\bar{\boldsymbol{x}}) + \frac{1}{2}(\boldsymbol{x}-\bar{\boldsymbol{x}})^{\mathrm{T}} \nabla^2 f(\boldsymbol{x}_\lambda)(\boldsymbol{x}-\bar{\boldsymbol{x}}) \\ &\geqslant f(\bar{\boldsymbol{x}}) + \nabla f^{\mathrm{T}}(\bar{\boldsymbol{x}})(\boldsymbol{x}-\bar{\boldsymbol{x}}) \quad (\nabla^2 f(\boldsymbol{x}_\lambda) \text{ 半正定}) \end{aligned}$$

由定理 2-1 可得 f 凸。

充分性：$\forall \bar{\boldsymbol{x}} \in S$，$\forall \boldsymbol{d} \in \mathbf{R}^n$，$\boldsymbol{d} \neq \boldsymbol{0}$，由于 S 开，则当 λ 充分小时，$\bar{\boldsymbol{x}}+\lambda \boldsymbol{d} \in S$，由定理 2-1 得

$$f(\bar{\boldsymbol{x}}+\lambda \boldsymbol{d}) \geqslant f(\bar{\boldsymbol{x}})+\lambda \nabla f^{\mathrm{T}}(\bar{\boldsymbol{x}}) \boldsymbol{d}$$

又由泰勒展开式知

$$f(\bar{\boldsymbol{x}}+\lambda \boldsymbol{d})=f(\bar{\boldsymbol{x}})+\lambda \nabla f^{\mathrm{T}}(\bar{\boldsymbol{x}}) \boldsymbol{d}+\frac{1}{2} \lambda^2 \boldsymbol{d}^{\mathrm{T}} \nabla^2 f(\bar{\boldsymbol{x}}) \boldsymbol{d}+o(\lambda^2 \|\boldsymbol{d}\|^2)$$

比较上面两式并整理得

$$\boldsymbol{d}^{\mathrm{T}} \nabla^2 f(\bar{\boldsymbol{x}}) \boldsymbol{d} \geqslant-\frac{2 o(\lambda^2\|\boldsymbol{d}\|^2)}{\lambda^2}$$

令 $\lambda \rightarrow 0$，于是有 $\boldsymbol{d}^{\mathrm{T}} \nabla^2 f(\bar{\boldsymbol{x}})\ \boldsymbol{d} \geqslant 0$，即 $\nabla^2 f(\bar{\boldsymbol{x}})$ 半正定。

（2）证明同（1）的充分性证明类似。

定理中（2）的逆不成立，例如 $f(x)=x^4$ 是严格凸函数，但它的二阶黑塞矩阵 $f''(x)=12x^3$，当 $x=0$ 时不是正定的。

2.2.3 凸规划

如果问题（fS）中，S 为凸集，f 为凸函数，则称这个规划问题（fS）是凸规划。

定理 2-4 设 $S \subset \mathbf{R}^n$，非空，凸，f：$S \rightarrow \mathbf{R}$ 是凸函数。$\boldsymbol{x}^*$ 为问题（fS）的 l. opt.，则 $\boldsymbol{x}^*$ 为 g. opt.；又如果 f 是严格凸函数，那么 $\boldsymbol{x}^*$ 是问题（fS）的唯一 g. opt.。

证明 用反证法。

首先，设 f 为凸函数，$\boldsymbol{x}^*$ 非 g. opt.，那么 $\exists \bar{\boldsymbol{x}} \in S$，使 $f(\bar{\boldsymbol{x}})<f(\boldsymbol{x}^*)$。对 $\forall \lambda \in (0,1)$，由凸性得

$$f(\lambda \bar{\boldsymbol{x}}+(1-\lambda) \boldsymbol{x}^*) \leqslant \lambda f(\bar{\boldsymbol{x}})+(1-\lambda) f(\boldsymbol{x}^*)<f(\boldsymbol{x}^*)$$

考虑 $\lambda \rightarrow 0$ 时，$\lambda \bar{\boldsymbol{x}}+(1-\lambda) \boldsymbol{x}^* \rightarrow \boldsymbol{x}^*$，这同 $\boldsymbol{x}^*$ 为 l. opt. 矛盾。因此 $\boldsymbol{x}^*$ 必为 g. opt.。

其次，设 f 为严格凸函数，另有 $\bar{\boldsymbol{x}}$ 也是 g. opt.，那么 $f(\bar{\boldsymbol{x}})=f(\boldsymbol{x}^*)$，$\forall \lambda \in (0,1)$，由严格凸性得

$$f(\lambda \bar{\boldsymbol{x}}+(1-\lambda) \boldsymbol{x}^*)<\lambda f(\bar{\boldsymbol{x}})+(1-\lambda) f(\boldsymbol{x}^*)=f(\boldsymbol{x}^*)$$

同样 $\lambda \rightarrow 0$ 时，$\lambda \bar{\boldsymbol{x}}+(1-\lambda) \boldsymbol{x}^* \rightarrow \boldsymbol{x}^*$，同 $\boldsymbol{x}^*$ 为 l. opt. 矛盾。

显然，对于问题（fgh），当 f，g_i，$i=1, 2, \cdots, m$ 为凸函数，h_j，$j=1, 2, \cdots, l$ 为线性函数时，根据水平集的性质可以证明该问题（fgh）是凸规划。

例 2-2 证明下列最优化问题是凸规划：

$$\min f(\boldsymbol{x})=x_1^2+\frac{3}{2} x_2^2+\frac{5}{2} x_3^2+x_1 x_2+2 x_1 x_3+10$$

$$\text{s.t.} \begin{cases}\dfrac{1}{2} x_1^2+\dfrac{1}{2} x_2^2+\dfrac{1}{2} x_3^2+x_1 x_2 \leqslant 5 \\ \boldsymbol{A x}=\boldsymbol{b},\ \boldsymbol{A}_{3 \times 3},\ \boldsymbol{b} \in \mathbf{R}^3\end{cases}$$

证明　分两步，首先证明目标函数是凸函数，然后证明约束集合是凸集，这样由凸规划的定义可得到结论。这里证明凸函数的方法应用定理 2-3，证明约束集合是凸集时用到 2.2.2 节和 2.2.1 节中的两个结论，即凸函数的水平集是凸集和凸集的交仍然是凸集。

首先看目标函数，可知其对应的黑塞矩阵为

$$\begin{pmatrix} 2 & 1 & 2 \\ 1 & 3 & 0 \\ 2 & 0 & 5 \end{pmatrix}$$

由于该矩阵的各阶顺序主子式均为正，可知该矩阵为正定矩阵，因而由定理 2-3 可知目标函数是凸函数。

再看约束中第一个约束，令

$$S_1 = \{(x_1, x_2, x_3) \mid g(\boldsymbol{x}) = \frac{1}{2}x_1^2 + \frac{1}{2}x_2^2 + \frac{1}{2}x_3^2 + x_1x_2 \leqslant 5\}$$

可知 $g(\boldsymbol{x})$ 是凸函数（由黑塞矩阵 $\begin{pmatrix} 1 & 1 & 0 \\ 1 & 1 & 0 \\ 0 & 0 & 1 \end{pmatrix}$ 半正定，可判定），从而由于 S_1 是水平集，可知 S_1 是凸集。

再由例 2-1 知 $S_2 = \{(x_1, x_2, x_3) \mid \boldsymbol{Ax} = \boldsymbol{b}\}$ 是凸集。

由于凸集的交也是凸集，从而 $S = S_1 \cap S_2$ 是凸集。

综上所述，本题的最优化问题的目标函数是凸函数、约束集合是凸集，因而本题的最优化问题是凸规划问题。

证毕。

2.3 多面体、极点和极方向

2.3.1 多面体

在讨论线性约束，特别是线性规划时，一种特殊的凸集——多面体具有重要意义。我们称有限多个半闭空间的交为多面体（见图 2-9）

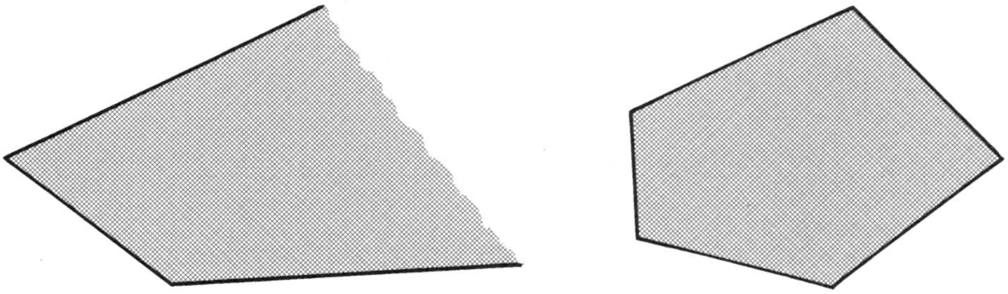

a)　　　b)

图　2-9

a）无界多面体　b）有界多面体

2.3.2 极点、极方向

定义 2-9 设 $S\subset\mathbf{R}^n$，非空，凸集，$\boldsymbol{x}\in S$。如果 $\boldsymbol{x}$ 不能表示成 S 中另外两个点的凸组合，即若有 $\boldsymbol{x}^{(1)}$，$\boldsymbol{x}^{(2)}\in S$，$\lambda\in(0,1)$，使 $\boldsymbol{x}=\lambda\boldsymbol{x}^{(1)}+(1-\lambda)\boldsymbol{x}^{(2)}$，则一定有 $\boldsymbol{x}=\boldsymbol{x}^{(1)}=\boldsymbol{x}^{(2)}$。那么，称 $\boldsymbol{x}$ 是 S 的极点（见图 2-10）。

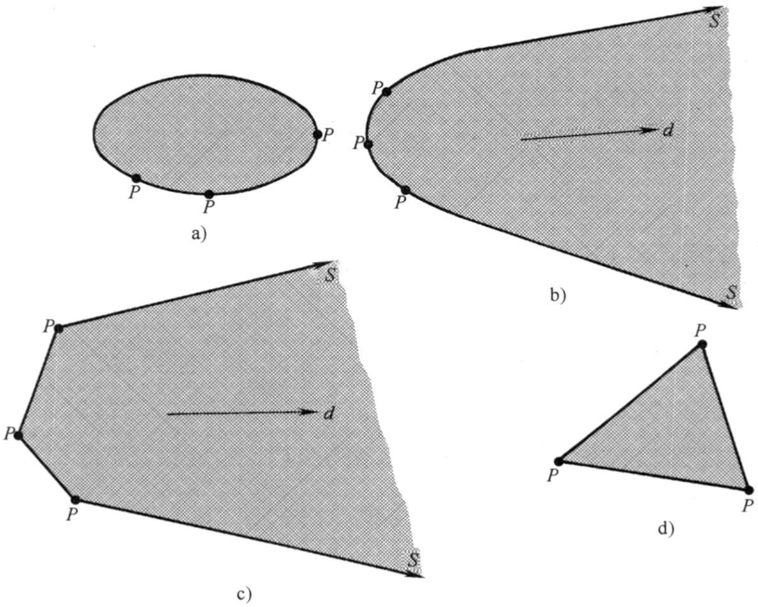

图 2-10

P—极点　S—极方向　$\boldsymbol{d}$—方向

根据定义，闭球体的表面上每一点都是极点；一般的闭凸锥有唯一极点，即顶点；平面没有极点。

定义 2-10 设 $S\subset\mathbf{R}^n$，非空，凸集，则有：

(1) 如果 $\boldsymbol{d}\in\mathbf{R}^n$，且 $\boldsymbol{d}\neq\mathbf{0}$，对 $\forall\boldsymbol{x}\in S$，$\forall\lambda>0$，均有 $\boldsymbol{x}+\lambda\boldsymbol{d}\in S$，则称 $\boldsymbol{d}$ 为凸集 S 的方向。

(2) 如果 $\boldsymbol{d}^{(1)}$，$\boldsymbol{d}^{(2)}$ 是凸集 S 的方向，对 $\forall\alpha>0$，总有 $\boldsymbol{d}^{(1)}\neq\alpha\boldsymbol{d}^{(2)}$，则称 $\boldsymbol{d}^{(1)}$，$\boldsymbol{d}^{(2)}$ 是不同的方向。

(3) 如果凸集 S 中的方向 $\boldsymbol{d}$，不能表示为 S 中两个不同方向的正组合，即若有 μ_1，$\mu_2>0$，使 $\boldsymbol{d}=\mu_1\boldsymbol{d}^{(1)}+\mu_2\boldsymbol{d}^{(2)}$，则一定存在 $\alpha>0$，使 $\boldsymbol{d}^{(1)}=\alpha\boldsymbol{d}^{(2)}$，那么，称这个方向 $\boldsymbol{d}$ 为极方向（见图 2-10）。

容易证明，一个凸集的方向构成一个锥；一个以 0 为顶点的闭凸锥所有点均为方向，其边界点为极方向。

很显然，对于凸集，无界的充分必要条件为该凸集存在方向。

2.3.3 一种特定多面体的极点、极方向特征

在最优化理论研究中，常遇到一种多面体，即线性规划标准形式的约束集合

$$S=\{\boldsymbol{x}\mid \boldsymbol{Ax}=\boldsymbol{b},\ \boldsymbol{x}\geqslant \boldsymbol{0}\} \tag{2-10}$$

可以证明 S 是一个多面体，对这个多面体，极点和极方向有特殊的形式，有下面的定理。

定理 2-5（极点特征定理） 设多面体 S（式（2-10）），$\boldsymbol{A}_{m\times n}$，秩（$\boldsymbol{A}$）$=m$，$\boldsymbol{b}\in\mathbf{R}^m$，点 $\boldsymbol{x}\in S$ 是极点的充分必要条件是经列交换存在 $\boldsymbol{A}$ 的分解 $\boldsymbol{A}=(\boldsymbol{B},\ \boldsymbol{N})$，其中 $\boldsymbol{B}$ 为 $m\times m$ 非奇异矩阵，相应有分量变换后的分解 $\boldsymbol{x}=\begin{pmatrix}\boldsymbol{x}_B\\ \boldsymbol{x}_N\end{pmatrix}$，且 $\boldsymbol{x}_N=\boldsymbol{0}$，$\boldsymbol{x}_B=\boldsymbol{B}^{-1}\boldsymbol{b}\geqslant\boldsymbol{0}$。

证明 充分性：由条件 $\boldsymbol{A}=(\boldsymbol{B},\ \boldsymbol{N})$，$\boldsymbol{x}=\begin{pmatrix}\boldsymbol{x}_B\\ \boldsymbol{x}_N\end{pmatrix}$，$\boldsymbol{x}_N=\boldsymbol{0}$，$\boldsymbol{x}_B=\boldsymbol{B}^{-1}\boldsymbol{b}\geqslant\boldsymbol{0}$，即 $\boldsymbol{Ax}=\boldsymbol{b}$，$\boldsymbol{x}\geqslant\boldsymbol{0}$，故 $\boldsymbol{x}\in S$。设 $\boldsymbol{x}^{(1)}$，$\boldsymbol{x}^{(2)}\in S$，$\lambda\in(0,\ 1)$，使 $\boldsymbol{x}=\lambda\boldsymbol{x}^{(1)}+(1-\lambda)\boldsymbol{x}^{(2)}$。那么，相应有 $\boldsymbol{x}^{(1)}=\begin{pmatrix}\boldsymbol{x}_B^{(1)}\\ \boldsymbol{x}_N^{(1)}\end{pmatrix}$，$\boldsymbol{x}^{(2)}=\begin{pmatrix}\boldsymbol{x}_B^{(2)}\\ \boldsymbol{x}_N^{(2)}\end{pmatrix}$，$\boldsymbol{x}_B=\boldsymbol{B}^{-1}\boldsymbol{b}=\lambda\boldsymbol{x}_B^{(1)}+(1-\lambda)\ \boldsymbol{x}_B^{(2)}$，$\boldsymbol{x}_N=\boldsymbol{0}=\lambda\boldsymbol{x}_N^{(1)}+(1-\lambda)\boldsymbol{x}_N^{(2)}$，由于 $\boldsymbol{x}_N^{(1)}$，$\boldsymbol{x}_N^{(2)}\geqslant\boldsymbol{0}$，所以有 $\lambda\boldsymbol{x}_N^{(1)}=\boldsymbol{0}$，$(1-\lambda)\boldsymbol{x}_N^{(2)}=\boldsymbol{0}$，从而得到 $\boldsymbol{x}_N^{(1)}$，$\boldsymbol{x}_N^{(2)}=\boldsymbol{0}$。又由 $\boldsymbol{Ax}^{(1)}=\boldsymbol{Bx}_B^{(1)}+\boldsymbol{Nx}_N^{(1)}=\boldsymbol{b}$，得 $\boldsymbol{x}_B^{(1)}=\boldsymbol{B}^{-1}\boldsymbol{b}$，同理 $\boldsymbol{x}_B^{(2)}=\boldsymbol{B}^{-1}\boldsymbol{b}$。所以一定有 $\boldsymbol{x}=\boldsymbol{x}^{(1)}=\boldsymbol{x}^{(2)}$，由定义 2-9 知，$\boldsymbol{x}$ 是极点。

必要性：$\boldsymbol{x}$ 是极点，不失一般性，设 $\boldsymbol{x}=(x_1,\ \cdots,\ x_k,\ 0,\ \cdots,\ 0)^{\mathrm{T}}$，其中 $x_i\geqslant0$（$i=1,\ 2,\ \cdots,\ k$），设 $\boldsymbol{A}=(\boldsymbol{a}_1,\ \boldsymbol{a}_2,\ \cdots,\ \boldsymbol{a}_n)$，$\boldsymbol{a}_i\in\mathbf{R}^m$ 为 $\boldsymbol{A}$ 的列向量（$i=1,\ 2,\ \cdots,\ n$）。

首先，证明 $\boldsymbol{a}_1$，$\boldsymbol{a}_2$，$\cdots$，$\boldsymbol{a}_k$ 线性无关：

反证，若 $\boldsymbol{a}_1$，$\boldsymbol{a}_2$，$\cdots$，$\boldsymbol{a}_k$ 线性相关，即 $\exists\lambda_1$，$\cdots$，λ_k 不全为零，使 $\sum\limits_{i=1}^{k}\lambda_i\boldsymbol{a}_i=\boldsymbol{0}$，构造 n 维向量 $\boldsymbol{\alpha}=(\lambda_1,\ \cdots,\ \lambda_k,\ 0,\ \cdots,\ 0)^{\mathrm{T}}$，取 $\boldsymbol{x}^{(1)}=\boldsymbol{x}+\mu\boldsymbol{\alpha}$，$\boldsymbol{x}^{(2)}=\boldsymbol{x}-\mu\boldsymbol{\alpha}$。由于 $\boldsymbol{A\alpha}=\sum\limits_{i=1}^{k}\lambda_i\boldsymbol{a}_i=\boldsymbol{0}$，因此 $\boldsymbol{Ax}^{(1)}=\boldsymbol{Ax}^{(2)}=\boldsymbol{b}$；取 $\mu=\min\left\{\dfrac{x_i}{|\lambda_i|}\,\middle|\,\lambda_i\neq0\right\}$，则 $\boldsymbol{x}^{(1)}$，$\boldsymbol{x}^{(2)}\geqslant\boldsymbol{0}$，又 $\mu>0$，故 $\boldsymbol{x}^{(1)}\neq\boldsymbol{x}^{(2)}$，但 $\boldsymbol{x}=\boldsymbol{x}^{(1)}/2+\boldsymbol{x}^{(2)}/2$，这同极点定义（定义 2-9）矛盾。因此，$\boldsymbol{a}_1$，$\boldsymbol{a}_2$，$\cdots$，$\boldsymbol{a}_k$ 是线性无关的。

其次，由上面无关性知 $k\leqslant m$。若 $k=m$，那么 $\boldsymbol{B}=(\boldsymbol{a}_1,\ \cdots,\ \boldsymbol{a}_m)$ 非奇异，$\boldsymbol{x}_N=\boldsymbol{0}$；若 $k<m$，由于秩（$\boldsymbol{A}$）$=m$，可以在 $\boldsymbol{A}$ 中另外的 $n-k$ 列中选 $m-k$ 列与 $\boldsymbol{a}_1$，$\cdots$，$\boldsymbol{a}_k$ 一同构成 $\boldsymbol{B}=(\boldsymbol{a}_1,\ \boldsymbol{a}_2,\ \cdots,\ \boldsymbol{a}_k,\ \boldsymbol{a}_{k+1},\ \cdots,\ \boldsymbol{a}_m)$ 非奇异，同时显然有 $\boldsymbol{x}_N=\boldsymbol{0}$。再根据 $\boldsymbol{Ax}=\boldsymbol{Bx}_B+\boldsymbol{Nx}_N=\boldsymbol{b}$，得到 $\boldsymbol{x}_B=\boldsymbol{B}^{-1}\boldsymbol{b}$，由可行性得 $\boldsymbol{x}_B\geqslant\boldsymbol{0}$。

推论 2-1 在定理 2-5 的假设下，$x \in S$ 是极点的充分必要条件是 $\boldsymbol{x}$ 的正分量所对应的 $\boldsymbol{A}$ 的列向量线性无关。

根据定理 2-5 的证明，可以看到这个推论是明显的。称矩阵 $\boldsymbol{B}$ 为基矩阵，$\boldsymbol{x}_B$ 为基变量，$\boldsymbol{x}_N$ 为非基变量。

推论 2-2 多面体 S（式（2-10））只有有限多个极点。

证明 根据极点特征定理，每个极点对应一种 $\boldsymbol{A}$ 的分解，$\boldsymbol{A}$ 的分解共有 C_n^m 种情况，因而极点个数不超过 $\mathrm{C}_n^m=\dfrac{n!}{m!\,(n-m)!}$个。

例 2-3 多面体 $S=\{\boldsymbol{x}\mid \boldsymbol{A}\boldsymbol{x}=\boldsymbol{b},\ \boldsymbol{x}\geqslant\boldsymbol{0}\}$，其中 $\boldsymbol{A}=\begin{pmatrix}3&1&2&0\\0&4&5&1\end{pmatrix}$，$\boldsymbol{b}=\begin{pmatrix}3\\6\end{pmatrix}$。讨论 S 的几个极点。

解 取 $\boldsymbol{B}_1=\begin{pmatrix}3&1\\0&4\end{pmatrix}$ 为 $\boldsymbol{A}$ 的第 1，2 列，则

$$\boldsymbol{B}_1^{-1}\boldsymbol{b}=\begin{pmatrix}\frac{1}{3}&-\frac{1}{12}\\0&\frac{1}{4}\end{pmatrix}\begin{pmatrix}3\\6\end{pmatrix}=\begin{pmatrix}\frac{1}{2}\\\frac{3}{2}\end{pmatrix}\geqslant\boldsymbol{0}$$

所以 $\boldsymbol{x}^{(1)}=\left(\frac{1}{2},\ \frac{3}{2},\ 0,\ 0\right)^{\mathrm{T}}$ 是一个极点。

取 $\boldsymbol{B}_2=\begin{pmatrix}2&0\\5&1\end{pmatrix}$ 为 $\boldsymbol{A}$ 的第 3，4 列，则

$$\boldsymbol{B}_2^{-1}\boldsymbol{b}=\begin{pmatrix}\frac{1}{2}&0\\-\frac{5}{2}&1\end{pmatrix}\begin{pmatrix}3\\6\end{pmatrix}=\begin{pmatrix}\frac{3}{2}\\-\frac{3}{2}\end{pmatrix}\ngeqslant\boldsymbol{0}$$

所以这个分解不对应极点。

取 $\boldsymbol{B}_3=\begin{pmatrix}3&0\\0&1\end{pmatrix}$ 为 $\boldsymbol{A}$ 的第 1，4 列，则

$$\boldsymbol{B}_3^{-1}\boldsymbol{b}=\begin{pmatrix}\frac{1}{3}&0\\0&1\end{pmatrix}\begin{pmatrix}3\\6\end{pmatrix}=\begin{pmatrix}1\\6\end{pmatrix}\geqslant\boldsymbol{0}$$

所以 $\boldsymbol{x}^{(3)}=(1,\ 0,\ 0,\ 6)^{\mathrm{T}}$ 是一个极点。

定理 2-6（极方向特征定理） 设多面体 S（式（2-10）），$\boldsymbol{A}_{m\times n}$，秩（$\boldsymbol{A}$）$=m$，$\boldsymbol{b}\in\mathbf{R}^m$，那么：

（1）$\boldsymbol{d}\in\mathbf{R}^n$，$\boldsymbol{d}\neq\boldsymbol{0}$ 是 S 的方向的充分必要条件是 $\boldsymbol{A}\boldsymbol{d}=\boldsymbol{0}$，且 $\boldsymbol{d}\geqslant\boldsymbol{0}$。

（2）$\boldsymbol{d}\in\mathbf{R}^n$，$\boldsymbol{d}\neq\boldsymbol{0}$ 是 S 的极方向的充分必要条件是存在经过列向量交换的分解 $\boldsymbol{A}=(\boldsymbol{B},\ \boldsymbol{N})$，$\boldsymbol{B}_{m\times m}$ 非奇异，对 $\boldsymbol{N}$ 中的某一列 $\boldsymbol{a}_j$，$\boldsymbol{B}^{-1}\boldsymbol{a}_j\leqslant\boldsymbol{0}$，存在 $\alpha>0$，使分量进行相应交换后

$$\boldsymbol{d}=\alpha\begin{pmatrix}-\boldsymbol{B}^{-1}\boldsymbol{a}_j\\ \boldsymbol{e}_j\end{pmatrix}\tag{2-11}$$

其中，$\boldsymbol{e}_j$ 为 $n-m$ 维的一个单位向量，对整个 $\boldsymbol{d}$ 来说，第 j 个分量是 1，其余分量是 0。

证明　（1）充分性显然。

必要性：$\boldsymbol{d}\neq\boldsymbol{0}$，是 S 的方向，故由定义，$\boldsymbol{x}\in S$，$\lambda\geqslant0$，$\boldsymbol{A}(\boldsymbol{x}+\lambda\boldsymbol{d})=\boldsymbol{A}\boldsymbol{x}+\lambda\boldsymbol{A}\boldsymbol{d}=\boldsymbol{b}=\boldsymbol{A}\boldsymbol{x}$，所以 $\boldsymbol{A}\boldsymbol{d}=\boldsymbol{0}$。又 $\boldsymbol{x}+\lambda\boldsymbol{d}\geqslant\boldsymbol{0}$，$\forall\lambda\geqslant0$。固定 $\boldsymbol{x}$，有 $\lambda\boldsymbol{d}\geqslant-\boldsymbol{x}$，$\forall\lambda\geqslant0$，对各分量用定理 1-2，得到 $\boldsymbol{d}\geqslant\boldsymbol{0}$。

证毕。

（2）先证充分性。

由条件式（2-11），易得 $\boldsymbol{A}\boldsymbol{d}=\boldsymbol{0}$，$\boldsymbol{d}\geqslant\boldsymbol{0}$，故 $\boldsymbol{d}$ 为 S 的方向。设 $\boldsymbol{d}^{(1)}$，$\boldsymbol{d}^{(2)}$ 为 S 的方向，λ_1，$\lambda_2>0$，有 $\boldsymbol{d}=\lambda_1\boldsymbol{d}^{(1)}+\lambda_2\boldsymbol{d}^{(2)}$。同时有相应分解 $\boldsymbol{d}^{(1)}=\begin{pmatrix}\boldsymbol{d}_B^{(1)}\\ \boldsymbol{d}_N^{(1)}\end{pmatrix}$，$\boldsymbol{d}^{(2)}=\begin{pmatrix}\boldsymbol{d}_B^{(2)}\\ \boldsymbol{d}_N^{(2)}\end{pmatrix}$，注意 $\boldsymbol{A}\boldsymbol{d}^{(1)}=\boldsymbol{0}$，$\boldsymbol{A}\boldsymbol{d}^{(2)}=\boldsymbol{0}$。那么

$$\begin{cases}\lambda_1\boldsymbol{d}_B^{(1)}+\lambda_2\boldsymbol{d}_B^{(2)}=-\alpha\boldsymbol{B}^{-1}\boldsymbol{a}_j\\ \lambda_1\boldsymbol{d}_N^{(1)}+\lambda_2\boldsymbol{d}_N^{(2)}=\alpha\boldsymbol{e}_j\end{cases}$$

由后式得到，μ_1，$\mu_2>0$，使 $\boldsymbol{d}_N^{(1)}=\mu_1\boldsymbol{e}_j$，$\boldsymbol{d}_N^{(2)}=\mu_2\boldsymbol{e}_j$，其中，$\lambda_1\mu_1+\lambda_2\mu_2=\alpha$。于是 $\boldsymbol{A}\boldsymbol{d}^{(1)}=\boldsymbol{B}\boldsymbol{d}_B^{(1)}+\boldsymbol{N}\boldsymbol{d}_N^{(1)}=\boldsymbol{B}\boldsymbol{d}_B^{(1)}+\mu_1\boldsymbol{a}_j=\boldsymbol{0}$，那么 $\boldsymbol{d}_B^{(1)}=-\mu_1\boldsymbol{B}^{-1}\boldsymbol{a}_j$；同理可得 $\boldsymbol{d}_B^{(2)}=-\mu_2\boldsymbol{B}^{-1}\boldsymbol{a}_j$。于是得到 $\boldsymbol{d}^{(1)}=\mu_1/\mu_2\boldsymbol{d}^{(2)}$，根据定义知 $\boldsymbol{d}$ 为极方向。

再证必要性：

$\boldsymbol{d}$ 是极方向，不失一般性，设 $\boldsymbol{d}=(d_1,\ \cdots,\ d_k,\ 0,\ \cdots,\ 0,\ d_j,\ 0,\ \cdots,\ 0)^{\mathrm{T}}$，$d_i>0$，$i=1,\ 2,\ \cdots,\ k,\ j$。由（1）$\boldsymbol{A}\boldsymbol{d}=\boldsymbol{0}$，故 $\boldsymbol{a}_1$，$\cdots$，$\boldsymbol{a}_k$，$\boldsymbol{a}_j$ 线性相关。

首先证明 $\boldsymbol{a}_1$，$\cdots$，$\boldsymbol{a}_k$ 线性无关，过程完全类似于定理 2-5 中的相应部分的证明，所以此处略。

其次，由上面无关性知 $k\leqslant m$，同前面证明类似可找到 $\boldsymbol{B}=(\boldsymbol{a}_1,\ \boldsymbol{a}_2,\ \cdots,\ \boldsymbol{a}_m)$ 非奇异。根据

$$\boldsymbol{A}\boldsymbol{d}=\boldsymbol{B}\boldsymbol{d}_B+\boldsymbol{N}\boldsymbol{d}_N=\boldsymbol{B}\boldsymbol{d}_B+d_j\boldsymbol{a}_j=\boldsymbol{0}$$

于是

$$\boldsymbol{d}_B=-d_j\boldsymbol{B}^{-1}\boldsymbol{a}_j$$

所以

$$\boldsymbol{d}=d_j\begin{pmatrix}-\boldsymbol{B}^{-1}\boldsymbol{a}_j\\ \boldsymbol{e}_j\end{pmatrix}$$

由 $\boldsymbol{d}\geqslant\boldsymbol{0}$，得 $-\boldsymbol{B}^{-1}\boldsymbol{a}_j\geqslant\boldsymbol{0}$，即 $\boldsymbol{B}^{-1}\boldsymbol{a}_j\leqslant\boldsymbol{0}$。

证毕。

推论 2-3 多面体 S（式（2-10））至多有有限多个极方向。

证明 由定理2-6知，每个极方向对应 $\boldsymbol{A}$ 的一种分解，而 $\boldsymbol{A}$ 的分解有 C_n^m 种，从剩余的 $n-m$ 列取一列 $\boldsymbol{a}_j$，共有 $n-m$ 种取法，因此，S 的极方向的个数不超过 $(n-m)C_n^m$ 个。

例 2-4 在例2-3中，$\boldsymbol{A}=\begin{pmatrix}3&1&2&0\\0&4&5&1\end{pmatrix}$，考虑分解 $\boldsymbol{B}_1=\begin{pmatrix}3&1\\0&4\end{pmatrix}$，$\boldsymbol{N}_1=\begin{pmatrix}2&0\\5&1\end{pmatrix}$，取 $\boldsymbol{A}$ 的第3列即 a_3。

因为

$$\boldsymbol{B}_1^{-1}\boldsymbol{a}_3=\begin{pmatrix}\frac{1}{3}&-\frac{1}{12}\\0&\frac{1}{4}\end{pmatrix}\begin{pmatrix}2\\5\end{pmatrix}=\begin{pmatrix}\frac{1}{4}\\\frac{5}{4}\end{pmatrix}\nleqslant\boldsymbol{0}$$

故

$$\boldsymbol{d}=\begin{pmatrix}-\boldsymbol{B}_1^{-1}\boldsymbol{a}_3\\\boldsymbol{e}_3\end{pmatrix}=\left(-\frac{1}{4},\ -\frac{5}{4},\ 1,\ 0\right)^{\mathrm{T}}$$

不是极方向。

例 2-5 设多面体 $S=\{\boldsymbol{x}\mid\boldsymbol{Ax}=\boldsymbol{b},\ \boldsymbol{x}\geqslant\boldsymbol{0}\}$ 中，

$$\boldsymbol{A}=\begin{pmatrix}3&1&2&-6&0\\0&4&5&-5&1\end{pmatrix},\ \boldsymbol{b}=\begin{pmatrix}2\\3\end{pmatrix}$$

考虑分解 $\boldsymbol{B}=\begin{pmatrix}3&1\\0&4\end{pmatrix}$，$\boldsymbol{N}=\begin{pmatrix}2&-6&0\\5&-5&1\end{pmatrix}$，取 $\boldsymbol{A}$ 的第4列 $\boldsymbol{a}_4=\begin{pmatrix}-6\\-5\end{pmatrix}$，得到

$$\boldsymbol{B}^{-1}\boldsymbol{a}_4=\begin{pmatrix}\frac{1}{3}&-\frac{1}{12}\\0&\frac{1}{4}\end{pmatrix}\begin{pmatrix}-6\\-5\end{pmatrix}=\begin{pmatrix}-\frac{19}{12}\\-\frac{5}{4}\end{pmatrix}\leqslant\boldsymbol{0}$$

得到极方向

$$\boldsymbol{d}=\begin{pmatrix}-\boldsymbol{B}^{-1}\boldsymbol{a}_4\\\boldsymbol{e}_4\end{pmatrix}=\left(\frac{19}{12},\ \frac{5}{4},\ 0,\ 1,\ 0\right)^{\mathrm{T}}$$

利用多面体 S 的极点和极方向，有下面的表示定理。

定理 2-7（表示定理） 设多面体 S（式（2-10）），秩 $(\boldsymbol{A})=m$，那么，S 中的点可表示为极点的凸组合与极方向（如果存在）的一个非负组合之和，即

$$S=\left\{\boldsymbol{x}=\sum_{i=1}^{k}\lambda_i\boldsymbol{x}^{(i)}+\sum_{j=1}^{l}\mu_j\boldsymbol{d}^{(j)}\ \middle|\ \boldsymbol{x}^{(i)}\text{为极点},\ \lambda_i\geqslant0,\ i=1,\ 2,\ \cdots,\ k,\ \text{且}\sum_{i=1}^{k}\lambda_i=1;\ \boldsymbol{d}^{(j)}\text{为极方向},\ \mu_j\geqslant0,\ j=1,\ 2,\ \cdots,\ l\right\}\tag{2-12}$$

证明略。

表示定理说明，多面体 S（式（2-10））可以有一种外部表示形式，即式（2-12）。容易

理解，多面体中的任一点 x 可表示为由其极点构成的多胞形中的一个点 $x'=\sum_{i=1}^{k}\lambda_i x^{(i)}\left(\lambda_i\geqslant 0,\ \sum_{i=1}^{k}\lambda_i=1\right)$ 与由极方向组合成的方向 $d=\sum_{j=1}^{l}\mu_j d^{(j)}(\mu_j\geqslant 0)$ 组合而成（见图 2-11）。

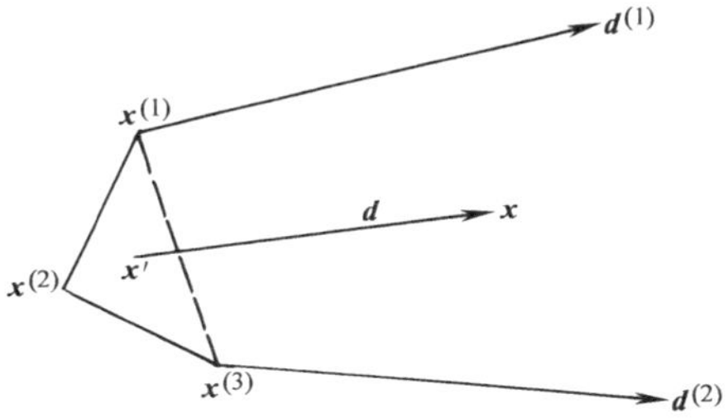

图　2-11

习　题

1. 试讨论数学规划问题（fS）的全局最优解、局部最优解、严格全局最优解和严格局部最优解的区别和各自的意义。

2. 设 $\boldsymbol{A}$ 为 $m\times n$ 矩阵，$\boldsymbol{b}\in\mathbf{R}^m$。利用定义证明多面体 $S=\{\boldsymbol{x}\mid \boldsymbol{Ax}=\boldsymbol{b},\ \boldsymbol{x}\geqslant\boldsymbol{0}\}$ 是凸集。

3. 设 $\boldsymbol{A}$ 为 $m\times n$ 矩阵，S 为凸集。利用定义证明集合 $\boldsymbol{A}(S)=\{\boldsymbol{y}\mid \boldsymbol{y}=\boldsymbol{Ax},\ \boldsymbol{x}\in S\}$ 是凸集。

4. 设 S_1，S_2 是凸集。

（1）证明 $S_1\cap S_2$ 是凸集。

（2）讨论下列集合是否凸集。若是则给予证明，否则举一反例予以说明。

$S_1\cup S_2$

$S_1+S_2=\{\boldsymbol{x}+\boldsymbol{y}\mid \boldsymbol{x}\in S_1,\ \boldsymbol{y}\in S_2\}$

$S_1-S_2=\{\boldsymbol{x}-\boldsymbol{y}\mid \boldsymbol{x}\in S_1,\ \boldsymbol{y}\in S_2\}$

5. 设 $\boldsymbol{x}^{(1)}$，$\boldsymbol{x}^{(2)}$，…，$\boldsymbol{x}^{(m)}\in\mathbf{R}^n$，证明由 $\boldsymbol{x}^{(1)}$，$\boldsymbol{x}^{(2)}$，…，$\boldsymbol{x}^{(m)}$ 的非负组合构成的集合

$$C=\{\boldsymbol{y}\mid \boldsymbol{y}=\sum_{j=1}^{m}\mu_j\boldsymbol{x}^{(j)},\ \mu_j\geqslant 0,\ j=1,\ 2,\ \cdots,\ m\}$$

是凸锥。

6. 用定义证明由 $\boldsymbol{x}^{(1)}$，$\boldsymbol{x}^{(2)}$，…，$\boldsymbol{x}^{(m)}$ 构成的多胞形是凸集。

7. 判断下列函数是否凸函数、严格凸函数、凹函数、严格凹函数或非凸非凹函数：

（1）$f(\boldsymbol{x})=x_1^2+2x_2^2+x_1x_2-3x_1+4$

（2）$f(\boldsymbol{x})=-5x_1^2+3x_1x_2-2x_2^2-10x_1+12x_2$

（3）$f(\boldsymbol{x})=3x_1^2+2x_2^2+2x_1x_2+5x_3^2+4x_1x_3-3x_2x_3+7x_1+4x_2-6x_3$

（4）讨论 $f(\boldsymbol{x})=x_1^3+2x_1^2+3x_2^2+x_1x_2-6x_1$ 在什么范围内是凸函数

（5）$f(\boldsymbol{x})=x_1x_2x_3+100$

8. 设 $f_1(\boldsymbol{x})$，$f_2(\boldsymbol{x})$，…，$f_m(\boldsymbol{x})$ 均为凸函数，讨论下列函数是否凸函数。若是则给予证明，否则举一反例予以说明。

（1）$g(\boldsymbol{x})=\max\{f_1(\boldsymbol{x}),\ f_2(\boldsymbol{x}),\ \cdots,\ f_m(\boldsymbol{x})\}$

（2）$g(\boldsymbol{x})=\min\{f_1(\boldsymbol{x}),\ f_2(\boldsymbol{x}),\ \cdots,\ f_m(\boldsymbol{x})\}$

（3）$g(\boldsymbol{x})=\lambda_1f_1(\boldsymbol{x})+\lambda_2f_2(\boldsymbol{x})+\cdots+\lambda_mf_m(\boldsymbol{x})$，$\lambda_j\geqslant 0$

(4) $g(\boldsymbol{x})=f_1(\boldsymbol{x})-f_2(\boldsymbol{x})$

9. 证明一元函数 $f(x)=2x^2+3x+25$ 图形上方构成的集合为凸集。

10. 讨论下列问题是否凸规划：

(1) $\min \quad f(x)=2x_1^2+x_1x_2+x_2^2-4x_1-6x_2^2+8$

$$\text{s.t.}\quad \begin{cases} x_1^2+3x_2^2\leqslant 5 \\ 2x_1+4x_2=7 \\ x_1\geqslant 0 \end{cases}$$

(2) $\min \quad f(x)=(x_1-1)^2+(x_2-2)^2$

$$\text{s.t.}\quad \begin{cases} -x_1+x_2=1 \\ x_1+x_2\leqslant 2 \\ x_1,\ x_2\geqslant 0 \end{cases}$$

(3) $\min \quad f(x)=(x_1-1)^2+(x_2-2)^2+x_3$

$$\text{s.t.}\quad \begin{cases} x_1+2x_2-x_3=5 \\ 2x_1-3x_2+2x_3+x_4=7 \\ x_1,\ x_2,\ x_3,x_4\geqslant 0 \end{cases}$$

11. 计算第 10 题（3）规划问题中约束集合（多面体）的所有极点和极方向，并写出它的外部表示形式。

第 3 章

线 性 规 划

3.1 线性规划模型

3.1.1 线性规划问题的提出

线性规划是在运筹学中应用最广泛的模型之一。由于其理论与方法研究比较成熟，许多问题常常借助线性规划模型来求解。在众多科学领域，特别是管理、经济领域中，线性规划的应用非常重要。作为线性规划问题的提出，下面举两个非常简单的例子，建立线性规划问题的数学模型。

例 3-1 某工厂拥有 A，B，C 三种类型的设备，生产甲、乙两种产品。每件产品在生产过程中需要占用的设备机时数、每件产品可以获得的利润以及三种设备可利用的时数见表 3-1。问：工厂应如何安排生产可获得最大的总利润？

表 3-1

设备	产品		设备能力/h
	产品甲/h	产品乙/h	
设备 A	3	2	65
设备 B	2	1	40
设备 C	0	3	75
利润（元/件）	1500	2500	

解 设变量 x_i 为第 i 种（甲、乙）产品的生产件数（i=1，2）。

根据题意可以知道两种产品的生产受到设备能力（机时数）的限制：

设备 A，两种产品生产所占用的机时数不能超过 65h，于是得到不等式

$$3x_1+2x_2\leqslant 65$$

设备 B，两种产品生产所占用的机时数不能超过 40h，于是得到不等式

$$2x_1+x_2\leqslant 40$$

设备 C，两种产品生产所占用的机时数不能超过 75h，于是得到不等式

$$3x_2 \leqslant 75$$

另外，产品数不可能为负，即 x_1，$x_2 \geqslant 0$。

同时有一个追求目标，即获取最大利润，于是可写出目标函数 z 为相应的生产计划可以获得的总利润，即

$$z = 1500x_1 + 2500x_2$$

综合上述讨论，在加工时间以及利润与产品产量呈线性关系的假设下，把目标函数和约束条件放在一起，可以建立如下线性规划模型：

目标函数 $\max \quad z = 1500x_1 + 2500x_2$

约束条件 s.t.

$$\begin{cases} 3x_1 + 2x_2 \leqslant 65 \\ 2x_1 + x_2 \leqslant 40 \\ 3x_2 \leqslant 75 \\ x_1, \quad x_2 \geqslant 0 \end{cases}$$

这是一个典型的利润最大化的生产计划问题。

例 3-2 某工厂熔炼一种新型不锈钢，需要用四种合金 T_1，T_2，T_3 和 T_4 为原料，经测这四种原料关于元素铬（Cr）、锰（Mn）和镍（Ni）的质量分数（%），单价，以及这种不锈钢所需铬（Cr）、锰（Mn）和镍（Ni）元素的最低质量分数（%），见表 3-2。

表 3-2

		合金				不锈钢所需各元素的最低质量分数（%）
		T_1	T_2	T_3	T_4	
各元素质量分数（%）	Cr	3.21	4.53	2.19	1.76	3.20
	Mn	2.04	1.12	3.57	4.33	2.10
	Ni	5.82	3.06	4.27	2.73	4.30
单价（万元/t）		11.5	9.7	8.2	7.6	

假设熔炼时质量没有损耗，问题：要熔炼成 100t 这样的不锈钢，应选用原料 T_1，T_2，T_3 和 T_4 各多少吨能够使成本最小？

解 设选用原料 T_1，T_2，T_3 和 T_4 分别为 x_1，x_2，x_3，x_4。

根据题目条件，知道该工厂熔炼不锈钢的量是 100t，它将由四种合金 T_1，T_2，T_3 和 T_4 为原料熔炼而成，因此有一个等式约束：$x_1+x_2+x_3+x_4=100$；该不锈钢所需铬（Cr）、锰（Mn）和镍（Ni）元素的最低质量分数是由四种合金 T_1，T_2，T_3 和 T_4 相应元素的质量分数构成，于是可以得到：

关于铬元素质量分数的不等式

$$0.0321x_1+0.0453x_2+0.0219x_3+0.0176x_4 \geqslant 3.20$$

关于锰元素质量分数的不等式

$$0.0204x_1+0.0112x_2+0.0357x_3+0.0433x_4 \geqslant 2.10$$

关于镍元素质量分数的不等式

$$0.0582x_1+0.0306x_2+0.0427x_3+0.0273x_4 \geqslant 4.30$$

另外，各种合金的加入都不可能为负，即有非负限制：x_1，x_2，x_3，$x_4 \geqslant 0$。

最后，追求的目标是成本最小，可写出目标函数为

$$\min f = 11.5x_1 + 9.7x_2 + 8.2x_3 + 7.6x_4$$

综合上述讨论，把目标函数和约束条件放在一起，可以建立如下线性规划模型：

目标函数　$\min\ f = 11.5x_1 + 9.7x_2 + 8.2x_3 + 7.6x_4$

约束条件　s. t.

$$\begin{cases} 0.0321x_1 + 0.0453x_2 + 0.0219x_3 + 0.0176x_4 \geqslant 3.20 \\ 0.0204x_1 + 0.0112x_2 + 0.0357x_3 + 0.0433x_4 \geqslant 2.10 \\ 0.0582x_1 + 0.0306x_2 + 0.0427x_3 + 0.0273x_4 \geqslant 4.30 \\ x_1 + x_2 + x_3 + x_4 = 100 \\ x_1,\ x_2,\ x_3,\ x_4 \geqslant 0 \end{cases}$$

这是一个典型的成本最小化的问题。

3.1.2 线性规划的模型结构

从以上两个例子可以归纳出线性规划问题的一般形式：

$$\max(\min)\ z = c_1x_1 + c_2x_2 + \cdots + c_nx_n \tag{3-1}$$

$$\text{s. t.} \begin{cases} \left.\begin{array}{l} a_{11}x_1 + a_{12}x_2 + \cdots + a_{1n}x_n \leqslant (=,\ \geqslant)\, b_1 \\ a_{21}x_1 + a_{22}x_2 + \cdots + a_{2n}x_n \leqslant (=,\ \geqslant)\, b_2 \\ \qquad\vdots \\ a_{m1}x_1 + a_{m2}x_2 + \cdots + a_{mn}x_n \leqslant (=,\ \geqslant)\, b_m \end{array}\right\} & (3\text{-}2) \\ x_1,\ x_2,\ \cdots,\ x_n \geqslant 0 & (3\text{-}3) \end{cases}$$

其中，式（3-1）称为目标函数，它只有两种形式：max 或 min；式（3-2）称为约束条件，它们表示问题所受到的各种约束，一般有三种形式：“大于等于”“小于等于”（这两种情况又称不等式约束）或“等于”（又称等式约束）；式（3-3）称为非负约束条件，很多情况下决策变量都蕴含了这个假设，它们在表述问题时常常不一定明确指出，建模时应该注意这种情况。在实际中，有些决策变量允许取任何实数，如温度变量、资金变量等，这时不能人为地强行限制其非负。

在线性规划模型中，也直接称 z 为目标函数；称 $x_j(j=1,\ 2,\ \cdots,\ n)$ 为决策变量；称 $c_j(j=1,\ 2,\ \cdots,\ n)$ 为目标函数系数或价值系数或费用系数；称 $b_i(i=1,\ 2,\ \cdots,\ m)$ 为约束右端常数或简称右端项，也称资源常数；称 $a_{ij}(i=1,\ 2,\ \cdots,\ m;\ j=1,\ 2,\ \cdots,\ n)$ 为约束系数或技术系数。这里，c_j，b_i，a_{ij} 均为常数。

线性规划的数学模型可以表示为下列简洁的形式：

$$\begin{cases} \max(\min)\quad z = \sum\limits_{j=1}^{n} c_jx_j \\ \text{s. t.}\quad \sum\limits_{j=1}^{n} a_{ij}x_j \leqslant (=,\ \geqslant)\, b_i,\ i = 1,\ 2,\ \cdots,\ m \\ \qquad x_j \geqslant 0,\ j = 1,\ 2,\ \cdots,\ n \end{cases} \tag{3-4}$$

线性规划的数学模型还可以表示为下列矩阵形式或较简洁的向量形式：

$$\boldsymbol{x}=\begin{pmatrix}x_1\\x_2\\\vdots\\x_n\end{pmatrix},\ \boldsymbol{c}=\begin{pmatrix}c_1\\c_2\\\vdots\\c_n\end{pmatrix},\ \boldsymbol{b}=\begin{pmatrix}b_1\\b_2\\\vdots\\b_m\end{pmatrix},\ \boldsymbol{A}=\begin{pmatrix}a_{11}&a_{12}&\cdots&a_{1n}\\a_{21}&a_{22}&\cdots&a_{2n}\\\vdots&\vdots&&\vdots\\a_{m1}&a_{m2}&\cdots&a_{mn}\end{pmatrix}$$

为了书写方便，可以把列向量记为行向量的转置，如 $\boldsymbol{x}=(x_1,\ x_2,\ \cdots,\ x_n)^{\mathrm{T}}$，“T”表示转置，是 Transform 的缩写；对于 n 维列向量 $\boldsymbol{x}$，用符号表示：$\boldsymbol{x}\in\mathbf{R}^n$；$\boldsymbol{A}$ 是 m 行 n 列的矩阵，称 $m\times n$ 矩阵。

在这里，矩阵 $\boldsymbol{A}$ 有时表示为 $\boldsymbol{A}=(\boldsymbol{p}_1,\ \boldsymbol{p}_2,\ \cdots,\ \boldsymbol{p}_n)$，其中 $\boldsymbol{p}_j=(a_{1j},\ a_{2j},\ \cdots,\ a_{mj})^{\mathrm{T}}\in\mathbf{R}^m$。于是，线性规划问题可用矩阵形式表示和向量形式表示，即

$$\begin{cases}\max(\min)\quad z=\boldsymbol{c}^{\mathrm{T}}\boldsymbol{x}\\ \text{s. t.}\quad \boldsymbol{A}\boldsymbol{x}\leqslant(=,\ \geqslant)\boldsymbol{b}\\ \qquad\quad \boldsymbol{x}\geqslant\boldsymbol{0}\end{cases}\tag{3-5}$$

$$\begin{cases}\max(\min)\quad z=\sum\limits_{j=1}^{n}c_jx_j\\ \text{s. t.}\quad \sum\limits_{j=1}^{n}\boldsymbol{p}_jx_j\leqslant(=,\ \geqslant)\boldsymbol{b}\\ \qquad\quad x_j\geqslant0,\ j=1,\ 2,\ \cdots,\ n\end{cases}\tag{3-6}$$

于是，在线性规划模型中，称 $\boldsymbol{c}$ 为目标函数系数向量或价值系数向量或费用系数向量；称 $\boldsymbol{b}$ 为约束右端常数向量或简称右端项，也称资源常数向量；称 $\boldsymbol{A}$ 为约束系数矩阵或技术系数矩阵。

可以看出，线性规划模型有如下特点：①决策变量 $x_1,\ x_2,\ \cdots,\ x_n$ 表示要寻求的方案，每一组值就是一个方案；②约束条件是用等式或不等式表述的限制条件；③一定有一个追求目标，或希望最大或希望最小；④所有函数都是线性的。

3.1.3 线性规划问题的规范形式和标准形式

为了便于计算与对相对理论、方法的讨论，建立了线性规划问题的规范形式和标准形式。

设所有 $b_i\geqslant0$，$i=1,\ 2,\ \cdots,\ m$。称以下形式的线性规划问题为线性规划的规范形式：

$$\begin{cases}\max\quad z=c_1x_1+c_2x_2+\cdots+c_nx_n\\ \text{s. t.}\quad a_{11}x_1+a_{12}x_2+\cdots+a_{1n}x_n\leqslant b_1\\ \qquad\quad a_{21}x_1+a_{22}x_2+\cdots+a_{2n}x_n\leqslant b_2\\ \qquad\qquad\vdots\\ \qquad\quad a_{m1}x_1+a_{m2}x_2+\cdots+a_{mn}x_n\leqslant b_m\\ \qquad\quad x_1,\ x_2,\ \cdots,\ x_n\geqslant0\end{cases}\tag{3-7}$$

其矩阵形式为

$$\begin{cases}\max\quad z=\boldsymbol{c}^{\mathrm{T}}\boldsymbol{x}\\ \text{s. t.}\quad \boldsymbol{A}\boldsymbol{x}\leqslant\boldsymbol{b}\\ \qquad\quad \boldsymbol{x}\geqslant\boldsymbol{0}\end{cases}\tag{3-8}$$

称以下形式为标准形式：

$$\begin{cases}\max \quad z=c_1x_1+c_2x_2+\cdots+c_nx_n \\ \text{s. t.} \quad a_{11}x_1+a_{12}x_2+\cdots+a_{1n}x_n=b_1 \\ \quad a_{21}x_1+a_{22}x_2+\cdots+a_{2n}x_n=b_2 \\ \quad \vdots \\ \quad a_{m1}x_1+a_{m2}x_2+\cdots+a_{mn}x_n=b_m \\ \quad x_1,\ x_2,\ \cdots,\ x_n\geqslant 0\end{cases} \tag{3-9}$$

其矩阵形式为

$$\begin{cases}\max \quad z=\boldsymbol{c}^{\mathrm{T}}\boldsymbol{x} \\ \text{s. t.} \quad \boldsymbol{A}\boldsymbol{x}=\boldsymbol{b} \\ \quad \boldsymbol{x}\geqslant \boldsymbol{0}\end{cases} \tag{3-10}$$

可以看出，线性规划的标准形式有如下四个特点：目标最大化、约束为等式、决策变量均非负和右端项非负。

对于各种非标准形式的线性规划问题，总可以通过以下变换，将其转化为标准形式。

1. 极小化目标函数的问题

设目标函数为

$$\min \quad f=c_1x_1+c_2x_2+\cdots+c_nx_n$$

则可以令 $z=-f$，以上极小化问题和这个极大化问题有相同的最优解，即

$$\max \quad z=-c_1x_1-c_2x_2-\cdots-c_nx_n$$

但必须注意，尽管以上两个问题的最优解相同，但它们最优解的目标函数值却相差一个符号，即

$$\min f=-\max z$$

2. 约束条件不是等式的问题

设约束条件为

$$a_{i1}x_1+a_{i2}x_2+\cdots+a_{in}x_n\leqslant b_i$$

可以引进一个新的变量 s，使它等于约束右边与左边之差，即

$$s=b_i-(a_{i1}x_1+a_{i2}x_2+\cdots+a_{in}x_n)$$

显然，s 也具有非负约束，即 $s\geqslant 0$，这时新的约束条件成为

$$a_{i1}x_1+a_{i2}x_2+\cdots+a_{in}x_n+s=b_i$$

当约束条件为

$$a_{i1}x_1+a_{i2}x_2+\cdots+a_{in}x_n\geqslant b_i$$

时，类似地令

$$s=(a_{i1}x_1+a_{i2}x_2+\cdots+a_{in}x_n)-b_i$$

显然，s 也具有非负约束，即 $s\geqslant 0$，这时新的约束条件成为

$$a_{i1}x_1+a_{i2}x_2+\cdots+a_{in}x_n-s=b_i$$

为了使约束由不等式成为等式而引进的变量 s 称为“松弛变量”。如果原问题中有若干个非等式约束，则将其转化为标准形式时，必须对各个约束引进不同的松弛变量。

3. 变量无符号限制的问题

在标准形式中，必须使每一个变量均有非负约束。当某一个变量 x_j 没有非负约束时，可以令

$$x_j = x_j' - x_j''$$

其中

$$x_j' \geqslant 0,\ x_j'' \geqslant 0$$

即用两个非负变量之差来表示一个无符号限制的变量，当然 x_j 的符号取决于 x_j' 和 x_j'' 的大小。

4. 右端项有负值的问题

在标准形式中，要求右端项必须每一个分量非负。当某一个右端项系数为负时，如 $b_i<0$，则把该等式约束两端同时乘以−1，得到

$$-a_{i1}x_1 - a_{i2}x_2 - \cdots - a_{in}x_n = -b_i$$

例 3-3 将以下线性规划问题转化为标准形式：

$$\min \quad f = -3x_1 + 5x_2 + 8x_3 - 7x_4$$

$$\text{s.t.} \quad \begin{cases} 2x_1 - 3x_2 + 5x_3 + 6x_4 \leqslant 28 \\ 4x_1 + 2x_2 + 3x_3 - 9x_4 \geqslant 39 \\ \qquad 6x_2 + 2x_3 + 3x_4 \leqslant -58 \\ x_1,\qquad x_3,\ x_4 \geqslant 0 \end{cases}$$

解 首先，将目标函数转换成极大化，令

$$z = -f = 3x_1 - 5x_2 - 8x_3 + 7x_4$$

其次考虑约束，有三个不等式约束，引进松弛变量 x_5，x_6，$x_7 \geqslant 0$；

由于 x_2 无非负限制，可以令 $x_2 = x_2' - x_2''$，其中 $x_2' \geqslant 0$，$x_2'' \geqslant 0$；

由于第 3 个约束右端项系数为−58，于是把该式两端乘以−1。

因此，可以得到以下标准形式的线性规划问题：

$$\max \quad z = 3x_1 - 5x_2' + 5x_2'' - 8x_3 + 7x_4$$

$$\text{s.t.} \quad \begin{cases} 2x_1 - 3x_2' + 3x_2'' + 5x_3 + 6x_4 + x_5 = 28 \\ 4x_1 + 2x_2' - 2x_2'' + 3x_3 - 9x_4 - x_6 = 39 \\ \qquad -6x_2' + 6x_2'' - 2x_3 - 3x_4 - x_7 = 58 \\ x_1,\ x_2',\ x_2'',\ x_3,\ x_4, x_5,\ x_6,\ x_7 \geqslant 0 \end{cases}$$

显然，线性规划标准形式的约束集合 $S=\{\boldsymbol{x} \mid \boldsymbol{A}\boldsymbol{x}=\boldsymbol{b},\ \boldsymbol{x} \geqslant \boldsymbol{0}\}$，即第 2 章介绍的特殊多面体。我们知道，这个多面体有有限多个极点和有限多个极方向，并且 S 中的任意点可以用表示定理予以表示。下一节中，我们将利用这些结论来讨论线性规划的算法。

3.2 线性规划的单纯形法

3.2.1 线性规划最优性条件及解的有关概念

考虑标准形式的线性规划问题，其矩阵形式即 3.1 节的式（3-10）

$$(LP)\begin{cases}\max & z=\boldsymbol{c}^{\mathrm{T}}\boldsymbol{x}\\ \text{s. t.} & \boldsymbol{A}\boldsymbol{x}=\boldsymbol{b}\\ & \boldsymbol{x}\geqslant\boldsymbol{0}\end{cases}$$

为了讨论方便，再给出以下一些概念：

超平面和法向量：在 n 维空间中，所有满足条件

$$a_{i1}x_1+a_{i2}x_2+\cdots+a_{in}x_n=b_i$$

的点 $\boldsymbol{x}=(x_1,\ x_2,\ \cdots,\ x_n)^{\mathrm{T}}$ 构成的集合称为一个超平面；其中，矩阵 $\boldsymbol{A}$ 行构成的向量

$$\boldsymbol{r}_i=(a_{i1},\ a_{i2},\ \cdots,\ a_{in})^{\mathrm{T}}$$

称为该超平面的法向量。

在前文的讨论中，已得到线性规划问题的可行域（可行集）$S=\{\boldsymbol{x}\,|\,\boldsymbol{A}\boldsymbol{x}=\boldsymbol{b},\ \boldsymbol{x}\geqslant\boldsymbol{0}\}$ 是多面体。根据极点、极方向的特征，可以得到线性规划标准形式的最优化条件。

定理 3-1（解的存在性定理）　问题（LP），设秩（$\boldsymbol{A}$）$=m$，可行集多面体 S 非空。设 $\boldsymbol{x}^{(1)}$，…，$\boldsymbol{x}^{(k)}$ 为 S 的极点，$\boldsymbol{d}^{(1)}$，…，$\boldsymbol{d}^{(l)}$ 为 S 的极方向。那么：

（1）问题（LP）存在最优解的充分必要条件是

$$\boldsymbol{c}^{\mathrm{T}}\boldsymbol{d}^{(j)}\leqslant 0,\ j=1,\ 2,\ \cdots,\ l \tag{3-11}$$

（2）如果问题（LP）存在最优解，则存在极点为最优解。

证明　根据定理 2-7，有 $\forall\boldsymbol{x}\in S$，$\exists\lambda_i\geqslant 0$，$i=1,\ 2,\ \cdots,\ k$，$\sum\limits_{i=1}^{k}\lambda_i=1$；又 $\exists\mu_j\geqslant 0$，$j=1,\ 2,\ \cdots,\ l$，使

$$\boldsymbol{x}=\sum_{i=1}^{k}\lambda_i\boldsymbol{x}^{(i)}+\sum_{j=1}^{l}\mu_j\boldsymbol{d}^{(j)}$$

那么

$$\boldsymbol{c}^{\mathrm{T}}\boldsymbol{x}=\sum_{i=1}^{k}\lambda_i\boldsymbol{c}^{\mathrm{T}}\boldsymbol{x}^{(i)}+\sum_{j=1}^{l}\mu_j\boldsymbol{c}^{\mathrm{T}}\boldsymbol{d}^{(j)} \tag{3-12}$$

（1）先证必要性：

设 $\boldsymbol{x}^*$-opt.，那么利用式（3-12），有

$$\boldsymbol{c}^{\mathrm{T}}\boldsymbol{x}^*\geqslant\sum_{i=1}^{k}\lambda_i\boldsymbol{c}^{\mathrm{T}}\boldsymbol{x}^{(i)}+\sum_{j=1}^{l}\mu_j\boldsymbol{c}^{\mathrm{T}}\boldsymbol{d}^{(j)}$$

考察 $t=1,\ 2,\ \cdots,\ l$，有

$$\mu_t\boldsymbol{c}^{\mathrm{T}}\boldsymbol{d}^{(t)}\leqslant\boldsymbol{c}^{\mathrm{T}}\boldsymbol{x}^*-\sum_{i=1}^{k}\lambda_i\boldsymbol{c}^{\mathrm{T}}\boldsymbol{x}^{(i)}-\sum_{\substack{j=1\\ j\neq t}}^{l}\mu_j\boldsymbol{c}^{\mathrm{T}}\boldsymbol{d}^{(j)}$$

固定右端的 λ_i 及 μ_j，并记右端为常数 α，那么，有 $\mu_t\boldsymbol{c}^{\mathrm{T}}\boldsymbol{d}^{(t)}\leqslant\alpha$，$\forall\mu_t\geqslant 0$，利用定理 1-2 可得 $\boldsymbol{c}^{\mathrm{T}}\boldsymbol{d}^{(t)}\leqslant 0$。必要性得证。

再证充分性：

由于 $\boldsymbol{c}^{\mathrm{T}}\boldsymbol{d}^{(j)}\leqslant 0$，$j=1,\ 2,\ \cdots,\ l$，根据式（3-12）可得 $\forall\boldsymbol{x}\in S$，$\boldsymbol{c}^{\mathrm{T}}\boldsymbol{x}\leqslant\sum\limits_{i=1}^{k}\lambda_i\boldsymbol{c}^{\mathrm{T}}\boldsymbol{x}^{(i)}$，由于 $\sum\limits_{i=1}^{k}\lambda_i=1$，$\lambda_i\geqslant 0$，因此知 $\boldsymbol{c}^{\mathrm{T}}\boldsymbol{x}^*$ 在 S 有上界，故问题（LP）有有限最优解，充分性得证。

（2）由于极点有限，则存在一个极点 $\boldsymbol{x}^*$，使

$$\boldsymbol{c}^{\mathrm{T}}\boldsymbol{x}^*=\max\{\boldsymbol{c}^{\mathrm{T}}\boldsymbol{x}^{(i)}\mid i=1,2,\cdots,k\}$$

于是，对 $\forall\boldsymbol{x}\in S$，$\boldsymbol{c}^{\mathrm{T}}\boldsymbol{x}^*\geqslant\sum_{i=1}^{k}\lambda_i\boldsymbol{c}^{\mathrm{T}}\boldsymbol{x}^{(i)}$，故极点 $\boldsymbol{x}^*$ 为最优解。

定理 3-1 告诉我们，求线性规划问题的最优解，只需在有限多个极点中去寻找，看起来问题似乎是解决了。但是实际上，多面体 S 的极点个数是随着维数的增加而以指数速度增加的，因此，穷举所有极点的思想是不可取的。一方面，当维数增加时，问题求解可能变成无法实现；另一方面，在求每个极点时，若用前面举例中分解矩阵 $\boldsymbol{A}$ 的办法，计算量也太大。为此需要提供有选择的迭代产生的枚举算法。下面定理为这样的方法奠定了基础。

定理 3-2 设问题（LP），$S\neq\varnothing$，秩（$\boldsymbol{A}$）$=m$，$\boldsymbol{x}^*$ 为 S 的一个极点，无妨设有分解 $\boldsymbol{A}=(\boldsymbol{B},\ \boldsymbol{N})$，$\boldsymbol{c}=\begin{pmatrix}\boldsymbol{c}_B\\ \boldsymbol{c}_N\end{pmatrix}$，$\boldsymbol{x}^*=\begin{pmatrix}\boldsymbol{x}_B^*\\ \boldsymbol{x}_N^*\end{pmatrix}$，$\boldsymbol{x}_B^*=\boldsymbol{B}^{-1}\boldsymbol{b}\geqslant\boldsymbol{0}$，$\boldsymbol{x}_N^*=\boldsymbol{0}$，那么：

（1）如果 $\boldsymbol{c}_N^{\mathrm{T}}-\boldsymbol{c}_B^{\mathrm{T}}\boldsymbol{B}^{-1}\boldsymbol{N}\leqslant\boldsymbol{0}$，则 $\boldsymbol{x}^*$ 为最优解。

（2）如果存在属于 $\boldsymbol{N}$ 的分量指标 j，使 $c_j-\boldsymbol{c}_B^{\mathrm{T}}\boldsymbol{B}^{-1}\boldsymbol{a}_j>0$，且 $\boldsymbol{B}^{-1}\boldsymbol{a}_j\leqslant\boldsymbol{0}$，则问题（$LP$）无有界解。

证明 （1）$\forall\boldsymbol{x}\in S$，做相应分解 $\boldsymbol{x}=\begin{pmatrix}\boldsymbol{x}_B\\ \boldsymbol{x}_N\end{pmatrix}$，那么

$$\boldsymbol{A}\boldsymbol{x}=(\boldsymbol{B},\ \boldsymbol{N})\begin{pmatrix}\boldsymbol{x}_B\\ \boldsymbol{x}_N\end{pmatrix}=\boldsymbol{B}\boldsymbol{x}_B+\boldsymbol{N}\boldsymbol{x}_N=\boldsymbol{b}$$

由 $\boldsymbol{B}$ 非奇异得到：

$$\boldsymbol{x}_B=\boldsymbol{B}^{-1}\boldsymbol{b}-\boldsymbol{B}^{-1}\boldsymbol{N}\boldsymbol{x}_N=\boldsymbol{x}_B^*-\boldsymbol{B}^{-1}\boldsymbol{N}\boldsymbol{x}_N$$

$$\boldsymbol{c}^{\mathrm{T}}\boldsymbol{x}=\boldsymbol{c}_B^{\mathrm{T}}\boldsymbol{x}_B+\boldsymbol{c}_N^{\mathrm{T}}\boldsymbol{x}_N=\boldsymbol{c}_B^{\mathrm{T}}\boldsymbol{x}_B^*-\boldsymbol{c}_B^{\mathrm{T}}\boldsymbol{B}^{-1}\boldsymbol{N}\boldsymbol{x}_N+\boldsymbol{c}_N^{\mathrm{T}}\boldsymbol{x}_N$$

因为

$$\boldsymbol{c}^{\mathrm{T}}\boldsymbol{x}^*=\boldsymbol{c}_B^{\mathrm{T}}\boldsymbol{x}_B^*$$

所以

$$\boldsymbol{c}^{\mathrm{T}}\boldsymbol{x}-\boldsymbol{c}^{\mathrm{T}}\boldsymbol{x}^*=(\boldsymbol{c}_N^{\mathrm{T}}-\boldsymbol{c}_B^{\mathrm{T}}\boldsymbol{B}^{-1}\boldsymbol{N})\ \boldsymbol{x}_N$$

当 $\boldsymbol{c}_N^{\mathrm{T}}-\boldsymbol{c}_B^{\mathrm{T}}\boldsymbol{B}^{-1}\boldsymbol{N}\leqslant\boldsymbol{0}$ 时，由于 $\boldsymbol{x}_N\geqslant\boldsymbol{0}$，于是 $\boldsymbol{c}^{\mathrm{T}}\boldsymbol{x}\leqslant\boldsymbol{c}^{T}\boldsymbol{x}^*$，因此，$\boldsymbol{x}^*$ 是最优解。

（2）$\boldsymbol{B}^{-1}\boldsymbol{a}_j\leqslant\boldsymbol{0}$，由定理 2-6 得知，$\boldsymbol{d}=\begin{pmatrix}-\boldsymbol{B}^{-1}\boldsymbol{a}_j\\ \boldsymbol{e}_j\end{pmatrix}$ 是 S 的一个极方向，而 $\boldsymbol{c}^{\mathrm{T}}\boldsymbol{d}=-\boldsymbol{c}_B^{\mathrm{T}}\boldsymbol{B}^{-1}\boldsymbol{a}_j+\boldsymbol{c}_N^{\mathrm{T}}\boldsymbol{e}_j=c_j-\boldsymbol{c}_B^{\mathrm{T}}\boldsymbol{B}^{-1}\boldsymbol{a}_j>0$，再根据定理 3-1（1）得问题（$LP$）无有界解。

在线性规划问题的讨论中，常用到线性规划标准形式的基、基本解、基本可行解的概念。

考虑线性规划标准形式的约束条件

$$\boldsymbol{A}\boldsymbol{x}=\boldsymbol{b},\ \boldsymbol{x}\geqslant\boldsymbol{0}$$

其中，$\boldsymbol{A}$ 为 $m\times n$ 矩阵，$n>m$，秩（$\boldsymbol{A}$）$=m$，$\boldsymbol{b}\in\mathbf{R}^m$。在约束等式中，令 n 维空间的解

向量

$$x=(x_1, x_2, \cdots, x_n)^{\mathrm{T}}$$

中 $n-m$ 个变量为零，如果剩下的 m 个变量在线性方程组中有唯一解，则这 n 个变量的值组成的向量 $\boldsymbol{x}$ 就对应于 n 维空间 $\mathbf{R}^n$ 中若干个超平面的一个交点。当这 n 个变量的值都是非负时，这个交点就是线性规划可行域的一个极点。

根据以上分析，建立以下概念：

（1）线性规划的基：对于线性规划的约束条件

$$\boldsymbol{A}\boldsymbol{x}=\boldsymbol{b},\ \boldsymbol{x}\geqslant\boldsymbol{0}$$

设 $\boldsymbol{B}$ 是矩阵 $\boldsymbol{A}$ 中的一个非奇异（可逆）的 $m\times m$ 子矩阵，则称 $\boldsymbol{B}$ 为线性规划的一个基。用前文的记号，$\boldsymbol{A}=(\boldsymbol{p}_1, \boldsymbol{p}_2, \cdots, \boldsymbol{p}_n)$，其中 $\boldsymbol{p}_j=(a_{1j}, a_{2j}, \cdots, a_{mj})^{\mathrm{T}}\in\mathbf{R}^m$，任取 $\boldsymbol{A}$ 中的 m 个线性无关列向量 $\boldsymbol{p}_j\in\mathbf{R}^m$ 构成矩阵 $\boldsymbol{B}=(\boldsymbol{p}_{j_1}, \boldsymbol{p}_{j_2}, \cdots, \boldsymbol{p}_{j_m})$，那么 $\boldsymbol{B}$ 为线性规划的一个基。

称对应于基 $\boldsymbol{B}$ 的变量 $x_{j_1}, x_{j_2}, \cdots, x_{j_m}$ 为基变量；而其他变量称为非基变量。

可以用矩阵来描述这些概念。

设 $\boldsymbol{B}$ 是线性规划的一个基，则 $\boldsymbol{A}$ 可以表示为

$$\boldsymbol{A}=(\boldsymbol{B}, \boldsymbol{N})$$

$\boldsymbol{x}$ 也可以相应地分成

$$\boldsymbol{x}=\begin{pmatrix}\boldsymbol{x}_B\\ \boldsymbol{x}_N\end{pmatrix}$$

其中，$\boldsymbol{x}_B$ 为 m 维列向量，它的各分量称为基变量，与基 $\boldsymbol{B}$ 的列向量对应；$\boldsymbol{x}_N$ 为 $n-m$ 维列向量，它的各分量称为非基变量，与非基矩阵 $\boldsymbol{N}$ 的列对应。这时约束等式 $\boldsymbol{A}\boldsymbol{x}=\boldsymbol{b}$ 可表示为

$$(\boldsymbol{B}, \boldsymbol{N})\begin{pmatrix}\boldsymbol{x}_B\\ \boldsymbol{x}_N\end{pmatrix}=\boldsymbol{b}$$

或

$$\boldsymbol{B}\boldsymbol{x}_B+\boldsymbol{N}\boldsymbol{x}_N=\boldsymbol{b}$$

如果对非基变量 $\boldsymbol{x}_N$ 取确定的值，则 $\boldsymbol{x}_B$ 有唯一的值与之对应

$$\boldsymbol{x}_B=\boldsymbol{B}^{-1}\boldsymbol{b}-\boldsymbol{B}^{-1}\boldsymbol{N}\boldsymbol{x}_N$$

特别地，当取 $\boldsymbol{x}_N=\boldsymbol{0}$，这时有 $\boldsymbol{x}_B=\boldsymbol{B}^{-1}\boldsymbol{b}$。关于这类特别的解，有以下概念。

（2）线性规划问题的基本解、基本可行解和可行基：对于线性规划问题，设矩阵 $\boldsymbol{B}=(\boldsymbol{p}_{j_1}, \boldsymbol{p}_{j_2}, \cdots, \boldsymbol{p}_{j_m})$ 为一个基，令所有非基变量为零，可以得到 m 个关于基变量 $x_{j_1}, x_{j_2}, \cdots, x_{j_m}$ 的线性方程组，解这个线性方程组得到基变量的值。称这个解为一个基本解；若得到的基变量的值均非负，则称为基本可行解，同时称这个基 $\boldsymbol{B}$ 为可行基。

对于线性规划的解，矩阵形式

$$\boldsymbol{x}=\begin{pmatrix}\boldsymbol{x}_B\\ \boldsymbol{x}_N\end{pmatrix}=\begin{pmatrix}\boldsymbol{B}^{-1}\boldsymbol{b}\\ \boldsymbol{0}\end{pmatrix}$$

称为线性规划与基 $\boldsymbol{B}$ 对应的基本解。若 $\boldsymbol{B}^{-1}\boldsymbol{b}\geqslant\boldsymbol{0}$，则称以上的基本解为一基本可行解，相应的基 $\boldsymbol{B}$ 称为可行基。

可以证明以下结论：线性规划的基本可行解就是可行域（约束多面体）的极点。

这个结论被称为线性规划的基本定理，它的重要性在于把可行域的极点这一几何概念与基本可行解这一代数概念联系起来，因而可以通过求基本可行解的线性代数的方法来得到可行域的一切极点，从而有可能进一步获得最优极点。

3.2.2 单纯形法

前文已经介绍，利用求线性规划问题基本可行解（极点）的方法对较大规模的问题是不可行的。单纯形法的基本思路是有选择地取基本可行解，即从可行域的一个极点出发，沿着可行域的边界移到另一个相邻的极点，要求新极点的目标函数值不比原目标函数值差。

由上面的讨论可知，对于线性规划的一个基，当非基变量确定以后，基变量和目标函数的值也随之确定。因此，一个基本可行解向另一个基本可行解的移动，以及移动时基变量和目标函数值的变化，可以分别由基变量和目标函数用非基变量的表达式来表示。同时，当可行解从可行域的一个极点沿着可行域的边界移动到一个相邻的极点的过程中，所有非基变量中只有一个变量的值从 0 开始增加，而其他非基变量的值都保持 0 不变。

根据以上讨论，单纯形法的基本过程如图 3-1 所示。

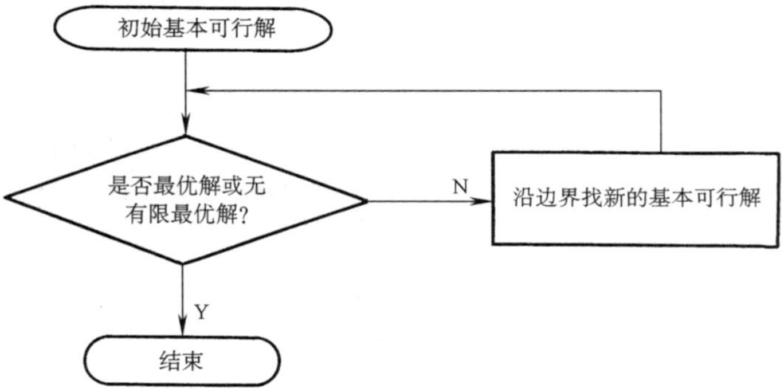

图 3-1

考虑标准形式的线性规划问题

$$
(LP)\begin{cases}
\max \quad z=c_1x_1+c_2x_2+\cdots+c_nx_n \\
\text{s. t.} \quad a_{11}x_1+a_{12}x_2+\cdots+a_{1n}x_n=b_1 \\
\qquad a_{21}x_1+a_{22}x_2+\cdots+a_{2n}x_n=b_2 \\
\qquad \vdots \\
\qquad a_{m1}x_1+a_{m2}x_2+\cdots+a_{mn}x_n=b_m \\
\qquad x_1,\ x_2,\ \cdots,\ x_n\geqslant 0
\end{cases}
$$

记

$$
\boldsymbol{x}=\begin{pmatrix} x_1 \\ x_2 \\ \vdots \\ x_n \end{pmatrix},\quad \boldsymbol{c}=\begin{pmatrix} c_1 \\ c_2 \\ \vdots \\ c_n \end{pmatrix},\quad \boldsymbol{b}=\begin{pmatrix} b_1 \\ b_2 \\ \vdots \\ b_m \end{pmatrix},\quad \boldsymbol{A}=\begin{pmatrix} a_{11} & a_{12} & \cdots & a_{1n} \\ a_{21} & a_{22} & \cdots & a_{2n} \\ \vdots & \vdots & & \vdots \\ a_{m1} & a_{m2} & \cdots & a_{mn} \end{pmatrix}
$$

这里，矩阵 $\boldsymbol{A}$ 表示 $\boldsymbol{A}=(\boldsymbol{p}_1,\ \boldsymbol{p}_2,\ \cdots,\ \boldsymbol{p}_n)$，其中 $\boldsymbol{p}_j=(a_{1j},\ a_{2j},\ \cdots,\ a_{mj})^{\mathrm{T}}\in\mathbf{R}^m$。

若找到一个可行基，不妨设 $\boldsymbol{B}=(\boldsymbol{p}_1,\ \boldsymbol{p}_2,\ \cdots,\ \boldsymbol{p}_m)$，则 m 个基变量为 $x_1,\ x_2,\ \cdots,\ x_m$，$n-m$ 个非基变量为 $x_{m+1},\ x_{m+2},\ \cdots,\ x_n$。通过运算，所有的基变量都可以用非基变量来表示，即

$$\begin{cases}x_1=b_1'-(a_{1,m+1}'x_{m+1}+a_{1,m+2}'x_{m+2}+\cdots+a_{1n}'x_n)\\x_2=b_2'-(a_{2,m+1}'x_{m+1}+a_{2,m+2}'x_{m+2}+\cdots+a_{2n}'x_n)\\\qquad\vdots\\x_m=b_m'-(a_{m,m+1}'x_{m+1}+a_{m,m+2}'x_{m+2}+\cdots+a_{mn}'x_n)\end{cases}\tag{3-13}$$

把它们代入目标函数，得

$$z=z'+\sigma_{m+1}x_{m+1}+\sigma_{m+2}x_{m+2}+\cdots+\sigma_n x_n\tag{3-14}$$

其中

$$\sigma_j=c_j-(c_1a_{1j}'+c_2a_{2j}'+\cdots+c_ma_{mj}')\tag{3-15}$$

把由非基变量表示的目标函数形式称为基 $\boldsymbol{B}$ 相应的目标函数典式。

上述概念的矩阵描述如下：

设标准的线性规划问题为

$$(LP)\quad\begin{cases}\max\quad z=\boldsymbol{c}^{\mathrm{T}}\boldsymbol{x}\\\text{s. t.}\quad \boldsymbol{A}\boldsymbol{x}=\boldsymbol{b}\\\qquad\quad \boldsymbol{x}\geqslant\boldsymbol{0}\end{cases}\tag{3-16}$$

并设

$$\boldsymbol{A}=(\boldsymbol{p}_1,\ \boldsymbol{p}_2,\ \cdots,\ \boldsymbol{p}_n)$$

其中，$\boldsymbol{p}_j(j=1,\ 2,\ \cdots,\ n)$ 是矩阵 $\boldsymbol{A}$ 的第 j 个列向量。不妨设

$$\boldsymbol{B}=(\boldsymbol{p}_1,\ \boldsymbol{p}_2,\ \cdots,\ \boldsymbol{p}_m)$$

是 $\boldsymbol{A}$ 的一个基。

这样，矩阵 $\boldsymbol{A}$ 可以分块记为 $\boldsymbol{A}=(\boldsymbol{B},\ \boldsymbol{N})$，相应地，向量 $\boldsymbol{x}$ 和 $\boldsymbol{c}$ 可以记为

$$\boldsymbol{x}=\begin{pmatrix}\boldsymbol{x}_B\\\boldsymbol{x}_N\end{pmatrix},\quad \boldsymbol{c}=\begin{pmatrix}\boldsymbol{c}_B\\\boldsymbol{c}_N\end{pmatrix}$$

利用以上记号，等式约束 $\boldsymbol{A}\boldsymbol{x}=\boldsymbol{b}$ 可以写成

$$\boldsymbol{B}\boldsymbol{x}_B+\boldsymbol{N}\boldsymbol{x}_N=\boldsymbol{b}$$

由于基 $\boldsymbol{B}$ 可逆，可得到

$$\boldsymbol{x}_B=\boldsymbol{B}^{-1}\boldsymbol{b}-\boldsymbol{B}^{-1}\boldsymbol{N}\boldsymbol{x}_N\tag{3-17}$$

这就是在约束条件中，基变量用非基变量表示出的形式。

对于一个确定的基 $\boldsymbol{B}$，目标函数 z 可以写成

$$z=\boldsymbol{c}^{\mathrm{T}}\boldsymbol{x}=(\boldsymbol{c}_B^{\mathrm{T}},\ \boldsymbol{c}_N^{\mathrm{T}})\begin{pmatrix}\boldsymbol{x}_B\\\boldsymbol{x}_N\end{pmatrix}=\boldsymbol{c}_B^{\mathrm{T}}\boldsymbol{x}_B+\boldsymbol{c}_N^{\mathrm{T}}\boldsymbol{x}_N\tag{3-18}$$

将式（3-17）代入以上目标函数（3-18），得到目标函数 z 用非基变量表示出的形式

$$\begin{aligned}z&=\boldsymbol{c}_B^{\mathrm{T}}(\boldsymbol{B}^{-1}\boldsymbol{b}-\boldsymbol{B}^{-1}\boldsymbol{N}\boldsymbol{x}_N)+\boldsymbol{c}_N^{\mathrm{T}}\boldsymbol{x}_N\\&=\boldsymbol{c}_B^{\mathrm{T}}\boldsymbol{B}^{-1}\boldsymbol{b}+(\boldsymbol{c}_N^{\mathrm{T}}-\boldsymbol{c}_B^{\mathrm{T}}\boldsymbol{B}^{-1}\boldsymbol{N})\ \boldsymbol{x}_N\end{aligned}\tag{3-19}$$

其中

$$\boldsymbol{\sigma}_N^{\mathrm{T}}=\boldsymbol{c}_N^{\mathrm{T}}-\boldsymbol{c}_B^{\mathrm{T}}\boldsymbol{B}^{-1}\boldsymbol{N} \tag{3-20}$$

为检验数，式（3-19）即典式（3-14）的矩阵表示。式（3-17）和式（3-19）表示对于非基变量的任何一组确定的值，基变量和目标函数都有一组确定的值与之对应。特别地，当 $\boldsymbol{x}_N=\boldsymbol{0}$ 时，相应的解

$$\boldsymbol{x}=\begin{pmatrix}\boldsymbol{x}_B\\ \boldsymbol{x}_N\end{pmatrix}=\begin{pmatrix}\boldsymbol{B}^{-1}\boldsymbol{b}\\ \boldsymbol{0}\end{pmatrix}$$

就是对应于基 $\boldsymbol{B}$ 的基本解。如果 $\boldsymbol{B}$ 是一个可行基，则有

$$\boldsymbol{x}=\begin{pmatrix}\boldsymbol{x}_B\\ \boldsymbol{x}_N\end{pmatrix}=\begin{pmatrix}\boldsymbol{B}^{-1}\boldsymbol{b}\\ \boldsymbol{0}\end{pmatrix}\geqslant\boldsymbol{0}$$

单纯形法的主要步骤如下：

（1）取得一个初始可行基 $\boldsymbol{B}$、相应的基本可行解 $\boldsymbol{x}=\begin{pmatrix}\boldsymbol{x}_B\\ \boldsymbol{x}_N\end{pmatrix}=\begin{pmatrix}\boldsymbol{B}^{-1}\boldsymbol{b}\\ \boldsymbol{0}\end{pmatrix}$，以及当前的目标函数值 $z=\boldsymbol{c}_B^{\mathrm{T}}\boldsymbol{x}_B=\boldsymbol{c}_B^{\mathrm{T}}\boldsymbol{B}^{-1}\boldsymbol{b}$。

（2）考察检验数 $\boldsymbol{\sigma}_N$，根据定理 3-2，如果 $\boldsymbol{\sigma}_N\leqslant\boldsymbol{0}$，则当前的基已经是最优基，这个当前的基本可行解（极点）即是最优解，计算结束。

否则，选取一个 $\sigma_k>0$，记

$$\boldsymbol{d}=\begin{pmatrix}\boldsymbol{d}_B\\ \boldsymbol{d}_N\end{pmatrix}=\begin{pmatrix}-\boldsymbol{B}^{-1}\boldsymbol{p}_k\\ \boldsymbol{e}_k\end{pmatrix}$$

如果使相应的 x_k（非基变量）由当前值 0 开始增加，其余非基变量的值均保持零值不变，则目标函数严格增大。

（3）当 x_k 的值由 0 开始增加时，由式（3-17）可知，当前各基变量的值也要随之变化。有以下两种情况将会发生：

1）存在 $(\boldsymbol{B}^{-1}\boldsymbol{p}_k)_i>\boldsymbol{0}$：设 $\boldsymbol{B}^{-1}\boldsymbol{b}>\boldsymbol{0}$，令

$$\theta=\min\left\{\frac{(\boldsymbol{B}^{-1}\boldsymbol{b})_i}{(\boldsymbol{B}^{-1}\boldsymbol{p}_k)_i}\;\middle|\;(\boldsymbol{B}^{-1}\boldsymbol{p}_k)_i>\boldsymbol{0}\right\}\overset{\text{记}}{=}\frac{(\boldsymbol{B}^{-1}\boldsymbol{b})_r}{(\boldsymbol{B}^{-1}\boldsymbol{p}_k)_r} \tag{3-21}$$

此时，当 x_k 的值增加时，某些基变量的值随之减小，根据式（3-21），基变量 $(\boldsymbol{x}_B)_r$ 的值在 x_k 的增加过程中首先降为 0。这时得到新的基本可行解 $\boldsymbol{x}'$，这时基变量 $(\boldsymbol{x}_B)_r$ 成为非基变量，而非基变量 x_k 成为一个新的基变量，相应地，x_k 在矩阵 $\boldsymbol{A}$ 中相应（不在基 $\boldsymbol{B}$ 中）的列向量 $\boldsymbol{p}_k$ 将取代基变量 $(\boldsymbol{x}_B)_r$ 在基 $\boldsymbol{B}$ 中的列向量 $\boldsymbol{p}_r$，从而实现由原来的可行基 $\boldsymbol{B}$ 到一个新的可行基 $\boldsymbol{B}'$，从基本可行解 $\boldsymbol{x}$ 到新的基本可行解 $\boldsymbol{x}'$ 的变换。在这一过程中，称变量 x_k 为进基变量，$(\boldsymbol{x}_B)_r$ 为出基变量，由可行基 $\boldsymbol{B}$ 到 $\boldsymbol{B}'$ 的变换称为基变换。由 x_k 的选取可知，新的基 $\boldsymbol{B}'$ 对应的目标函数值必定大于原可行基 $\boldsymbol{B}$ 对应的目标函数值。转步骤（4）。

下面证明 $\boldsymbol{x}'$ 是基本可行解，并且 $\boldsymbol{c}^{\mathrm{T}}\boldsymbol{x}'>\boldsymbol{c}^{\mathrm{T}}\boldsymbol{x}$。

根据上述过程可得 $\boldsymbol{x}'=\boldsymbol{x}+\theta\boldsymbol{d}$，那么由于

$$\sigma_k=c_k-\boldsymbol{c}_B^{\mathrm{T}}\boldsymbol{B}^{-1}\boldsymbol{p}_k>0,\quad \theta>0$$

于是

$$\boldsymbol{c}^{\mathrm{T}}\boldsymbol{x}'=\boldsymbol{c}^{\mathrm{T}}\boldsymbol{x}+\theta(c_k-\boldsymbol{c}_B^{\mathrm{T}}\boldsymbol{B}^{-1}\boldsymbol{p}_k)>\boldsymbol{c}^{\mathrm{T}}\boldsymbol{x}$$

又

$$x=(x_1, x_2, \cdots, x_{r-1}, x_r, x_{r+1}, \cdots, x_m, 0, \cdots, 0, \cdots, 0)^{\mathrm{T}}$$
$$x'=(x'_1, x'_2, \cdots, x'_{r-1}, 0, x'_{r+1}, \cdots, x'_m, 0, \cdots, x'_k, \cdots, 0)^{\mathrm{T}}$$
$$\boldsymbol{B}=(\boldsymbol{p}_1, \boldsymbol{p}_2, \cdots, \boldsymbol{p}_{r-1}, \boldsymbol{p}_r, \boldsymbol{p}_{r+1}, \cdots, \boldsymbol{p}_m)$$
$$\boldsymbol{B}'=(\boldsymbol{p}_1, \boldsymbol{p}_2, \cdots, \boldsymbol{p}_{r-1}, \boldsymbol{p}_{r+1}, \cdots, \boldsymbol{p}_m, \boldsymbol{p}_k)$$

要证明 $\boldsymbol{x}'$是基本可行解只需证明 $\boldsymbol{B}'$非奇异，即 $\boldsymbol{p}_1$，$\boldsymbol{p}_2$，…，$\boldsymbol{p}_{r-1}$，$\boldsymbol{p}_{r+1}$，…，$\boldsymbol{p}_m$，$\boldsymbol{p}_k$ 线性无关。

反证：设 μ_1，μ_2，…，μ_{r-1}，μ_{r+1}，…，μ_m，μ_k 不全为零，使

$$\mu_1\boldsymbol{p}_1+\mu_2\boldsymbol{p}_2+\cdots+\mu_{r-1}\boldsymbol{p}_{r-1}+\mu_{r+1}\boldsymbol{p}_{r+1}+\cdots+\mu_m\boldsymbol{p}_m+\mu_k\boldsymbol{p}_k=\boldsymbol{0}$$

由于 $\boldsymbol{p}_1$，$\boldsymbol{p}_2$，…，$\boldsymbol{p}_{r-1}$，$\boldsymbol{p}_{r+1}$，…，$\boldsymbol{p}_m$ 线性无关，故 $\mu_k\neq 0$。

令

$$\alpha_i=-\frac{\mu_i}{\mu_k},\ i=1, 2, \cdots, r-1, r+1, \cdots, m$$

则

$$\boldsymbol{p}_k=\alpha_1\boldsymbol{p}_1+\alpha_2\boldsymbol{p}_2+\cdots+\alpha_{r-1}\boldsymbol{p}_{r-1}+\alpha_{r+1}\boldsymbol{p}_{r+1}+\cdots+\alpha_m\boldsymbol{p}_m$$

又 $\boldsymbol{B}^{-1}\boldsymbol{p}_i=\boldsymbol{e}_i$，于是

$$\begin{aligned}\boldsymbol{B}^{-1}\boldsymbol{p}_k&=\alpha_1\boldsymbol{B}^{-1}\boldsymbol{p}_1+\alpha_2\boldsymbol{B}^{-1}\boldsymbol{p}_2+\cdots+\alpha_{r-1}\boldsymbol{B}^{-1}\boldsymbol{p}_{r-1}+\alpha_{r+1}\boldsymbol{B}^{-1}\boldsymbol{p}_{r+1}+\cdots+\alpha_m\boldsymbol{B}^{-1}\boldsymbol{p}_m\\&=(\alpha_1, \alpha_2, \cdots, \alpha_{r-1}, 0, \alpha_{r+1}, \cdots, \alpha_m)^{\mathrm{T}}\end{aligned}$$

同 $(\boldsymbol{B}^{-1}\boldsymbol{p}_k)_r>0$ 矛盾。

2）$\boldsymbol{B}^{-1}\boldsymbol{p}_k\leqslant\boldsymbol{0}$：根据定理 2-6，$\boldsymbol{d}$ 是极方向，由定理 3-2 问题（*LP*）无有界解。事实上，当 x_k 增加时，由式（3-17）确定的所有基变量的值都随之增加，即不会有任何基变量出基，这时 x_k 值的增加没有任何限制，可判定该问题无有限最优解，计算结束。

（4）对于新的可行基，重复步骤（2）和（3），就一定可以获得最优解或确定无有限最优解。

以上过程可以表示为计算流程图（见图 3-2）。

在实际计算中，换基运算实质上是一系列的矩阵乘法运算，可以利用矩阵初等行变换进行。

为了便于计算，构造用矩阵、向量表示的单纯形表。首先，把（*LP*）的参数列表，见表 3-3。

表 3-3

	1 列	m 列	$n-m$ 列	1 列
1 行	1	$\boldsymbol{c}_B^{\mathrm{T}}$	$\boldsymbol{c}_N^{\mathrm{T}}$	$\boldsymbol{0}$
m 行	$\boldsymbol{0}$	$\boldsymbol{B}$	$\boldsymbol{N}$	$\boldsymbol{b}$

根据计算的需要，表 3-3 右边的 $m+1$ 阶矩阵应变换为单位矩阵，于是右乘该矩阵的逆：

$$\begin{pmatrix}1 & \boldsymbol{c}_B^{\mathrm{T}}\\ \boldsymbol{0} & \boldsymbol{B}\end{pmatrix}^{-1}=\begin{pmatrix}1 & -\boldsymbol{c}_B^{\mathrm{T}}\boldsymbol{B}^{-1}\\ \boldsymbol{0} & \boldsymbol{B}^{-1}\end{pmatrix}$$

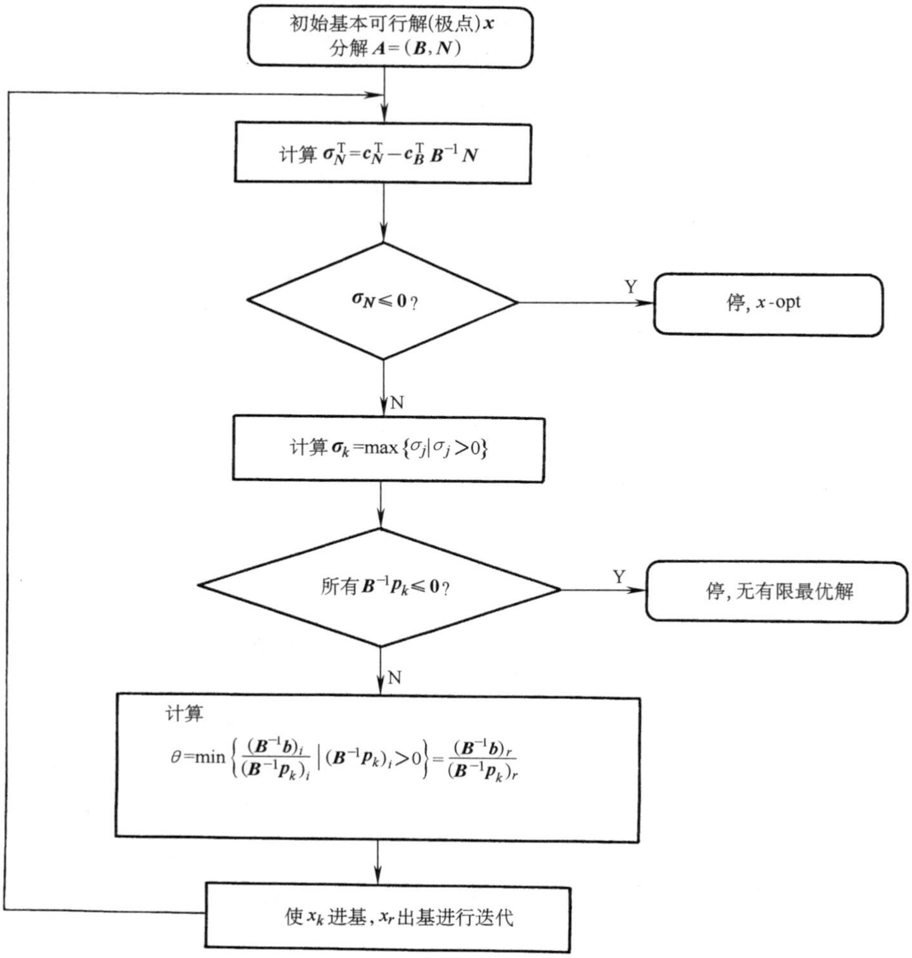

图 3-2

得到包含需要信息的单纯形表（见表 3-4），为了便于计算，加以修改得到用矩阵、向量表示的单纯形表，见表 3-5。

表 3-4

1	$\boldsymbol{0}^{\mathrm{T}}$	$\boldsymbol{c}_N^{\mathrm{T}}-\boldsymbol{c}_B^{\mathrm{T}}\boldsymbol{B}^{-1}\boldsymbol{N}$	$-\boldsymbol{c}_B^{\mathrm{T}}\boldsymbol{B}^{-1}\boldsymbol{b}$
$\boldsymbol{0}$	$\boldsymbol{E}$	$\boldsymbol{B}^{-1}\boldsymbol{N}$	$\boldsymbol{B}^{-1}\boldsymbol{b}$

表 3-5

$\boldsymbol{c}_B$	$\boldsymbol{x}_B$	$\boldsymbol{b}'$	$\boldsymbol{c}_B^{\mathrm{T}}$ / $\boldsymbol{x}_B^{\mathrm{T}}$	$\boldsymbol{c}_N^{\mathrm{T}}$ / $\boldsymbol{x}_N^{\mathrm{T}}$	$\boldsymbol{\theta}$
		$\boldsymbol{B}^{-1}\boldsymbol{b}$	$\boldsymbol{E}$	$\boldsymbol{B}^{-1}\boldsymbol{N}$	
$-z$		$-\boldsymbol{c}_B^{\mathrm{T}}\boldsymbol{B}^{-1}\boldsymbol{b}$	$\boldsymbol{0}^{\mathrm{T}}$	$\boldsymbol{c}_N^{\mathrm{T}}-\boldsymbol{c}_B^{\mathrm{T}}\boldsymbol{B}^{-1}\boldsymbol{N}$	

可以看到，表 3-5 中包含了单纯形法计算所需的全部信息，在这个表上，可以方便地进行线性规划求解。

3.2.3 单纯形法的表格计算

考虑规范形式的线性规划问题：$b_i>0$，$i=1$，…，m

$$\max \quad z=c_1x_1+c_2x_2+\cdots+c_nx_n$$
$$\text{s. t.}\quad \begin{cases} a_{11}x_1+a_{12}x_2+\cdots+a_{1n}x_n\leqslant b_1 \\ a_{21}x_1+a_{22}x_2+\cdots+a_{2n}x_n\leqslant b_2 \\ \quad\vdots \\ a_{m1}x_1+a_{m2}x_2+\cdots+a_{mn}x_n\leqslant b_m \\ x_1,\ x_2,\ \cdots,\ x_n\geqslant 0 \end{cases}$$

加入松弛变量，化为标准形式

$$\begin{cases} \max \quad z=c_1x_1+c_2x_2+\cdots+c_nx_n \\ \text{s. t.}\quad a_{11}x_1+a_{12}x_2+\cdots+a_{1n}x_n+x_{n+1}=b_1 \\ \qquad a_{21}x_1+a_{22}x_2+\cdots+a_{2n}x_n+x_{n+2}=b_2 \\ \qquad\quad\vdots \\ \qquad a_{m1}x_1+a_{m2}x_2+\cdots+a_{mn}x_n+x_{n+m}=b_m \\ \qquad x_1,\ x_2,\ \cdots,\ x_n,\ x_{n+1},\ \cdots,\ x_{n+m}\geqslant 0 \end{cases} \tag{3-22}$$

考虑式（3-22），显然，x_{n+1}，x_{n+2}，…，x_{n+m}对应的基是单位矩阵，得到一个基本可行解为

$$\boldsymbol{x}=(0,\ \cdots,\ 0,\ b_1,\ b_2,\ \cdots,\ b_m)^{\mathrm{T}}$$

用非基变量 $\boldsymbol{x}_N=(x_1,\ x_2,\ \cdots,\ x_n)^{\mathrm{T}}$ 来表示基变量 $\boldsymbol{x}_B=(x_{n+1},\ x_{n+2},\ \cdots,\ x_{n+m})^{\mathrm{T}}$ 如下：

$$\boldsymbol{x}_B=\boldsymbol{E}\boldsymbol{b}-\boldsymbol{A}\boldsymbol{x}_N=\boldsymbol{b}-\boldsymbol{A}\boldsymbol{x}_N$$

构造如表 3-6 所示的初始单纯形表。

表 3-6

$\boldsymbol{c}_B$	$\boldsymbol{x}_B$	$\boldsymbol{b}$	c_1	c_2	…	c_n	c_{n+1}	c_{n+2}	…	c_{n+m}	$\boldsymbol{\theta}$
			x_1	x_2	…	x_n	x_{n+1}	x_{n+2}	…	x_{n+m}	
c_{n+1}	x_{n+1}	b_1	a_{11}	a_{12}	…	a_{1n}	1	0	…	0	θ_1
c_{n+2}	x_{n+2}	b_2	a_{21}	a_{22}	…	a_{2n}	0	1	…	0	θ_2
⋮	⋮	⋮	⋮	⋮		⋮	⋮	⋮		⋮	⋮
c_{n+m}	x_{n+m}	b_m	a_{m1}	a_{m2}	…	a_{mn}	0	0	…	1	θ_m
$-z$		$-z'$	σ_1	σ_2	…	σ_n	0	0	…	0	

其中，$z'=\sum_{i=1}^{m}c_{n+i}b_i=0$，$\sigma_j=c_j-\sum_{i=1}^{m}c_{n+i}a_{ij}=c_j$ 为检验数，同时

$$c_{n+i}=0,\ i=1,\ \cdots,\ m;\ a_{n+i,i}=1,\ a_{n+i,j}=0(j\neq i),\ i,\ j=1,\ \cdots,\ m$$

这一变化过程的实质是利用消元法把目标函数中的基变量消去，用非基变量来表示目标函数。因此，所得到的最后一行中非基变量的系数即为检验数 σ_j，而常数列则是$-z$ 的取值$-z'$。

把这些信息设计成表格，即称为初始单纯形表。

表中：$\boldsymbol{c_B}$ 列填入基变量的系数，这里是 c_{n+1}，c_{n+2}，…，c_{n+m}；

$\boldsymbol{x_B}$ 列填入基变量，这里是 x_{n+1}，x_{n+2}，…，x_{n+m}；

$\boldsymbol{b}$ 列中填入约束方程右端的常数，代表基变量的取值；

第 2 行填入所有的变量名，第 1 行填入相应变量的价值系数值 c_j；

第 4 列至倒数第 2 列、第 3 行至倒数第 2 行之间填入整个约束系数矩阵；

最后一行为检验数行，对应于各个非基变量的检验数 σ_j，而基变量的检验数均为零。

在运算过程中，$\boldsymbol{c_B}$ 列的基变量相对应的价值系数随基变量的变化而改变。填入这一列是为了计算检验数 σ_j，由表中检验数行（最后一行）可以看出：

$$\sigma_j = c_j - \sum_{i=1}^{m} c_{n+i} a_{ij}$$

恰好是由 x_j 的价值系数 c_j 减去 $\boldsymbol{c_B}$ 列的各元素与 x_j 列各对应元素的乘积。

$\boldsymbol{\theta}$ 列的数字是在确定了换入变量 x_k 以后，分别由 $\boldsymbol{b}$ 列的元素 b_j 除以 x_k 列对应元素 a_{ik} 计算出来以后填上的，即

$$当\ a_{ik}>0\ 时，\theta_i=\frac{b_i}{a_{ik}}；否则，\theta_i=\infty \tag{3-23}$$

在初始单纯形表中，前 m 行是用非基变量表示基变量的表达式，也是所有的约束条件（除非负约束外）。第 $m+1$ 行是用非基变量表示的目标函数，而原来的目标函数可由 c_j 行得到。当前基变量是 $\boldsymbol{x_B}$ 列的变量，当前 $\boldsymbol{x_B}$ 的取值在 $\boldsymbol{b}$ 列。因此该表中既包含了原问题的信息，也包含了当前基本可行解的信息，以及最优性检验所需的信息，因而可以利用它进行单纯形法的迭代。

值得注意的是，变量非负约束是单纯形表中所隐含的，任何时候 $\boldsymbol{b}$ 列的值都应是非负的，如果出现负值，则表示当前基本解不是可行解，求解也就无法进行。造成的原因可能是初始基本解不是可行解，或者迭代过程中在选出基变量或在主元变换时出现错误。

在上述初始单纯形表的基础上，按下列规则过程进行迭代，可以得到一般形式的单纯形表。经过有限步迭代，将寻求到线性规划问题的解。

计算中注意以下几点：

（1）在单纯形表中，若所有 $\sigma_j \leqslant 0$，则当前基本可行解是最优解；否则，若存在 $\sigma_k>0$，则可选 x_k 进基。

（2）若表中 x_k 列的所有系数 $a_{ik} \leqslant 0$，则没有有限最优解，计算结束；否则按式（3-23）计算 θ_i，填入 $\boldsymbol{\theta}$ 列。

（3）在 $\boldsymbol{\theta}$ 列取 $\min\{\theta_i\}=\theta_r$，则以 $\boldsymbol{x_B}$ 列 r 行的变量为出基变量。取 a_{rk} 为主元，这时显然有 $a_{rk}>0$。

（4）建立与原表相同格式的空表，把第 r 行乘以 $1/a_{rk}$ 之后的结果填入新表的第 r 行；对于 $i \neq r$ 行，把第 r 行乘以 $-a_{ik}/a_{rk}$ 之后与原表中第 i 行相加，结果填入新表的第 i 行；在 $\boldsymbol{x_B}$ 列中 r 行位置填入 x_k，其余行不变；在 $\boldsymbol{c_B}$ 列中用 c_k 代替 r 行原来的值，其余的行与原表中相同。

注意：在计算过程中，第 3 行至倒数第 2 行中部（第 3 列至倒数第 2 列）的每一行表示

了一个等式

$$a_{i1}x_1+a_{i2}x_2+\cdots+a_{in}x_n+a_{i,n+1}x_{n+1}+a_{i,n+2}x_{n+2}+\cdots+a_{i,n+m}x_{n+m}=b_i,\ i=1,\ 2,\ \cdots,\ m$$

这组等式是与原问题的约束等价的线性方程组。

（5）用 x_j 的价值系数 c_j 减去 $\boldsymbol{c}_B$ 列的各元素与 x_j 列各对应元素的乘积，把计算结果填入 x_j 列的最后一行，得到检验数 σ_j，计算并填入$-z'$的值（以零减去 $\boldsymbol{c}_B$ 列各元素与 $\boldsymbol{b}$ 列各元素的乘积）。

这两个过程（(4)，(5)），实质上是通过矩阵初等行变换，使表格第 k 列的第 3 行至最后一行的元素，除第 r 行第 k 列元素为 1 外，其余均为 0。

经上述过程，可以得到一张新的单纯形表，对应一个新的基本可行解。重复上述迭代过程，就可得到最优解或判断出没有有限最优解。

例 3-4 用单纯形法求解例 3-1 中的线性规划问题。标准化后得

$$\max \quad z = 1500x_1 + 2500x_2$$

$$\text{s. t.}\quad \begin{cases} 3x_1 + 2x_2 + x_3 = 65 \\ 2x_1 + x_2 + x_4 = 40 \\ 3x_2 + x_5 = 75 \\ x_1,\ x_2,\ x_3,\ x_4,\ x_5 \geqslant 0 \end{cases}$$

解 取初始基本可行解 $x_1=x_2=0$，$x_3=65$，$x_4=40$，$x_5=75$；它的基是 $(\boldsymbol{p}_3,\ \boldsymbol{p}_4,\ \boldsymbol{p}_5)=\boldsymbol{E}$（单位矩阵）。于是，得到初始单纯形表（见表 3-7）。

表 3-7

$\boldsymbol{c}_B$	$\boldsymbol{x}_B$	$\boldsymbol{b}$	1500	2500	0	0	0	$\boldsymbol{\theta}$
			x_1	x_2	x_3	x_4	x_5	
0	x_3	65	3	2	1	0	0	
0	x_4	40	2	1	0	1	0	
0	x_5	75	0	3	0	0	1	
$-z$		0	1500	2500	0	0	0	

以下可以把过程单纯形表连接起来（见表 3-8）。

表 3-8

$\boldsymbol{c}_B$	$\boldsymbol{x}_B$	$\boldsymbol{b}$	1500	2500	0	0	0	$\boldsymbol{\theta}$
			x_1	x_2	x_3	x_4	x_5	
0	x_3	65	3	2	1	0	0	32.5
0	x_4	40	2	1	0	1	0	40
0	x_5	75	0	[3]	0	0	1	25
$-z$		0	1500	2500*	0	0	0	
0	x_3	15	[3]	0	1	0	−2/3	5
0	x_4	15	2	0	0	1	−1/3	7.5
2500	x_2	25	0	1	0	0	1/3	—

（续）

c_B	x_B	b	1500	2500	0	0	0	θ
			x_1	x_2	x_3	x_4	x_5	
$-z$		-62500	1500*	0	0	0	-2500/3	
1500	x_1	5	1	0	1/3	0	-2/9	—
0	x_4	5	0	0	-2/3	1	1/9	—
2500	x_2	25	0	1	0	0	1/3	—
$-z$		-70000	0	0	-500	0	-500	

在最优单纯形表中，非基变量 x_3，x_5 的检验数均为负数，于是得到最优解 $\boldsymbol{x}^*=(5,25,0,5,0)^{\mathrm{T}}$，最优目标值 $z^*=70000$（注意：表中的-70000 为 $-z$ 的值）。

为了能够更清晰地看清单纯形法解题思路与单纯形法表格计算过程中表格内各量的关系，把例 3-4 计算过程中 3 次迭代的表达式重述如下：

第一次迭代：

取初始可行基 $\boldsymbol{B}=(\boldsymbol{p}_3,\boldsymbol{p}_4,\boldsymbol{p}_5)$，那么 x_3，x_4，x_5 为基变量，x_1，x_2 为非基变量。将基变量和目标函数用非基变量表示：

$$z=1500x_1+2500x_2$$
$$x_3=65-3x_1-2x_2$$
$$x_4=40-2x_1-x_2$$
$$x_5=75-3x_2$$

第二次迭代：

当前的可行基 $\boldsymbol{B}=(\boldsymbol{p}_2,\boldsymbol{p}_3,\boldsymbol{p}_4)$，那么 x_2，x_3，x_4 为基变量，x_1，x_5 为非基变量。将基变量和目标函数用非基变量表示：

$$z=62500+1500x_1-\frac{2500}{3}x_5$$
$$x_2=25-\frac{1}{3}x_5$$
$$x_3=15-3x_1+\frac{2}{3}x_5$$
$$x_4=15-2x_1+\frac{1}{3}x_5$$

第三次迭代：

当前的可行基 $\boldsymbol{B}=(\boldsymbol{p}_1,\boldsymbol{p}_2,\boldsymbol{p}_4)$，那么 x_1，x_2，x_4 为基变量，x_3，x_5 为非基变量。将基变量和目标函数用非基变量表示：

$$z=70000-500x_3-500x_5$$
$$x_1=5-\frac{1}{3}x_3+\frac{2}{9}x_5$$
$$x_2=25-\frac{1}{3}x_5$$

$$x_4=5+\frac{2}{3}x_3-\frac{1}{9}x_5$$

在目标函数 $z=70000-500x_3-500x_5$ 中，非基变量 x_3，x_5 的检验数不是正数，于是得到最优解 $\boldsymbol{x}^*=(5, 25, 0, 5, 0)^{\mathrm{T}}$，最优目标值 $z^*=70000$。

下面通过例子讨论多解问题的计算。

例 3-5　用单纯形法求解下列线性规划问题：

$$\max \quad z=1500x_1+1000x_2$$

$$\text{s. t.} \quad \begin{cases} 3x_1+2x_2+x_3=65 \\ 2x_1+x_2+x_4=40 \\ 3x_2+x_5=75 \\ x_1, x_2, x_3, x_4, x_5 \geqslant 0 \end{cases}$$

解　取初始基本可行解 $x_1=x_2=0$，$x_3=65$，$x_4=40$，$x_5=75$；它的基是 $(\boldsymbol{p}_3, \boldsymbol{p}_4, \boldsymbol{p}_5)=\boldsymbol{E}$（单位矩阵）。于是得到单纯形法表格计算过程（见表 3-9）。

表　3-9

$\boldsymbol{c}_B$	$\boldsymbol{x}_B$	$\boldsymbol{b}$	1500	1000	0	0	0	$\boldsymbol{\theta}$
			x_1	x_2	x_3	x_4	x_5	
0	x_3	65	3	2	1	0	0	32.5
0	x_4	40	2	1	0	1	0	40
0	x_5	75	0	[3]	0	0	1	25
$-z$		0	1500	1000*	0	0	0	
0	x_3	15	[3]	0	1	0	−2/3	5
0	x_4	15	2	0	0	1	−1/3	7.5
1000	x_2	25	0	1	0	0	1/3	—
$-z$		−25000	1500*	0	0	0	−1000/3	
1500	x_1	5	1	0	1/3	0	−2/9	—
0	x_4	5	0	0	−2/3	1	1/9	—
1000	x_2	25	0	1	0	0	1/3	—
$-z$		−32500	0	0	−500	0	0	

在最优单纯形表中，非基变量 x_3，x_5 的检验数不是正数，于是得到最优解 $\boldsymbol{x}^*=(5, 25, 0, 5, 0)^{\mathrm{T}}$，最优目标值 $z^*=32500$。我们注意到 x_5 的检验数是零，如果选 x_5 为进基变量，迭代还可以进行下去，但是最优值不会增大，而只有最优解改变，这就是多解的情况。

下面再迭代一步（见表 3-10）：

在这个最优单纯形表中，非基变量 x_3，x_4 的检验数不是正数，得到最优解 $\boldsymbol{y}^*=(15, 10, 0, 0, 45)^{\mathrm{T}}$，最优目标值 $z^*=32500$。实际上，$\boldsymbol{x}^*$ 与 $\boldsymbol{y}^*$ 之间线段上各点均是此线性规划问题的最优解。

表 3-10

c_B	x_B	b	1500	1000	0	0	0	θ
			x_1	x_2	x_3	x_4	x_5	
1500	x_1	5	1	0	1/3	0	-2/9	—
0	x_4	5	0	0	-2/3	1	[1/9]	45
1000	x_2	25	0	1	0	0	1/3	75
$-z$		-32500	0	0	-500	0	0^*	
1500	x_1	15	1	0	-1	2	0	—
0	x_5	45	0	0	-6	9	1	—
1000	x_2	10	0	1	2	-3	0	—
$-z$		-32500	0	0	-500	0	0	

关于无有限最优解的情况见下例。

例 3-6 用单纯形法求解下列线性规划问题：

$$\max \quad z = 7x_1 + x_2 - 4x_3 + 2x_4$$

$$\text{s. t.} \quad \begin{cases} x_1 + 4x_2 - 2x_3 + x_4 + x_5 = 5 \\ 2x_1 - x_2 - 5x_3 + 3x_4 + x_6 = 11 \\ -x_1 + 3x_2 + x_3 + x_7 = 15 \\ x_1, x_2, x_3, x_4, x_5, x_6, x_7 \geqslant 0 \end{cases}$$

解 取初始基本可行解 $x_1=x_2=x_3=x_4=0$，$x_5=5$，$x_6=11$，$x_7=15$；它的基是（$\boldsymbol{p}_5$，$\boldsymbol{p}_6$，$\boldsymbol{p}_7$）$=\boldsymbol{E}$（单位矩阵）。于是得到单纯形法表格计算过程（见表 3-11）。

表 3-11

c_B	x_B	b	7	1	-4	2	0	0	0	θ
			x_1	x_2	x_3	x_4	x_5	x_6	x_7	
0	x_5	5	[1]	4	-2	1	1	0	0	5
0	x_6	11	2	-1	-5	3	0	1	0	5.5
0	x_7	15	-1	3	1	0	0	0	1	—
$-z$		0	7^*	1	-4	2	0	0	0	
7	x_1	5	1	4	-2	1	1	0	0	—
0	x_6	1	0	-9	-1	1	-2	1	0	—
0	x_7	20	0	7	-1	1	1	0	1	—
$-z$		-35	0	-27	10^*	-5	-7	0	0	

在第二个单纯形表中，非基变量 x_3 的检验数大于零，但是该列的其他元素 $a'_{i3}\leqslant 0$（$i=1$，2，3），于是得到无有限最优解的结论，计算终止。

3.2.4 一般线性规划问题的处理

对于一般的线性规划标准形式问题：设 $b_i \geqslant 0$，$i=1$，2，…，m

$$\max \quad z=c_1x_1+c_2x_2+\cdots+c_nx_n$$

$$\text{s.t.}\quad \begin{cases} a_{11}x_1+a_{12}x_2+\cdots+a_{1n}x_n=b_1 \\ a_{21}x_1+a_{22}x_2+\cdots+a_{2n}x_n=b_2 \\ \quad\vdots \\ a_{m1}x_1+a_{m2}x_2+\cdots+a_{mn}x_n=b_m \\ x_1,\quad x_2,\quad \cdots,\quad x_n\geqslant 0 \end{cases}$$

系数矩阵中不含单位矩阵。这时，没有明显的基本可行解，常常采用引入非负人工变量的方法来求得初始基本可行解。前文已经介绍过，基、基本可行解等概念只与约束有关，因此可以引入

$$x_{n+1},\ x_{n+2},\ \cdots,\ x_{n+m}\geqslant 0$$

使约束变化为如下标准形式：

$$\begin{cases} a_{11}x_1+a_{12}x_2+\cdots+a_{1n}x_n+x_{n+1}=b_1 \\ a_{21}x_1+a_{22}x_2+\cdots+a_{2n}x_n \qquad +x_{n+2}=b_2 \\ \quad\vdots \\ a_{m1}x_1+a_{m2}x_2+\cdots+a_{mn}x_n \qquad\qquad +x_{n+m}=b_m \\ x_1,\quad x_2,\quad \cdots,\quad x_n, x_{n+1},\quad \cdots,\quad x_{n+m}\geqslant 0 \end{cases} \tag{3-24}$$

显然 x_{n+1}，x_{n+2}，…，x_{n+m} 对应的一个基是单位矩阵，得到一个基本可行解为

$$x_1=x_2=\cdots=x_n=0,\ x_{n+1}=b_1,\ x_{n+2}=b_2,\ \cdots,\ x_{n+m}=b_m$$

根据单纯形法的特点，迭代总是在基本可行解的范围内进行的，一旦找到不含这些引入的人工变量的基本可行解，迭代就可以回到原问题的范围内进行。在实际计算中，常用两种方法："大 M 法" 和 "两阶段法"。

1. 大 M 法

大 M 法也称为惩罚法，主要做法是取 $M>0$ 为一个充分大的正数，在原问题的目标函数中加入 $-M$ 乘以每一个人工变量，得到

$$\max \quad z=c_1x_1+c_2x_2+\cdots+c_nx_n-Mx_{n+1}-Mx_{n+2}-\cdots-Mx_{n+m}$$

取约束为式（3-24），构造一个新的问题。这样，求解这个新问题就从最大化的角度迫使人工变量取零值，以达到求解原问题最优解的目的。

一个明显的事实：

设 $\boldsymbol{x}^*=(x_1^*,\ x_2^*,\ \cdots,\ x_n^*,\ x_{n+1}^*,\ \cdots,\ x_{n+m}^*)^{\mathrm{T}}$ 为新问题的最优解，那么，若 $x_{n+1}^*=x_{n+2}^*=\cdots=x_{n+m}^*=0$，则 $(x_1^*,\ x_2^*,\ \cdots,\ x_n^*)^{\mathrm{T}}$ 为原问题的最优解，这时的目标函数值为最优值；否则，即 x_{n+1}^*，x_{n+2}^*，…，x_{n+m}^* 不全为零时，说明原问题无可行解。

例 3-7 求解线性规划问题

$$\max \quad z=3x_1-x_2-x_3$$

$$\text{s.t.}\quad \begin{cases} x_1-2x_2+x_3\leqslant 11 \\ -4x_1+x_2+2x_3\geqslant 3 \\ -2x_1+x_3=1 \\ x_1,\quad x_2,\quad x_3\geqslant 0 \end{cases}$$

解 标准化并引入人工变量，得

$$
\max \quad z = 3x_1 - x_2 - x_3 + 0x_4 + 0x_5 - Mx_6 - Mx_7
$$

$$
\text{s. t.}\quad
\begin{cases}
x_1 - 2x_2 + x_3 + x_4 = 11 \\
-4x_1 + x_2 + 2x_3 - x_5 + x_6 = 3 \\
-2x_1 + x_3 + x_7 = 1 \\
x_1,\ x_2,\ x_3,\ x_4,\ x_5,\ x_6,\ x_7 \geqslant 0
\end{cases}
$$

用单纯形法计算（见表 3-12）。

表 3-12

c_B	x_B	b	3	−1	−1	0	0	−M	−M	θ
			x_1	x_2	x_3	x_4	x_5	x_6	x_7	
0	x_4	11	1	−2	1	1	0	0	0	11
−M	x_6	3	−4	1	2	0	−1	1	0	3/2
−M	x_7	1	−2	0	[1]	0	0	0	1	1
−z		4M	3−6M	−1+M	−1+3M*	0	−M	0	0	
0	x_4	10	3	−2	0	1	0	0	−1	—
−M	x_6	1	0	[1]	0	0	−1	1	−2	1
−1	x_3	1	−2	0	1	0	0	0	1	—
−z		M+1	1	−1+M*	0	0	−M	0	−3M+1	
0	x_4	12	[3]	0	0	1	−2	2	−5	4
−1	x_2	1	0	1	0	0	−1	1	−2	—
−1	x_3	1	−2	0	1	0	0	0	1	—
−z		2	1*	0	0	0	−1	−M+1	−M−1	
3	x_1	4	1	0	0	1/3	−2/3	2/3	−5/3	—
−1	x_2	1	0	1	0	0	−1	1	−2/3	—
−1	x_3	9	0	0	1	2/3	−4/3	4/3	−7/3	—
−z		−2	0	0	0	−1/3	−1/3	−M+1/3	−M+2/3	

根据最优单纯形表得到，最优解 $\boldsymbol{x}^*=(4,\ 1,\ 9,\ 0,\ 0,\ 0,\ 0)^{\mathrm{T}}$，最优值 $z^*=2$。由于人工变量的值均为零，故得原问题的最优解 $\boldsymbol{x}^*=(4,\ 1,\ 9)^{\mathrm{T}}$，最优值 $z^*=2$。

2. 两阶段法

两阶段法是把一般问题的求解过程分为两步。

第一步，求原问题的一个基本可行解：

建立一个辅助问题。取约束为式（3-24），目标函数为

$$
\max \quad z' = -x_{n+1} - x_{n+2} - \cdots - x_{n+m}
$$

这样，从目标最优角度迫使人工变量取零值，以达到求原问题一个基本可行解的目的。

显然，第一阶段的这个辅助问题有下列明显的事实：

设 $\boldsymbol{x}^*=(x_1^*,\ x_2^*,\ \cdots,\ x_n^*,\ x_{n+1}^*,\ \cdots,\ x_{n+m}^*)^{\mathrm{T}}$ 为这个问题的最优解，那么，若 $x_{n+1}^*=$

$x_{n+2}^*=\cdots=x_{n+m}^*=0$，则 $(x_1^*, x_2^*, \cdots, x_n^*)^T$ 为原问题的一个基本可行解，这时的目标函数值为零；否则，即 x_{n+1}^*，x_{n+2}^*，…，x_{n+m}^* 不全为零时，说明原问题无可行解。

第二步，求解原问题：

以第一步得到的基本可行解为初始基本可行解，用单纯形法求解原问题。在表格计算过程中，这一步的初始单纯形表产生的过程为：①由第一步的最优单纯形表删去 x_{n+1}，x_{n+2}，…，x_{n+m} 列；②把第一行的目标函数系数行换为原问题目标函数的系数；③检验数行直接用前文介绍的方法在表格上计算得到。

例 3-8 用两阶段法求解线性规划问题

$$\max \quad z=3x_1-x_2-x_3$$

$$\text{s.t.}\quad \begin{cases} x_1-2x_2+x_3\leqslant 11 \\ -4x_1+x_2+2x_3\geqslant 3 \\ -2x_1+x_3=1 \\ x_1,\ x_2,\ x_3\geqslant 0 \end{cases}$$

解 第一步，标准化并引入人工变量，建立辅助问题

$$\max \quad z'=-x_6-x_7$$

$$\text{s.t.}\quad \begin{cases} x_1-2x_2+x_3+x_4=11 \\ -4x_1+x_2+2x_3-x_5+x_6=3 \\ -2x_1+x_3+x_7=1 \\ x_1,\ x_2,\ x_3,\ x_4,\ x_5,\ x_6,\ x_7\geqslant 0 \end{cases}$$

用单纯形法计算（见表3-13）。

表 3-13

c_B	x_B	b	0	0	0	0	0	−1	−1	θ
			x_1	x_2	x_3	x_4	x_5	x_6	x_7	
0	x_4	11	1	−2	1	1	0	0	0	11
−1	x_6	3	−4	1	2	0	−1	1	0	3/2
−1	x_7	1	−2	0	[1]	0	0	0	1	1
$-z'$		4	−6	1	3*	0	−1	0	0	
0	x_4	10	3	−2	0	1	0	0	−1	—
−1	x_6	1	0	[1]	0	0	−1	1	−2	1
0	x_3	1	−2	0	1	0	0	0	1	—
$-z'$		1	0	1*	0	0	−1	0	−3	
0	x_4	12	3	0	0	1	−2	2	−5	—
0	x_2	1	0	1	0	0	−1	1	−2	—
0	x_3	1	−2	0	1	0	0	0	1	—
$-z'$		0	0	0	0	0	0	−1	−1	

根据最优单纯形表得到，最优解 $\boldsymbol{x}^*=(0,\ 1,\ 1,\ 12,\ 0,\ 0,\ 0)^T$，最优值 $z'^*=0$。由于人工变量的值均为零，故得标准化后原问题的基本可行解 $\boldsymbol{x}=(0,\ 1,\ 1,\ 12,\ 0)^T$。

第二步，在第一步最优单纯形表的基础上构造标准化后原问题的初始单纯形表（见表 3-14）。

表 3-14

c_B	x_B	b	3	−1	−1	0	0	θ
			x_1	x_2	x_3	x_4	x_5	
0	x_4	12	[3]	0	0	1	−2	4
−1	x_2	1	0	1	0	0	−1	—
−1	x_3	1	−2	0	1	0	0	—
$-z$		2	1^*	0	0	0	−1	
3	x_1	4	1	0	0	1/3	−2/3	—
−1	x_2	1	0	1	0	0	−1	—
−1	x_3	9	0	0	1	2/3	−4/3	—
$-z$		−2	0	0	0	−1/3	−1/3	

根据最优单纯形表得到，最优解 $\boldsymbol{x}^*=(4,\ 1,\ 9,\ 0,\ 0)^{\mathrm{T}}$，最优值$z^*=2$。返回原问题的最优解 $\boldsymbol{x}^*=(4,\ 1,\ 9)^{\mathrm{T}}$，最优值 $z^*=2$。

利用单纯形法表格计算求解问题应注意以下方面：

（1）每一步运算只能用矩阵初等行变换。

（2）表中第 3 列（$\boldsymbol{b}$ 列）的数值应总保持非负（$\geqslant 0$），出现负值常常是由于选取主元时没有取到最小的 θ_i 所对应的元素。

（3）当所有检验数均非正（$\leqslant 0$）时，得到最优单纯形表（若直接对目标求最小值时，要求所有检验数均非负）。

（4）当最优单纯形表存在非基变量对应的检验数为零时，可能存在无穷多解。

（5）退化和循环。如果在一个基本可行解的基变量中至少有一个分量 $(\boldsymbol{x}_B)_i=0$（$i=1,\ 2,\ \cdots,\ m$），则称此基本可行解是退化的基本可行解。一般情况下，退化的基本可行解（极点）是由若干个不同的基本可行解（极点）在特殊情况下合并成一个基本可行解（极点）而形成的。退化的结构对单纯形法迭代会造成不利的影响，可能出现以下情况：①进行进基、出基变换后，虽然改变了基，但没有改变基本可行解（极点），目标函数当然也不会改进。进行若干次基变换后，才脱离退化基本可行解（极点），进入其他基本可行解（极点）。这种情况会增加迭代次数，使单纯形法收敛的速度减慢。②在特殊情况下，退化会出现基的循环，一旦出现这样的情况，单纯形法迭代将永远停留在同一极点上，因而无法求得最优解。

在单纯形法求解线性规划问题时，一旦出现这种因退化而导致的基的循环，单纯形法就无法求得最优解，这是一般单纯形法的一个缺陷。但是实际上，退化的结构是经常遇到的，而循环现象在实际问题中出现得较少。尽管如此，人们还是对如何防止出现循环做了大量研究。1952 年 Charnes 提出了“摄动法”，1954 年 Dantzig，Orden 和 Wolfe 又提出了“字典序法”。这些方法都比较复杂，同时也降低了迭代的速度。1976 年，Bland 提出了一个避免循环的新方法，其原则十分简单。仅在选择进基变量和出基变量时做了以下规定：①在选择进基变量时，在所有 $\sigma_j>0$ 的非基变量中选取下标最小的进基；②当有多个变量同时可作为出基变量时，选择下标最小的那个变量出基。这样就可以避免出现循环。当然，这样可能使收敛速度降低。

对于退化和循环问题的研究有兴趣的读者可进一步参阅有关文献，本文这里的介绍只能作为一个参考。

3.3 线性规划的对偶问题

3.3.1 对偶问题的提出

我们从另一个角度讨论例 3-1。

例 3-9 假设工厂考虑不安排生产，而准备将所有设备出租，收取租费。于是，需要为每种设备的台时进行估价。

设 y_1，y_2，y_3 分别表示 A，B，C 三种设备的台时租费估价。由表 3-1 可知，生产一件产品甲需用各设备台时分别为 3，2，0，如果将 3，2，0 不用于生产产品甲，而是用于出租，那么将得到租费

$$3y_1+2y_2+0y_3$$

当然，工厂为了不至于赔本，在为设备定价时，应保证用于生产产品甲的各设备台时得到的租费，不低于产品甲的单位利润 1500 元，即

$$3y_1+2y_2+0y_3\geqslant 1500$$

按照同样分析，用于生产一件产品乙的各设备台时分别为 2，1，3，所得的租费不低于产品乙的单位利润 2500 元，即

$$2y_1+y_2+3y_3\geqslant 2500$$

另外，价格显然不能为负值，即

$$y_i\geqslant 0,\ i=1,\ 2,\ 3$$

企业现在设备的总台时数为 65，40，75，如果将这些台时都用于出租，企业的总收入为

$$f(\boldsymbol{y})=65y_1+40y_2+75y_3$$

为了能够得到租用设备的用户，使出租设备的计划成交，在价格满足上述约束的条件下，应将设备价格定得尽可能低。因此取 f 的最小值。综合上述分析，可得到一个与例 3-1 相对应的线性规划，即

$$\min\quad f=65y_1+40y_2+75y_3$$

$$\text{s. t.}\quad \begin{cases}3y_1+2y_2 & \geqslant 1500\\ 2y_1+y_2+3y_3 & \geqslant 2500\\ y_1,\ y_2,\ y_3 & \geqslant 0\end{cases}$$

称这个线性规划为例 3-1 建立的线性规划的对偶规划，反之，也称例 3-1 规划为此线性规划的对偶规划。

从上面的分析可知，新得到的对偶规划是一个很重要的线性规划，它对问题的分析又深

入了一步，对减少管理工作的盲目性提供了更多的科学依据。原规划与对偶规划是互相对应的，它们从不同的角度对企业的经营管理问题进行分析研究。它们之间存在着密切的关系。

3.3.2 对偶规划的形式

上面从一个生产计划问题引出了对设备的估价问题，得到了对偶规划。实际上，对于一般的线性规划模型可以直接给出其对偶规划模型，并不是需要像上面那样经过一番讨论。对偶规划的形式分为对称形式和非对称形式。

1. 对称形式的对偶问题

一般称具有下面形式的一对规划是对称形式的对偶规划

$$(P)\begin{cases}\max & z=\boldsymbol{c}^{\mathrm{T}}\boldsymbol{x}\\ \text{s. t.} & \boldsymbol{A}\boldsymbol{x}\leqslant\boldsymbol{b}\\ & \boldsymbol{x}\geqslant\boldsymbol{0}\end{cases}\qquad(D)\begin{cases}\min & f=\boldsymbol{b}^{\mathrm{T}}\boldsymbol{y}\\ \text{s. t.} & \boldsymbol{A}^{\mathrm{T}}\boldsymbol{y}\geqslant\boldsymbol{c}\\ & \boldsymbol{y}\geqslant\boldsymbol{0}_1\end{cases}$$

其中，$\boldsymbol{A}^{\mathrm{T}}$，$\boldsymbol{b}^{\mathrm{T}}$，$\boldsymbol{c}^{\mathrm{T}}$ 分别为 $\boldsymbol{A}$，$\boldsymbol{b}$，$\boldsymbol{c}$ 的转置；$\boldsymbol{0}$ 和 $\boldsymbol{0}_1$ 分别为 n 维和 m 维的零向量。

经对比可以看出，一对对称形式的对偶规划之间具有下面的对应关系：

（1）若一个模型为目标求“极大”，约束为“小于等于”的不等式，则它的对偶模型为目标求“极小”，约束是“大于等于”的不等式。即“max，≤”和“min，≥”相对应。

（2）从约束系数矩阵看：一个模型中为 $\boldsymbol{A}$，则另一个模型中为 $\boldsymbol{A}^{\mathrm{T}}$。一个模型是 m 个约束、n 个变量，则它的对偶模型为 n 个约束、m 个变量。

（3）从数据 $\boldsymbol{b}$、$\boldsymbol{c}$ 的位置看：在两个规划模型中，$\boldsymbol{b}$ 和 $\boldsymbol{c}$ 的位置对换。

（4）两个规划模型中的变量皆非负。

根据这些关系，可以由规划（P）直接写出规划（D），也可以由规划（D）直接写出规划（P）。

2. 非对称形式的对偶规划

一般称不具有对称形式的一对线性规划为非对称形式的对偶规划。

对于非对称形式的规划，可以按照下面的对应关系直接给出其对偶规划：

（1）将模型统一为“max，≤”或“min，≥”的形式，对于其中的等式约束或决策变量无非负约束者按下面（2）、（3）中的方法处理。

（2）若原规划的某个约束条件为等式约束，则在对偶规划中与此约束对应的那个变量取值没有非负限制。

（3）若原规划的某个变量的值没有非负限制，则在对偶问题中与此变量对应的那个约束为等式。

下面对关系（2）做一说明。对于关系（3）可以给出类似的解释。

设原规划中第一个约束为等式

$$a_{11}x_1+a_{12}x_2+\cdots+a_{1n}x_n=b_1$$

那么，这个等式与下面两个不等式等价

$$a_{11}x_1+a_{12}x_2+\cdots+a_{1n}x_n\leqslant b_1$$
$$a_{11}x_1+a_{12}x_2+\cdots+a_{1n}x_n\geqslant b_1$$

这样，原规划模型可以写成

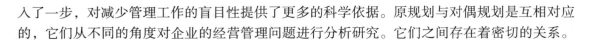

$$\max \quad z=c_1x_1+c_2x_2+\cdots+c_nx_n$$

$$\text{s.t.}\quad \begin{cases} a_{11}x_1+a_{12}x_2+\cdots+a_{1n}x_n \leqslant b_1 \\ -a_{11}x_1-a_{12}x_2-\cdots-a_{1n}x_n \leqslant -b_1 \\ a_{21}x_1+a_{22}x_2+\cdots+a_{2n}x_n \leqslant b_2 \\ \vdots \\ a_{m1}x_1+a_{m2}x_2+\cdots+a_{mn}x_n \leqslant b_m \\ x_1, \quad x_2, \cdots, \quad x_n \geqslant 0 \end{cases}$$

此时已转化为对称形式，直接写出对偶规划

$$\min \quad f=b_1y_1'-b_1y_1''+b_2y_2+\cdots+b_my_m$$

$$\text{s.t.}\quad \begin{cases} a_{11}y_1'-a_{11}y_1''+a_{21}y_2+\cdots+a_{m1}y_m \geqslant c_1 \\ a_{12}y_1'-a_{12}y_1''+a_{22}y_2+\cdots+a_{m2}y_m \geqslant c_2 \\ \vdots \\ a_{1n}y_1'-a_{1n}y_1''+a_{2n}y_2+\cdots+a_{mn}y_m \geqslant c_n \\ y_1', \quad y_1'', \quad y_2, \cdots, \quad y_m \geqslant 0 \end{cases}$$

这里，把 y_1 看作 $y_1=y_1'-y_1''$，于是得到

$$\min \quad f=b_1y_1+b_2y_2+\cdots+b_my_m$$

$$\text{s.t.}\quad \begin{cases} a_{11}y_1+a_{21}y_2+\cdots+a_{m1}y_m \geqslant c_1 \\ a_{12}y_1+a_{22}y_2+\cdots+a_{m2}y_m \geqslant c_2 \\ \vdots \\ a_{1n}y_1+a_{2n}y_2+\cdots+a_{mn}y_m \geqslant c_n \\ y_2, \cdots, \quad y_m \geqslant 0, \; y_1 \text{ 没有非负限制} \end{cases}$$

例 3-10 写出下面线性规划的对偶规划模型：

$$\max \quad z=x_1-x_2+5x_3-7x_4$$

$$\text{s.t.}\quad \begin{cases} x_1+3x_2-2x_3+x_4=25 \\ 2x_1+7x_3+2x_4 \geqslant -60 \\ 2x_1+2x_2-4x_3 \leqslant 30 \\ -5 \leqslant x_4 \leqslant 10, \; x_1, \; x_2 \geqslant 0, \; x_3 \text{ 没有非负限制} \end{cases}$$

解 先将约束条件变形为“≤”形式，即

$$\begin{cases} x_1+3x_2-2x_3+x_4=25 \\ -2x_1-7x_3-2x_4 \leqslant 60 \\ 2x_1+2x_2-4x_3 \leqslant 30 \\ x_4 \leqslant 10 \\ -x_4 \leqslant 5 \\ x_1, \; x_2 \geqslant 0, \; x_3, \; x_4 \text{ 没有非负限制} \end{cases}$$

再根据非对称形式的对应关系，直接写出对偶规划，即

$$
\begin{aligned}
&\min \quad f=25y_1+60y_2+30y_3+10y_4+5y_5\\
&\text{s. t.}\quad \begin{cases}
y_1-2y_2+2y_3\geqslant 1\\
3y_1+2y_3\geqslant -1\\
-2y_1-7y_2-4y_3=5\\
y_1-2y_2+y_4-y_5=-7\\
y_2,\ y_3,\ y_4,\ y_5\geqslant 0,\ y_1 \text{ 没有非负限制}
\end{cases}
\end{aligned}
$$

根据上述讨论，容易得到标准形式线性规划及其对偶规划

$$
(LP)\begin{cases}\max & z=\boldsymbol{c}^{\mathrm{T}}\boldsymbol{x}\\ \text{s. t.} & \boldsymbol{A}\boldsymbol{x}=\boldsymbol{b}\\ & \boldsymbol{x}\geqslant\boldsymbol{0}\end{cases}\qquad
(LD)\begin{cases}\min & f=\boldsymbol{b}^{\mathrm{T}}\boldsymbol{y}\\ \text{s. t.} & \boldsymbol{A}^{\mathrm{T}}\boldsymbol{y}\geqslant\boldsymbol{c}\\ & \boldsymbol{y}\geqslant\boldsymbol{0}\end{cases}
$$

3.3.3 对偶定理

在讨论对偶性质之前，先给出将要用到的一些矩阵表达式。

设有一对互为对偶的线性规划

$$
(P)\begin{cases}\max & z=\boldsymbol{c}^{\mathrm{T}}\boldsymbol{x}\\ \text{s. t.} & \boldsymbol{A}\boldsymbol{x}\leqslant\boldsymbol{b}\\ & \boldsymbol{x}\geqslant\boldsymbol{0}\end{cases}\qquad
(D)\begin{cases}\min & f=\boldsymbol{b}^{\mathrm{T}}\boldsymbol{y}\\ \text{s. t.} & \boldsymbol{A}^{\mathrm{T}}\boldsymbol{y}\geqslant\boldsymbol{c}\\ & \boldsymbol{y}\geqslant\boldsymbol{0}\end{cases}
$$

定理 3-3 若 $\boldsymbol{x}$ 和 $\boldsymbol{y}$ 分别为原规划（P）和对偶规划（D）的可行解，则

$$\boldsymbol{c}^{\mathrm{T}}\boldsymbol{x}\leqslant\boldsymbol{b}^{\mathrm{T}}\boldsymbol{y}$$

证明 因为 $\boldsymbol{x}$ 是规划（P）的可行解，且 $\boldsymbol{y}\geqslant\boldsymbol{0}$，所以有

$$\boldsymbol{A}\boldsymbol{x}\leqslant\boldsymbol{b},\ \boldsymbol{y}^{\mathrm{T}}\boldsymbol{A}\boldsymbol{x}\leqslant\boldsymbol{y}^{\mathrm{T}}\boldsymbol{b}$$

又因为 $\boldsymbol{y}$ 是对偶规划（D）的可行解，且 $\boldsymbol{x}\geqslant\boldsymbol{0}$，所以有

$$\boldsymbol{c}\leqslant\boldsymbol{A}^{\mathrm{T}}\boldsymbol{y},\ \boldsymbol{c}^{\mathrm{T}}\boldsymbol{x}\leqslant\boldsymbol{y}^{\mathrm{T}}\boldsymbol{A}\boldsymbol{x}\leqslant\boldsymbol{b}^{\mathrm{T}}\boldsymbol{y}$$

推论 3-1 设 $\boldsymbol{x}^0$ 和 $\boldsymbol{y}^0$ 分别为原规划（P）和对偶规划（D）的可行解，当 $\boldsymbol{c}^{\mathrm{T}}\boldsymbol{x}^0=\boldsymbol{b}^{\mathrm{T}}\boldsymbol{y}^0$ 时，$\boldsymbol{x}^0$，$\boldsymbol{y}^0$ 分别是两个问题的最优解。

证明 由定理 3-3 可知，对于规划（D）的任一可行解 $\boldsymbol{y}$，都有 $\boldsymbol{b}^{\mathrm{T}}\boldsymbol{y}\geqslant\boldsymbol{b}^{\mathrm{T}}\boldsymbol{y}^0$，因此 $\boldsymbol{y}^0$ 是规划（D）的最优解。类似地可证明，$\boldsymbol{x}^0$ 是规划（P）的最优解。

推论 3-2 若规划（P）有可行解，则规划（P）有最优解的充分必要条件是规划（D）有可行解。

推论 3-3 若规划（D）有可行解，则规划（D）有最优解的充分必要条件是规划（P）有可行解。

利用对偶理论容易判断线性规划是否存在最优解。若线性规划存在可行解，而其对偶规划没有可行解，那么可判定原规划没有有限最优解；如果线性规划存在可行解，其对偶规划也存在可行解，那么原规划和对偶规划都存在最优解（见定理3-4）。

定理3-4 若原规划（P）有最优解，则对偶规划（D）也有最优解，反之亦然，并且两者的目标函数值相等。

证明 考虑原规划

$$(P)\begin{cases}\max & z=\boldsymbol{c}^{\mathrm{T}}\boldsymbol{x}\\ \text{s. t.} & \boldsymbol{A}\boldsymbol{x}\leqslant\boldsymbol{b}\\ & \boldsymbol{x}\geqslant\boldsymbol{0}\end{cases}$$

引入松弛变量 $\boldsymbol{x}_s$，约束变化为 $\boldsymbol{A}\boldsymbol{x}+\boldsymbol{E}\boldsymbol{x}_s=\boldsymbol{b}$，取 $\boldsymbol{A}^s=(\boldsymbol{A},\boldsymbol{E})$，$\boldsymbol{x}^s=(\boldsymbol{x}^{\mathrm{T}},\boldsymbol{x}_s^{\mathrm{T}})^{\mathrm{T}}$，$\boldsymbol{c}^s=(\boldsymbol{c}^{\mathrm{T}},\boldsymbol{0}^{\mathrm{T}})^{\mathrm{T}}$，得到的标准形式为

$$(P_1)\begin{cases}\max & z=\boldsymbol{c}^{\mathrm{T}}\boldsymbol{x}\\ \text{s. t.} & \boldsymbol{A}^s\boldsymbol{x}^s=\boldsymbol{b}\\ & \boldsymbol{x}^s\geqslant\boldsymbol{0}\end{cases}$$

设 $\boldsymbol{B}$ 为模型（P_1）的最优基，现在证明对偶规划（D）也有最优解。由单纯形法可知，此时 $\boldsymbol{\sigma}^{\mathrm{T}}=\boldsymbol{c}^{s\mathrm{T}}-\boldsymbol{c}_{\boldsymbol{B}}^{s\mathrm{T}}\boldsymbol{B}^{-1}\boldsymbol{A}^s\leqslant\boldsymbol{0}$，即

$$\boldsymbol{c}^{s\mathrm{T}}\leqslant\boldsymbol{c}_{\boldsymbol{B}}^{s\mathrm{T}}\boldsymbol{B}^{-1}\boldsymbol{A}^s,(\boldsymbol{c}^{\mathrm{T}},\boldsymbol{0}^{\mathrm{T}})\leqslant\boldsymbol{c}_{\boldsymbol{B}}^{s\mathrm{T}}\boldsymbol{B}^{-1}(\boldsymbol{A},\boldsymbol{E})$$

$$\boldsymbol{c}^{\mathrm{T}}\leqslant\boldsymbol{c}_{\boldsymbol{B}}^{s\mathrm{T}}\boldsymbol{B}^{-1}\boldsymbol{A},\ \boldsymbol{c}_{\boldsymbol{B}}^{s\mathrm{T}}\boldsymbol{B}^{-1}\geqslant\boldsymbol{0}^{\mathrm{T}}$$

令 $\boldsymbol{y}^{\mathrm{T}}=\boldsymbol{c}_{\boldsymbol{B}}^{s\mathrm{T}}\boldsymbol{B}^{-1}$，则有 $\boldsymbol{y}^{\mathrm{T}}\boldsymbol{A}\geqslant\boldsymbol{c}^{\mathrm{T}}$，$\boldsymbol{y}\geqslant\boldsymbol{0}$，即 $\boldsymbol{y}$ 为对偶规划（D）的可行解。另一方面有

$$\boldsymbol{c}^{\mathrm{T}}\boldsymbol{x}=\boldsymbol{b}^{\mathrm{T}}\boldsymbol{y}$$

其中 $\boldsymbol{x}$ 为原规划的最优解。由推论3-1可知，$\boldsymbol{y}$ 为对偶规划（D）的最优解。

类似地，可以证明，若规划（D）有最优解，则规划（P）也有最优解。

从定理3-4的证明可以看到，对偶规划（D）的最优解 $\boldsymbol{y}^{\mathrm{T}}=\boldsymbol{c}_{\boldsymbol{B}}^{s\mathrm{T}}\boldsymbol{B}^{-1}$ 可以在原规划（P）的最优解的检验数 $\boldsymbol{\sigma}^{\mathrm{T}}=\boldsymbol{c}^{s\mathrm{T}}-\boldsymbol{c}_{\boldsymbol{B}}^{s\mathrm{T}}\boldsymbol{B}^{-1}\boldsymbol{A}^s$ 中得到。由于 $\boldsymbol{A}^s$ 的后 m 列为单位矩阵，$\boldsymbol{c}^s$ 的后 m 个分量皆为零，所以 $\boldsymbol{\sigma}$ 的展开式为

$$\begin{aligned}\boldsymbol{\sigma}^{\mathrm{T}}&=(\sigma_1,\cdots,\sigma_n,\cdots,\sigma_{m+n})\\&=(c_1,\cdots,c_n,0,\cdots,0)-(y_1,\cdots,y_m)\begin{pmatrix}* & * & \cdots & * & 1 & 0 & \cdots & 0\\ * & * & \cdots & * & 0 & 1 & \cdots & 0\\ \vdots & \vdots & & \vdots & \vdots & \vdots & & \vdots\\ * & * & \cdots & * & 0 & 0 & \cdots & 1\end{pmatrix}\\&=(*,\cdots,*,-y_1,-y_2,\cdots,-y_m)\end{aligned}$$

即 $\boldsymbol{\sigma}$ 的后 m 个分量（松弛变量对应的检验数）的负值，为对偶规划的最优解。

例3-11 根据例3-4的最优单纯形表中的检验数，给出其对偶问题的最优解。

线性规划标准化（引进松弛变量 x_3，x_4，x_5）后得

$$\max \quad z=1500x_1+2500x_2$$

$$\text{s. t.} \quad \begin{cases} 3x_1 + 2x_2 + x_3 = 65 \\ 2x_1 + x_2 + x_4 = 40 \\ 3x_2 + x_5 = 75 \\ x_1, \ x_2, \ x_3, \ x_4, \ x_5 \geqslant 0 \end{cases}$$

解 用单纯形法的过程见表 3-15。

表 3-15

c_B	x_B	b	1500	2500	0	0	0	θ
			x_1	x_2	x_3	x_4	x_5	
0	x_3	65	3	2	1	0	0	32.5
0	x_4	40	2	1	0	1	0	40
0	x_5	75	0	[3]	0	0	1	25
$-z$		0	1500	2500*	0	0	0	
0	x_3	15	[3]	0	1	0	-2/3	5
0	x_4	15	2	0	0	1	-1/3	7.5
2500	x_2	25	0	1	0	0	1/3	—
$-z$		-62500	1500*	0	0	0	-2500/3	
1500	x_1	5	1	0	1/3	0	-2/9	—
0	x_4	5	0	0	-2/3	1	1/9	—
2500	x_2	25	0	1	0	0	1/3	—
$-z$		-70000	0	0	-500	0	-500	

在上面最优单纯形表中，非基变量 x_3，x_5 的检验数均为负数，于是得到最优解 $\boldsymbol{x}^*=(5, 25, 0, 5, 0)^{\mathrm{T}}$，最优目标值 $z^*=70000$。表中 3 个松弛变量的检验数分别为 -500，0，-500。由上面的分析可知，对偶最优解 $\boldsymbol{y}^*=(500, 0, 500)^{\mathrm{T}}$。

可以用下面方法验证 $\boldsymbol{y}^*=(500, 0, 500)^{\mathrm{T}}$ 的对偶最优性。原规划的对偶规划为

$$\min \quad f=65y_1+40y_2+75y_3$$

$$\text{s. t.} \quad \begin{cases} 3y_1+2y_2 \geqslant 1500 \\ 2y_1+y_2+3y_3 \geqslant 2500 \\ y_1, \ y_2, \ y_3 \geqslant 0 \end{cases}$$

显然，$\boldsymbol{y}^*=(500, 0, 500)^{\mathrm{T}}$ 为对偶可行解，目标值 $f=65\times500+40\times0+75\times500=70000$，由定理 3-3 的推论 3-1 可以判断 $\boldsymbol{y}^*=(500, 0, 500)^{\mathrm{T}}$ 为对偶问题的最优解。

3.3.4 对偶单纯形法

对偶单纯形法是求解原规划的一种方法。它采用了单纯形法的思想和对偶的思想。

对偶单纯形法的基本思想是：从原规划的一个基本解出发，此基本解不一定可行，但它对应着一个对偶可行解（检验数均非正），所以也可以说是从一个对偶可行解出发；然后检验原规划的基本解是否可行，即是否有负的分量，如果有小于零的分量，则进行迭代，求另一个基本解，此基本解对应着另一个对偶可行解（检验数非正）。如果得到的基本解的分量

皆非负，则该基本解为最优解。也就是说，对偶单纯形法在迭代过程中始终保持对偶解的可行性（即检验数非正），使原规划的基本解由不可行逐步变为可行，当同时得到对偶规划与原规划的可行解时，便得到原规划的最优解。

对偶单纯形法的主要步骤如下：

（1）根据线性规划典式形式，建立初始对偶单纯形表。此表对应原规划的一个基本解。此表要求：检验数行各元素一定非正，原规划的基本解可以有小于零的分量。

（2）若基本解的所有分量皆非负，则得到原规划的最优解，停止计算；若基本解中有小于零的分量 b_i，并且 b_i 所在行各系数 $a_{ij} \geqslant 0$，则原规划没有可行解，停止计算；若 $b_i<0$，并且存在 $a_{ir}<0$，则确定 x_r 为出基变量，并计算

$$\theta = \min\left\{\frac{\sigma_j}{a_{rj}} \middle| a_{rj}<0\right\} = \frac{\sigma_k}{a_{rk}}$$

确定 x_k 为进基变量。若有多个 $b_i<0$，则选择最小的进行分析计算。

上面求最小值的式子称为对偶 θ 规则，它保证在经迭代后得到的新表中，检验数行各元素非正。

（3）以 b_{rk} 为中心元素，按照与单纯形法类似的方法，在表中进行迭代计算，返回第（2）步。

为了便于对照，现将单纯形法和对偶单纯形法的求解步骤框图一并画在图 3-3 中。

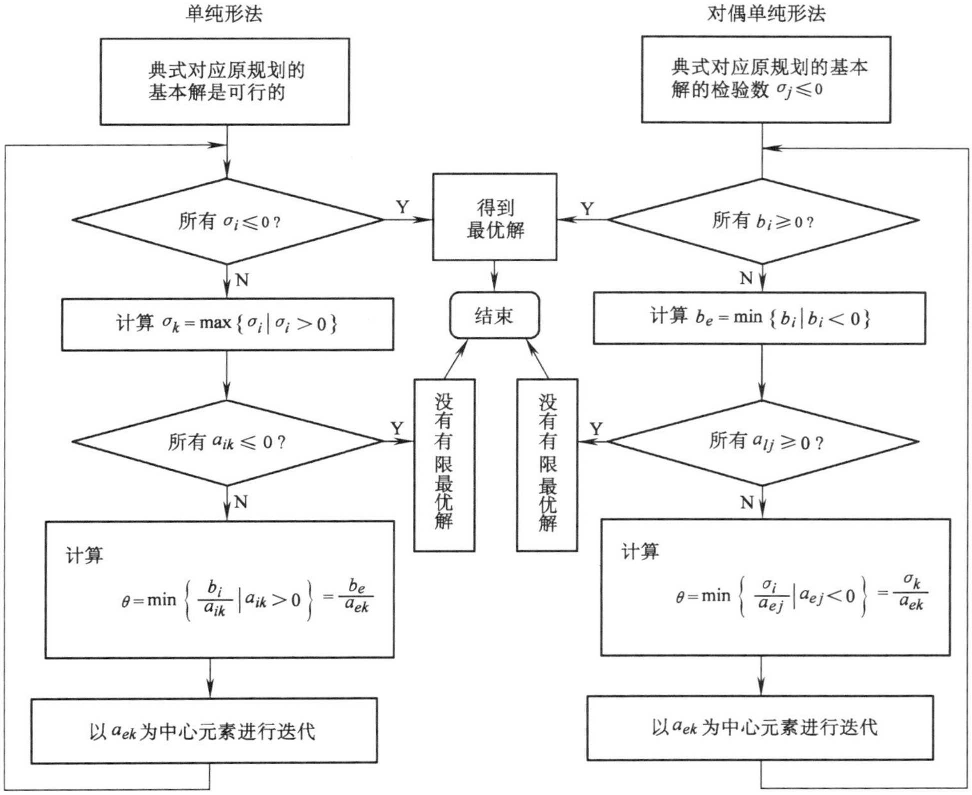

图　3-3

例 3-12 用对偶单纯形法解下列线性规划问题：

$$\min \quad f=2x_1+3x_2+4x_3$$

$$\text{s. t.} \quad \begin{cases} x_1+2x_2+x_3 \geqslant 3 \\ 2x_1-x_2+3x_3 \geqslant 4 \\ x_1,\ x_2,\ x_3 \geqslant 0 \end{cases}$$

解 首先标准化，即

$$\max \quad z=-2x_1-3x_2-4x_3$$

$$\text{s. t.} \quad \begin{cases} -x_1-2x_2-x_3+x_4=-3 \\ -2x_1+x_2-3x_3+x_5=-4 \\ x_1,\ x_2,\ x_3,\ x_4,\ x_5 \geqslant 0 \end{cases}$$

用对偶单纯形法计算（见表 3-16）：

表 3-16

c_B	x_B	b	−2	−3	−4	0	0
			x_1	x_2	x_3	x_4	x_5
0	x_4	−3	−1	−2	−1	1	0
0	x_5	−4	[−2]	1	−3	0	1
$-z$			−2	−3	−4	0	0
0	x_4	−1	0	[−5/2]	1/2	1	−1/2
−2	x_1	2	1	−1/2	3/2	0	−1/2
$-z$			0	−4	−1	0	−1
−3	x_2	2/5	0	1	−1/5	−2/5	1/5
−2	x_1	11/5	1	0	7/5	−1/5	−2/5
$-z$			0	0	−9/5	−8/5	−1/5

得到最优解为 $\boldsymbol{x}^*=(11/5,\ 2/5,\ 0,\ 0,\ 0)^{\mathrm{T}}$，最优值 $f^*=28/5$。对偶问题的解为 $\boldsymbol{y}^*=(8/5,\ 1/5)^{\mathrm{T}}$。

对偶单纯形法适合于解如下形式的线性规划问题（设 $\boldsymbol{b}\geqslant\boldsymbol{0}$）：

$$\min \quad f=\boldsymbol{b}^{\mathrm{T}}\boldsymbol{y}$$

$$\text{s. t.} \quad \begin{cases} \boldsymbol{A}^{\mathrm{T}}\boldsymbol{y}\geqslant\boldsymbol{c} \\ \boldsymbol{y}\geqslant\boldsymbol{0} \end{cases}$$

在引入松弛变量化为标准形式之后，约束等式两侧同乘−1，能够立即得到检验数全部非正的原规划基本解，可以直接建立初始对偶单纯形表进行求解，非常方便。

对于有些线性规划模型，如果在开始求解时，不能很快使所有检验数非正，最好还是采用单纯形法求解。因为这样可以免去为使检验数全部非正而做的许多工作。从这个意义上看，可以说，对偶单纯形法是单纯形法的一个补充。除此之外，在对线性规划进行灵敏度分析中有时也要用到对偶单纯形法，可以简化计算。

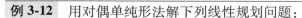

3.4 灵敏度分析

线性规划模型中的参数常常是估计量。因此，在对问题求解之后，需要对这些估计量进行分析，以决定是否需要对所求的解进行调整。另外，周围环境的变化也会使参数发生变化，这些参数的变化很可能会影响已求得的最优值。因此在解决实际问题时，一般需要研究最优解对数据变化的反应程度，以使决策者全面地考虑问题。这就是灵敏度分析（Sensitivity Analysis）所要研究的一部分内容。灵敏度分析的另一类问题是研究在原规划中增加一个变量或者一个约束条件对最优解的影响。

3.4.1 目标函数系数 $\boldsymbol{c}$ 变化

假设只有一个系数 c_j 变化，其他系数均保持不变。我们知道，c_j 的变化只影响检验数，而不影响解的非负性。下面分别就 c_j 是非基变量系数和基变量系数两种情况进行讨论。

1. $\boldsymbol{c_k}$ 是非基变量的系数

根据检验数的分量表示

$$\sigma_j=c_j-\boldsymbol{c}_B^{\mathrm{T}}\boldsymbol{B}^{-1}\boldsymbol{p}_j,\ j=1,\ 2,\ \cdots,\ n$$

非基变量的系数 c_k 的变化，只影响与 c_k 有关的一个检验数 σ_k 的变化，对其他 σ_j 没有影响，故只需考虑 σ_k。

设 c_k 变为 $\bar{c}_k$，即 $c_k \to \bar{c}_k=c_k+\Delta c_k$，$\Delta c_k$ 为改变量。此时的 σ_k 变化为

$$\sigma_k \to \bar{\sigma}_k=(c_k+\Delta c_k)-\boldsymbol{c}_B^{\mathrm{T}}\boldsymbol{B}^{-1}\boldsymbol{p}_k=c_k-\boldsymbol{c}_B^{\mathrm{T}}\boldsymbol{B}^{-1}\boldsymbol{p}_k+\Delta c_k=\sigma_k+\Delta c_k$$

为了保持最优解不变，σ_k 必须满足：

$$\bar{\sigma}_k=\sigma_k+\Delta c_k \leqslant 0$$

即

$$\Delta c_k \leqslant -\sigma_k,\ \bar{c}_k=c_k+\Delta c_k \leqslant c_k-\sigma_k \tag{3-25}$$

$c_k-\sigma_k$ 为 c_k 变化的上限。

当 c_k 变化超过此上限时，最优解将发生变化，应求出新检验数 $\bar{\sigma}_k$ 的值，取 x_k 为进基变量，继续迭代求新的最优解。

2. $\boldsymbol{c_l}$ 是基变量的系数

根据检验数的构成形式，当 c_l 为基变量系数时，它的变化将使 $n-m$ 个非基变量的检验数都发生变化（可以证明：仍保持基变量的检验数为零）。

设 $c_l \to c_l+\Delta c_l$，Δc_l 为改变量，引入 m 维向量 $\Delta\boldsymbol{c}=(0,\ \cdots,\ 0,\ \Delta c_l,\ 0,\ \cdots,\ 0)$。此时有

$$\begin{aligned}\sigma_j \to \bar{\sigma}_j &=c_j-[\boldsymbol{c}_B^{\mathrm{T}}+(\Delta\boldsymbol{c})^{\mathrm{T}}]\boldsymbol{B}^{-1}\boldsymbol{p}_j,j\neq l\\ &=\sigma_j-\Delta c_l a_{lj}'\end{aligned}$$

其中，a_{lj}' 为构成 $\boldsymbol{B}^{-1}\boldsymbol{p}_j$ 的第 l 个分量。

为使最优解保持不变，要保证 $n-m$ 个 $\bar{\sigma}_j \leqslant 0$，即要使下面不等式同时成立

$$\Delta c_l \leqslant \frac{\sigma_j}{a_{lj}'}\ (a_{lj}'<0)$$

$$\Delta c_l \geqslant \frac{\sigma_j}{a'_{lj}} \quad (a'_{lj}>0)$$

即

$$\max\left\{\frac{\sigma_j}{a'_{lj}} \middle| a'_{lj}>0\right\} \leqslant \Delta c_l \leqslant \min\left\{\frac{\sigma_j}{a'_{lj}} \middle| a'_{lj}<0\right\} \tag{3-26}$$

此为保持最优解不变的 Δc_l 的变化范围。当 Δc_l 超过此范围时，应求出 $n-m$ 个新检验数 $\overline{\sigma}_j$，选择其中大于零的检验数对应的变量为进基变量，继续迭代，求新的最优解。

例 3-13 下面线性规划模型的实际背景为：某工厂用两种设备生产 3 种产品，目标函数为求最大利润（单位：元）

$$\max \quad z=20x_1+12x_2+10x_3$$

$$\text{s. t.} \quad \begin{cases} 8x_1+4x_2+7x_3 \leqslant 600 \\ x_1+3x_2+3x_3 \leqslant 400 \\ x_1, \quad x_2, \quad x_3 \geqslant 0 \end{cases}$$

此规划的最优单纯形表见表 3-17，其中 x_4，x_5 为引入的松弛变量。

表 3-17

c_B	x_B	b'	20	12	10	0	0
			x_1	x_2	x_3	x_4	x_5
20	x_1	10	1	0	9/20	3/20	−1/5
12	x_2	130	0	1	17/20	−1/20	2/5
$-z$		−1760	0	0	−9.2	−2.4	−0.8

由表可知，最优解为生产第 1 种产品 10 件，第 2 种产品 130 件，不生产第 3 种产品，最大利润为 1760 元。

现对目标函数系数 $c_3=10$ 和 $c_1=20$ 进行灵敏度分析。

解 （1）c_3 是非基变量的目标函数系数。设 $c_3 \to \overline{c}_3=c_3+\Delta c_3$，根据上面的分析，当 $\overline{c}_3 \leqslant c_3-\sigma_3=10+9.2=19.2$ 时，最优解保持不变，x_3 仍为非基变量。这就是说，当第 3 种产品的单位利润 $c_3 \leqslant 19.2$ 时，不宜安排生产，只有在利润大于 19.2 时，生产第 3 种产品才变得有利可图。

如果 c_3 超过 19.2 时，设 $c_3=10 \to 20$，$\Delta c_3=10$，此时有

$$\sigma_3 \to \overline{\sigma}_3=\sigma_3+\Delta c_3=-9.2+10=0.8>0$$

则只需在这个单纯形表的基础上继续进行迭代，求解。

可得新最优解为 $(0, 1000/9, 200/9, 0)^{\mathrm{T}}$，最优值为 1777 元。这说明，当 c_3 变为 20 后，应调整产品结构，不再生产第 1 种产品而生产第 2，3 种产品，并且最大利润比原最优值增加了 17 元。

（2）c_1 是基变量系数。设 $c_1 \to \overline{c}_1=c_1+\Delta c_1$，$\sigma_j \to \overline{\sigma}_j$，根据上面的分析，为保持最优解不变，应使下列不等式成立（参照表 3-17）

$$\overline{\sigma}_3=-9.2-\Delta c_1 \frac{9}{20} \leqslant 0$$

$$\bar{\sigma}_4=-2.4-\Delta c_1\frac{3}{20}\leqslant 0$$

$$\bar{\sigma}_5=-0.8+\Delta c_1\frac{1}{5}\leqslant 0$$

解得

$$-16\leqslant\Delta c_1\leqslant 4$$

由于 $c_1=20$，所以为保持最优解不变，应该有

$$4\leqslant\bar{c}_1=c_1+\Delta c_1\leqslant 24$$

当 $\bar{c}_1$ 超过此范围时，就会使检验数 σ_3，σ_4，σ_5 中的某一个大于零，此时要取相应的变量为进基变量，进行迭代，求新的最优解。

3.4.2 右端常数 b 的变化

假设线性规划只有一个常数 b_r 变化，其他数据不变。b_r 的变化将会影响解的可行性，但不会引起检验数的符号变化。根据基本可行解的矩阵表示可知，$\boldsymbol{x_B}=\boldsymbol{B}^{-1}\boldsymbol{b}$，所以，只要 b_r 变化必定会引起最优解的数值发生变化。最优解的变化分为以下两类：

（1）保持 $\boldsymbol{B}^{-1}\boldsymbol{b}\geqslant\boldsymbol{0}$，即最优基 $\boldsymbol{B}$ 不变（影子价格不变，也就是对偶问题的最优解不变）。

（2）$\boldsymbol{B}^{-1}\boldsymbol{b}$ 中出现负分量，这将使最优基 $\boldsymbol{B}$ 变化。

若最优基不变（影子价格不变），则只需将变化后的 b_r 代入 $\boldsymbol{B}^{-1}\boldsymbol{b}$ 的表达式重新计算即可；若 $\boldsymbol{B}^{-1}\boldsymbol{b}$ 中出现负分量，则要通过迭代求解新的最优基和最优解。

设 $b_r\to\bar{b}_r=b_r+\Delta b_r$，$\Delta b_r$ 为改变量，其余分量不变。此时有

$$\boldsymbol{x_B}\to\bar{\boldsymbol{x}}_{\boldsymbol{B}}=\boldsymbol{B}^{-1}\begin{pmatrix}b_1\\ \vdots\\ b_r+\Delta b_r\\ \vdots\\ b_m\end{pmatrix}=\boldsymbol{B}^{-1}\boldsymbol{b}+\boldsymbol{B}^{-1}\begin{pmatrix}0\\ \vdots\\ \Delta b_r\\ \vdots\\ 0\end{pmatrix}=\boldsymbol{x_B}+\Delta b_r\begin{pmatrix}\beta_{1r}\\ \vdots\\ \beta_{mr}\end{pmatrix}=\begin{pmatrix}b_1'\\ \vdots\\ b_m'\end{pmatrix}+\Delta b_r\begin{pmatrix}\beta_{1r}\\ \vdots\\ \beta_{mr}\end{pmatrix}$$

其中，$\boldsymbol{x_B}=\boldsymbol{B}^{-1}\boldsymbol{b}$ 为原最优解，b_i'为 $\boldsymbol{x_B}=\boldsymbol{B}^{-1}\boldsymbol{b}$ 的第 i 个分量，β_{ir}为 $\boldsymbol{B}^{-1}$的第 i 行第 r 列元素。

为了保持最优基不变（影子价格不变），应使 $\bar{\boldsymbol{x}}_{\boldsymbol{B}}\geqslant\boldsymbol{0}$，即

$$\begin{pmatrix}b_1'\\ \vdots\\ b_m'\end{pmatrix}+\Delta b_r\begin{pmatrix}\beta_{1r}\\ \vdots\\ \beta_{mr}\end{pmatrix}\geqslant\begin{pmatrix}0\\ \vdots\\ 0\end{pmatrix}$$

据此可导出 m 个不等式

$$b_i'+\Delta b_r\beta_{ir}\geqslant 0,\ i=1,\ 2,\ \cdots,\ m$$

因此，Δb_r 应满足：

$$\max\left\{\frac{-b_i'}{\beta_{ir}}\middle|\beta_{ir}>0\right\}\leqslant\Delta b_r\leqslant\min\left\{\frac{-b_i'}{\beta_{ir}}\middle|\beta_{ir}<0\right\}$$

当 Δb_r 超过此范围时，将使最优解中某个分量小于零，使最优基发生变化。此时可用对偶单纯形法继续迭代求新的最优解。

例 3-14 对例 3-13 中的 b_1 进行灵敏度分析。

解 由表 3-17 可知，最优解

$$\boldsymbol{x}_B=(10,\ 130)^{\mathrm{T}}$$

$$\boldsymbol{B}^{-1}=\begin{pmatrix}\frac{3}{20} & -\frac{1}{5}\\ -\frac{1}{20} & \frac{2}{5}\end{pmatrix}$$

设 $b_1 \to b_1+\Delta b_1$，为保持最优基不变，应使下式成立：

$$\boldsymbol{x}_B+\boldsymbol{B}^{-1}\begin{pmatrix}\Delta b_1\\0\end{pmatrix}=\begin{pmatrix}10\\130\end{pmatrix}+\begin{pmatrix}\frac{3}{20} & -\frac{1}{5}\\ -\frac{1}{20} & \frac{2}{5}\end{pmatrix}\begin{pmatrix}\Delta b_1\\0\end{pmatrix}\geqslant\begin{pmatrix}0\\0\end{pmatrix}$$

整理后解出

$$-\frac{200}{3}\leqslant\Delta b_1\leqslant 2600$$

Δb_1 在此范围内，最优基保持不变（影子价格不变）。

设 $b_1=600\to 540$，求新的最优解。此时 $\Delta b_1=-60$，没超出上面的变化范围，最优基不变（影子价格不变），所以不用迭代，可直接计算，即

$$\bar{\boldsymbol{x}}_B=\boldsymbol{x}_B+\boldsymbol{B}^{-1}\begin{pmatrix}\Delta b_1\\0\end{pmatrix}=\begin{pmatrix}10\\130\end{pmatrix}+\begin{pmatrix}\frac{3}{20} & -\frac{1}{5}\\ -\frac{1}{20} & \frac{2}{5}\end{pmatrix}\begin{pmatrix}-60\\0\end{pmatrix}=\begin{pmatrix}1\\133\end{pmatrix}$$

新的最优解 $\boldsymbol{x}^*=(1,\ 133,\ 0)^{\mathrm{T}}$。此时最优值为 1616 元，比原最优值 1760 元减少了 144 元。利用影子价格的概念，也可以直接用 $\Delta b_1 y_1^*=-(60\times 2.4)$ 元 $=-144$ 元，得出总利润的减少量。

设 $b_1=600\to 3220$，求新的最优解。此时 $\Delta b_1=2620$，超过了上面解出的 Δb_1 的范围，最优基将发生变化，所以要迭代求新的最优解。基变量的值变为

$$\bar{\boldsymbol{x}}_B=\begin{pmatrix}10\\130\end{pmatrix}+2620\begin{pmatrix}\frac{3}{20}\\ -\frac{1}{20}\end{pmatrix}=\begin{pmatrix}403\\-1\end{pmatrix}$$

其中出现了负分量，破坏了解的可行性。现在用 $\begin{pmatrix}403\\-1\end{pmatrix}$ 替换表 3-17 中的第 3 列元素，用对偶单纯形法继续迭代，可得到新的最优解 $\boldsymbol{x}^*=(400,\ 0,\ 0)^{\mathrm{T}}$，最优值为 8000 元，比原目标值 1760 元增加了 6240 元。注意，此时这个总利润增量不能用影子价格 y_1^* 与 Δb_1 直接相乘得到，因为 Δb_1 已超过了规定的变化范围，影子价格可能已发生变化。

3.4.3 约束条件中的系数变化

假设只有一个 a_{ij} 变化，其他数据不变，并且只讨论 a_{ij} 为非基变量 x_j 的系数的情况。因

此，a_{ij}的变化只影响一个检验数 σ_j。

设 $a_{ij}\to a_{ij}+\Delta a_{ij}$，$\Delta a_{ij}$为改变量。由检验数的另一种表示形式

$$\sigma_j\to\overline{\sigma}_j=c_j-\boldsymbol{y}^{\mathrm{T}}\begin{pmatrix}a_{1j}\\ \vdots\\ a_{ij}+\Delta a_{ij}\\ \vdots\\ a_{mj}\end{pmatrix}=c_j-\boldsymbol{y}^{\mathrm{T}}\boldsymbol{p}_j-\boldsymbol{y}^{\mathrm{T}}\begin{pmatrix}0\\ \vdots\\ \Delta a_{ij}\\ \vdots\\ 0\end{pmatrix}=\sigma_j-y_i^*\Delta a_{ij}$$

其中，$\boldsymbol{y}$ 为对偶最优解，y_i^* 为 $\boldsymbol{y}$ 的第 i 个分量。

为使最优解不变，要使 $\sigma_j\leqslant 0$，即

$$\sigma_j\leqslant y_i^*\Delta a_{ij}$$

$$\Delta a_{ij}\geqslant\frac{\sigma_j}{y_i^*},\quad y_i^*>0$$

$$\Delta a_{ij}\leqslant\frac{\sigma_j}{y_i^*},\quad y_i^*<0$$

例 3-15　对例 3-13 中的 a_{23}进行灵敏度分析。

解　由表 3-17 可知，$y_2^*=0.8$，$\sigma_3=-9.2$，所以

$$\Delta a_{23}\geqslant\frac{\sigma_3}{y_2^*}=\frac{-9.2}{0.8}=-11.5$$

由于 $a_{23}=3$，所以当 a_{23}变化后不小于-8.5（$=3-11.5$）时，不影响最优解。

3.4.4　增加新变量的分析

设增加一个变量 x_{n+1}，其相应的目标函数系数为 c_{n+1}，约束条件向量为 $\boldsymbol{p}_{n+1}$，那么计算

$$\boldsymbol{p}'_{n+1}=\boldsymbol{B}^{-1}\boldsymbol{p}_{n+1},\quad \sigma_{n+1}=c_{n+1}-\boldsymbol{c}_{\boldsymbol{B}}^{\mathrm{T}}\boldsymbol{B}^{-1}\boldsymbol{p}_{n+1}$$

若 $\sigma_{n+1}\leqslant 0$，则最优解不变。否则，在最优单纯形表中加入 x_{n+1}列，继续进行单纯形法迭代。

例 3-16　在例 3-13 中，企业考虑将一种新产品投入生产，这种新产品每件分别需要在第 1，2 种设备上加工的时间为 10h 和 2.5h，试分析新产品的利润为多少时，生产该产品对企业有利。

解　设新产品的产量为 x_4，单位利润为 c_4，取新产品的加工时间作为列向量 $\boldsymbol{p}_4=(10,\ 2.5)^{\mathrm{T}}$，于是可计算

$\boldsymbol{p}'_4=\boldsymbol{B}^{-1}\boldsymbol{p}_4=(1,\ 0.5)^{\mathrm{T}}$，检验数 $\sigma_4=c_4-\boldsymbol{c}_{\boldsymbol{B}}^{\mathrm{T}}\boldsymbol{B}^{-1}\boldsymbol{p}_4=c_4-26$

当 $\sigma_4\leqslant 0$，即 $c_4\leqslant 26$ 时，不影响原最优解，不宜生产 x_4。当 $c_4>26$ 时，$\sigma_4>0$，可以考虑 x_4 作为进基变量，迭代求新解，即有可能使得生产该产品有利。

3.4.5　增加一个约束条件

当增加一个约束条件时，首先把最优解代入该约束式，如果满足该约束条件，最优解不变。否则，将约束条件考虑进去，增加一个新行和一个新列（松弛变量或人工变量），并通

过初等变换使新表中含有各单位向量。此时相应的新基变量的值必小于零，利用对偶单纯形法继续迭代求解。

例 3-17 在例 3-13 中，企业关心当电力供应限制为多少时，不会影响已得到的最优解。已知生产 3 种产品每件需要耗费电力分别为 20，10，19，试对此问题进行分析。

解 设电力限制为 b_3，可得到新的约束条件为

$$20x_1+10x_2+19x_3 \leqslant b_3$$

增加松弛变量 x_6 化为等式约束

$$20x_1+10x_2+19x_3+x_6=b_3$$

在最优单纯形表 3-17 的基础上进行分析。在表 3-17 中，将新约束条件考虑进去，增加一个新行和一个新列，并指定 x_6 为新增加的基变量，见表 3-18。

表 3-18

基变量		x_1	x_2	x_3	x_4	x_5	x_6
x_1	10	1	0	9/20	3/20	−1/5	0
x_2	130	0	1	17/20	−1/20	2/5	0
x_6	b_3	20	10	19	0	0	1
σ_j		0	0	−9.2	−2.4	−0.8	0

由于 x_1，x_2 为基变量，所以应将表 3-18 中的 a_{31}，a_{32} 位置的元素利用初等变换化为 0，见表 3-19。从表 3-19 可以看到，影响最优解变化的因素只有常数列中的第 3 个元素 $b_3'=b_3-1500$。令 $b_3'\geqslant 0$，可得到保持原最优解不变的电力限制 $b_3\geqslant 1500$。也就是说，当电力供应大于等于 1500 时，企业不用改变原有最优生产方案，一旦电力供应小于 1500，则要考虑新的生产方案。

表 3-19

基变量		x_1	x_2	x_3	x_4	x_5	x_6
x_1	10	1	0	9/20	3/20	−1/5	0
x_2	130	0	1	17/20	−1/20	2/5	0
x_6	b_3-1500	0	0	3/2	−2/5	0	1
σ_j		0	0	−9.2	−2.4	−0.8	0

假设现在最大的电力供应为 $b_3=1450$，这将使 $b_3'=1450-1500=-50<0$，即出现不可行解。使用对偶单纯形法进行迭代可求得新的最优解 $\boldsymbol{x}^*=(7,\ 131,\ 0)^{\mathrm{T}}$，最优值为 1712 元。

习　　题

1. 将下列线性规划问题化为标准形式：

(1) $\max \quad z=3x_1+5x_2-4x_3+2x_4$

$$\text{s.t.} \begin{cases} 2x_1+6x_2-x_3+3x_4 \leqslant 18 \\ x_1-3x_2+2x_3-2x_4 \geqslant 13 \\ -x_1+4x_2-3x_3-5x_4=9 \\ x_1,\ x_2,\ x_4 \geqslant 0 \end{cases}$$

（2） min $f=-x_1+5x_2-2x_3$

s. t. $\begin{cases} 3x_1+2x_2-4x_3\leqslant 6 \\ 2x_1-3x_2+x_3\geqslant 5 \\ x_1+x_2+x_3=9 \\ x_1\geqslant 0,\ x_2\leqslant 0 \end{cases}$

（3） min $f=3x_1+x_2+4x_3+2x_4$

s. t. $\begin{cases} 2x_1+3x_2-x_3-2x_4\leqslant -51 \\ 3x_1-2x_2+2x_3-x_4\geqslant -7 \\ 2x_1+4x_2-3x_3+2x_4=15 \\ x_1,\ x_2\geqslant 0,\ x_4\leqslant 0 \end{cases}$

2. 求出以下不等式组所定义的多面体的所有基本解和基本可行解（极点）：

（1） $\begin{cases} 2x_1+3x_2+3x_3\leqslant 6 \\ -2x_1+3x_2+4x_3\leqslant 12 \\ x_1,\ x_2,\ x_3\geqslant 0 \end{cases}$

（2） $\begin{cases} x_1+2x_2+3x_3=18 \\ -2x_1+3x_2\leqslant 12 \\ x_1,\ x_2,\ x_3\geqslant 0 \end{cases}$

3. 用图解法求解以下线性规划问题：

（1） max $z=3x_1-2x_2$

s. t. $\begin{cases} x_1+x_2\leqslant 1 \\ x_1+2x_2\geqslant 4 \\ x_1,\ x_2\geqslant 0 \end{cases}$

（2） min $f=x_1-3x_2$

s. t. $\begin{cases} 2x_1-x_2\leqslant 4 \\ x_1+x_2\geqslant 3 \\ x_2\leqslant 5 \\ x_1\leqslant 4 \\ x_1,\ x_2,\geqslant 0 \end{cases}$

（3） max $z=x_1+2x_2$

s. t. $\begin{cases} 2x_1-x_2\leqslant 6 \\ 3x_1+2x_2\leqslant 12 \\ x_1\leqslant 3 \\ x_1,\ x_2\geqslant 0 \end{cases}$

（4） min $f=-x_1+3x_2$

s. t. $\begin{cases} 4x_1+7x_2\geqslant 56 \\ 3x_1-5x_2\geqslant 15 \\ x_1,\ x_2\geqslant 0 \end{cases}$

4. 在以下问题中，列出所有的基，指出其中的可行基、基本可行解以及最优解：

$$\max \quad z = 2x_1 + x_2 - x_3$$

$$\text{s. t.} \begin{cases} x_1 + x_2 + 2x_3 \leqslant 6 \\ x_1 + 4x_2 - x_3 \leqslant 4 \\ x_1,\ x_2,\ x_3 \geqslant 0 \end{cases}$$

5. 用单纯形法求解以下线性规划问题：

（1）$$\max \quad z = 3x_1 + 2x_2$$

$$\text{s. t.} \begin{cases} 2x_1 - 3x_2 \leqslant 3 \\ -x_1 + x_2 \leqslant 5 \\ x_1,\ x_2 \geqslant 0 \end{cases}$$

（2）$$\max \quad z = x_2 - 2x_3$$

$$\text{s. t.} \begin{cases} x_1 + 3x_2 + 4x_3 = 12 \\ 2x_2 - x_3 \leqslant 12 \\ x_1,\ x_2,\ x_3 \geqslant 0 \end{cases}$$

（3）$$\max \quad z = x_1 - 2x_2 + x_3$$

$$\text{s. t.} \begin{cases} x_1 + x_2 + x_3 \leqslant 12 \\ 2x_1 + x_2 - x_3 \leqslant 6 \\ -x_1 + 3x_2 \leqslant 9 \\ x_1,\ x_2,\ x_3 \geqslant 0 \end{cases}$$

（4）$$\min \quad f = -2x_1 - x_2 + 3x_3 - 5x_4$$

$$\text{s. t.} \begin{cases} x_1 + 2x_2 + 4x_3 - x_4 \leqslant 6 \\ 2x_1 + 3x_2 - x_3 + x_4 \leqslant 12 \\ x_1 + x_3 + x_4 \leqslant 4 \\ x_1,\ x_2,\ x_3,\ x_4 \geqslant 0 \end{cases}$$

6. 用大 M 法及两阶段法求解以下线性规划问题：

（1）$$\min \quad f = 3x_1 - x_2$$

$$\text{s. t.} \begin{cases} x_1 + 3x_2 \geqslant 3 \\ 2x_1 - 3x_2 \geqslant 6 \\ 2x_1 + x_2 \leqslant 8 \\ -4x_1 + x_2 \geqslant -16 \\ x_1,\ x_2 \geqslant 0 \end{cases}$$

（2）$$\max \quad z = x_1 + 3x_2 + 4x_3$$

$$\text{s. t.} \begin{cases} 3x_1 + 2x_2 \leqslant 13 \\ x_2 + 3x_3 \leqslant 17 \\ 2x_1 + x_2 + x_3 = 13 \\ x_1,\ x_2,\ x_3 \geqslant 0 \end{cases}$$

（3）$$\max \quad z = 2x_1 - x_2 + x_3$$

$$\text{s. t.} \begin{cases} x_1 + x_2 - 2x_3 \leqslant 8 \\ 4x_1 - x_2 + x_3 \leqslant 2 \\ 2x_1 + 3x_2 - x_3 \geqslant 4 \\ x_1,\ x_2,\ x_3 \geqslant 0 \end{cases}$$

(4) min $f = x_1 + 3x_2 - x_3$

s. t. $\begin{cases} x_1 + x_2 + x_3 \geqslant 3 \\ -x_1 + 2x_2 \geqslant 2 \\ -x_1 + 5x_2 + x_3 \leqslant 4 \\ x_1, x_2, x_3 \geqslant 0 \end{cases}$

7. 写出下列问题的对偶规划：

(1) max $z = -3x_1 + 5x_2$

s. t. $\begin{cases} -x_1 + 2x_2 \leqslant 5 \\ x_1 + 3x_2 \leqslant 2 \\ x_1, x_2, \geqslant 0 \end{cases}$

(2) max $z = x_1 + 2x_2 + x_3$

s. t. $\begin{cases} 2x_1 + x_2 = 8 \\ -x_1 + 2x_2 + 3x_3 = 6 \\ x_1, x_2, x_3 \text{ 均无符号限制} \end{cases}$

(3) max $z = x_1 + 2x_2 - 3x_3 + 4x_4$

s. t. $\begin{cases} -x_1 + x_2 - x_3 - 3x_4 = 5 \\ 6x_1 + 7x_2 - x_3 + 5x_4 \geqslant 8 \\ 12x_1 - 9x_2 + 7x_3 + 6x_4 \leqslant 10 \\ x_1, x_3 \geqslant 0, x_2, x_4 \text{ 无符号限制} \end{cases}$

(4) min $f = -3x_1 + 2x_2 + 5x_3 - 7x_4 - 8x_5$

s. t. $\begin{cases} x_2 - x_3 + 3x_4 - 4x_5 = -6 \\ 2x_1 + 3x_2 - 3x_3 - x_4 \geqslant 2 \\ -x_1 + 2x_3 - 2x_4 \leqslant -5 \\ -2 \leqslant x_1 \leqslant 10 \\ 5 \leqslant x_2 \leqslant 25 \end{cases}$

(5) min $f = \sum_{i=1}^{5} \sum_{j=1}^{6} c_{ij} x_{ij}$

s. t. $\begin{cases} \sum_{j=1}^{6} x_{ij} = a_i, \ i = 1, 2, \cdots, 5 \\ \sum_{i=1}^{5} x_{ij} = b_j, \ j = 1, 2, \cdots, 6 \\ x_{ij} \geqslant 0, \ i = 1, 2, \cdots, 5; \ j = 1, 2, \cdots, 6 \end{cases}$

(6) max $z = \sum_{j=1}^{6} c_j x_j$

s. t. $\begin{cases} \sum_{j=1}^{6} a_{ij} x_j \leqslant b_i, \ i = 1, 2, \cdots, 5 \\ \sum_{j=1}^{6} a_{ij} x_j = b_i, \ i = 6, 7, \cdots, 10 \\ x_j \geqslant 0, \ j = 1, 2, \cdots, 6 \end{cases}$

8. 试用对偶理论讨论下列原问题与它们的对偶问题是否有最优解：

（1） max $z=2x_1+2x_2$

s. t. $\begin{cases}-x_1+x_2+x_3\leqslant 2\\ -2x_1+x_2-x_3\leqslant 1\\ x_1,\ x_2,\ x_3\geqslant 0\end{cases}$

（2） min $f=-x_1+2x_2+x_3$

s. t. $\begin{cases}2x_1-x_2+x_3\geqslant -4\\ x_1+2x_2=6\\ x_1,\ x_2,\ x_3\geqslant 0\end{cases}$

9. 考虑如下线性规划：

min $f=x_1+x_2+x_3+x_4$

s. t. $\begin{cases}x_1+x_4\geqslant 5\\ x_1+x_2\geqslant 6\\ x_2+x_3\geqslant 8\\ x_3+x_4\geqslant 7\\ x_1,\ x_2,\ x_3,\ x_4\geqslant 0\end{cases}$

（1） 写出对偶规划。

（2） 用单纯形法解对偶规划，并在最优单纯形表中给出原规划的最优解。

（3） 说明这样做比直接求解原规划的好处。

10. 应用对偶性质，直接给出下面问题的最优目标值：

min $f=10x_1+4x_2+5x_3$

s. t. $\begin{cases}5x_1-7x_2+3x_3\geqslant 50\\ x_1,\ x_2,\ x_3\geqslant 0\end{cases}$

11. 有两个线性规划：

（1） max $z=\boldsymbol{c}^{\mathrm{T}}\boldsymbol{x}$

s. t. $\begin{cases}\boldsymbol{Ax}=\boldsymbol{b}\\ \boldsymbol{x}\geqslant\boldsymbol{0}\end{cases}$

（2） max $z=\boldsymbol{c}^{\mathrm{T}}\boldsymbol{x}$

s. t. $\begin{cases}\boldsymbol{Ax}=\boldsymbol{b}^*\\ \boldsymbol{x}\geqslant\boldsymbol{0}\end{cases}$

已知线性规划（1）有最优解，求证：如果线性规划（2）有可行解，则必有最优解。

12. 用对偶单纯形法，求解下面问题：

（1） min $f=5x_1+2x_2+4x_3$

s. t. $\begin{cases}3x_1+x_2+2x_3\geqslant 4\\ 6x_1+3x_2+5x_3\geqslant 10\\ x_1,\ x_2,\ x_3\geqslant 0\end{cases}$

（2） max $z=-x_1-2x_2-3x_3$

s. t. $\begin{cases}2x_1-x_2+x_3\geqslant 4\\ x_1+x_2+2x_3\leqslant 8\\ x_2-x_3\leqslant 2\\ x_1,\ x_2,\ x_3\geqslant 0\end{cases}$

13. 考虑下面线性规划：

$$\max \quad z=2x_1+3x_2$$

$$\text{s. t.} \quad \begin{cases} 2x_1+2x_2+x_3 = 12 \\ x_1+2x_2+x_4 = 8 \\ 4x_1+x_5 = 16 \\ 4x_2+x_6 = 12 \\ x_j \geqslant 0,\ j=1,\ 2,\ \cdots,\ 6 \end{cases}$$

其最优单纯形表见表3-20。

表 3-20

基变量		x_1	x_2	x_3	x_4	x_5	x_6
x_3	0	0	0	1	−1	−1/4	0
x_1	4	1	0	0	0	1/4	0
x_6	4	0	0	0	−2	1/2	1
x_2	2	0	1	0	1/2	−1/8	0
$-z$	−14	0	0	0	−3/2	−1/8	0

试分析如下问题：

（1）分别对 c_1，c_2 进行灵敏度分析。

（2）对 b_3 进行灵敏度分析。

（3）当 $c_2=5$ 时，求新的最优解。

（4）当 $b_3=4$ 时，求新的最优解。

（5）增加一个约束 $2x_1+2.4x_2\leqslant 12$，问对最优解有何影响？

14. 已知某工厂计划生产 A_1，A_2，A_3 共3种产品，各产品需要在甲、乙、丙设备上加工。有关数据见表3-21。试问：

表 3-21

设备	产品			工时限制（每月）/h
	A_1	A_2	A_3	
甲	8	16	10	304
乙	10	5	8	400
丙	2	13	10	420
单位产品利润/千元	3	2	2.9	

（1）如何充分发挥设备能力，使工厂获利最大？

（2）若为了增加产量，可借用别的工厂的设备甲，每月可借用60台时，租金1.8万元，问是否合算？

（3）若另有两种新产品 A_4，A_5，其中每件 A_4 需用设备甲12台时、乙5台时、丙10台时，每件获利2.1千元；每件 A_5 需用设备甲4台时、乙4台时、丙12台时，每件获利1.87千元。如果 A_1，A_2，A_3 设备台时不增加，分别回答这两种新产品投产是否合算？

（4）增加设备乙的台时是否可使企业总利润进一步增加？

15. 考虑如下线性规划：

$$\max \quad z=-5x_1+5x_2+13x_3$$

$$\text{s. t.} \quad \begin{cases} -x_1 + x_2 + 3x_3 \leqslant 20 \\ 12x_1+4x_2+10x_3 \leqslant 90 \\ x_1,\ x_2,\ x_3 \geqslant 0 \end{cases}$$

其最优单纯形表见表 3-22。回答如下问题：

（1）b_1 由 20→45，求新的最优解。

（2）b_2 由 90→95，求新的最优解。

（3）c_3 由 13→8，是否影响最优解？若影响，将新的最优解求出来。

（4）c_2 由 5→6，回答与（3）相同的问题。

（5）增加变量 x_6，$c_6=10$，$a_{16}=3$，$a_{26}=5$，对最优解是否有影响？

（6）增加一个约束条件 $2x_1+3x_2+5x_3 \leqslant 50$，求新的最优解。

表 3-22

基变量		x_1	x_2	x_3	x_4	x_5
x_2	20	−1	1	3	1	0
x_5	10	16	0	−2	−4	1
σ_j	−100	0	0	−2	−5	0

第 4 章

最优化搜索算法的结构与一维搜索

4.1 常用的搜索算法结构

在最优化问题的求解过程中，算法一般是指迭代算法。介绍算法，具体来说主要是介绍初始点的选择（有时是任意的）、迭代点的产生过程以及停止规则等。本节就算法的一般概念、性质、构造途径等做简要介绍。

4.1.1 收敛性概念

在规划问题的求解过程中，由于迭代算法是以产生一系列的迭代点为目的的，因此算法的收敛性表现在产生的点列 $\{\boldsymbol{x}^{(k)}\}$ 上。

理想的收敛性概念一般是指：设 $\boldsymbol{x}^*$ 为问题（fS）的 g. opt.，当 $\boldsymbol{x}^* \in \{\boldsymbol{x}^{(k)}\}$ 或 $\boldsymbol{x}^{(k)} \neq \boldsymbol{x}^*$，$\forall k$，但满足 $\lim\limits_{k\to\infty}\boldsymbol{x}^{(k)}=\boldsymbol{x}^*$ 时，称此算法收敛到最优解 $\boldsymbol{x}^*$。

在实际运算中，这样的要求是很难达到的。我们建立如下实用的收敛性概念。

首先，定义一个集合 Ω，称之为解集，设算法产生的点列为 $\{\boldsymbol{x}^{(k)}\}$，满足下列条件之一时，就称算法收敛：

（1）$\{\boldsymbol{x}^{(k)}\} \cap \Omega \neq \varnothing$。

（2）$\{\boldsymbol{x}^{(k)}\}$ 的任意收敛子列的极限点属于 Ω。

上面提到的解集 Ω，一般是取具有某种可接受性质的点集。例如，常取如下几种集合：

（1）$\Omega=\{\boldsymbol{x}^* \mid \boldsymbol{x}^*$ 为问题（fS）的 g. opt.$\}$（此即理想收敛）。

（2）$\Omega=\{\boldsymbol{x}^* \mid \boldsymbol{x}^*$ 为问题（fS）的 l. opt.$\}$。

（3）$\Omega=\{\boldsymbol{x}^* \mid \boldsymbol{x}^*$ 满足某种最优性条件$\}$。

（4）$\Omega=\{\boldsymbol{x}^* \mid \boldsymbol{x}^* \in S$，且 $f(\boldsymbol{x}^*) \leqslant B\}$，其中 B 为可接受的目标函数值的一个上界。

在求解问题时，一个同收敛性密切相关的问题是初始点的影响是否存在，由此产生下述概念：

（1）全局收敛性。如果算法对任意初始点或任意可行的初始点都收敛，则称算法有全局收敛性。

（2）局部收敛性。如果算法只有限制初始点在解集 Ω 附近（当 Ω 为非连通时，指在 Ω 的某点附近）时，才有收敛性，则称这个算法有局部收敛性。

4.1.2 收敛准则（停机条件）

根据不同的解集定义，可以规定相应的停机条件。如解集 Ω 的定义（3）和（4），本身就可作为停机条件。除此之外，还常用下列几种停机条件，设 $\{x^{(k)}\}$ 为算法产生的点列，$\varepsilon>0$ 为给定的误差限（各条件中 ε 一般是不同的）：

（1）$\| x^{(k+m)}-x^{(k)} \|<\varepsilon$（最常用的是 $m=1$）。

（2）$\dfrac{\| x^{(k+1)}-x^{(k)} \|}{\| x^{(k)} \|}<\varepsilon$。

（3）$|f(x^{(k+1)})-f(x^{(k)})|<\varepsilon$。

这些条件的使用不一定在任何情况下都适合，具体选择时，应对算法及问题进行必要的分析，否则可能出现停机但没有得到解的情况，这种情况称为早停。

4.1.3 收敛速度

首先对收敛于零的正数列 $\{\gamma_k\}$ 建立一系列概念，然后介绍算法的相应概念。

设实数列 $\{\gamma_k\}$，$\gamma_k>0$，$\forall k$，且 $\lim\limits_{k\to\infty}\gamma_k=0$，则

$$Q_p=\limsup_{k\to\infty}\frac{\gamma_{k+1}}{\gamma_k^p}\in(0,+\infty)\cup\{+\infty\} \tag{4-1}$$

其中，$p>0$，Q_p 允许取 $+\infty$，在这里 lim sup 表示上极限。称 Q_p 为商收敛因子或 Q-因子；称 $p_0=\sup\{p\in\mathbf{R}\mid p>0,\ Q_p=0\}$ 为数列 $\{\gamma_k\}$ 的收敛阶。

显然，若 $\bar{p}>0$，$Q_{\bar{p}}>0$，则 $\forall p>\bar{p}$，$Q_p=+\infty$；若 $Q_{\bar{p}}<+\infty$，则 $\forall p\in(0,\ \bar{p})$，$Q_p=0$。

注意到下列关系，上面的性质是明显的：

$$\begin{aligned}Q_p&=\limsup_{k\to\infty}\frac{\gamma_{k+1}}{\gamma_k^p}=\limsup_{k\to\infty}\frac{\gamma_{k+1}}{\gamma_k^{\bar{p}}}\gamma_k^{(\bar{p}-p)}\\&=Q_{\bar{p}}\lim_{k\to\infty}\gamma_k^{(\bar{p}-p)}\end{aligned}$$

因此，在 $p>0$ 时，Q_p 只能是下列三种情况之一：

（1）$Q_p=0,\quad \forall p>0$。

（2）$Q_p=+\infty,\quad \forall p>0$。

（3）$\exists p_0\in(0,\ +\infty)$，使 $Q_p=\begin{cases}0 & p\in(0,\ p_0)\\+\infty & p>p_0\end{cases}$。

上面三种情况分别为无穷阶收敛、零阶收敛（实际不收敛）和 p_0 阶收敛。

设 $\{x^{(k)}\}$ 为算法产生的点列，$\{x^{(k)}\}$ 收敛于 x^*，且 $x^{(k)}\neq x^*$，$\forall k$，取 $\gamma_k=\| x^{(k)}-x^* \|$，$k=1,\ 2,\ \cdots$ 那么，$\{\gamma_k\}$ 为收敛于零的正数列，把这个 $\{\gamma_k\}$ 的收敛阶及 Q-因子称为算法的收敛阶和 Q-因子。

在优化问题的算法中，最常涉及的收敛性是下面几种：

（1）线性收敛：$p_0=1$，$Q_1\in(0,\ 1)$。

（2）超线性收敛：$p_0\geqslant1$，$Q_1=0$。

（3）二阶收敛：$p_0=2$，$Q_2<+\infty$。

关于线性收敛和超线性收敛有下面的定理：

定理 4-1　设点列 $\{\boldsymbol{x}^{(k)}\}$，$\boldsymbol{x}^{(k)} \neq \boldsymbol{x}^*$，$\forall k$，

（1）若 $\exists \alpha \in (0,1)$，使 $\dfrac{\|\boldsymbol{x}^{(k+1)}-\boldsymbol{x}^*\|}{\|\boldsymbol{x}^{(k)}-\boldsymbol{x}^*\|} \leqslant \alpha$，$k$ 充分大时，那么，$\{\boldsymbol{x}^{(k)}\}$ 收敛于 $\boldsymbol{x}^*$，且至少是线性收敛。

（2）若 $\exists$ 正数列 $\{\alpha_k\} \to 0$，使 $\dfrac{\|\boldsymbol{x}^{(k+1)}-\boldsymbol{x}^*\|}{\|\boldsymbol{x}^{(k)}-\boldsymbol{x}^*\|} \leqslant \alpha_k$，$k$ 充分大时，那么，$\{\boldsymbol{x}^{(k)}\}$ 超线性收敛于 $\boldsymbol{x}^*$。

（3）$\{\boldsymbol{x}^{(k)}\}$ 超线性收敛于 $\boldsymbol{x}^* \rightleftharpoons \lim\limits_{k\to\infty}\dfrac{\|\boldsymbol{x}^{(k+1)}-\boldsymbol{x}^*\|}{\|\boldsymbol{x}^{(k)}-\boldsymbol{x}^*\|}=0$。

（4）$\{\boldsymbol{x}^{(k)}\}$ 超线性收敛于 $\boldsymbol{x}^* \Rightarrow \lim\limits_{k\to\infty}\dfrac{\|\boldsymbol{x}^{(k+1)}-\boldsymbol{x}^{(k)}\|}{\|\boldsymbol{x}^{(k)}-\boldsymbol{x}^*\|}=1$。

证明（1），（2），（3）显然成立。

（4）考虑三角不等式

$$\left|\,\|\boldsymbol{x}^{(k+1)}-\boldsymbol{x}^*\| - \|\boldsymbol{x}^{(k)}-\boldsymbol{x}^*\|\,\right| \leqslant \|\boldsymbol{x}^{(k+1)}-\boldsymbol{x}^{(k)}\| \leqslant \|\boldsymbol{x}^{(k+1)}-\boldsymbol{x}^*\| + \|\boldsymbol{x}^{(k)}-\boldsymbol{x}^*\|$$

三部分同时除以 $\|\boldsymbol{x}^{(k)}-\boldsymbol{x}^*\|$，并取极限，即得到

$$\lim_{k\to\infty}\frac{\|\boldsymbol{x}^{(k+1)}-\boldsymbol{x}^{(k)}\|}{\|\boldsymbol{x}^{(k)}-\boldsymbol{x}^*\|}=1$$

证毕。

注意，定理 4-1 中（4）的逆命题不真，例如，考虑数列

$$x_n=\begin{cases}\dfrac{1}{k!}, & n=2k\\[2mm] \dfrac{2}{k!}, & n=2k+1\end{cases}$$

显然

$$x_n \to x^*=0$$

因为

$$\frac{|x_{n+1}-x_n|}{x_n}=\begin{cases}1, & n=2k\\ 1-\dfrac{1}{2(k+1)}, & n=2k+1\end{cases}$$

故有

$$\lim_{n\to\infty}\frac{|x_{n+1}-x_n|}{|x_n-x^*|}=1$$

而

$$\frac{x_{n+1}}{x_n}=\begin{cases}2, & n=2k\\ \dfrac{1}{2(k+1)}, & n=2k+1\end{cases}$$

于是$\limsup\limits_{n\to\infty}\dfrac{x_{n+1}-x^*}{x_n-x^*}=2$，不是超线性收敛。

定理4-1（4）说明，若算法超线性收敛，当k充分大时，可保证$\|\boldsymbol{x}^{(k)}-\boldsymbol{x}^*\|$同$\|\boldsymbol{x}^{(k+1)}-\boldsymbol{x}^{(k)}\|$是相当的，表明对于超线性收敛的算法，用停机条件$\|\boldsymbol{x}^{(k+1)}-\boldsymbol{x}^{(k)}\|<\varepsilon$是合理的。

构造一个算法，希望具有超线性收敛速度，它至少应是线性收敛的。

4.1.4 线性搜索算法

在多变量数学规划问题的算法中，多采用线性搜索的模式，即在每一步迭代中，进行如下工作（设得到迭代点$\boldsymbol{x}^{(k)}$）：

（1）确定搜索方向$\boldsymbol{d}^{(k)}$。

（2）求λ_k，使$f(\boldsymbol{x}^{(k)}+\lambda_k\boldsymbol{d}^{(k)})=\min\{f(\boldsymbol{x}^{(k)}+\lambda\boldsymbol{d}^{(k)})\mid\lambda\in R_k\}$。

（3）令$\boldsymbol{x}^{(k+1)}=\boldsymbol{x}^{(k)}+\lambda_k\boldsymbol{d}^{(k)}$。

上述模式中，（1）中的$\boldsymbol{d}^{(k)}$产生方法不同，就得到不同的算法；（2）是表示从$\boldsymbol{x}^{(k)}$点出发沿方向$\boldsymbol{d}^{(k)}$寻找在对步长因子λ的一定限制范围内的最小值点，称为线性搜索或一维搜索，这里的R_k是针对问题得到的限制集合。

线性搜索涉及的是单变量的最优化问题，一般不能经有限步得到解。在理论上，大家知道如果$R_k=\mathbf{R}$，那么在一定条件下线性搜索的结果应当有

$$\frac{\mathrm{d}f(\boldsymbol{x}^{(k)}+\lambda\boldsymbol{d}^{(k)})}{\mathrm{d}\lambda}\Big|_{\lambda=\lambda_k}=0$$

即

$$(\nabla f(\boldsymbol{x}^{(k)}+\lambda_k\boldsymbol{d}^{(k)}))^{\mathrm{T}}\boldsymbol{d}^{(k)}=0 \tag{4-2}$$

线性搜索对算法的收敛性及收敛速度有着密切的联系，一般来说，线性搜索达到相应方向上的极小是收敛性所要求的，也就是后面要讨论的精确一维搜索。当$\boldsymbol{x}^{(k+1)}$距离$\boldsymbol{x}^*$很远时，要求精确一维搜索的必要性不大，而往往需要花费较多的运算工作量，这时按照一定的要求来选择λ_k，使得函数下降一定的量，这可望得到整体较快的收敛。这类线性搜索称为不精确一维搜索，在后面也将进行讨论。

对正定二次函数$f(\boldsymbol{x})=\dfrac{1}{2}\boldsymbol{x}^{\mathrm{T}}\boldsymbol{G}\boldsymbol{x}+\boldsymbol{c}^{\mathrm{T}}\boldsymbol{x}+\alpha$，当采用精确一维搜索确定步长$\lambda_k$时，有如下方便公式：

$$\lambda_k=-\frac{\nabla f^{\mathrm{T}}(\boldsymbol{x}^{(k)})\boldsymbol{d}^{(k)}}{\boldsymbol{d}^{(k)\mathrm{T}}\boldsymbol{G}\boldsymbol{d}^{(k)}}$$

证明 对于正定二次函数$f(\boldsymbol{x})=\dfrac{1}{2}\boldsymbol{x}^{\mathrm{T}}\boldsymbol{G}\boldsymbol{x}+\boldsymbol{c}^{\mathrm{T}}\boldsymbol{x}+\alpha$，有$\nabla f(x)=\boldsymbol{G}\boldsymbol{x}+\boldsymbol{c}$，$\nabla^2 f(\boldsymbol{x})=\boldsymbol{G}$。当采用精确一维搜索时，满足式（4-2），即

$$[\nabla f(\boldsymbol{x}^{(k)}+\lambda_k\boldsymbol{d}^{(k)})]^{\mathrm{T}}\boldsymbol{d}^{(k)}=0$$

从而

$$\begin{aligned}0&=[\nabla f(\boldsymbol{x}^{(k)}+\lambda_k\boldsymbol{d}^{(k)})]^{\mathrm{T}}\boldsymbol{d}^{(k)}\\&=[\boldsymbol{G}(\boldsymbol{x}^{(k)}+\lambda_k\boldsymbol{d}^{(k)})+\boldsymbol{c}]^{\mathrm{T}}\boldsymbol{d}^{(k)}\end{aligned}$$

$$
\begin{aligned}
&= [(\boldsymbol{G}\boldsymbol{x}^{(k)}+\boldsymbol{c})+\lambda_k \boldsymbol{G}\boldsymbol{d}^{(k)}]^{\mathrm{T}}\boldsymbol{d}^{(k)} \\
&= (\boldsymbol{G}\boldsymbol{x}^{(k)}+\boldsymbol{c})^{\mathrm{T}}\boldsymbol{d}^{(k)}+\lambda_k \boldsymbol{d}^{(k)\mathrm{T}}\boldsymbol{G}\boldsymbol{d}^{(k)} \\
&= \nabla f^{\mathrm{T}}(\boldsymbol{x}^{(k)})\boldsymbol{d}^{(k)}+\lambda_k \boldsymbol{d}^{(k)\mathrm{T}}\boldsymbol{G}\boldsymbol{d}^{(k)}
\end{aligned}
$$

因此有

$$
\lambda_k = -\frac{\nabla f^{\mathrm{T}}(\boldsymbol{x}^{(k)})\boldsymbol{d}^{(k)}}{\boldsymbol{d}^{(k)\mathrm{T}}\boldsymbol{G}\boldsymbol{d}^{(k)}}
$$

证毕。

4.1.5 二次模型及二次终结性

在讨论算法时，人们常常考虑算法用于二次函数时的特征，在求非线性极小化的问题时，常常讨论方法对正定二次函数的有利特性，并把它作为对算法的一个衡量准则。在这一方面考虑较多的是二次终结性。

首先，利用二次函数进行讨论有如下几个有利因素：

（1）正定二次函数是一个容易确定极小的、最简单的光滑函数。

（2）一般的光滑函数在其局部极小点 $\boldsymbol{x}^*$ 附近可用正定二次函数很好地逼近。因此，建立在二次模型基础上的方法，当迭代点接近 $\boldsymbol{x}^*$ 时，可望有较快的收敛速度。

（3）在给定的精度下，用二次函数逼近比用线性函数可在较大的区域内有效。

正是由于以上原因，二次函数在最优化算法性质的讨论中占有重要地位。

如果一个算法用于正定二次函数求极小时，能够经过有限步迭代达到最小点 $\boldsymbol{x}^*$，称此算法具有二次终结性。

许多好的算法都有二次终结性，但是这并不是说二次终结性是算法好坏的决定性标准。实际上有不少成功的算法不具有二次终结性，也有些算法虽然有二次终结性但效果不理想。尽管如此，许多好的算法还是同时具有超线性收敛速度和二次终结性。因此，二次终结性仍可作为选择算法的一个因素。

对于无约束极小化问题，即问题（fS）中 $S=\mathbf{R}^n$ 的情况，二次终结性可形象地用下式表示：

二次终结性=共轭方向+精确一维搜索

下面我们引入共轭的概念。

定义 4-1　设 $n\times n$ 矩阵 $\boldsymbol{G}$ 对称正定，$\boldsymbol{d}^{(1)}$，$\boldsymbol{d}^{(2)}\in\mathbf{R}^n$，均非零，满足$\boldsymbol{d}^{(1)\mathrm{T}}\boldsymbol{G}\boldsymbol{d}^{(2)}=0$，则称 $\boldsymbol{d}^{(1)}$，$\boldsymbol{d}^{(2)}$关于 $\boldsymbol{G}$ 是共轭的，简称共轭。

显然，共轭概念可看作正交概念的推广，当 G 为单位矩阵 E 时，共轭关系即为正交关系。

容易证明，如果非零向量 $d^{(1)}$，$d^{(2)}$，…，$d^{(m)}$ 相互共轭（即关于同一对称正定矩阵两两共轭），那么 $\boldsymbol{d}^{(1)}$，$\boldsymbol{d}^{(2)}$，…，$\boldsymbol{d}^{(m)}$ 线性无关。

定理 4-2 设 $n\times n$ 矩阵 $\boldsymbol{G}$ 对称正定，$f(\boldsymbol{x})=\frac{1}{2}\boldsymbol{x}^{\mathrm{T}}\boldsymbol{G}\boldsymbol{x}+\boldsymbol{b}^{\mathrm{T}}\boldsymbol{x}$，非零向量 $\boldsymbol{d}^{(1)}$，$\boldsymbol{d}^{(2)}$，…，$\boldsymbol{d}^{(m)}\in\mathbf{R}^n(m<n)$ 关于 $\boldsymbol{G}$ 共轭，设 $\boldsymbol{x}^{(1)}\in\mathbf{R}^n$，$\boldsymbol{x}^{(k+1)}=\boldsymbol{x}^{(k)}+\lambda_k\boldsymbol{d}^{(k)}$，$k=1$，2，…，$m$。步长因子 λ_k 为 $\min f(\boldsymbol{x}^{(k)}+\lambda\boldsymbol{d}^{(k)})$ 的最优解，那么，$\boldsymbol{x}^{(m+1)}$ 为问题

$$(fV)\quad\begin{cases}\min & f(\boldsymbol{x})\\ \text{s. t.} & \boldsymbol{x}\in V\end{cases}\quad \text{的 g. opt.}$$

其中，$V=\{\boldsymbol{x}\mid\boldsymbol{x}=\boldsymbol{x}^{(1)}+\sum_{i=1}^{m}\mu_i\boldsymbol{d}^{(i)},\ \mu_i\in\mathbf{R},\ i=1,\ 2,\ \cdots,\ m\}$。

证明 根据条件，容易得到 V 是凸集，f 是凸函数。由可微凸函数的性质知，若有 $\forall\boldsymbol{x}\in V$，满足

$$\nabla f^{\mathrm{T}}(\boldsymbol{x}^{(m+1)})(\boldsymbol{x}-\boldsymbol{x}^{(m+1)})\geqslant 0 \tag{4-3}$$

即可得到结论。

由于 λ_k 为 $\min f(\boldsymbol{x}^{(k)}+\lambda\boldsymbol{d}^{(k)})$ 的最优解，故由式（4-2）$\nabla f^{\mathrm{T}}(\boldsymbol{x}^{(k)}+\lambda_k\boldsymbol{d}^{(k)})\boldsymbol{d}^{(k)}=0$ 对任意$k=1$，2，…，m 成立。注意到 $\nabla f(\boldsymbol{x})=\boldsymbol{G}\boldsymbol{x}+\boldsymbol{b}$，因此梯度差

$$\boldsymbol{y}^{(k)}=\nabla f(\boldsymbol{x}^{(k+1)})-\nabla f(\boldsymbol{x}^{(k)})=\lambda_k\boldsymbol{G}\boldsymbol{d}^{(k)} \tag{4-4}$$

考虑到式（4-4）及方向的共轭性质，对于 $i=1$，2，…，m 有

$$\nabla f^{\mathrm{T}}(\boldsymbol{x}^{(m+1)})\boldsymbol{d}^{(i)}=[\nabla f(\boldsymbol{x}^{(i+1)})+\sum_{k=i+1}^{m}\boldsymbol{y}^{(k)}]^{\mathrm{T}}\boldsymbol{d}^{(i)}=0 \tag{4-5}$$

注意到 $\boldsymbol{x}^{(m+1)}=\boldsymbol{x}^{(1)}+\sum_{i=1}^{m}\lambda_i\boldsymbol{d}^{(i)}$，那么，$\forall\boldsymbol{x}\in V$，

$$\nabla f^{\mathrm{T}}(\boldsymbol{x}^{(m+1)})(\boldsymbol{x}-\boldsymbol{x}^{(m+1)})=\nabla f^{\mathrm{T}}(\boldsymbol{x}^{(m+1)})\left(\sum_{i=1}^{m}(\mu_i-\lambda_i)\boldsymbol{d}^{(i)}\right)=0$$

即式（4-3）成立。

证毕。

推论 在定理 4-2 的条件下，如果 $m=n$，至多经 n 次迭代就可达到 $f(\boldsymbol{x})$ 的最小点。

4.1.6 下降算法模型

考虑问题

$$(fS)\quad\begin{cases}\min & f(\boldsymbol{x})\\ \text{s. t.} & \boldsymbol{x}\in S\end{cases} \tag{4-6}$$

一个自然而实用的思想是，使算法产生点列$\{\boldsymbol{x}^{(k)}\}$的函数列$\{f(\boldsymbol{x}^{(k)})\}$为严格单调下降数列，即对 $\forall k$，$f(\boldsymbol{x}^{(k+1)})<f(\boldsymbol{x}^{(k)})$。

依照前面提到的线性搜索模式，首先要找下降可行方向。

设 $\bar{\boldsymbol{x}}\in S$，对方向 $\boldsymbol{d}$，如果 $\exists\delta>0$（同 $\bar{\boldsymbol{x}}$，$\boldsymbol{d}$ 有关），使

$$f(\boldsymbol{x}+\lambda\boldsymbol{d})<f(\bar{\boldsymbol{x}}),\ \forall\lambda\in(0,\delta) \tag{4-7}$$

则称 $\boldsymbol{d}$ 为 $f(\boldsymbol{x})$ 在 $\bar{\boldsymbol{x}}$ 点的下降方向。

容易证明：如果 $f(\boldsymbol{x})$ 在 $\bar{\boldsymbol{x}}$ 点可微，若 $\boldsymbol{d}$ 使 $\nabla f^{\mathrm{T}}(\bar{\boldsymbol{x}})\boldsymbol{d}<0$，则 $\boldsymbol{d}$ 为下降方向。

对于问题（fS），只找到下降方向，有时还不能产生新的迭代点，还要求 $\boldsymbol{d}$ 为可行方向。即 $\exists\delta>0$，使

$$\bar{\boldsymbol{x}}+\lambda\boldsymbol{d}\in S,\ \forall\lambda\in(0,\delta) \tag{4-8}$$

如果方向 $\boldsymbol{d}$ 同时满足式（4-7）和式（4-8），称 $\boldsymbol{d}$ 为问题（fS）在 $\bar{\boldsymbol{x}}$ 点的下降可行方向。

下降算法模型如图 4-1 所示。

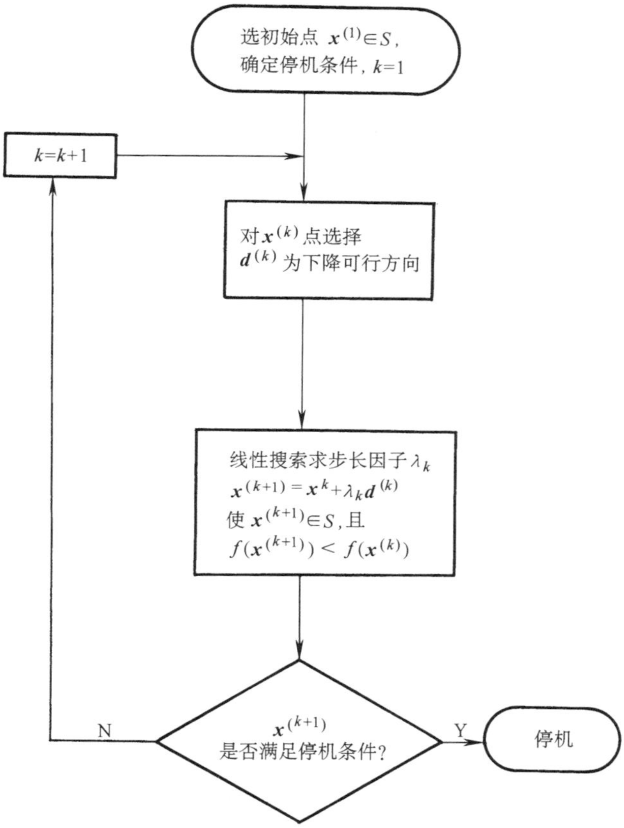

图　4-1

4.2 一维搜索

本节讨论单变量问题的算法，既可独立地用于求解单变量问题，同时又是解多变量问题中需反复用到的线性搜索方法。解单变量问题比较简单，但其中也贯穿了解优化问题的基本思想。由于它使用得最多，因而提高解单变量问题算法的效率是极其重要的。

4.2.1 缩减区间的方法

1. 不确定区间和单峰函数

在缩减区间类的方法中，首先要找到包含最小点的区间，然后按照某个准则，逐步减小

区间长度，使之永远保证含有最小点，直到区间足够小，就得到满足误差要求的解。

设 φ：$\mathbf{R}\to\mathbf{R}$，闭区间 $[\alpha, \beta]$，如果 $\varphi(\lambda)$ 的最小点 $\lambda^* \in [\alpha, \beta]$，但不知道其值，则称 $[\alpha, \beta]$ 为最小点 λ^* 的不确定区间。

在不确定区间上用缩减区间技术求最小点，在理论上需要建立单峰函数的概念。

定义 4-2 设函数 φ：$\mathbf{R}\to\mathbf{R}$，$[\alpha, \beta]$ 为不确定区间，λ^* 为 φ 在 $[\alpha, \beta]$ 上的最小值点。如果 $\forall\lambda_1, \lambda_2\in[\alpha, \beta]$，$\lambda_1<\lambda_2$ 满足：

（1）当 $\lambda_2\leqslant\lambda^*$ 时，$\varphi(\lambda_1)>\varphi(\lambda_2)$。

（2）当 $\lambda_1\geqslant\lambda^*$ 时，$\varphi(\lambda_1)<\varphi(\lambda_2)$。 （4-9）

则称 $\varphi(\lambda)$ 在 $[\alpha, \beta]$ 上是强单峰的。

如果再加上条件，当 $\varphi(\lambda_1)\neq\varphi(\lambda^*)$，$\varphi(\lambda_2)\neq\varphi(\lambda^*)$ 时，式（4-9）成立，则称 $\varphi(\lambda)$ 在 $[\alpha, \beta]$ 上是单峰的。

显然，强单峰函数至多含一个单调下降段和一个单调上升段，而单峰函数除此之外还可能含有一段平底，如图 4-2 所示。强单峰函数一定是单峰的。如果在不确定区间上，$\varphi(\lambda)$ 是单峰的，则称这个区间为函数 $\varphi(\lambda)$ 的单峰区间。

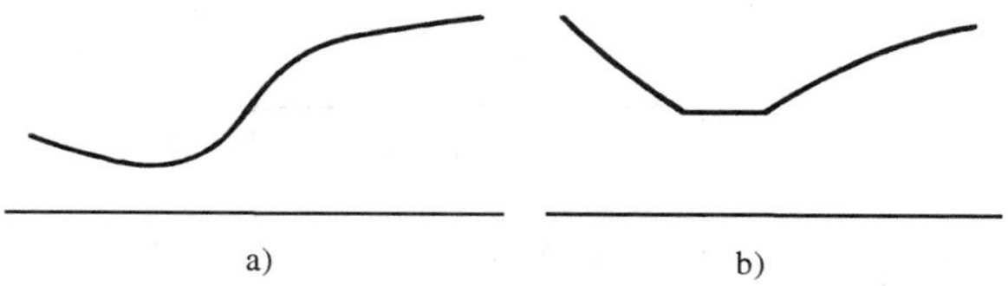

图 4-2

a）强单峰 b）单峰

单峰函数的特点是在最优解 λ^* 的某一侧，距离 λ^* 远的点的函数值必不小于距 λ^* 较近点的函数值。根据这个特点，有下面的定理。

定理 4-3 设 $\varphi(\lambda)$：$\mathbf{R}\to\mathbf{R}$，在区间 $[\alpha, \beta]$ 上单峰。$\lambda, \mu\in[\alpha, \beta]$，且 $\lambda<\mu$。那么：

（1）如果 $\varphi(\lambda)>\varphi(\mu)$，则 $\varphi(\xi)\geqslant\varphi(\mu), \forall\xi\in[\alpha, \lambda]$。

（2）如果 $\varphi(\lambda)<\varphi(\mu)$，则 $\varphi(\xi)\geqslant\varphi(\lambda), \forall\xi\in[\mu, \beta]$。

（3）如果 $\varphi(\lambda)=\varphi(\mu)$，则 $\varphi(\xi)\geqslant\varphi(\lambda), \forall\xi\in[\alpha, \lambda]\cup[\mu, \beta]$。

证明 只证明（1），（2）和（3）的证明是类似的。设 λ^* 为 φ 在 $[\alpha, \beta]$ 上的最小值点。由于 $\varphi(\lambda)>\varphi(\mu)$，显然 $\varphi(\lambda)\neq\varphi(\lambda^*)$，无妨设 $\varphi(\mu)\neq\varphi(\lambda^*)$。

因为若不然，根据单峰函数的定义 μ 就是一个解，结论必然成立。下面用反证法，设 $\exists\rho\in[\alpha, \lambda)$，使 $\varphi(\rho)<\varphi(\mu)$。

1）如果 $\lambda^*\in[\alpha, \lambda]$，由定义 4-2 知，$\varphi(\lambda)<\varphi(\mu)$，同条件矛盾。

2）如果 $\lambda^*\in(\lambda, \beta]$，同样由定义 4-2 知，$\varphi(\rho)>\varphi(\lambda)$，又由反证法的假设 $\varphi(\rho)<\varphi(\mu)$，与条件矛盾。

综合 1），2）可得（1）的结论成立。

根据定理 4-3，只需在［α，β］上取两个点，通过比较函数值，可知至少有一段区间去掉后不会失去最优解（如定理 4-3 中（1）的［α，λ］区间），如图 4-3 所示。

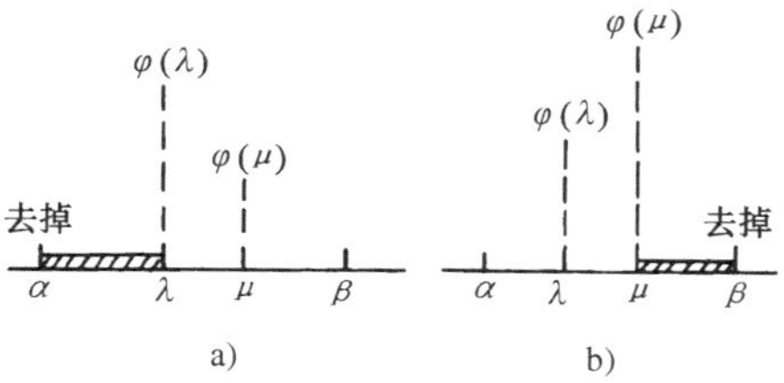

图　4-3

2. 黄金分割法（0.618 法）

按照上面的思想构造算法，很自然地希望在比较两个函数值后去掉的区间在任何情况下都较大，另外还希望在每次比较时，能利用前次比较时两点之一，这样每次比较只需求一个点的函数值。下面通过数学描述来找它们的关系。

如图 4-4 所示，设前次迭代选择的两个点为 λ，μ，无妨设通过比较函数值去掉［μ，β］段，下一次取新点 λ_1，原 λ 点作为下一次迭代的 μ_1 点。要求：

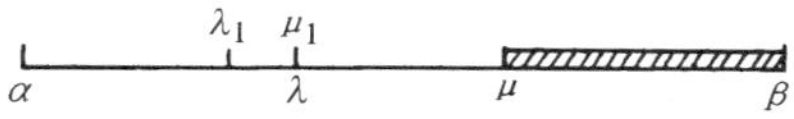

图　4-4

（1）对称性：$\lambda-\alpha=\beta-\mu$，$\lambda_1-\alpha=\mu-\mu_1=\mu-\lambda$。

（2）缩减比不变：$\gamma=\dfrac{\text{保留区间长度}}{\text{原区间长度}}$。

得到

$$\frac{\mu-\alpha}{\beta-\alpha}=\frac{\lambda-\alpha}{\mu-\alpha} \tag{4-10}$$

由此可得到

$$\mu=\alpha+\gamma(\beta-\alpha),\lambda=\alpha+(1-\gamma)(\beta-\alpha)$$

整理得

$$\gamma^2+\gamma-1=0$$

舍去负根，得到缩减比为

$$\gamma=\frac{\sqrt{5}-1}{2}\approx 0.618$$

黄金分割法流程图如图 4-5 所示。

例　用黄金分割法（0.618 法）求解问题：$\min x^3-10x^2-10x$，初始区间为$[a, b]=[6, 8]$，停止规则为 $b^{(k)}-a^{(k)}\leqslant 0.50$。

解　符号含义如图 4-6 所示。

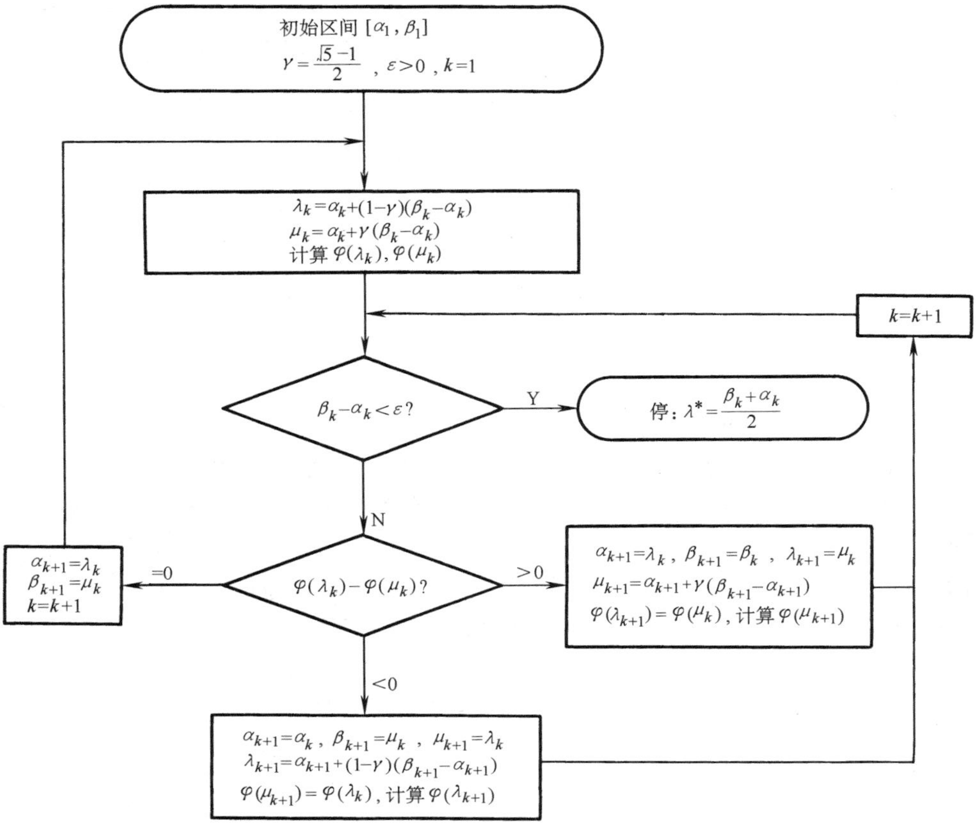

图 4-5

图 4-6

计算过程见表 4-1。

表 4-1

k	a	b	p	q	$f(p)$	$f(q)$
1	6	8	6. 764	7. 236	−215. 693	−217. 082
2	6. 764	8	7. 236	7. 528	−217. 082	−215. 370
3	6. 764	7. 528	7. 056	7. 236	−217. 133	−217. 082
4	6. 764	7. 236				

此时已满足停机条件，得到的近似最优解为 0. 5×(6. 764+7. 236) = 7。

3. 中点法

如果函数 $\varphi(\lambda)$：$\mathbf{R}\to\mathbf{R}$ 可微，当 $\varphi'(\lambda)<0$ 时，$\varphi(\lambda)$ 在 λ 的邻域内单调下降。反之当 $\varphi'(\lambda)>0$ 时，$\varphi(\lambda)$ 在 λ 的邻域内单调上升。利用单峰函数的性质，对可微函数每次考察

一点，便可决定区间的取舍。这自然导致取中点来考察的方法，即中点法。

设 $\varphi(\lambda)$ 在单峰区间 $[\alpha, \beta]$ 上可微，且不存在拐点（即 $\varphi'(\lambda)$ 及 $\varphi''(\lambda)$ 同时为零的点），那么中点法的一般步骤如下$\left(令\ \lambda=\frac{\alpha+\beta}{2}\right)$：

（1）若 $\varphi'(\lambda)>0$，则去掉 $(\lambda, \beta]$，新区间为 $[\alpha, \lambda]$。

（2）若 $\varphi'(\lambda)<0$，则去掉 $[\alpha, \lambda)$，新区间为 $[\lambda, \beta]$。

（3）若 $\varphi'(\lambda)=0$，则 λ 为最小点。

无论何种情况，中点法每次迭代的缩减比为 1/2，比黄金分割法收敛快。

对以上两种方法比较可知，黄金分割法不需要求导数，中点法要求函数可微，并需要求导数，但缩减快。

例如，求

$$\min\varphi(\lambda)=(\lambda-1)\sqrt[3]{\lambda^2}$$
$$\text{s.t. } 0\leqslant\lambda\leqslant2$$

分别用黄金分割法和中点法求解，结果见表 4-2。

表　4-2

精度 ε	10^{-2}		10^{-4}		10^{-6}	
解 λ^* 及迭代次数 N	λ^*	N	λ^*	N	λ^*	N
黄金分割法	0.4001466	13	0.4000144	22	0.4000079	32
中点法	0.4023438	9	0.3999939	16	0.4000001	22

可以解析地求出

$$\varphi'(\lambda)=\frac{5\lambda-2}{3\sqrt[3]{\lambda}}$$

最小值点 $\lambda^*=0.4$，最小值

$$\varphi(\lambda^*)=-0.6\sqrt[3]{0.16}\approx-0.32573011$$

4. 求不确定区间的进退法

在实际计算时，往往预先不知道极小值点在哪个区间范围内，基本思想是寻找三个点，使两端点的函数值比中间点的函数值大。

任取一点 λ_0，选取一个步长 δ，取 $\lambda_1=\lambda_0+\delta$，有两种情况，如图 4-7 所示。

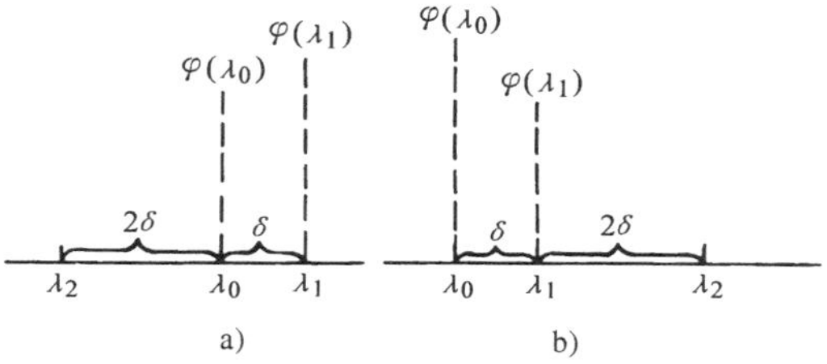

图　4-7

（1）若 $\varphi(\lambda_0)<\varphi(\lambda_1)$，退，取 $\lambda_2=\lambda_0-2\delta$，再考察 $\varphi(\lambda_2)$，若 $\varphi(\lambda_0)\leqslant\varphi(\lambda_2)$，则得到不确定区间 $[\lambda_2, \lambda_1]$，否则，令 $\lambda_1=\lambda_0$，$\lambda_0=\lambda_2$，$\delta=2\delta$，重复这个过程。

（2）若 $\varphi(\lambda_0)\geqslant\varphi(\lambda_1)$，进，取 $\lambda_2=\lambda_1+2\delta$，再考察 $\varphi(\lambda_2)$，若 $\varphi(\lambda_1)\leqslant\varphi(\lambda_2)$，则得到不确定区间 $[\lambda_0, \lambda_2]$，否则，令 $\lambda_0=\lambda_1$，$\lambda_1=\lambda_2$，$\delta=2\delta$，重复这个过程。

进退法效率取决于步长 δ 的选择，太大时一个步长产生的点即含多个单峰区间，太小时则迭代次数太多。一般进退法得到的区间，不能保证是单峰区间，必要时可把区间分成若干段，对每段求极小，把各段所得的极小点中的最小点，作为解。另外，把中点法用于此处，可通过判定一点的导数决定进退，最后找到两点，使左边点的导数小于零，右边点的导数大于零，作为一个不确定区间。

值得指出的是，当 $\varphi(\lambda)$ 单调时，进退法无结果，因此需加入迭代次数的限制。

4.2.2 插值法与牛顿法

1. 插值法

插值法的基本思想是利用插值函数逼近所需求解的目标函数，把插值函数的极小点作为迭代点。最常见的有三点二次插值、两点二次插值和三次插值多项式。设 $\varphi(\lambda)$：$\mathbf{R}\to\mathbf{R}$。

(1) 三点二次插值。设已知三点 λ_0，λ_1，λ_2 及其函数值 $\varphi_0=\varphi(\lambda_0)$，$\varphi_1=\varphi(\lambda_1)$，$\varphi_2=\varphi(\lambda_2)$，构造二次插值多项式。

设插值多项式为 $\psi(\lambda)=a\lambda^2+b\lambda+c$，于是得到

$$\begin{cases} a\lambda_0^2+b\lambda_0+c=\varphi_0 \\ a\lambda_1^2+b\lambda_1+c=\varphi_1 \\ a\lambda_2^2+b\lambda_2+c=\varphi_2 \end{cases}$$

解得

$$\begin{cases} a=-\dfrac{(\lambda_0-\lambda_1)\varphi_2+(\lambda_1-\lambda_2)\varphi_0+(\lambda_2-\lambda_0)\varphi_1}{(\lambda_0-\lambda_1)(\lambda_1-\lambda_2)(\lambda_2-\lambda_0)} \\ b=\dfrac{(\lambda_0^2-\lambda_1^2)\varphi_2+(\lambda_1^2-\lambda_2^2)\varphi_0+(\lambda_2^2-\lambda_0^2)\varphi_1}{(\lambda_0-\lambda_1)(\lambda_1-\lambda_2)(\lambda_2-\lambda_0)} \end{cases}$$

当中间点的函数值小于两端点的函数值时，$a>0$，那么二次函数 $\psi(\lambda)$ 的极小值点为

$$\bar{\lambda}=-\frac{b}{2a}=\frac{(\lambda_0^2-\lambda_1^2)\varphi_2+(\lambda_1^2-\lambda_2^2)\varphi_0+(\lambda_2^2-\lambda_0^2)\varphi_1}{2[(\lambda_0-\lambda_1)\varphi_2+(\lambda_1-\lambda_2)\varphi_0+(\lambda_2-\lambda_0)\varphi_1]}$$

如图 4-8 所示，无妨设 $\lambda_0<\lambda_1<\lambda_2$，$\varphi(\lambda_1)<\varphi(\lambda_0)$，$\varphi(\lambda_1)<\varphi(\lambda_2)$。如果 $|\lambda_2-\lambda_0|$ 充分小，那么显然根据 $|\bar{\lambda}-\lambda^*|<|\lambda_2-\lambda_0|$，$|\bar{\lambda}-\lambda^*|$ 也足够小，可以取 $\bar{\lambda}$ 为解的近似。如果不是这样，要取新的三点来重复上述过程。

原来三点加上插值多项式的极小点，现在已产生四个点，即 λ_0，$\bar{\lambda}$，λ_1，λ_2，舍去一点要保证最小点在新得到的区间内，于是应该有 $\lambda'_0<\lambda'_1<\lambda'_2$，且 $\varphi(\lambda'_1)<\varphi(\lambda'_0)$，$\varphi(\lambda'_1)<\varphi(\lambda'_2)$。计算 $\varphi(\bar{\lambda})$，使留下的三点有函数值两端高、中间低即可。如图 4-8 所示的情况，即可取 $\bar{\lambda}$，λ_1，λ_2。如果 $\varphi(\bar{\lambda})$ 和 $\varphi(\lambda_1)$ 相等，那么取 $\bar{\lambda}$，λ_1 和 $(\bar{\lambda}+\lambda_1)/2$ 三点，如图 4-9a 所示；若还有 $\bar{\lambda}=\lambda_1$，则加一参考点 $(\lambda_0+\lambda_1)/2$ 考察，如图 4-9b 所示。

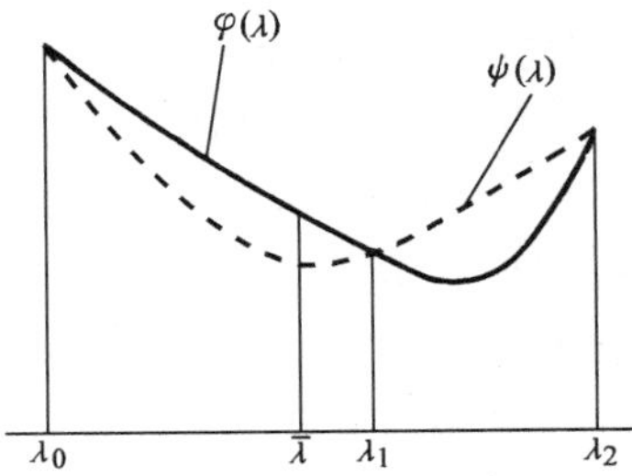

图 4-8

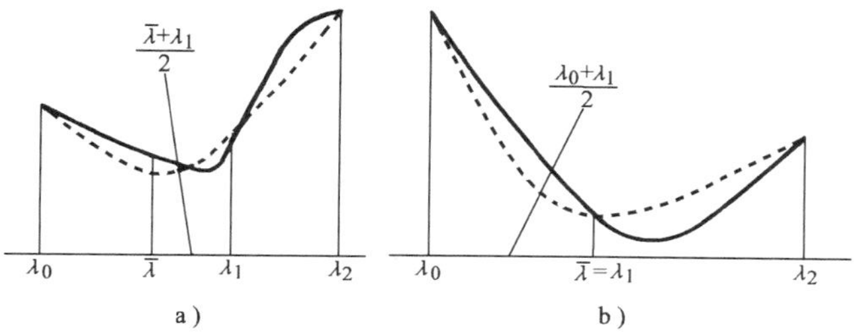

图　4-9

初始三点的选取可利用上节的进退法得到。

如果 $\varphi(\lambda)$ 可微并易于求出导函数时，有下面的两点二次插值。

（2）两点二次插值。设已知函数 $\varphi(\lambda)$，两点 λ_0，λ_1 及函数值 $\varphi_0=\varphi(\lambda_0)$，$\varphi_1=\varphi(\lambda_1)$，另外还已知 λ_0 点的一阶导数 $\varphi_0'=\varphi'(\lambda_0)$。用待定系数法求出二次插值多项式。设二次插值多项式为 $\psi(\lambda)=a\lambda^2+b\lambda+c$，根据插值条件得到

$$\begin{cases}a\lambda_0^2+b\lambda_0+c=\varphi_0\\a\lambda_1^2+b\lambda_1+c=\varphi_1\\2a\lambda_0+b=\varphi_0'\end{cases}$$

解得

$$\begin{cases}a=\dfrac{(\lambda_0-\lambda_1)\varphi_0'-(\varphi_0-\varphi_1)}{(\lambda_0-\lambda_1)^2}\\[2ex]b=\dfrac{(\lambda_1^2-\lambda_0^2)\varphi_0'+2(\varphi_0-\varphi_1)\lambda_0}{(\lambda_0-\lambda_1)^2}\end{cases}$$

当 $\varphi(\lambda)$ 凸时，$a>0$，$\psi(\lambda)$ 的极小点为

$$\bar{\lambda}=-\frac{b}{2a}=\lambda_0+\frac{\lambda_1-\lambda_0}{2\{1+(\varphi_0-\varphi_1)/[(\lambda_1-\lambda_0)\varphi_0']\}}$$

算法的基本思想是对原数据 λ_0，λ_1，φ_0，φ_1，$\varphi_0'>0$ 求得 $\bar{\lambda}$，计算 $\bar{\varphi}=\varphi(\bar{\lambda})$，保留 λ_0，λ_1 中函数值较小的点。若去掉了 λ_0 点，那么计算 $\bar{\lambda}$，λ_1 中一点的导数，再重复此过程。

两点二次插值算法流程图如图 4-10 所示。

两点二次插值的优点是比较简单，不必预先确定上下界。但要注意，当 $\varphi(\lambda)$ 单调时，得不到结果，因此需规定迭代次数的限制。

（3）三次插值。构造三次插值需要 4 个条件，有不同的方法。例如，用 4 点及其函数值，用 3 点及其函数值再加一点的导数值，用 2 点的函数及导数值等。它们的构造思想同上面的讨论类似，这里从略。

在实用中，特别对单变量问题求最小点时，利用上面的方法互相配合，常常会收到好的效果。

2. 牛顿法

设函数 $\varphi(\lambda)$ 二次可微，考虑 $\varphi(\lambda)$ 在 $\bar{\lambda}$ 的泰勒展开式

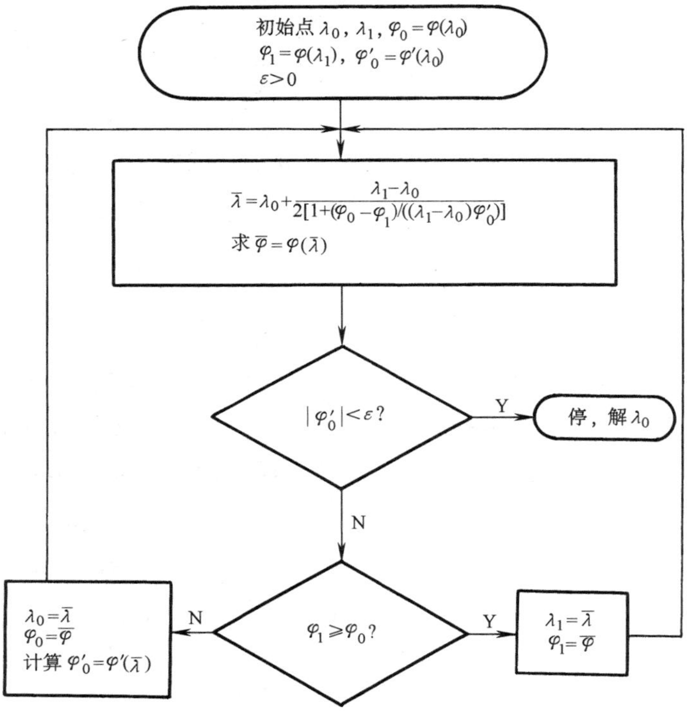

图 4-10

$$\varphi(\lambda)=\varphi(\bar{\lambda})+\varphi'(\bar{\lambda})(\lambda-\bar{\lambda})+\frac{1}{2}\varphi''(\bar{\lambda})(\lambda-\bar{\lambda})^2+o(\lambda-\bar{\lambda})^2$$

舍去高阶项，得到二次式

$$q(\lambda)=\varphi(\bar{\lambda})+\varphi'(\bar{\lambda})(\lambda-\bar{\lambda})+\frac{1}{2}\varphi''(\bar{\lambda})(\lambda-\bar{\lambda})^2 \tag{4-11}$$

取 $q(\lambda)$ 作为 $\varphi(\lambda)$ 在 $\bar{\lambda}$ 邻域的近似，当 $\varphi''(\bar{\lambda})>0$ 时，$q(\lambda)$ 的驻点即为极小，作为新的迭代点。对式（4-11）求导，并令其为零

$$q'(\lambda)=\varphi'(\bar{\lambda})+\varphi''(\bar{\lambda})(\lambda-\bar{\lambda})=0$$

当 $\varphi''(\bar{\lambda})>0$，解之得

$$\lambda=\bar{\lambda}-\frac{\varphi'(\bar{\lambda})}{\varphi''(\bar{\lambda})}$$

用此作为公式得到牛顿法迭代公式（第 k 步）：

$$\lambda_{k+1}=\lambda_k-\frac{\varphi'(\lambda_k)}{\varphi''(\lambda_k)} \tag{4-12}$$

牛顿法流程图如图 4-11 所示。

这里使用的牛顿法，相当于解非线性方程 $\varphi'(\lambda)=0$ 的牛顿方法，在计算数学方面的书籍中有较多的介绍，这里从略。

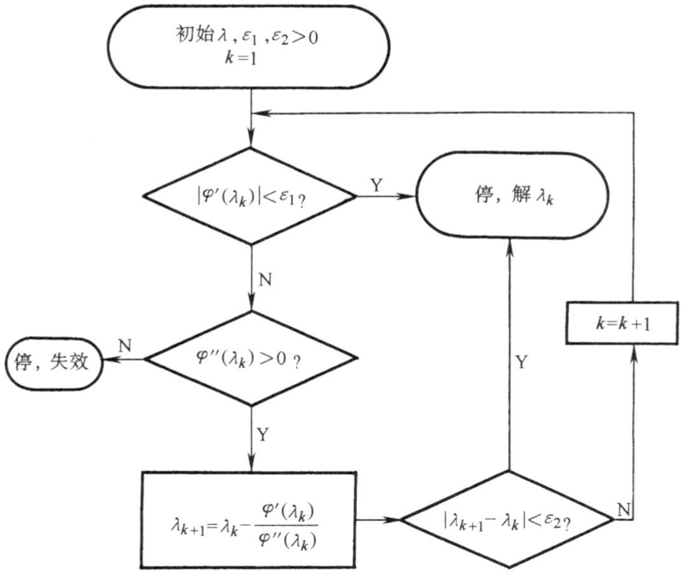

图　4-11

牛顿法的主要特点是二阶收敛，但是局部收敛。

由于它的收敛速度快，是非常诱人的，因此，许多研究工作的重心都放在克服局部收敛性上。本书不在这方面做进一步介绍，有兴趣的读者可参考有关文献。

例如 $\min\varphi(\lambda)=(\lambda-1)\sqrt[3]{\lambda^2}$，取初始 $\lambda_1=0.1$ 时的结果见表 4-3。

表　4-3

迭代步数	迭代点	精度
1	0.25	1
2	0.375	1
3	0.399456422	10^{-3}
4	0.399999754	10^{-6}
5	0.4	机器精度

取初始 $\lambda_1=1.5$ 时的结果见表 4-4。

表　4-4

迭代步数	迭代点	精度
1	0.441176471	1
2	0.140591779	1
3	0.3012122	1
4	0.390264573	10^{-2}
5	0.399919715	10^{-4}
6	0.399999995	10^{-8}
7	0.4	机器精度

通过计算看出，牛顿法较前面的方法速度快、精度高。

4.2.3 不精确一维搜索

在前文线性搜索算法模式中，已谈到在多元最优化算法中常采用一类不精确一维搜索的技术，这个技术的目的是要求得到的点比原来点的函数值有一定的下降量，同时保持步长不太小。这样的技术常会收到很好的效果。一般来说，不精确一维搜索技术有很多方案，下面介绍两种。

1. Goldstein 法

考虑线性搜索问题，设多元问题（fS）当前迭代点为 $\boldsymbol{x}^{(k)}$，搜索方向为 $\boldsymbol{d}^{(k)}$，满足 $\nabla f^{\mathrm{T}}(\boldsymbol{x}^{(k)})\boldsymbol{d}^{(k)}<0$，求解下列问题

$$(L-R)\begin{cases}\min f(\boldsymbol{x}^{(k)}+\lambda\boldsymbol{d}^{(k)})\\ \text{s. t.}\qquad \lambda\geqslant 0\end{cases}$$

Goldstein（1965）法按照如下规则寻找 λ_k，$\boldsymbol{x}^{(k+1)}=\boldsymbol{x}^{(k)}+\lambda_k\boldsymbol{d}^{(k)}$ 作为（fS）的新迭代点，令

$$\boldsymbol{s}^{(k)}=\boldsymbol{x}^{(k+1)}-\boldsymbol{x}^{(k)}=\lambda_k\boldsymbol{d}^{(k)}$$

规则：

（1）$f(\boldsymbol{x}^{(k+1)})-f(\boldsymbol{x}^{(k)})\leqslant\rho\nabla f^{\mathrm{T}}(\boldsymbol{x}^{(k)})\boldsymbol{s}^{(k)}$ （4-13）

（2）$f(\boldsymbol{x}^{(k+1)})-f(\boldsymbol{x}^{(k)})\geqslant(1-\rho)\nabla f^{\mathrm{T}}(\boldsymbol{x}^{(k)})\boldsymbol{s}^{(k)}$ （4-14）

其中，$\rho\in(0,1/2)$，在使用经验中，常取 $\rho=1/10$ 或更小。

几何意义如图 4-12 所示，$\nabla f^{\mathrm{T}}(\boldsymbol{x}^{(k)})\boldsymbol{s}^{(k)}=\nabla f^{\mathrm{T}}(\boldsymbol{x}^{(k)})\boldsymbol{d}^{(k)}\lambda_k$。

式（4-13）表示 λ_k 取值应使 $f(\boldsymbol{x}^{(k+1)})$ 的值在直线 $y=f(\boldsymbol{x}^{(k)})+\rho\nabla f^{\mathrm{T}}(\boldsymbol{x}^{(k)})\boldsymbol{d}^{(k)}\lambda$ 的下方；式（4-14）表示 λ_k 取值使 $f(\boldsymbol{x}^{(k+1)})$ 的值在直线 $y=f(\boldsymbol{x}^{(k)})+(1-\rho)\nabla f^{\mathrm{T}}(\boldsymbol{x}^{(k)})\boldsymbol{d}^{(k)}\lambda$ 的上方。两直线的斜率 $\rho\nabla f^{\mathrm{T}}(\boldsymbol{x}^{(k)})\boldsymbol{d}^{(k)}>(1-\rho)\nabla f^{\mathrm{T}}(\boldsymbol{x}^{(k)})\boldsymbol{d}^{(k)}$。实际上，由于式（4-13）将使得函数值下降，$f(\boldsymbol{x}^{(k+1)})<f(\boldsymbol{x}^{(k)})$，而式（4-14）可使 λ_k 的取值不至于太接近于零。

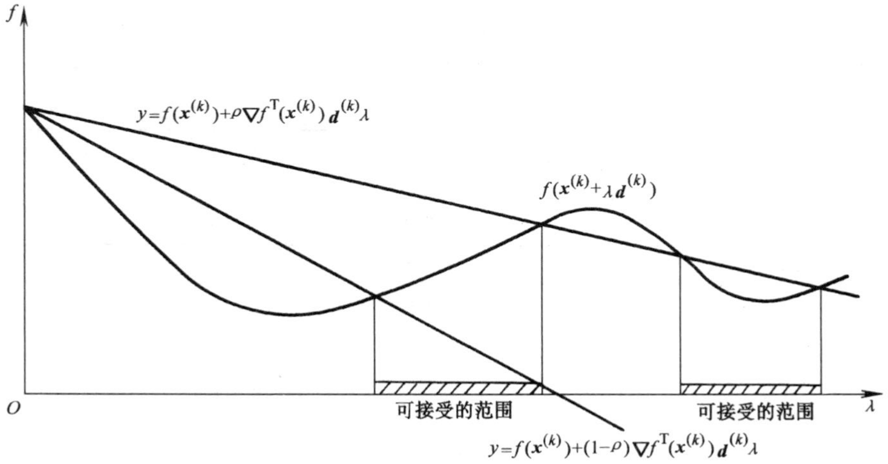

图 4-12

算法步骤及说明：

（1）选取 $\rho\in\left(0,\ \dfrac{1}{2}\right)$，$\alpha>1$（为增大步长的系数），$\beta\in(0,\ 1)$（为缩短步长的系数），选初始点 $\lambda\in(0,\ \lambda_{\max})$，其中 $\lambda_{\max}$ 是为了保证迭代点为可行点的最大允许步长，当无限制时，$\lambda_{\max}=+\infty$。

（2）考察式（4-13）是否成立。即

$$f(\boldsymbol{x}^{(k)}+\lambda\boldsymbol{d}^{(k)})\leqslant f(\boldsymbol{x}^{(k)})+\rho\lambda\nabla f^{\mathrm{T}}(\boldsymbol{x}^{(k)})\boldsymbol{d}^{(k)}$$

若满足，转步骤（3）；否则缩短步长，令 $\lambda=\beta\lambda$，重复此步骤。由式（4-13），根据 $\nabla f^{\mathrm{T}}(\boldsymbol{x}^{(k)})\boldsymbol{d}^{(k)}<0$ 知，当 λ 充分小时总能够满足。

（3）考察 λ 是否满足式（4-14），即

$$f(\boldsymbol{x}^{(k)}+\lambda\boldsymbol{d}^{(k)})\geqslant f(\boldsymbol{x}^{(k)})+(1-\rho)\lambda\nabla f^{\mathrm{T}}(\boldsymbol{x}^{(k)})\boldsymbol{d}^{(k)}$$

若满足，停机，取当前 λ 为 λ_k；否则，加长步长 $\lambda=\alpha\lambda$，转步骤（2）。

α，β 的选择要适当，例如可选 $\alpha=3/2$，$\beta=1/2$。

设已知 $\boldsymbol{x}^{(k)}$，$\boldsymbol{d}^{(k)}$，$f(\boldsymbol{x}^{(k)})$，以及 $\nabla f^{\mathrm{T}}(\boldsymbol{x}^{(k)})\ \boldsymbol{d}^{(k)}<0$，Goldstein 算法流程图如图 4-13 所示。

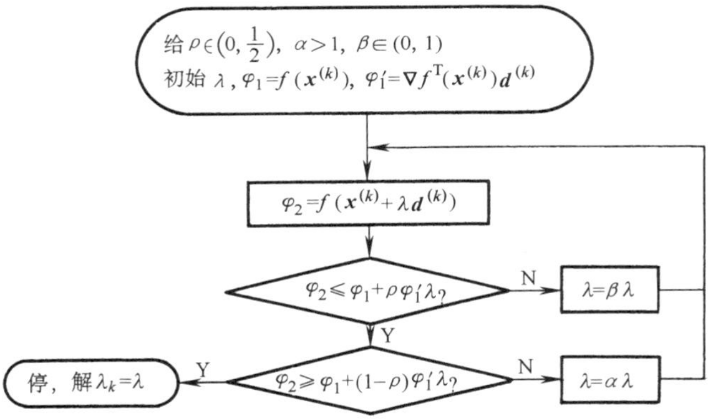

图　4-13

一般情况下，只需迭代几步即可得到解。利用这种不精确一维搜索，不少算法可得到全局收敛性结果。

Armijo（1966）给出与 Goldstein 法类似的不精确一维搜索规则，相当于把式（4-14）中的（$1-\rho$）换成 $\mu\rho$，其中 μ 取 5～10。1967 年 Goldstein 提出更一般的方法，把式（4-14）改为

$$f(\boldsymbol{x}^{(k+1)})\geqslant f(\boldsymbol{x}^{(k)})+\sigma\nabla f^{\mathrm{T}}(\boldsymbol{x}^{(k)})\boldsymbol{s}^{(k)} \tag{4-14$'$}$$

其中，$\sigma\in(\rho,\ 1)$。

2. Wolfe-Powell 方法

这个方法是 Wolfe（1969）和 Powell（1976）给出的，它相当于把 Goldstein 法规则式（4-14）改为对导数的要求。下面仍对（L–R）问题讨论。

Wolfe-Powell 规则：

（1）$f(\boldsymbol{x}^{(k+1)})\leqslant f(\boldsymbol{x}^{(k)})+\rho\nabla f^{\mathrm{T}}(\boldsymbol{x}^{(k)})\boldsymbol{s}^{(k)}$　（4-15）

（2）$\nabla f^{\mathrm{T}}(\boldsymbol{x}^{(k+1)})\boldsymbol{s}^{(k)}\geqslant\sigma\nabla f^{\mathrm{T}}(\boldsymbol{x}^{(k)})\boldsymbol{s}^{(k)}$　（4-16）

其中，$\rho\in(0,\ 1/2)$，$\sigma\in(\rho,\ 1)$。

几何意义如图 4-14 所示。规则（1）的意义同前 Goldstein 法的讨论。规则（2）表示要求在 $\boldsymbol{x}^{(k+1)}$ 点对应的斜率不小于 $\sigma\nabla f^{\mathrm{T}}(\boldsymbol{x}^{(k)})\boldsymbol{d}^{(k)}$。

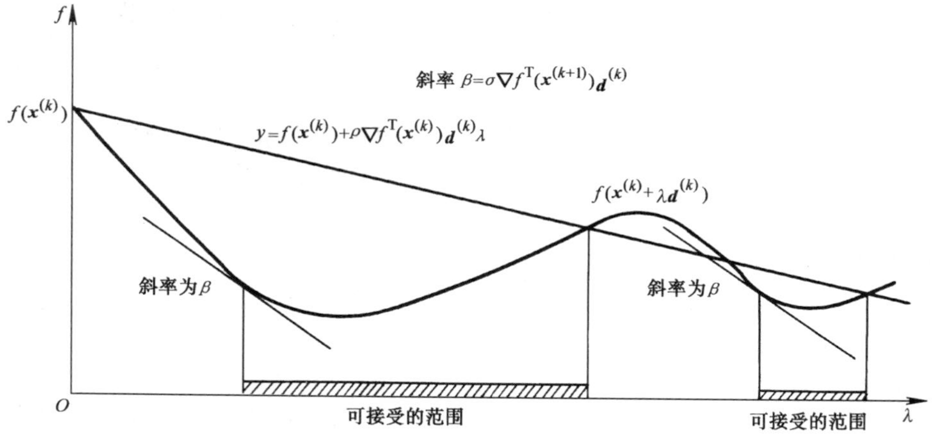

图 4-14

算法步骤上与 Goldstein 算法类似。一般以 $\lambda=1$ 优先。

Wolfe-Powell 算法流程图如图 4-15 所示，设已得到 $\boldsymbol{x}^{(k)}$，$\boldsymbol{d}^{(k)}$，$f(\boldsymbol{x}^{(k)})$，以及 $\nabla f^{\mathrm{T}}(\boldsymbol{x}^{(k)})\boldsymbol{d}^{(k)}<0$。

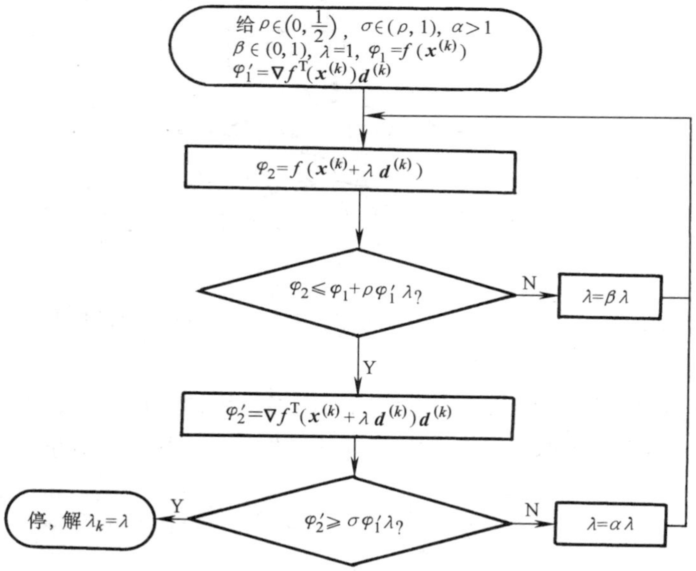

图 4-15

此方法在实算时，平均只需 2~3 次函数值的计算即可求得 λ_k，对提高整体运算速度很有效。这个方法用于某些多变量算法中的线性搜索可得全局收敛性结果。

如果我们需要较高的精确度时，式（4-16）可进一步改为

$$|\nabla f^{\mathrm{T}}(\boldsymbol{x}^{(k+1)})\boldsymbol{d}^{(k)}|\leqslant-\eta\nabla f^{\mathrm{T}}(\boldsymbol{x}^{(k)})\boldsymbol{d}^{(k)},\eta\in(0,1)\tag{4-16'}$$

显然，当 $\eta=0$ 时，此方法即成为精确一维搜索。由于这个方法不需要预先求出不确定区间，使用较为方便，又便于通过控制参数 η 来调整精确度要求，因而也常当作近似的精确一维搜索使用。当 η 取 0.1 时，就看作近似的精确一维搜索。

习　　题

1. 设算法产生的点列 $\{\boldsymbol{x}^{(k)}\}$，满足 $\|\boldsymbol{x}^k-\boldsymbol{x}^*\|\leqslant\gamma_k$，$k=1,2,\cdots$，试讨论 γ_k 为下列形式时，该算法的收敛速度：

（1）$\gamma_k=\dfrac{1}{k}$。

（2）$\gamma_k=k^{-\ln k}$。

（3）$\gamma_k=\dfrac{1}{k!}$。

（4）$\gamma_k=\mathrm{e}^{-k^2}$。

2. 证明：设 $\boldsymbol{G}$ 为 $n\times n$ 对称正定矩阵，$\boldsymbol{d}^{(1)}$，$\boldsymbol{d}^{(2)}$，…，$\boldsymbol{d}^{(m)}$ 关于 $\boldsymbol{G}$ 共轭，则 $\boldsymbol{d}^{(1)}$，$\boldsymbol{d}^{(2)}$，…，$\boldsymbol{d}^{(m)}$ 线性无关。

3. 设 $\boldsymbol{G}=\begin{pmatrix}2 & 1\\ 1 & 2\end{pmatrix}$，$\boldsymbol{d}^{(1)}=(1,\ 0)^{\mathrm{T}}$，$\boldsymbol{d}^{(2)}=(1,\ -2)^{\mathrm{T}}$。

（1）证明：$\boldsymbol{d}^{(1)}$，$\boldsymbol{d}^{(2)}$ 关于 $\boldsymbol{G}$ 共轭；

（2）讨论与 $\boldsymbol{d}^{(1)}$ 关于 $\boldsymbol{G}$ 共轭的向量有何特征；

（3）讨论与 $\boldsymbol{d}^{(2)}$ 关于 $\boldsymbol{G}$ 共轭的向量有何特征。

4. 试用语言描述下降算法模型的计算过程。

5. 证明：设 φ：$\mathbf{R}\to\mathbf{R}$，$[\alpha,\ \beta]$ 为闭区间。

（1）φ 是 $[\alpha,\ \beta]$ 上的严格凸函数，则 φ 在 $[\alpha,\ \beta]$ 上强单峰；

（2）φ 是 $[\alpha,\ \beta]$ 上的凸函数，则 φ 在 $[\alpha,\ \beta]$ 上单峰。

6. 分别用黄金分割法和中点法求解下列问题：

$$\min\quad \lambda^2+2\lambda,\ -3\leqslant\lambda\leqslant 5$$

7. 用牛顿法求解 $\min\varphi(\lambda)=2\lambda^4-4\lambda^3+2\lambda^2+3\lambda+1$，分别取 $\lambda_1=6$ 和 $\lambda_1=2$。

8. 考虑用一维搜索方法解方程 $\lambda^3-2\lambda^2+\lambda-1=0$。

9. 用不精确一维搜索算法计算

$$\min f(\boldsymbol{x}+\lambda\boldsymbol{d})$$

其中，$f(\boldsymbol{x})=100(x_2-x_1^2)^2+(1-x_1)^2$，取 $\boldsymbol{x}=(-1,\ 1)^{\mathrm{T}}$，$\boldsymbol{d}=(1,\ 1)^{\mathrm{T}}$。

第 5 章

无约束最优化方法

无约束最优化问题，是指问题（fS）中 $S=\mathbf{R}^n$ 的情况。为了简便，记无约束最优化问题为

$$(f)\ \min f(\boldsymbol{x})$$

其中，f：$\mathbf{R}^n\rightarrow\mathbf{R}$。

本章主要介绍关于问题（fS）的算法及有关性质。

5.1 最优性条件

这一节给出关于多变量函数 $f(\boldsymbol{x})$ 极小点的必要及充分条件。这些条件在高等数学中已有讨论，为了方便读者了解，这里进行必要的介绍。

定理 5-1（极小点的一阶必要条件） 设 $f(\boldsymbol{x})$：$\mathbf{R}^n\rightarrow\mathbf{R}$ 为连续可微函数，如果 $\boldsymbol{x}^*$ 为局部极小点，则 $\boldsymbol{x}^*$ 为驻点，即梯度 $\nabla f(\boldsymbol{x}^*)=\mathbf{0}$。

证明 f 可微，在 $\boldsymbol{x}^*$ 点一阶泰勒展开：$\exists$ 邻域 $N(\boldsymbol{x}^*,\ \varepsilon)$ 使 $\forall\boldsymbol{d}\in\mathbf{R}^n$，$0<\lambda\|\boldsymbol{d}\|<\varepsilon$，有

$$f(\boldsymbol{x}^*+\lambda\boldsymbol{d})=f(\boldsymbol{x}^*)+\lambda\nabla f^{\mathrm{T}}(\boldsymbol{x}^*)\boldsymbol{d}+o(\lambda\|\boldsymbol{d}\|)\geqslant f(\boldsymbol{x}^*)$$

后面的不等号是因为 $\boldsymbol{x}^*$ 是局部极小点，上面不等式两端消去 $f(\boldsymbol{x}^*)$，并除以 λ 得

$$\nabla f^{\mathrm{T}}(\boldsymbol{x}^*)\boldsymbol{d}+\frac{o(\lambda\|\boldsymbol{d}\|)}{\lambda}\geqslant 0$$

令 $\lambda\rightarrow 0$，得 $\nabla f^{\mathrm{T}}(\boldsymbol{x}^*)\boldsymbol{d}\geqslant 0$，对 $\forall\boldsymbol{d}\in\mathbf{R}^n$ 成立，根据第 1 章的定理 1-2（2）得到

$$\nabla f(\boldsymbol{x}^*)=\mathbf{0}$$

证毕。

定理 5-2（极小点的二阶必要条件） 设 $f(\boldsymbol{x})$：$\mathbf{R}^n\rightarrow\mathbf{R}$ 二次连续可微，如果 $\boldsymbol{x}^*$ 为 f 的局部极小点，则 $\nabla f(\boldsymbol{x}^*)=\mathbf{0}$，二阶黑塞矩阵 $\nabla^2 f(\boldsymbol{x}^*)$ 半正定。

证明 由定理 5-1 可知，$\nabla f(\boldsymbol{x}^*)=\mathbf{0}$。考虑二阶泰勒展开，$\exists$ 邻域 $N(\boldsymbol{x}^*,\ \varepsilon)$，对 $\forall\boldsymbol{d}\in\mathbf{R}^n$，$0<\lambda\|\boldsymbol{d}\|<\varepsilon$，有

$$f(\boldsymbol{x}^*+\lambda\boldsymbol{d})=f(\boldsymbol{x}^*)+\frac{1}{2}\lambda^2\boldsymbol{d}^{\mathrm{T}}\nabla^2 f(\boldsymbol{x}^*)\boldsymbol{d}+o(\lambda^2\|\boldsymbol{d}\|^2)\geqslant f(\boldsymbol{x}^*)$$

右端不等式消去 $f(\boldsymbol{x}^*)$，并除以 $\lambda^2/2$ 得到

$$\boldsymbol{d}^{\mathrm{T}}\nabla^2 f(\boldsymbol{x}^*)\boldsymbol{d}+\frac{2o(\lambda^2\|\boldsymbol{d}\|^2)}{\lambda^2}\geqslant 0$$

令 $\lambda\to 0$，所以 $\boldsymbol{d}^{\mathrm{T}}\nabla^2 f(\boldsymbol{x}^*)\boldsymbol{d}\geqslant 0$，$\forall\boldsymbol{d}\in\mathbf{R}^n$，即 $\nabla^2 f(\boldsymbol{x}^*)$ 半正定。

证毕。

定理 5-3（极小点的二阶充分条件）　设 $f(x)$：$\mathbf{R}^n\to\mathbf{R}$，二次连续可微，$\boldsymbol{x}^*\in\mathbf{R}^n$，如果 $\nabla f(\boldsymbol{x}^*)=\mathbf{0}$，二阶黑塞矩阵 $\nabla^2 f(\boldsymbol{x}^*)$ 正定，则 $\boldsymbol{x}^*$ 为 f 的严格局部极小点。

证明　先证 $\boldsymbol{x}^*$ 为局部极小点。反证，设 $\boldsymbol{x}^*$ 不是局部极小点，则 ∃ 点列 $\{\boldsymbol{x}^{(k)}\}\to\boldsymbol{x}^*$，使 $f(\boldsymbol{x}^{(k)})<f(\boldsymbol{x}^*)$，$\forall k\in\{0,1,2,\cdots\}$。考虑二阶泰勒展开式，并代入 $f(\boldsymbol{x}^{(k)})<f(\boldsymbol{x}^*)$，得

$$f(\boldsymbol{x}^{(k)})=f(\boldsymbol{x}^*)+\nabla f^{\mathrm{T}}(\boldsymbol{x}^*)(\boldsymbol{x}^{(k)}-\boldsymbol{x}^*)+\frac{1}{2}(\boldsymbol{x}^{(k)}-\boldsymbol{x}^*)^{\mathrm{T}}\nabla^2 f(\boldsymbol{x}^*)(\boldsymbol{x}^{(k)}-\boldsymbol{x}^*)+$$
$$o(\|\boldsymbol{x}^{(k)}-\boldsymbol{x}^*\|^2)<f(\boldsymbol{x}^*)$$

消去 $f(\boldsymbol{x}^*)$，注意 $\nabla f(\boldsymbol{x}^*)=\mathbf{0}$，两端再除以 $\frac{\|\boldsymbol{x}^{(k)}-\boldsymbol{x}^*\|^2}{2}$，记 $\boldsymbol{d}^{(k)}=\frac{\boldsymbol{x}^{(k)}-\boldsymbol{x}^*}{\|\boldsymbol{x}^{(k)}-\boldsymbol{x}^*\|}$，得到

$$\boldsymbol{d}^{(k)\mathrm{T}}\nabla^2 f(\boldsymbol{x}^*)\boldsymbol{d}^{(k)}+\frac{2o(\|\boldsymbol{x}^{(k)}-\boldsymbol{x}^*\|^2)}{\|\boldsymbol{x}^{(k)}-\boldsymbol{x}^*\|^2}<0 \tag{5-1}$$

因 $\|\boldsymbol{d}^{(k)}\|=1$，$\forall k\in\{0,1,2,\cdots\}$，故存在收敛子列 $\{\boldsymbol{d}^{(k_j)}\}\to\boldsymbol{d}$，$\|\boldsymbol{d}\|=1$，即非零。

对式（5-1）的属于指标 k_j 的式子取极限，得

$$\boldsymbol{d}^{\mathrm{T}}\nabla^2 f(\boldsymbol{x}^*)\boldsymbol{d}\leqslant 0$$

这同 $\nabla^2 f(\boldsymbol{x}^*)$ 正定矛盾。

下面证明 $\boldsymbol{x}^*$ 是严格的局部极小点。用反证法，设 $\boldsymbol{x}^*$ 不是严格的局部极小点，则存在子列 $\{\boldsymbol{x}^{(k)}\}\to\boldsymbol{x}^*$，每个 $\boldsymbol{x}^{(k)}$ 都是局部极小点，即 $f(\boldsymbol{x}^{(k)})=f(\boldsymbol{x}^*)$。

根据定理 5-1，对 $\forall k$，$\nabla f(\boldsymbol{x}^{(k)})=\mathbf{0}$。考虑梯度函数的一阶泰勒展开式

$$\nabla f(\boldsymbol{x}^{(k)})=\nabla f(\boldsymbol{x}^*)+\nabla^2 f(\boldsymbol{x}^*)(\boldsymbol{x}^{(k)}-\boldsymbol{x}^*)+o(\|\boldsymbol{x}^{(k)}-\boldsymbol{x}^*\|)$$

上式的无穷小为向量。注意，$\nabla f(\boldsymbol{x}^*)$，$\nabla f(\boldsymbol{x}^{(k)})$ 均为零，把上式除以 $\|\boldsymbol{x}^{(k)}-\boldsymbol{x}^*\|$，令 $\boldsymbol{d}^{(k)}=\frac{\boldsymbol{x}^{(k)}-\boldsymbol{x}^*}{\|\boldsymbol{x}^{(k)}-\boldsymbol{x}^*\|}$，得

$$\nabla^2 f(\boldsymbol{x}^*)\boldsymbol{d}^{(k)}+\frac{o(\|\boldsymbol{x}^{(k)}-\boldsymbol{x}^*\|)}{\|\boldsymbol{x}^{(k)}-\boldsymbol{x}^*\|}=\mathbf{0}$$

同第一步的证明，可得 ∃ 子列 $\{\boldsymbol{d}^{(k_j)}\}\to\boldsymbol{d}$，$\|\boldsymbol{d}\|=1$。对上式的子列取极限得到 $\nabla^2 f(\boldsymbol{x}^*)\boldsymbol{d}=\mathbf{0}$，于是得到 $\nabla^2 f(\boldsymbol{x}^*)$ 奇异，与 $\nabla^2 f(\boldsymbol{x}^*)$ 正定矛盾。

证毕。

定理 5-4 设$f(\boldsymbol{x}^*)$：$\mathbf{R}^n \to \mathbf{R}$ 为可微凸函数，即（f）为凸规划，如果 $\boldsymbol{x}^* \in \mathbf{R}^n$ 是驻点，即$\nabla f(\boldsymbol{x}^*)=\mathbf{0}$，那么，$\boldsymbol{x}^*$为$f$的最小点。

证明 f凸，根据可微凸函数的性质，$\forall x \in \mathbf{R}^n$，有

$$f(\boldsymbol{x}) \geqslant f(\boldsymbol{x}^*)+\nabla f^{\mathrm{T}}(\boldsymbol{x}^*)(\boldsymbol{x}-\boldsymbol{x}^*)=f(\boldsymbol{x}^*)$$

即 $\boldsymbol{x}^*$为f的最小点。

证毕。

根据凸规划的特点，可进一步得到：若f严格凸，则驻点一定是f的唯一全局最小点。

定理 5-1~定理 5-4 表明，问题（f）的 l. opt. 同f的驻点有密切联系，因此在解无约束问题（f）时，常取解集 $\Omega_0=\{\boldsymbol{x}^* \mid \nabla f(\boldsymbol{x}^*)=\mathbf{0}\}$。在实际计算中求 g. opt. 是十分困难的，尽管有不少研究者正在探求得到 g. opt. 的一般方法，但是还没有很理想的结果。本章的方法主要以求 l. opt. 为目的，许多方法取解集 Ω_0。

例 5-1 利用极值条件求解下列无约束最优化问题：

$$\min f(\boldsymbol{x})=x_1^3+x_2^3-12x_1-27x_2$$

解 应用极值点必要条件，计算梯度并令其等于 0，即

$$\nabla f(\boldsymbol{x})=\begin{pmatrix}\dfrac{\partial f}{\partial x_1}\\ \dfrac{\partial f}{\partial x_2}\end{pmatrix}=\begin{pmatrix}3x_1^2-12\\ 3x_2^2-27\end{pmatrix}=\mathbf{0},$$

求出四个驻点

$$\boldsymbol{x}^{(1)}=\begin{pmatrix}2\\3\end{pmatrix},\ \boldsymbol{x}^{(2)}=\begin{pmatrix}2\\-3\end{pmatrix},\ \boldsymbol{x}^{(3)}=\begin{pmatrix}-2\\3\end{pmatrix},\ \boldsymbol{x}^{(4)}=\begin{pmatrix}-2\\-3\end{pmatrix}$$

求出黑塞矩阵$\nabla^2 f(\boldsymbol{x})=\begin{pmatrix}6x_1 & 0\\ 0 & 6x_2\end{pmatrix}$，在驻点处的黑塞矩阵分别为

$$\nabla^2 f(\boldsymbol{x}^{(1)})=\begin{pmatrix}12 & 0\\ 0 & 18\end{pmatrix},\ \nabla^2 f(\boldsymbol{x}^{(2)})=\begin{pmatrix}12 & 0\\ 0 & -18\end{pmatrix},$$

$$\nabla^2 f(\boldsymbol{x}^{(3)})=\begin{pmatrix}-12 & 0\\ 0 & 18\end{pmatrix},\ \nabla^2 f(\boldsymbol{x}^{(4)})=\begin{pmatrix}-12 & 0\\ 0 & -18\end{pmatrix}$$

应用极值点的充分条件，只有 $\boldsymbol{x}^{(1)}$点的黑塞矩阵是正定的，因此，$\boldsymbol{x}^{(1)}=\begin{pmatrix}2\\3\end{pmatrix}$是严格局部极小点。

5.2 最速下降法

最速下降法是求解无约束问题 $\min f(\boldsymbol{x})$ 的古老而基本的方法。在前面的下降算法模型中，方向取负梯度方向 $\boldsymbol{d}^{(k)}=-\nabla f(\boldsymbol{x}^{(k)})$，采用精确一维搜索，即得到最速下降法。方向 $\boldsymbol{d}^{(k)}$ 是下降方向这一点是显然的，因为当$\nabla f(\boldsymbol{x}^{(k)}) \neq \mathbf{0}$ 时，$\nabla f^{\mathrm{T}}(\boldsymbol{x}^{(k)})\boldsymbol{d}^{(k)}=-\nabla f^{\mathrm{T}}(\boldsymbol{x}^{(k)})\nabla f(\boldsymbol{x}^{(k)})<0$。

5.2.1 最速下降法原理及性质

最速下降的特点来自下面的定理。

定理 5-5　设 f: $\mathbf{R}^n \to \mathbf{R}$，在 $\bar{\boldsymbol{x}}$ 可微，$\nabla f(\bar{\boldsymbol{x}}) \neq \mathbf{0}$，那么，$\bar{\boldsymbol{d}} = -\dfrac{\nabla f(\bar{\boldsymbol{x}})}{\|\nabla f(\bar{\boldsymbol{x}})\|}$ 是问题 $(p)\begin{cases}\min f'(\bar{\boldsymbol{x}};\ \boldsymbol{d})\\ \text{s.t. } \|\boldsymbol{d}\| \leqslant 1\end{cases}$ 的最优解，即 $\bar{\boldsymbol{d}}$ 是 f 在 $\bar{\boldsymbol{x}}$ 点的最速下降方向。

证明　由前面讨论知 $f'(\bar{\boldsymbol{x}};\ \boldsymbol{d}) = \nabla f^{\mathrm{T}}(\bar{\boldsymbol{x}})\ \boldsymbol{d}$。由施瓦兹不等式

$$f'(\bar{\boldsymbol{x}};\boldsymbol{d}) = \nabla f^{\mathrm{T}}(\bar{\boldsymbol{x}})\boldsymbol{d} \geqslant -\|\nabla f(\bar{\boldsymbol{x}})\|\ \|\boldsymbol{d}\| \geqslant -\|\nabla f(\bar{\boldsymbol{x}})\|$$

又

$$f'(\bar{\boldsymbol{x}};\bar{\boldsymbol{d}}) = \nabla f^{\mathrm{T}}(\bar{\boldsymbol{x}})\bar{\boldsymbol{d}} = -\frac{\nabla f^{\mathrm{T}}(\bar{\boldsymbol{x}})\nabla f(\bar{\boldsymbol{x}})}{\|\nabla f(\bar{\boldsymbol{x}})\|} = -\|\nabla f(\bar{\boldsymbol{x}})\|$$

得最小值点在 $\bar{\boldsymbol{d}}$ 达到，故 $\bar{\boldsymbol{d}}$ 是问题（p）的最优解。

证毕。

最速下降法有全局收敛性，并且是线性收敛的，算法比较简单。一般来说，在实际计算中，最速下降法在开始迭代时效果较好，能较快到达最优解的附近。但当其继续迭代时，往往发生扭摆现象（又称拉锯现象），迭代点沿相互正交的方向扭摆，而不能直接到达最优解。如图 5-1 所示，进展非常缓慢，以至于常常由于舍入误差的影响造成“早停”，在距离最优解较远的点，机器就接到停止信号而停机。

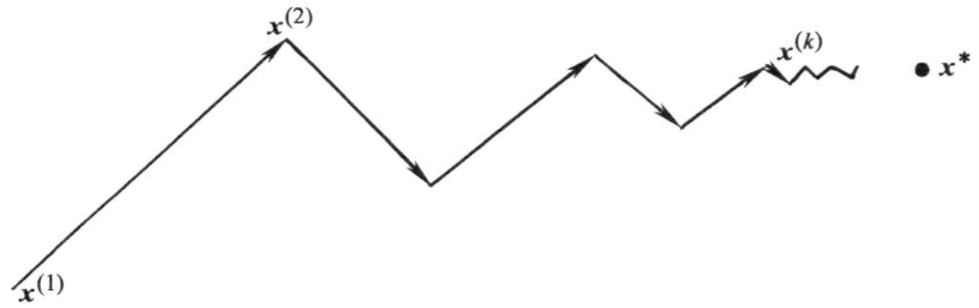

图　5-1

考虑泰勒展开式

$$f(\bar{\boldsymbol{x}}+\lambda\bar{\boldsymbol{d}}) = f(\bar{\boldsymbol{x}}) + \lambda\nabla f^{\mathrm{T}}(\bar{\boldsymbol{x}})\bar{\boldsymbol{d}} + o(\lambda\|\bar{\boldsymbol{d}}\|)$$

当 $\boldsymbol{x}$ 距 $\boldsymbol{x}^*$ 较远时，$|\nabla f^{\mathrm{T}}(\bar{\boldsymbol{x}})\bar{\boldsymbol{d}}|$ 明显地大于 $|o(\lambda\|\bar{\boldsymbol{d}})/\lambda|$，因此收敛较快；当 $\boldsymbol{x}$ 接近 $\boldsymbol{x}^*$ 时，由于 $\nabla f(\boldsymbol{x}^*) = \mathbf{0}$，假设 f 是连续可微的，那么 $\nabla f(\bar{\boldsymbol{x}}) \approx \mathbf{0}$，$|\nabla f^{\mathrm{T}}(\bar{\boldsymbol{x}})\bar{\boldsymbol{d}}|$ 与 $|o(\lambda\|\bar{\boldsymbol{d}}\|)/\lambda|$ 变得成为同一数量级，$o(\lambda\|\bar{\boldsymbol{d}}\|)$ 的影响增大，使线性项 $f(\bar{\boldsymbol{x}}) + \lambda\nabla f^{\mathrm{T}}(\bar{\boldsymbol{x}})\ \bar{\boldsymbol{d}}$ 对 $f(\bar{\boldsymbol{x}}+\lambda\bar{\boldsymbol{d}})$ 的逼近程度变差，因而会产生扭摆现象。

5.2.2 下降算法的全局收敛性

一般地，当迭代过程中的搜索方向 $\boldsymbol{d}^{(k)}$ 同负梯度方向 $-\nabla f(\boldsymbol{x}^{(k)})$ 的夹角上界严格小于

$\pi/2$ 时（即 $\exists\mu>0$，使 $\theta_k\leqslant\pi/2-\mu,\forall k$。其中 θ_k 为 $\boldsymbol{d}^{(k)}$ 同 $-\nabla f(\boldsymbol{x}^{(k)})$ 的夹角，$\cos\theta_k=-\nabla f^{\mathrm{T}}(\boldsymbol{x}^{(k)})\boldsymbol{d}^{(k)}/(\|\nabla f(\boldsymbol{x}^{(k)})\|\ \|\boldsymbol{d}^{(k)}\|)$，使用精确一维搜索及某些不精确一维搜索，在一定条件下，可以证明下降算法有全局收敛性。

在下降算法中，“下降最快”“函数下降量最多”“在下降的前提下迭代步长较大”等术语的内容很不相同。下降最快是局部性质，是对某点而言的。从全局来看，这个条件不一定有利，正如最速下降法会产生扭摆现象一样。如果改变方向，可能使函数的下降量增大，如后面要介绍的牛顿方向。另外，正如上面提到过的，当迭代点距最优解较远时，单纯考虑某一步迭代的函数下降量意义不大，还常常影响到收敛的速度，因而在对步长和函数下降量有一定要求的前提下，不精确一维搜索常常收到好的效果。这将在以后的算法章节中予以介绍。

例 5-2 用最速下降法求解下列问题：

$$\min f(\boldsymbol{x})=x_1^2+x_2^2-2x_1x_2$$

初始点取 $\boldsymbol{x}=\begin{pmatrix}1\\0\end{pmatrix}$，精度 $\varepsilon=0.1$，迭代两步，要求写出过程。

解 第一次迭代：目标函数在 $\boldsymbol{x}^{(1)}=\begin{pmatrix}1\\0\end{pmatrix}$ 点的梯度及搜索方向分别为

$$\nabla f(\boldsymbol{x})=\begin{pmatrix}2x_1-2x_2\\2x_2-2x_1\end{pmatrix},\ \boldsymbol{d}^{(1)}=-\nabla f(\boldsymbol{x})=\begin{pmatrix}-2\\2\end{pmatrix},\|\nabla f(\boldsymbol{x})\|=2>\varepsilon$$

从 $\boldsymbol{x}^{(1)}=\begin{pmatrix}1\\0\end{pmatrix}$ 出发沿 $\boldsymbol{d}^{(1)}$ 方向进行精确一维搜索，得到步长 $\lambda^{(1)}=\dfrac{1}{4}$，从而得到

$$\nabla f(\boldsymbol{x})=\begin{pmatrix}2x_1-2x_2\\2x_2-2x_1\end{pmatrix}=\begin{pmatrix}0\\0\end{pmatrix}$$

所以，最优解为 $\boldsymbol{x}^{(2)}=\begin{pmatrix}1/2\\1/2\end{pmatrix}$，最优值为 0。

5.3 牛顿法及其修正

5.3.1 牛顿法

牛顿法的基本思想是利用二次函数近似目标函数，把这个二次函数的极小点作为新的迭代点。

设 $f(\boldsymbol{x})$ 二次连续可微，求解无约束问题

$$(f)\qquad \min f(\boldsymbol{x})$$

若已求得解 $\boldsymbol{x}^*$ 的一个近似点 $\boldsymbol{x}^{(k)}$，对 $f(\boldsymbol{x}^{(k)}+\boldsymbol{s})$ 的泰勒展开式取前三项，得到

$$q^{(k)}(\boldsymbol{s})=f(\boldsymbol{x}^{(k)})+\nabla f^{\mathrm{T}}(\boldsymbol{x}^{(k)})\boldsymbol{s}+\frac{1}{2}\boldsymbol{s}^{\mathrm{T}}\nabla^2 f(\boldsymbol{x}^{(k)})\boldsymbol{s} \tag{5-2}$$

其中，$\boldsymbol{s}=\boldsymbol{x}-\boldsymbol{x}^{(k)}$，$q^{(k)}(\boldsymbol{s})$ 为 $f(\boldsymbol{x})$ 在点 $\boldsymbol{x}^{(k)}$ 附近的二次近似。

设$\nabla^2 f(\boldsymbol{x}^{(k)})$正定，那么式（5-2）有唯一极小点，是$q^{(k)}(\boldsymbol{s})$的驻点，即使

$$\nabla q^{(k)}(\boldsymbol{s})=\nabla f(\boldsymbol{x}^{(k)})+\nabla^2 f(\boldsymbol{x}^{(k)})\boldsymbol{s}=\boldsymbol{0}$$

得到极小点

$$\boldsymbol{s}^{(k)}=-(\nabla^2 f(\boldsymbol{x}^{(k)}))^{-1}\nabla f(\boldsymbol{x}^{(k)}) \tag{5-3}$$

取

$$\boldsymbol{x}^{(k+1)}=\boldsymbol{x}^{(k)}+\boldsymbol{s}^{(k)} \tag{5-4}$$

或

$$\boldsymbol{x}^{(k+1)}=\boldsymbol{x}^{(k)}-(\nabla^2 f(\boldsymbol{x}^{(k)}))^{-1}\nabla f(\boldsymbol{x}^{(k)}) \tag{5-5}$$

式（5-4）和式（5-5）即为牛顿法迭代公式。在计算中，$\boldsymbol{s}^{(k)}$的计算常常通过解方程

$$\nabla^2 f(\boldsymbol{x}^{(k)})\boldsymbol{s}^{(k)}=-\nabla f(\boldsymbol{x}^{(k)}) \tag{5-6}$$

得到，而不用式（5-3）。

牛顿法流程图如图 5-2 所示。

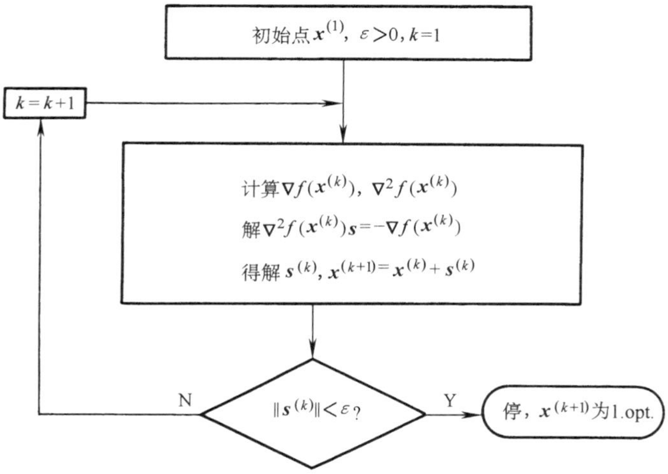

图　5-2

牛顿法收敛速度为二阶，是它的最大优点。牛顿法对正定二次函数一步迭代即达最优解，因此具有二次终结性。

牛顿法有一些致命的缺点，常导致方法进行中产生困难，甚至失败。这些缺点是：

（1）牛顿法是局部收敛的，当初始点选择不当时，往往导致不收敛。

（2）牛顿法不是下降算法，当二阶黑塞矩阵非正定时，不能保证产生的方向是下降方向。

（3）二阶黑塞矩阵$\nabla^2 f(\boldsymbol{x}^{(k)})$必须可逆，否则算法进行有困难。

（4）对函数要求苛刻（二阶连续可微，黑塞矩阵可逆），而且运算量大。

由于牛顿法二阶收敛是非常好的性质，具有极大的吸引力，为此，人们在克服上述缺点方面做了许多有益的工作。下面介绍一些较为直接的修正牛顿法。关于较深层次的修正，本书不做介绍，感兴趣的读者可参考有关文献。

例 5-3 用牛顿法求解下列问题：

$$\min f(\boldsymbol{x})=\frac{1}{3}x_1^3+x_1^2+2x_2^2-x_1x_2$$

初始点取 $\boldsymbol{x}=\begin{pmatrix}1\\1\end{pmatrix}$，精度 $\varepsilon=0.05$，迭代两步。

解 牛顿法迭代公式为

$$\boldsymbol{x}^{(k+1)}=\boldsymbol{x}^{(k)}-(\nabla^2 f(\boldsymbol{x}^{(k)}))^{-1}\nabla f(\boldsymbol{x}^{(k)})$$

或

$$(\nabla^2 f(\boldsymbol{x}^{(k)}))\boldsymbol{s}^{(k)}=-\nabla f(\boldsymbol{x}^{(k)})$$

其中 $\boldsymbol{s}^{(k)}=\boldsymbol{x}^{(k+1)}-\boldsymbol{x}^{(k)}$。

本题梯度向量 $\nabla f(\boldsymbol{x})=\begin{pmatrix}\dfrac{\partial f}{\partial x_1}\\ \dfrac{\partial f}{\partial x_2}\end{pmatrix}=\begin{pmatrix}x_1^2+2x_1-x_2\\ 4x_2-x_1\end{pmatrix}$，黑塞矩阵为

$$\nabla^2 f(\boldsymbol{x})=\begin{pmatrix}\dfrac{\partial^2 f}{\partial x_1^2} & \dfrac{\partial^2 f}{\partial x_2\partial x_1}\\ \dfrac{\partial^2 f}{\partial x_1\partial x_2} & \dfrac{\partial^2 f}{\partial x_2^2}\end{pmatrix}=\begin{pmatrix}2x_1+2 & -1\\ -1 & 4\end{pmatrix}$$

迭代过程显示于表 5-1 中。

表 5-1

k	$\boldsymbol{x}^{(k)}$	$\nabla f(\boldsymbol{x}^{(k)})$	$\nabla^2 f(\boldsymbol{x}^{(k)})$	$\boldsymbol{s}^{(k)}$	$\boldsymbol{x}^{(k+1)}$
1	$\begin{pmatrix}1\\1\end{pmatrix}$	$\begin{pmatrix}2\\3\end{pmatrix}$	$\begin{pmatrix}4 & -1\\-1 & 4\end{pmatrix}$	$\begin{pmatrix}-11/15\\-14/15\end{pmatrix}$	$\begin{pmatrix}4/15\\1/15\end{pmatrix}$
2	$\begin{pmatrix}4/15\\1/15\end{pmatrix}$	$\begin{pmatrix}121/225\\0\end{pmatrix}$	$\begin{pmatrix}38/15 & -1\\-1 & 4\end{pmatrix}$	$\begin{pmatrix}-484/2055\\-121/2055\end{pmatrix}$	$\begin{pmatrix}64/2055\\16/2055\end{pmatrix}$

5.3.2 减小计算量的直接修正

一个减小计算量的最直接的思想是，不在每次迭代都计算 $\nabla^2 f(\boldsymbol{x}^{(k)})$，而把 m 次迭代作为一组，每一组用同一个黑塞矩阵，即公式变成

$$\begin{cases}\nabla^2 f(\boldsymbol{x}^{(km)})\boldsymbol{s}^{(km+j)}=-\nabla f(\boldsymbol{x}^{(km+j)})\\ \boldsymbol{x}^{(km+j+1)}=\boldsymbol{x}^{(km+j)}+\boldsymbol{s}^{(km+j)}\end{cases}\quad(k=0,\ 1,\ 2,\ \cdots;\ j=0,\ 1,\ 2,\ \cdots,\ m-1)\tag{5-7}$$

这个算法收敛速度下降为 $(m+1)^{1/m}$ 阶。

5.3.3 带一维搜索的牛顿算法

牛顿法在充分接近极小点时，是二阶收敛的，但是如果初始点远离极小点时，就不能保

持收敛性，有时甚至会使函数值上升，使得到的新点不如原来的点。为克服这个缺点，考虑在算法中引入一维搜索。迭代过程改成：

$\nabla^2 f(\boldsymbol{x}^{(k)})\boldsymbol{d}^{(k)}=-\nabla f(\boldsymbol{x}^{(k)})$，得到方向 $\boldsymbol{d}^{(k)}$，然后解 $\min f(\boldsymbol{x}^{(k)}+\lambda\boldsymbol{d}^{(k)})$，得到 λ_k，新迭代点 $\boldsymbol{x}^{(k+1)}=\boldsymbol{x}^{(k)}+\lambda_k\boldsymbol{d}^{(k)}$。

采用一维搜索可使方法具有全局收敛性，若限定 $\lambda_k\equiv 1$，则变成了牛顿法，因此收敛速度不会低于牛顿法。

系数 λ_k 还有一个作用，即当产生的牛顿方向为非下降方向时，取 λ_k 为负值，即向反方向移动，可望函数值下降。但实际存在 $\boldsymbol{d}$ 及 $-\boldsymbol{d}$ 均非下降方向的情况。

例如（Powell），设 $f(\boldsymbol{x})=x_1^4+x_1x_2+(1+x_2)^2$，那么

$$\nabla f(\boldsymbol{x})=(4x_1^3+x_2,\ x_1+2(1+x_2))^{\mathrm{T}}$$

$$\nabla^2 f(\boldsymbol{x})=\begin{pmatrix}12x_1^2 & 1\\ 1 & 2\end{pmatrix}$$

考虑

$$\bar{\boldsymbol{x}}=(0,\ 0)^{\mathrm{T}},\nabla f(\bar{\boldsymbol{x}})=(0,\ 2)^{\mathrm{T}},\nabla^2 f(\bar{\boldsymbol{x}})=\begin{pmatrix}0 & 1\\ 1 & 2\end{pmatrix}$$

由牛顿法得到

$$\boldsymbol{d}=-(\nabla^2 f(\bar{\boldsymbol{x}}))^{-1}\nabla f(\bar{\boldsymbol{x}})=-\begin{pmatrix}-2 & 1\\ 1 & 0\end{pmatrix}\begin{pmatrix}0\\ 2\end{pmatrix}=(-2,\ 0)^{\mathrm{T}}$$

$\boldsymbol{d}$ 及 $-\boldsymbol{d}$ 都不是 $f(\boldsymbol{x})$ 在 $(0,\ 0)^{\mathrm{T}}$ 点的下降方向。

5.3.4 Goldstein-Price（1967）方法

这个方法的基本想法是把牛顿方向同最速下降方向结合起来，由 $\nabla^2 f(\boldsymbol{x}^{(k)})$ 正定与否作为开关控制准则，在一维搜索中采用 Goldstein 不精确一维搜索，具体处理如下：

设已产生当前迭代点 $\boldsymbol{x}^{(k)}$，计算 $\nabla f(\boldsymbol{x}^{(k)})$，$\nabla^2 f(\boldsymbol{x}^{(k)})$，则方向

$$\boldsymbol{d}^{(k)}=\begin{cases}-(\nabla^2 f(\boldsymbol{x}^{(k)}))^{-1}\nabla f(\boldsymbol{x}^{(k)}), & \nabla^2 f(\boldsymbol{x}^{(k)})\ \text{正定}\\ -\nabla f(\boldsymbol{x}^{(k)}), & \text{其他}\end{cases}\tag{5-8}$$

然后进行一维搜索：$\lambda=1$ 优先。

(1) $f(\boldsymbol{x}^{(k)}+\lambda\boldsymbol{d}^{(k)})\leqslant f(\boldsymbol{x}^{(k)})+\rho\lambda\nabla f^{\mathrm{T}}(\boldsymbol{x}^{(k)})\boldsymbol{d}^{(k)}$

(2) $f(\boldsymbol{x}^{(k)}+\lambda\boldsymbol{d}^{(k)})\geqslant f(\boldsymbol{x}^{(k)})+(1-\rho)\lambda\nabla f^{\mathrm{T}}(\boldsymbol{x}^{(k)})\boldsymbol{d}^{(k)}$，$\rho\in\left(0,\ \dfrac{1}{2}\right)$

此算法在一定的条件下全局收敛。由于方法充分利用了牛顿方向，因此在一般情况下效果比较好（注意到最速下降法在离最优点较远时，效果较好；而当接近于最优解时会产生扭摆现象。而牛顿法正是当接近最优解时，它的作用才得以发挥）。但是，在算法进行过程中，若过多地发生 $\nabla^2 f(\boldsymbol{x}^{(k)})$ 非正定情况，则算法带有较多的最速下降法的特点。

5.3.5 强迫黑塞矩阵正定的方法

我们关心的是产生下降方向，当矩阵 $\boldsymbol{G}$ 正定时，由公式

$$d^{(k)}=-G^{-1}\nabla f(x^{(k)})$$

产生的方向一定有$\nabla f^{\mathrm{T}}(x^{(k)})d^{(k)}=-\nabla f^{\mathrm{T}}(x^{(k)})G^{-1}\nabla f(x^{(k)})<0$，即为下降方向。由此产生一种思想，即对黑塞矩阵进行一个修正，使之正定，这就是强迫黑塞矩阵正定的基本思想。

一种方法是（Murrag，1972；Hebden，1973）用

$$G^{(k)}=\nabla^2 f(x^{(k)})+D$$

来取代$\nabla^2 f(x^{(k)})$，其中D为非负元素对角矩阵，使$G^{(k)}$正定在算法实施时，对$\nabla^2 f(x^{(k)})$进行楚列斯基分解（Cholesky Decomposition），当分解无法进行时，让对角元加上一正数，使分解继续进行，最终得到

$$G^{(k)}=\nabla^2 f(x^{(k)})+D=LL^{\mathrm{T}}$$

其中L为下三角矩阵。

另一个著名的L-M方法，相当于构造矩阵$G^{(k)}=\nabla^2 f(x^{(k)})+\gamma E$，使之正定，其中$\gamma>0$，$E$是单位矩阵。看起来是上述方法的特殊情况，但是实际上，它有更深的背景。这里不详细介绍。

5.4 共轭梯度法

在第4章已经介绍了共轭方向的概念，它同正定二次函数有紧密联系。由于正定二次模型在求最小化问题中的重要地位，二次终结性的意义更为明显，因此共轭方向的方法在一般情况下有较好的效果。本节主要介绍共轭梯度法。

5.4.1 用于正定二次函数的共轭梯度法

设$f(x)=\dfrac{1}{2}x^{\mathrm{T}}Gx+b^{\mathrm{T}}x+c$，$G$为$n$阶对称正定矩阵。利用最速下降方向来构造一组相互共轭的方向。

对初始点$x^{(1)}$，令

$$d^{(1)}=-\nabla f(x^{(1)}) \tag{5-9}$$

设$k\geqslant 1$，已得到k个相互共轭的方向$d^{(1)}$，$d^{(2)}$，…，$d^{(k)}$，以及由$x^{(1)}$依次沿$d^{(1)}$，$d^{(2)}$，…，$d^{(k)}$精确一维搜索得到的点$x^{(2)}$，$x^{(3)}$，…，$x^{(k+1)}$，即

$$x^{(i+1)}=x^{(i)}+\alpha_i d^{(i)},\ i=1,2,\cdots,k \tag{5-10}$$

有

$$\nabla f^{\mathrm{T}}(x^{(i+1)})d^{(i)}=0,\ i=1,2,\cdots,k \tag{5-11}$$

这是由于精确一维搜索保证方向导数为零。在$x^{(k+1)}$点设新构造的方向由$-\nabla f(x^{(k+1)})$和$d^{(1)}$，…，$d^{(k)}$组合得到，即

$$d^{(k+1)}=-\nabla f(x^{(k+1)})+\sum_{j=1}^{k}\beta_j^{(k)}d^{(j)} \tag{5-12}$$

使$d^{(k+1)}$同$d^{(1)}$，$d^{(2)}$，…，$d^{(k)}$都共轭。即使

$$d^{(k+1)\mathrm{T}}Gd^{(j)}=0,\ j=1,2,\cdots,k \tag{5-13}$$

下面利用Gram-Schmidt过程使其共轭化。

记
$$\begin{aligned}\boldsymbol{y}^{(j)}&=\nabla f(\boldsymbol{x}^{(j+1)})-\nabla f(\boldsymbol{x}^{(j)})\\&=\boldsymbol{G}(\boldsymbol{x}^{(j+1)}-\boldsymbol{x}^{(j)})\\&=\alpha_j\boldsymbol{G}\boldsymbol{d}^{(j)}\end{aligned}\tag{5-14}$$

由式（5-14）得到，对于 i，$j=1, 2, \cdots, k$，$i\neq j$，由于共轭性，则
$$\boldsymbol{d}^{(i)\mathrm{T}}\boldsymbol{y}^{(j)}=\alpha_j\boldsymbol{d}^{(i)\mathrm{T}}\boldsymbol{G}\boldsymbol{d}^{(j)}=0\tag{5-15}$$

那么，根据共轭的要求，由式（5-12）、式（5-13）、式（5-15）可知
$$\begin{aligned}\boldsymbol{d}^{(k+1)\mathrm{T}}\boldsymbol{y}^{(j)}&=-\nabla f^{\mathrm{T}}(\boldsymbol{x}^{(k+1)})\boldsymbol{y}^{(j)}+\sum_{i=1}^{k}\beta_i^{(k)}\boldsymbol{d}^{(i)\mathrm{T}}\boldsymbol{y}^{(j)}\\&=-\nabla f^{\mathrm{T}}(\boldsymbol{x}^{(k+1)})\boldsymbol{y}^{(j)}+\beta_j^{(k)}\boldsymbol{d}^{(j)\mathrm{T}}\boldsymbol{y}^{(j)}\\&=0,\ j=1,2,\cdots,k\end{aligned}\tag{5-16}$$

注意，根据构造式（5-12），有
$$\nabla f(\boldsymbol{x}^{(j)})=-\boldsymbol{d}^{(j)}+\sum_{i=1}^{j-1}\beta_i^{(j-1)}\boldsymbol{d}^{(i)}\tag{5-17}$$

又根据式（5-14）、式（5-15）、式（5-11）可得，对 $\forall j\leqslant k$，$i<j$，有
$$\nabla f^{\mathrm{T}}(\boldsymbol{x}^{(j+1)})\boldsymbol{d}^{(i)}=\left(\nabla f(\boldsymbol{x}^{(i+1)})+\sum_{l=i+1}^{j}\boldsymbol{y}^{(l)}\right)^{\mathrm{T}}\boldsymbol{d}^{(i)}=0\tag{5-18}$$

利用式（5-17），对 $\forall j\leqslant k$，$i<j$，有
$$\nabla f^{\mathrm{T}}(\boldsymbol{x}^{(j+1)})\nabla f(\boldsymbol{x}^{(i)})=0\tag{5-19}$$

由式（5-16）后面的等式及式（5-14）得到，当 $j=1, 2, \cdots, k-1$ 时，
$$-\nabla f^{\mathrm{T}}(\boldsymbol{x}^{(k+1)})(\nabla f(\boldsymbol{x}^{(j+1)})-\nabla f(\boldsymbol{x}^{(j)}))+\beta_j^{(k)}\boldsymbol{d}^{(j)\mathrm{T}}\boldsymbol{y}^{(j)}=0$$

于是 $\beta_j^{(k)}\alpha_j\boldsymbol{d}^{(j)\mathrm{T}}\boldsymbol{G}\boldsymbol{d}^{(j)}=0$，进而由于 $\boldsymbol{G}$ 正定，$\alpha_j\neq 0$，$\boldsymbol{d}^{(j)}\neq\boldsymbol{0}$（实际上相当于作了这个假设，否则 $\alpha_j=0$ 或 $\boldsymbol{d}^{(j)}=\boldsymbol{0}$，说明此时 $\boldsymbol{x}^{(k+1)}$ 已是极小点，算法结束，不需要再构造搜索方向了），所以 $\beta_j^{(k)}=0$。至此在式（5-12）中只可能有 $\beta_k^{(k)}\neq 0$，为了简便记 $\beta_k=\beta_k^{(k)}$。那么，由式（5-16）、式（5-14）及式（5-19）可得到（$j=k$ 时）
$$\beta_k=\frac{\nabla f^{\mathrm{T}}(\boldsymbol{x}^{(k+1)})(\nabla f(\boldsymbol{x}^{(k+1)})-\nabla f(\boldsymbol{x}^{(k)}))}{\boldsymbol{d}^{(k)\mathrm{T}}\boldsymbol{y}^{(k)}}\tag{5-20}$$

注意到
$$\begin{aligned}\boldsymbol{d}^{(k)\mathrm{T}}\boldsymbol{y}^{(k)}&=\boldsymbol{d}^{(k)\mathrm{T}}(\nabla f(\boldsymbol{x}^{(k+1)})-\nabla f(\boldsymbol{x}^{(k)}))\\&=-\boldsymbol{d}^{(k)\mathrm{T}}\nabla f(\boldsymbol{x}^{(k)})\\&=-\left(-\nabla f(\boldsymbol{x}^{(k)})+\sum_{l=1}^{k-1}\beta_l^{(k-1)}\boldsymbol{d}^{(l)}\right)^{\mathrm{T}}\nabla f(\boldsymbol{x}^{(k)})\\&=\nabla f^{\mathrm{T}}(\boldsymbol{x}^{(k)})\nabla f(\boldsymbol{x}^{(k)})\end{aligned}$$

可得式（5-20）的等价形式
$$\beta_k=\frac{\nabla f^{\mathrm{T}}(\boldsymbol{x}^{(k+1)})\nabla f(\boldsymbol{x}^{(k+1)})}{\nabla f^{\mathrm{T}}(\boldsymbol{x}^{(k)})\nabla f(\boldsymbol{x}^{(k)})}\tag{5-21}$$
$$\beta_k=\frac{\nabla f^{\mathrm{T}}(\boldsymbol{x}^{(k+1)})(\nabla f(\boldsymbol{x}^{(k+1)})-\nabla f(\boldsymbol{x}^{(k)}))}{\nabla f^{\mathrm{T}}(\boldsymbol{x}^{(k)})\nabla f(\boldsymbol{x}^{(k)})}\tag{5-22}$$

$$\beta_k=\frac{\nabla f^{\mathrm{T}}(\boldsymbol{x}^{(k+1)})\nabla f(\boldsymbol{x}^{(k+1)})}{-\nabla f^{\mathrm{T}}(\boldsymbol{x}^{(k)})\boldsymbol{d}^{(k)}} \tag{5-23}$$

由以上讨论，得到共轭梯度法构造方向的公式

$$\boldsymbol{d}^{(k+1)}=-\nabla f(\boldsymbol{x}^{(k+1)})+\beta_k\boldsymbol{d}^{(k)} \tag{5-24}$$

结合精确一维搜索，根据第 4 章定理 4-2 推论，可知道对于正定二次函数，至多 n 步迭代，即可得到最优解。当 β_k 用式（5-21）表示时，就是 Fletcher-Reeves 方法（1964）。

Fletcher-Reeves 方法的流程图如图 5-3 所示。

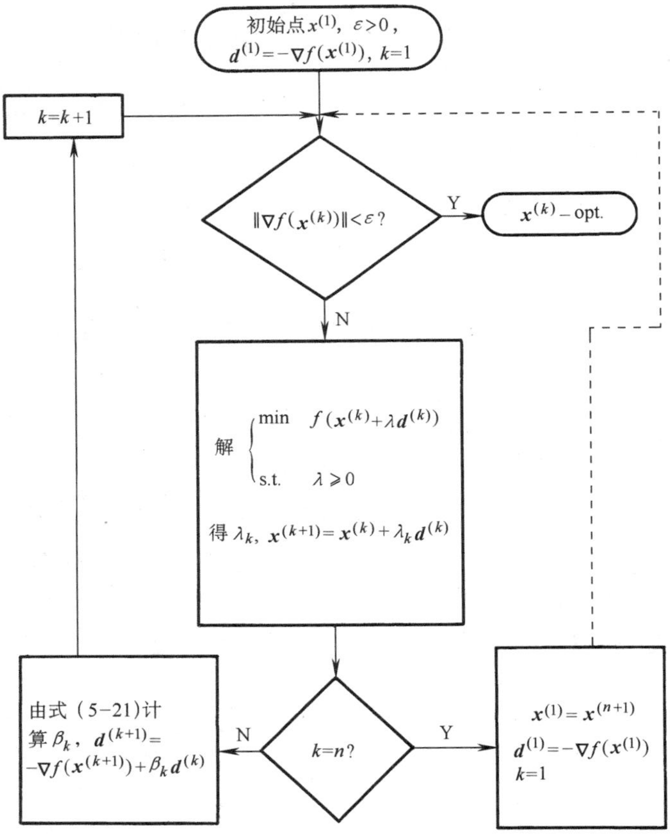

图 5-3

框图中实线为对正定二次函数的 Fletcher-Reeves 方法，若加入虚线部分，即为对一般函数的重新开始的方法。

根据上面的分析，可以知道共轭梯度方法是下降算法，因为

$$\nabla f^{\mathrm{T}}(\boldsymbol{x}^{(k)})\boldsymbol{d}^{(k)}=-\nabla f^{\mathrm{T}}(\boldsymbol{x}^{(k)})\nabla f(\boldsymbol{x}^{(k)})<0$$

例如，用 Fletcher-Reeves 方法求解问题

$$\min f(\boldsymbol{x})=10x_1^2+x_2^2$$

选择初始点 $\boldsymbol{x}^{(1)}=(1/10,\ 1)^{\mathrm{T}}$，经两次迭代得到解，见表 5-2。

表　5-2

k	$\boldsymbol{x}^{(k)}$	$\nabla f(\boldsymbol{x}^{(k)})$	β_{k-1}	$\boldsymbol{d}^{(k)}$	λ_k
1	$(1/10, 1)^T$	$(2, 2)^T$	0	$(-2, -2)^T$	1/11
2	$(-9/110, 9/11)^T$	$(-18/11, 18/11)^T$	81/121	$(36/121, -360/121)^T$	11/40
3	$(0, 0)^T$	$(0, 0)^T$			

5.4.2 用于一般函数的共轭梯度法

Fletcher-Reeves 方法用于一般函数求最小值时，失去二次终结性，因此算法上需进行适当的修改。一种方法是把 $k=n$ 的判断去掉，对 k 连续迭代下去，直至满足停机条件 $\|\nabla f(\boldsymbol{x}^{(k)})\|<\varepsilon$；另一种方法是重新开始的方法。如可把 n 步迭代定为一轮，每迭代 n 步后，重新取负梯度方向为搜索方向，然后再用 Fletcher-Reeves 方法的公式构造后续方向，直至满足停机条件 $\|\nabla f(\boldsymbol{x}^{(k)})\|<\varepsilon$。算法如图 5-3 框图中加入虚线部分的流程图。

对于非二次函数，采用 β_k 的式（5-21）~式（5-23）得到的效果不一样，于是就得到不同的方法。采用式（5-22）时，称 PRP 法（Polak-Ribiere-Polyak，1971），用式（5-23）时，称共轭下降公式。

利用不同的公式在计算效果上会出现比较大的差异，从经验上看，PRP 法有较好的数值效果。

上述几个共轭梯度方法的主要特点是存储量小，不需要存储矩阵，而只需存储若干向量，这个特点使得共轭梯度方法在大规模问题中具有明显的优势。

5.5 变尺度法

5.5.1 变尺度法的基本思路

变尺度法从广义上来说仍可看作是对牛顿法的改进。它的基本想法是用对称正定矩阵近似二阶黑塞矩阵，或黑塞矩阵的逆。这是某种意义下的近似，要求满足拟牛顿方程，因此这类算法又称拟牛顿算法。选用对称正定矩阵可以对搜索方向保证下降性质。另一个重要的改进是变尺度法的矩阵，它是通过逐步迭代修正产生的，因而避开逐点计算二阶偏导数的大量运算。

设
$$f(\boldsymbol{x})=\frac{1}{2}\boldsymbol{x}^T\boldsymbol{G}\boldsymbol{x}+\boldsymbol{b}^T\boldsymbol{x}+c$$
其中，$\boldsymbol{G}_{n\times n}$正定，$\boldsymbol{x}$，$\bar{\boldsymbol{x}}\in\mathbf{R}^n$，$\boldsymbol{b}\in\mathbf{R}^n$，$c\in\mathbf{R}$。

记
$$\boldsymbol{s}=\bar{\boldsymbol{x}}-\boldsymbol{x}$$
$$\boldsymbol{y}=\nabla f(\bar{\boldsymbol{x}})-\nabla f(\boldsymbol{x})=\boldsymbol{G}(\bar{\boldsymbol{x}}-\boldsymbol{x})=\boldsymbol{G}\boldsymbol{s} \tag{5-25}$$
两端乘以 $\boldsymbol{G}^{-1}$，得
$$\boldsymbol{G}^{-1}\boldsymbol{y}=\boldsymbol{s} \tag{5-26}$$
希望能找到对称正定矩阵 $\bar{\boldsymbol{H}}$，满足上式，即

$$\overline{\boldsymbol{H}}\boldsymbol{y}=\boldsymbol{s} \tag{5-27}$$

这个式子称为拟牛顿方程。在算法中以拟牛顿方程为目的，迭代产生修正矩阵 $\overline{\boldsymbol{H}}$。对应地，如果考虑对称正定矩阵 $\overline{\boldsymbol{B}}$，使之满足式（5-25），便得到另一方程

$$\overline{\boldsymbol{B}}\boldsymbol{s}=\boldsymbol{y} \tag{5-28}$$

由分别满足式（5-27）、式（5-28）的 $\overline{\boldsymbol{H}}$，$\overline{\boldsymbol{B}}$ 可类似牛顿迭代，产生方向

$$\boldsymbol{d}=-\overline{\boldsymbol{H}}\nabla f(\overline{\boldsymbol{x}}) \tag{5-29}$$

或

$$\overline{\boldsymbol{B}}\boldsymbol{d}=-\nabla f(\overline{\boldsymbol{x}}) \tag{5-30}$$

下面介绍变尺度算法的一般模型，如图 5-4 所示。

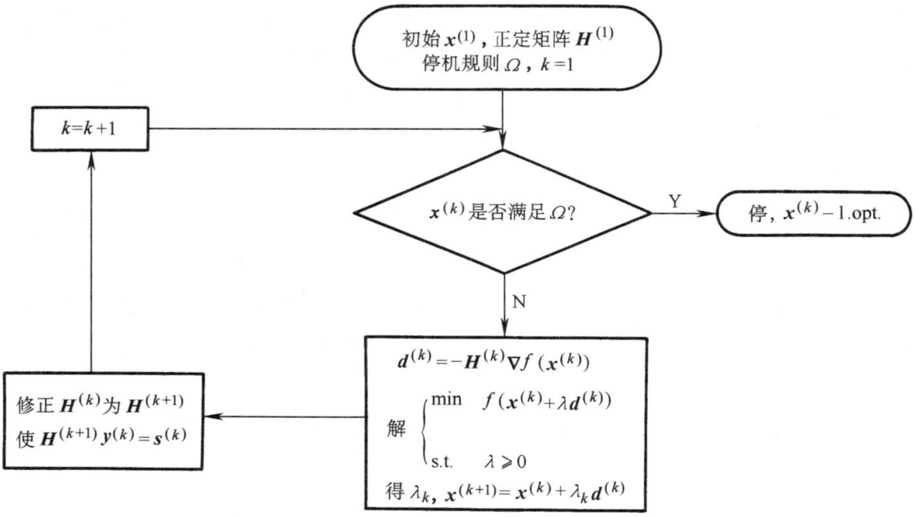

图 5-4

式（5-29）说明，搜索方向是在 $\overline{\boldsymbol{H}}$（对式（5-30）为 $\overline{\boldsymbol{B}}$）度量意义下的最速下降方向，而计算时，$\boldsymbol{H}^{(k)}$（或 $\boldsymbol{B}^{(k)}$）是不断变化的，因此称为变尺度法。

从拟牛顿方程来看，当 $\boldsymbol{s}$，$\boldsymbol{y}$ 确定时，$\overline{\boldsymbol{H}}$ 是不确定的，因而可有无限多种途径构造不同的矩阵。比较简单的方法是利用前步迭代得到的 $\boldsymbol{s}$，$\boldsymbol{y}$ 修正。为了方便，以下讨论省略上下标，如果不特别说明，各符号代表第 k 步的量，符号上方加“–”，表示第 $k+1$ 步的量，如 $\boldsymbol{x}$，$\boldsymbol{d}$，$\boldsymbol{H}$，… 表示 $\boldsymbol{x}^{(k)}$，$\boldsymbol{d}^{(k)}$，$\boldsymbol{H}^{(k)}$，…，而 $\overline{\boldsymbol{x}}$，$\overline{\boldsymbol{d}}$，$\overline{\boldsymbol{H}}$，… 表示 $\boldsymbol{x}^{(k+1)}$，$\boldsymbol{d}^{(k+1)}$，$\boldsymbol{H}^{(k+1)}$，…。记

$$\boldsymbol{s}=\overline{\boldsymbol{x}}-\boldsymbol{x},\ \boldsymbol{y}=\nabla f(\overline{\boldsymbol{x}})-\nabla f(\boldsymbol{x})$$

5.5.2 DFP 法及 BFGS 法

用矩阵修正的秩 2 公式（用两个向量对矩阵进行修正的公式）较为灵活。设修正公式由向量 $\boldsymbol{u}$，$\boldsymbol{v}$ 来修正，即

$$\overline{\boldsymbol{H}}=\boldsymbol{H}+\alpha\boldsymbol{u}\boldsymbol{u}^{\mathrm{T}}+\beta\boldsymbol{v}\boldsymbol{v}^{\mathrm{T}} \tag{5-31}$$

根据拟牛顿方程（5-27）

$$\boldsymbol{s}=\overline{\boldsymbol{H}}\boldsymbol{y}=\boldsymbol{H}\boldsymbol{y}+\alpha(\boldsymbol{u}^{\mathrm{T}}\boldsymbol{y})\boldsymbol{u}+\beta(\boldsymbol{v}^{\mathrm{T}}\boldsymbol{y})\boldsymbol{v} \tag{5-32}$$

使式（5-32）成立的 $\boldsymbol{u}$，$\boldsymbol{v}$ 取法有无穷多种，考虑一种简单的取法：令 $\boldsymbol{u}=\boldsymbol{s}$，$\boldsymbol{v}=\boldsymbol{H}\boldsymbol{y}$，那么由

$$\alpha(\boldsymbol{u}^{\mathrm{T}}\boldsymbol{y})=1$$

得

$$\alpha=\frac{1}{\boldsymbol{u}^{\mathrm{T}}\boldsymbol{y}}=\frac{1}{\boldsymbol{s}^{\mathrm{T}}\boldsymbol{y}}$$

由

$$\beta(\boldsymbol{v}^{\mathrm{T}}\boldsymbol{y})=-1$$

得

$$\beta=-\frac{1}{\boldsymbol{v}^{\mathrm{T}}\boldsymbol{y}}=-\frac{1}{\boldsymbol{y}^{\mathrm{T}}\boldsymbol{H}\boldsymbol{y}}$$

把 α，β，$\boldsymbol{u}$，$\boldsymbol{v}$ 代回式（5-31），可得到 DFP（Davidon，1959，Fletcher and Powell，1963）公式

$$\overline{\boldsymbol{H}}=\boldsymbol{H}+\frac{\boldsymbol{s}\boldsymbol{s}^{\mathrm{T}}}{\boldsymbol{s}^{\mathrm{T}}\boldsymbol{y}}-\frac{\boldsymbol{H}\boldsymbol{y}\boldsymbol{y}^{\mathrm{T}}\boldsymbol{H}}{\boldsymbol{y}^{\mathrm{T}}\boldsymbol{H}\boldsymbol{y}} \tag{5-33}$$

DFP 法是一种很有效的方法，具有很好的特性，在其产生后的一段时间它是被优先采用的无约束最优化算法。但是由于它对低精度的一维搜索在理论上目前还得不到收敛性结果，同时在数值计算中也不如有些方法好，因而目前已不是最优先采用的方法了。

DFP 法有如下一些重要性质：

（1）对正定二次函数，精确一维搜索有二次终结性，且对任意初始对称正定矩阵 $\boldsymbol{H}^{(1)}$，有 $\boldsymbol{H}^{(n+1)}=\boldsymbol{G}^{-1}$。

（2）在（1）的前提下，迭代量保持满足拟牛顿方程。

（3）在（1）的前提下，算法产生相互共轭的方向，当 $\boldsymbol{H}^{(1)}=\boldsymbol{E}$ 时，产生的梯度相互共轭。

对一般函数还有下面的性质：

（4）在比较宽的条件下，算法可保持 $\boldsymbol{H}^{(k)}$ 对称正定，故有下降性质。

（5）迭代步的计算量（乘法）为 $3n^2+o(n)$。

（6）在一定条件下，超线性收敛。

（7）对严格凸函数，用精确一维搜索，有全局收敛性。

这里只证明性质（4）、性质（2）和性质（5）。显然，性质（1）、性质(3)、性质(6)和性质(7）的证明从略，想详细了解请参阅有关文献。

定理 5-6 设问题 $\min f(\boldsymbol{x})$，取初始对称正定矩阵 $\boldsymbol{H}^{(1)}$，DFP 法对 $\forall k$ 有定义，如果有 $\boldsymbol{s}^{(k)\mathrm{T}}\boldsymbol{y}^{(k)}>0$，$\forall k$，那么，DFP 公式保持 $\boldsymbol{H}^{(k)}$ 正定。

证明 用数学归纳法证明：$\forall z\in\mathbf{R}^n$，$z\neq\mathbf{0}$，$z^{\mathrm{T}}\boldsymbol{H}^{(k)}z>0$。

当 $k=1$ 时，显然。

设 $k \geqslant 1$ 时，$\boldsymbol{H}^{(k)}$ 正定。

当 $k+1$ 时，各量省去上下标，用前面规定的记号。假设 $\boldsymbol{H}$ 正定，有楚列斯基分解：$\exists$ 下三角矩阵 $\boldsymbol{L}$，使 $\boldsymbol{H}=\boldsymbol{L}\boldsymbol{L}^{\mathrm{T}}$，令 $\boldsymbol{a}=\boldsymbol{L}^{\mathrm{T}}\boldsymbol{z}$，$\boldsymbol{b}=\boldsymbol{L}^{\mathrm{T}}\boldsymbol{y}$。

考虑

$$\begin{aligned}\boldsymbol{z}^{\mathrm{T}}\overline{\boldsymbol{H}}\boldsymbol{z} &=\boldsymbol{z}^{\mathrm{T}}\left(\boldsymbol{H}+\frac{\boldsymbol{s}\boldsymbol{s}^{\mathrm{T}}}{\boldsymbol{s}^{\mathrm{T}}\boldsymbol{y}}-\frac{\boldsymbol{H}\boldsymbol{y}\boldsymbol{y}^{\mathrm{T}}\boldsymbol{H}}{\boldsymbol{y}^{\mathrm{T}}\boldsymbol{H}\boldsymbol{y}}\right)\boldsymbol{z}\\ &=\boldsymbol{z}^{\mathrm{T}}\left(\boldsymbol{H}-\frac{\boldsymbol{H}\boldsymbol{y}\boldsymbol{y}^{\mathrm{T}}\boldsymbol{H}}{\boldsymbol{y}^{\mathrm{T}}\boldsymbol{H}\boldsymbol{y}}\right)\boldsymbol{z}+\frac{\boldsymbol{z}^{\mathrm{T}}\boldsymbol{s}\boldsymbol{s}^{\mathrm{T}}\boldsymbol{z}}{\boldsymbol{s}^{\mathrm{T}}\boldsymbol{y}}\end{aligned} \tag{5-34}$$

先分析式（5-34）的前项

$$\begin{aligned}\boldsymbol{z}^{\mathrm{T}}\left(\boldsymbol{H}-\frac{\boldsymbol{H}\boldsymbol{y}\boldsymbol{y}^{\mathrm{T}}\boldsymbol{H}}{\boldsymbol{y}^{\mathrm{T}}\boldsymbol{H}\boldsymbol{y}}\right)\boldsymbol{z} &=\boldsymbol{z}^{\mathrm{T}}\boldsymbol{H}\boldsymbol{z}-\frac{(\boldsymbol{z}^{\mathrm{T}}\boldsymbol{H}\boldsymbol{y})^2}{\boldsymbol{y}^{\mathrm{T}}\boldsymbol{H}\boldsymbol{y}}\\ &=\boldsymbol{a}^{\mathrm{T}}\boldsymbol{a}-\frac{(\boldsymbol{a}^{\mathrm{T}}\boldsymbol{b})^2}{\boldsymbol{b}^{\mathrm{T}}\boldsymbol{b}}\geqslant 0\end{aligned} \tag{5-35}$$

最后不等式是根据柯西（Cauchy）不等式得到的，并且当且仅当 $\boldsymbol{a}$，$\boldsymbol{b}$ 共线时等式成立，即等号成立的充分必要条件是 $\exists t\neq 0$，使 $\boldsymbol{a}=t\boldsymbol{b}$。又有

$$\frac{\boldsymbol{z}^{\mathrm{T}}\boldsymbol{s}\boldsymbol{s}^{\mathrm{T}}\boldsymbol{z}}{\boldsymbol{s}^{\mathrm{T}}\boldsymbol{y}}=\frac{(\boldsymbol{s}^{\mathrm{T}}\boldsymbol{z})^2}{\boldsymbol{s}^{\mathrm{T}}\boldsymbol{y}}\geqslant 0 \tag{5-36}$$

显然，当式（5-35）严格大于 0 时，结合式（5-36）得到 $\boldsymbol{z}^{\mathrm{T}}\overline{\boldsymbol{H}}\boldsymbol{z}>0$；当式（5-35）等于 0 时，由 $\boldsymbol{a}=t\boldsymbol{b}$ 可得到 $\boldsymbol{z}=t\boldsymbol{y}$，代入式（5-36）左端得到 $\dfrac{\boldsymbol{z}^{\mathrm{T}}\boldsymbol{s}\boldsymbol{s}^{\mathrm{T}}\boldsymbol{z}}{\boldsymbol{s}^{\mathrm{T}}\boldsymbol{y}}=t^2(\boldsymbol{s}^{\mathrm{T}}\boldsymbol{y})>0$，于是仍有 $\boldsymbol{z}^{\mathrm{T}}\overline{\boldsymbol{H}}\boldsymbol{z}>0$。

证毕。

定理 5-6 的条件 $\boldsymbol{s}^{\mathrm{T}}\boldsymbol{y}>0$ 在许多情况下自然成立，下面列出几种情况：

（1）对正定二次函数 $f(\boldsymbol{x})=\dfrac{1}{2}\boldsymbol{x}^{\mathrm{T}}\boldsymbol{G}\boldsymbol{x}+\boldsymbol{b}^{\mathrm{T}}\boldsymbol{x}+c$，由于 $\boldsymbol{s}^{\mathrm{T}}\boldsymbol{y}=\boldsymbol{s}^{\mathrm{T}}\boldsymbol{G}\boldsymbol{s}>0$ 得到。

下面的情况中，注意正定性的传递，由于 $\boldsymbol{H}$ 正定，搜索方向 $\boldsymbol{d}=-\boldsymbol{H}\nabla f(\boldsymbol{x})$ 为下降方向，有 $\nabla f^{\mathrm{T}}(\boldsymbol{x})\ \boldsymbol{d}<0$，即 $\nabla f^{\mathrm{T}}(\boldsymbol{x})\boldsymbol{s}<0$。

（2）算法进行精确一维搜索时，有 $\nabla f^{\mathrm{T}}(\overline{\boldsymbol{x}})\boldsymbol{d}=0$，即 $\nabla f^{\mathrm{T}}(\overline{\boldsymbol{x}})\boldsymbol{s}=0$，那么

$$\begin{aligned}\boldsymbol{s}^{\mathrm{T}}\boldsymbol{y} &=(\nabla f(\overline{\boldsymbol{x}})-\nabla f(\boldsymbol{x}))^{\mathrm{T}}\boldsymbol{s}\\ &=\nabla f^{\mathrm{T}}(\overline{\boldsymbol{x}})\boldsymbol{s}-\nabla f^{\mathrm{T}}(\boldsymbol{x})\boldsymbol{s}\\ &=-\nabla f^{\mathrm{T}}(\boldsymbol{x})\boldsymbol{s}>0\end{aligned}$$

（3）算法使用 Wolfe-Powell 不精确一维搜索时，由其规则（2）可得

$$\nabla f^{\mathrm{T}}(\overline{\boldsymbol{x}})\boldsymbol{s}\geqslant\sigma\nabla f^{\mathrm{T}}(\boldsymbol{x})\boldsymbol{s},\sigma\in(0,1)$$

那么

$$\begin{aligned}\boldsymbol{s}^{\mathrm{T}}\boldsymbol{y} &=(\nabla f(\overline{\boldsymbol{x}})-\nabla f(\boldsymbol{x}))^{\mathrm{T}}\boldsymbol{s}\\ &=\nabla f^{\mathrm{T}}(\overline{\boldsymbol{x}})\boldsymbol{s}-\nabla f^{\mathrm{T}}(\boldsymbol{x})\boldsymbol{s}\\ &\geqslant(\sigma-1)\nabla f^{\mathrm{T}}(\boldsymbol{x})\boldsymbol{s}>0\end{aligned}$$

例如，$\min 10x_1^2+x_2^2$ 用 DFP 法，取初始点 $\boldsymbol{x}^{(1)}=(1/10,\ 1)^{\mathrm{T}}$，初始矩阵$\boldsymbol{H}^{(1)}=\boldsymbol{E}$。计算结果见表 5-3。

表　5-3

k	$\boldsymbol{x}^{(k)}$	$\nabla f(\boldsymbol{x}^{(k)})$	$\boldsymbol{H}^{(k)}$	$\boldsymbol{d}^{(k)}$	λ_k	$\boldsymbol{s}^{(k)}$	$\boldsymbol{y}^{(k)}$
1	$\begin{pmatrix}1/10\\1\end{pmatrix}$	$\begin{pmatrix}2\\2\end{pmatrix}$	$\begin{pmatrix}1&0\\0&1\end{pmatrix}$	$\begin{pmatrix}-2\\-2\end{pmatrix}$	1/11	$\begin{pmatrix}-2/11\\-2/11\end{pmatrix}$	$\begin{pmatrix}-40/11\\-4/11\end{pmatrix}$
2	$\begin{pmatrix}-9/110\\9/11\end{pmatrix}$	$\begin{pmatrix}-18/11\\18/11\end{pmatrix}$	$1/2222\begin{pmatrix}123&-119\\-119&2301\end{pmatrix}$	$4356/2222\begin{pmatrix}1\\-10\end{pmatrix}$	101/2420	$\begin{pmatrix}9/110\\-9/11\end{pmatrix}$	$\begin{pmatrix}18/11\\-18/11\end{pmatrix}$
3	$\begin{pmatrix}0\\0\end{pmatrix}$	$\begin{pmatrix}0\\0\end{pmatrix}$					

如果用完全类似的方法对矩阵 $\boldsymbol{B}$ 进行讨论，要求修正后的矩阵满足式（5-28），可得到矩阵 $\boldsymbol{B}$ 的修正公式

$$\overline{\boldsymbol{B}}=\boldsymbol{B}+\frac{\boldsymbol{y}\boldsymbol{y}^{\mathrm{T}}}{\boldsymbol{s}^{\mathrm{T}}\boldsymbol{y}}-\frac{\boldsymbol{B}\boldsymbol{s}\boldsymbol{s}^{\mathrm{T}}\boldsymbol{B}}{\boldsymbol{s}^{\mathrm{T}}\boldsymbol{B}\boldsymbol{s}} \tag{5-37}$$

式（5-37）相当于用 $\overline{\boldsymbol{B}}$，$\boldsymbol{B}$，$\boldsymbol{s}$，$\boldsymbol{y}$ 分别替换式（5-33）中的 $\overline{\boldsymbol{H}}$，$\boldsymbol{H}$，$\boldsymbol{y}$，$\boldsymbol{s}$ 得到的，这样产生的公式称为原公式的对偶（或互补）公式。

式（5-37）称为 BFGS 公式（Broyden，1970，Fletcher，1970，Goldfarb，1970，Shanno，1970）。

在变尺度法中，如果使用 BFGS 公式，在求方向时，需要求逆或解方程$\boldsymbol{B}\boldsymbol{d}=-\nabla f(\boldsymbol{x})$ 来得到 $\boldsymbol{d}$，这样计算量就增加到 $o(n^3)$。一种减小计算量的办法是对 $\boldsymbol{B}$ 作 $\mathrm{LDL}^{\mathrm{T}}$ 分解，以后由于矩阵的修正每次是用两个向量来进行修正，可直接导出在这种修正下得到的 $\overline{\boldsymbol{L}}$，$\overline{\boldsymbol{D}}$，这样计算量仍可降至 $o(n^2)$ 次乘法。这样做的优点是，易于在计算过程中校正误差，但实用上，较使用矩阵 $\boldsymbol{H}$ 费时间。得到 BFGS 法的矩阵 $\boldsymbol{H}$ 修正公式，需要求逆 $\overline{\boldsymbol{H}}=\overline{\boldsymbol{B}}^{-1}$，通过计算可得

$$\overline{\boldsymbol{H}}=\boldsymbol{H}+\left(1+\frac{\boldsymbol{y}^{\mathrm{T}}\boldsymbol{H}\boldsymbol{y}}{\boldsymbol{s}^{\mathrm{T}}\boldsymbol{y}}\right)\frac{\boldsymbol{s}\boldsymbol{s}^{\mathrm{T}}}{\boldsymbol{s}^{\mathrm{T}}\boldsymbol{y}}-\frac{\boldsymbol{s}\boldsymbol{y}^{\mathrm{T}}\boldsymbol{H}+\boldsymbol{H}\boldsymbol{y}\boldsymbol{s}^{\mathrm{T}}}{\boldsymbol{s}^{\mathrm{T}}\boldsymbol{y}} \tag{5-38}$$

这就是 BFGS 法的矩阵 $\boldsymbol{H}$ 修正公式。

BFGS 法也具有 DFP 法的性质（1）~性质（7）。更有利的是 BFGS 法结合 Wolfe-Powell 不精确一维搜索，可在理论上得到全局收敛性结果，而 DFP 法至今也没有得到这个结果。数值计算上也支持了这个结论。总体来说，BFGS 法优于 DFP 法，是目前认为“最好”的拟牛顿法。

例如，$\min 10x_1^2+x_2^2$ 用 BFGS 法，精确一维搜索，取初始点 $\boldsymbol{x}^{(1)}=(1/10,\ 1)^{\mathrm{T}}$，初始矩阵 $\boldsymbol{H}^{(1)}=\boldsymbol{E}$，计算结果见表 5-4。

表　5-4

k	$\boldsymbol{x}^{(k)}$	$\nabla f(\boldsymbol{x}^{(k)})$	$\boldsymbol{H}^{(k)}$	$\boldsymbol{d}^{(k)}$	λ_k	$\boldsymbol{s}^{(k)}$	$\boldsymbol{y}^{(k)}$
1	$\begin{pmatrix}1/10\\1\end{pmatrix}$	$\begin{pmatrix}2\\2\end{pmatrix}$	$\begin{pmatrix}1&0\\0&1\end{pmatrix}$	$\begin{pmatrix}-2\\-2\end{pmatrix}$	1/11	$\begin{pmatrix}-2/11\\-2/11\end{pmatrix}$	$\begin{pmatrix}-40/11\\-4/11\end{pmatrix}$

（续）

k	$x^{(k)}$	$\nabla f(x^{(k)})$	$H^{(k)}$	$d^{(k)}$	λ_k	$s^{(k)}$	$y^{(k)}$
2	$\begin{pmatrix}-9/110\\9/11\end{pmatrix}$	$\begin{pmatrix}-18/11\\18/11\end{pmatrix}$	$1/242\begin{pmatrix}15 & -29\\-29 & 411\end{pmatrix}$	$36/121\begin{pmatrix}1\\-10\end{pmatrix}$	11/40	$\begin{pmatrix}9/110\\-9/11\end{pmatrix}$	$\begin{pmatrix}18/11\\-18/11\end{pmatrix}$
3	$\begin{pmatrix}0\\0\end{pmatrix}$	$\begin{pmatrix}0\\0\end{pmatrix}$					

通过矩阵求逆的计算，可求得 DFP 公式（5-33）的矩阵 $\boldsymbol{B}$ 修正公式

$$\overline{\boldsymbol{B}}=\boldsymbol{B}+\left(1+\frac{\boldsymbol{s}^{\mathrm{T}}\boldsymbol{B}\boldsymbol{s}}{\boldsymbol{s}^{\mathrm{T}}\boldsymbol{y}}\right)\frac{\boldsymbol{y}\boldsymbol{y}^{\mathrm{T}}}{\boldsymbol{s}^{\mathrm{T}}\boldsymbol{y}}-\frac{\boldsymbol{B}\boldsymbol{s}\boldsymbol{y}^{\mathrm{T}}+\boldsymbol{y}\boldsymbol{s}^{\mathrm{T}}\boldsymbol{B}}{\boldsymbol{s}^{\mathrm{T}}\boldsymbol{y}}$$

这正是 BFGS 法矩阵 $\boldsymbol{H}$ 修正公式的对偶公式。

5.5.3 Broyden 族

通过推导可知道，对称秩 2 公式有无限多种不同的公式，考虑由向量 $\boldsymbol{s}$ 和 $\boldsymbol{Hy}$ 构造的所有对称秩 2 公式，设一般公式为（$\boldsymbol{s}$，$\boldsymbol{Hy}$ 只可能构成下列式中的三种对称形式）：

$$\overline{\boldsymbol{H}}=\boldsymbol{H}+\alpha\boldsymbol{s}\boldsymbol{s}^{\mathrm{T}}+\beta(\boldsymbol{H}\boldsymbol{y}\boldsymbol{s}^{\mathrm{T}}+\boldsymbol{s}\boldsymbol{y}^{\mathrm{T}}\boldsymbol{H})+\gamma\boldsymbol{H}\boldsymbol{y}\boldsymbol{y}^{\mathrm{T}}\boldsymbol{H} \tag{5-39}$$

代入拟牛顿方程

$$\boldsymbol{s}=\overline{\boldsymbol{H}}\boldsymbol{y}=\boldsymbol{H}\boldsymbol{y}+\alpha(\boldsymbol{s}^{\mathrm{T}}\boldsymbol{y})\boldsymbol{s}+\beta(\boldsymbol{s}^{\mathrm{T}}\boldsymbol{y})\boldsymbol{H}\boldsymbol{y}+\beta(\boldsymbol{y}^{\mathrm{T}}\boldsymbol{H}\boldsymbol{y})\boldsymbol{s}+\gamma(\boldsymbol{y}^{\mathrm{T}}\boldsymbol{H}\boldsymbol{y})\boldsymbol{H}\boldsymbol{y}$$

关于向量 $\boldsymbol{s}$ 及 $\boldsymbol{Hy}$，分别可得到

$$\begin{cases}\alpha(\boldsymbol{s}^{\mathrm{T}}\boldsymbol{y})+\beta(\boldsymbol{y}^{\mathrm{T}}\boldsymbol{H}\boldsymbol{y})=1\\1+\beta(\boldsymbol{s}^{\mathrm{T}}\boldsymbol{y})+\gamma(\boldsymbol{y}^{\mathrm{T}}\boldsymbol{H}\boldsymbol{y})=0\end{cases} \tag{5-40}$$

式（5-40）有一个自由度，取参数 ϕ，令 $\beta=-\dfrac{\phi}{\boldsymbol{s}^{\mathrm{T}}\boldsymbol{y}}$，则得到

$$\begin{cases}\alpha=\left(1+\phi\dfrac{\boldsymbol{y}^{\mathrm{T}}\boldsymbol{H}\boldsymbol{y}}{\boldsymbol{s}^{\mathrm{T}}\boldsymbol{y}}\right)\dfrac{1}{\boldsymbol{s}^{\mathrm{T}}\boldsymbol{y}}\\\beta=-\phi\dfrac{1}{\boldsymbol{s}^{\mathrm{T}}\boldsymbol{y}}\\\gamma=-(1-\phi)\dfrac{1}{\boldsymbol{y}^{\mathrm{T}}\boldsymbol{H}\boldsymbol{y}}\end{cases} \tag{5-41}$$

于是得到含一个参数 ϕ 的一族对称秩 2 公式

$$\boldsymbol{H}_{\phi}=\boldsymbol{H}+\left(1+\phi\frac{\boldsymbol{y}^{\mathrm{T}}\boldsymbol{H}\boldsymbol{y}}{\boldsymbol{s}^{\mathrm{T}}\boldsymbol{y}}\right)\frac{\boldsymbol{s}\boldsymbol{s}^{\mathrm{T}}}{\boldsymbol{s}^{\mathrm{T}}\boldsymbol{y}}-\phi\frac{\boldsymbol{H}\boldsymbol{y}\boldsymbol{s}^{\mathrm{T}}+\boldsymbol{s}\boldsymbol{y}^{\mathrm{T}}\boldsymbol{H}}{\boldsymbol{s}^{\mathrm{T}}\boldsymbol{y}}-(1-\phi)\frac{\boldsymbol{H}\boldsymbol{y}\boldsymbol{y}^{\mathrm{T}}\boldsymbol{H}}{\boldsymbol{y}^{\mathrm{T}}\boldsymbol{H}\boldsymbol{y}} \tag{5-42}$$

式（5-42）为 Broyden 族（1967）公式。

记由 BFGS 公式、DFP 公式产生的修正矩阵分别为 $\overline{\boldsymbol{H}}_{\mathrm{BFGS}}$，$\overline{\boldsymbol{H}}_{\mathrm{DFP}}$，令向量

$$\boldsymbol{v}=(\boldsymbol{y}^{\mathrm{T}}\boldsymbol{H}\boldsymbol{y})^{\frac{1}{2}}\left(\frac{\boldsymbol{s}}{\boldsymbol{s}^{\mathrm{T}}\boldsymbol{y}}-\frac{\boldsymbol{H}\boldsymbol{y}}{\boldsymbol{y}^{\mathrm{T}}\boldsymbol{H}\boldsymbol{y}}\right)$$

可以得到 Broyden 族公式的另外几种形式：

$$\overline{\boldsymbol{H}}_{\phi}=(1-\phi)\ \overline{\boldsymbol{H}}_{\mathrm{DFP}}+\phi\overline{\boldsymbol{H}}_{\mathrm{BFGS}}$$

$$\overline{H}_{\phi}=\overline{H}_{\mathrm{DFP}}+\phi vv^{\mathrm{T}}$$

$$\overline{H}_{\phi}=H+sHy\begin{pmatrix}\left(1+\phi\dfrac{y^{\mathrm{T}}Hy}{s^{\mathrm{T}}y}\right)\dfrac{1}{s^{\mathrm{T}}y} & -\dfrac{\phi}{s^{\mathrm{T}}y}\\ -\dfrac{\phi}{s^{\mathrm{T}}y} & -\dfrac{(1-\phi)}{y^{\mathrm{T}}Hy}\end{pmatrix}\begin{pmatrix}s^{\mathrm{T}}\\(Hy)^{\mathrm{T}}\end{pmatrix}$$

由 Broyden 族公式的不同形式，可以得到 $\overline{H}_{\phi}$ 的一些特性及同 $\overline{H}_{\mathrm{DFP}}$，$\overline{H}_{\mathrm{BFGS}}$的关系和它们的共同性质。有关这方面的内容本书不做详细介绍。

5.6 直接搜索算法

本节讨论的直接算法可归类为经验方法，一般来说，不如前面讨论的算法有效。尽管如此，由于它们的基本原则的简明性、某些技术的实用性，对于处理某些问题仍有实际的意义，对于算法的发展也有作用。

5.6.1 单纯形法及可变多面体算法

单纯形法是利用不断变换单纯形来求到极小点的方法，是由 Spendley，Hext，Himsworth（1962）提出的，1964 年 Nelder 和 Mead 提出了改进的可变多面体算法。

1. 单纯形法

设 $x^{(0)}$，$x^{(1)}$，…，$x^{(n)}$是 $\mathbf{R}^n$ 中的 $n+1$ 个点，构成一个当前的单纯形，$x_{\max}$，$x_{\min}$定义如下：

$$f(x_{\max})=\max\{f(x^{(0)}),f(x^{(1)}),\cdots,f(x^{(n)})\} \tag{5-43}$$

$$f(x_{\min})=\min\{f(x^{(0)}),f(x^{(1)}),\cdots,f(x^{(n)})\} \tag{5-44}$$

记 $\overline{x}$ 为这个单纯形除去 $x_{\max}$外的所有顶点的形心

$$\overline{x}=\frac{1}{n}\left(\sum_{i=0}^{n}x^{(i)}-x_{\max}\right) \tag{5-45}$$

取点 $x_{\max}$关于 $\overline{x}$ 的反射点 $x^{(n+1)}$，$x^{(n+1)}=\overline{x}+(\overline{x}-x_{\max})$，构成新的单纯形，再重复上述过程，如图 5-5 所示。

在迭代过程中，可能出现新的迭代点仍是最大值点的情况，或者经几次迭代又回到原单纯形的情况。这样算法便无法进行下去，引入一个附加准则：

令 $M=1.65n+0.05n^2$。当单纯形中某一顶点 x'在连续 M 次迭代产生的单纯形上时，重新构造单纯形，保留 x'顶点，把其他各顶点与 x'的连接线缩短为原来的 1/2，得到新的单纯形。

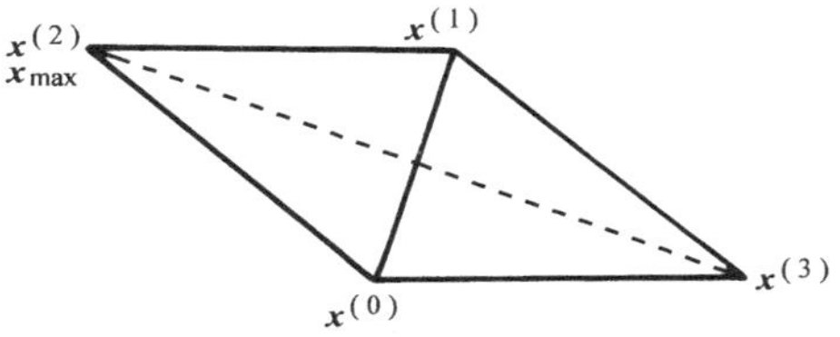

图　5-5

算法在新单纯形基础上继续进行。当新迭代点仍是最大点时，为了避免直接返回原单纯形，用第二大值点作反射。

例如，二维情况　　　　　$M=1.65\times2+0.05\times2^2=3.5$

因此任一点至多连续出现在四个当前单纯形上时，需采用收缩技术。图 5-6 所示描述了一个单纯形法的搜索过程。

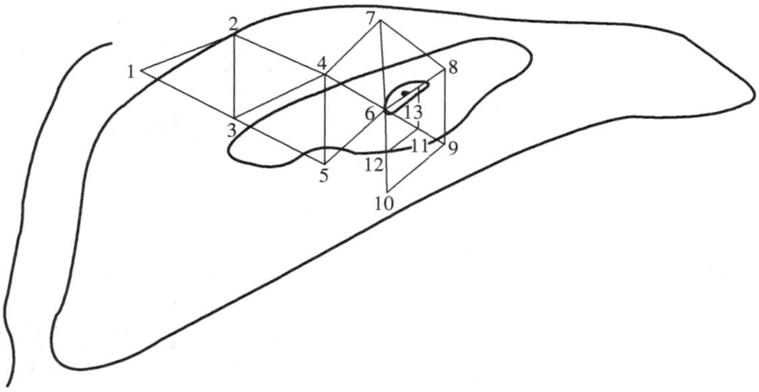

图　5-6

$\triangle_{123}\xrightarrow{\text{1 点值大}}\triangle_{234}\xrightarrow{\text{2 点值大}}\triangle_{345}\xrightarrow{\text{3 点值大}}\triangle_{456}\xrightarrow{\text{5 点值大}}\triangle_{467}$（新的点 7 值大，为避免返回原单纯形取次大值点）$\xrightarrow{\text{4 为第二大值点}}\triangle_{678}\xrightarrow{\text{7 点值大}}\triangle_{689}\xrightarrow{\text{8 点值第二大}}\triangle_{69\,10}$（至此点 6 已在连续四个单纯形上，固定点 6，把 6—9，6—10 两边缩短 1/2，得点 11，12）$\longrightarrow\triangle_{11\,6\,12}\xrightarrow{\text{12 点值大}}\triangle_{11\,6\,13}\cdots$。

2. 可变多面体算法

单纯形法存在着一些实际困难，主要是它不能加速搜索，另外当在波峰或波谷进行搜索时，会遇到困难。下面的方法允许改变单纯形的形状，其较确切的名称为“可变多面体算法”。

设在第 k 步迭代得到 $n+1$ 个点 $\boldsymbol{x}^{(0)}$，$\boldsymbol{x}^{(1)}$，…，$\boldsymbol{x}^{(n)}$，如单纯形法中的式（5-43）、式（5-44）得到 $\boldsymbol{x}_{\max}$，$\boldsymbol{x}_{\min}$ 及 $\bar{\boldsymbol{x}}$，通过下面四步操作来找新迭代点：

（1）反射。取反射系数 $\alpha>0$（而不是如单纯形法中取 $\alpha=1$）

$$\boldsymbol{y}^{(1)}=\bar{\boldsymbol{x}}+\alpha(\bar{\boldsymbol{x}}-\boldsymbol{x}_{\max})\tag{5-46}$$

（2）扩展。给定扩展系数 $\gamma>1$，计算

$$\boldsymbol{y}^{(2)}=\bar{\boldsymbol{x}}+\gamma(\boldsymbol{y}^{(1)}-\bar{\boldsymbol{x}})\tag{5-47}$$

如果 $f(\boldsymbol{y}^{(1)})<f(\boldsymbol{x}_{\min})$，判断是否 $f(\boldsymbol{y}^{(1)})>f(\boldsymbol{y}^{(2)})$？若成立，则用 $\boldsymbol{y}^{(2)}$ 代替 $\boldsymbol{x}_{\max}$，得到新的单纯形；否则，$f(\boldsymbol{y}^{(1)})\leqslant f(\boldsymbol{y}^{(2)})$ 时，用 $\boldsymbol{y}^{(1)}$ 代替 $\boldsymbol{x}_{\max}$，不扩展，产生新单纯形。

如果 $\max\{f(\boldsymbol{x}^{(i)})\mid \boldsymbol{x}^{(i)}\neq\boldsymbol{x}_{\max}\}\geqslant f(\boldsymbol{y}^{(1)})\geqslant f(\boldsymbol{x}_{\min})$，用 $\boldsymbol{y}^{(1)}$ 取代 $\boldsymbol{x}_{\max}$，得到新的单纯形。

（3）收缩。如果 $f(\boldsymbol{x}_{\max})>f(\boldsymbol{y}^{(1)})>f(\boldsymbol{x}^{(i)})$，$i=0,1,\cdots,n$，$\boldsymbol{x}^{(i)}\neq\boldsymbol{x}_{\max}$，计算

$$\boldsymbol{y}^{(3)}=\bar{\boldsymbol{x}}+\beta(\boldsymbol{y}^{(1)}-\bar{\boldsymbol{x}})$$

其中，$\beta\in(0,1)$ 为收缩系数，以 $\boldsymbol{y}^{(3)}$ 取代 $\boldsymbol{x}_{\max}$ 构成新的单纯形。

（4）减半。如果 $f(\boldsymbol{y}^{(1)})>f(\boldsymbol{x}_{\max})$，重新取点，使

$$\boldsymbol{x}^{(i)}=\boldsymbol{x}_{\min}+\frac{1}{2}(\boldsymbol{x}^{(i)}-\boldsymbol{x}_{\min})$$

得到新的单纯形。

算法的停机准则取

$$\sqrt{\frac{1}{n+1}\sum_{i=0}^{n}\left[f(\boldsymbol{x}^{(i)})-f(\boldsymbol{x}_{\min})\right]^2}<\varepsilon$$

对于参数的选择，经验上取 $\alpha=1$，$0.4\leqslant\beta\leqslant0.6$，$2.3\leqslant\gamma\leqslant3.0$，Nelder 和 Mead 建议取 $\alpha=1$，$\beta=1/2$，$\gamma=2$。

初始单纯形可选择正单纯形。计算实践说明，初始单纯形尺度和方向的选取对结果有较大影响，当有先验估计时可取得较好的效果。

5.6.2　模式搜索法

模式搜索法是 Hooke 和 Jeeves 于 1961 年提出来的。该方法主要包括两类移动：探测性移动和模式性移动。所谓探测性移动，其目的是探求一个沿各坐标方向，探索得到的一个函数值小于出发点函数值的对应点，并得到一个“有前途的方向”；所谓模式性移动，就是沿此“有前途方向”加速移动。下面分别介绍这两类移动的过程。

（1）探测性移动：给定步长 α_k，设已产生第 k 个基点 $\boldsymbol{x}^{(k)}$，并通过模式性移动得到 $\boldsymbol{y}^{(0)}$（后面介绍），依次沿各坐标方向 $\boldsymbol{e}^{(i)}=(0,0,\cdots,0,1,0,\cdots,0)^{\mathrm{T}}$（第 i 个分量是 1，其余是 0）移动 α_k 步长：$i=0,1,2,\cdots,n-1$。

$$\bar{\boldsymbol{y}}=\boldsymbol{y}^{(i)}+\alpha_k\boldsymbol{e}^{(i+1)}$$

比较 $f(\bar{\boldsymbol{y}})$ 与 $f(\boldsymbol{y}^{(i)})$ 的值：

1）若 $f(\bar{\boldsymbol{y}})<f(\boldsymbol{y}^{(i)})$，则令 $\boldsymbol{y}^{(i+1)}=\bar{\boldsymbol{y}}$。

2）若 $f(\bar{\boldsymbol{y}})\geqslant f(\boldsymbol{y}^{(i)})$，取 $\bar{\boldsymbol{y}}=\boldsymbol{y}^{(i)}-\alpha_k\boldsymbol{e}^{(i+1)}$ 再进行比较：若 $f(\bar{\boldsymbol{y}})<f(\boldsymbol{y}^{(i)})$，则令 $\boldsymbol{y}^{(i+1)}=\bar{\boldsymbol{y}}$；否则 $\boldsymbol{y}^{(i+1)}=\boldsymbol{y}^{(i)}$。

这个探测性移动从 0 到 $n-1$ 后，得到 $\boldsymbol{y}^{(n)}$。如果 $f(\boldsymbol{y}^{(n)})<f(\boldsymbol{x}^{(k)})$，令 $\boldsymbol{x}^{(k+1)}=\boldsymbol{y}^{(n)}$。

（2）模式性移动：有理由认为 $\boldsymbol{x}^{(k+1)}-\boldsymbol{x}^{(k)}$ 是一个“有前途的方向”，取

$$\begin{aligned}\boldsymbol{y}^{(0)}&=\boldsymbol{x}^{(k+1)}+(\boldsymbol{x}^{(k+1)}-\boldsymbol{x}^{(k)})\\&=2\boldsymbol{x}^{(k+1)}-\boldsymbol{x}^{(k)}\end{aligned}$$

就完成了模式性移动。这时 $f(\boldsymbol{y}^{(0)})$ 不一定保证小于 $f(\boldsymbol{x}^{(k+1)})$。

如果探测性移动得到的 $\boldsymbol{y}^{(n)}$，使 $f(\boldsymbol{y}^{(n)})\geqslant f(\boldsymbol{x}^{(k)})$ 时，不进行模式性移动，而返回。令 $\boldsymbol{y}^{(0)}=\boldsymbol{x}^{(k)}$，重新进行探测性移动，若结果使得 $\boldsymbol{y}^{(n)}=\boldsymbol{y}^{(0)}$，即每一步都失败时，减小 α_k 再重复上述过程。如此进行，直至 α_k 充分小，终止计算，说明沿各方向按一定（充分小）的步长移动都不能使函数值下降，则当前基点即为解。

算法流程图如图 5-7 所示。

直接搜索方法还有一些，本书不再介绍。总的情况是，直接搜索方法的效率一般都不如用导数解析法的效率。随着计算机技术的发展，解析法的优势越来越明显。实用中，常常用差商代替导数，从而避开求导而使用解析法解决量优化问题。

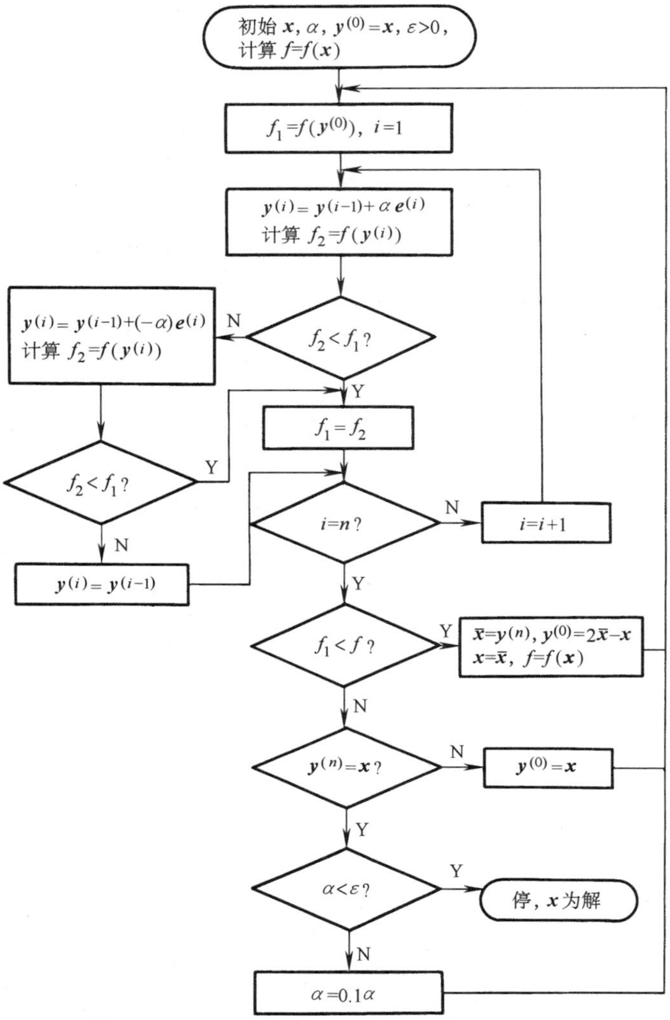

图 5-7

习 题

1. 利用极值条件求解下列无约束最优化问题：

$$\min f(x)=\frac{1}{3}x_1^3+\frac{1}{3}x_2^3-x_1-x_2^2$$

2. 描述最速下降算法的计算过程，并计算：

$$\min f(\boldsymbol{x})=3x_1^2+2x_1+3x_2^2-4x_2$$

3. 用牛顿法求解下列问题：

（1） $\min f(\boldsymbol{x})=3x_1^2+2x_2^2+x_3^2-4x_1x_2+2x_1x_3+6x_2-4x_3$

（2） $\min f(\boldsymbol{x})=2x_1^4-3x_1^2+2x_2^2+2x_1x_2-3x_1-4x_2$

4. 用带一维搜索的牛顿法（阻尼牛顿法）求解下列无约束最优化问题：

$$\min f(x)=x_1-x_2+2x_1^2+2x_1x_2+x_2^2$$

初始点 $\boldsymbol{x}^{(0)}=\begin{pmatrix}0\\0\end{pmatrix}$，$\varepsilon=10^{-6}$。

5. 用共轭梯度法求下列问题：

（1）$f(\boldsymbol{x})=4x_1^2+4x_2^2-4x_1x_2-12x_2$，取初始点 $\boldsymbol{x}^{(1)}=(-0.5, 1)^{\mathrm{T}}$。

（2）$f(\boldsymbol{x})=x_1^2-2x_1x_2+2x_2^2+x_3^2-x_1x_3+x_1+3x_2-x_3$，取初始点 $\boldsymbol{x}^{(1)}=(0, 0, 0)^{\mathrm{T}}$。

6. 用 DFP 法解问题

$$\min 10x_1^2+x_2^2$$

取 $\boldsymbol{H}^{(1)}=\boldsymbol{E}$（单位阵），$\boldsymbol{x}^{(1)}=(1/10, 1)^{\mathrm{T}}$，做精确一维搜索。

7. 用 BFGS 法解问题

$$\min x_1^2+4x_2^2-4x_1-8x_2$$

取 $\boldsymbol{H}^{(1)}=\boldsymbol{E}$，$\boldsymbol{x}^{(1)}=(0, 0)^{\mathrm{T}}$，做精确一维搜索。

8. 考虑无约束问题

$$\min x_1^2+x_2^2-x_1x_2-10x_1-4x_2+60$$

取 $\boldsymbol{x}^{(1)}=(0, 0)^{\mathrm{T}}$，用下列方法分别求解，皆用精确一维搜索。

（1）DFP 法，取 $\boldsymbol{H}^{(1)}=\boldsymbol{E}$。

（2）BFGS 法，取 $\boldsymbol{H}^{(1)}=\boldsymbol{E}$。

（3）FR 共轭梯度法。

比较各算法产生的迭代点，说明各有什么特点。

9. 用流程图描述可变多面体算法。

10. 总结各无约束最优化算法的基本思想及各方法的特性。

第 6 章

约束最优化方法

约束最优化问题是人们在实践中遇到最多的数学规划问题之一。由于它的复杂性，无论是在理论方面的研究，还是实际中的应用都有很大难度。广大运筹学工作者在这方面投入了极大的精力，收到不少成果。

一般的约束最优化问题的求解难度是很大的，目前尚没有一种普遍有效的算法。本书着重介绍几种常用算法，力求使读者对这类问题的解法思路有一个了解，并为未来的研究及应用打下良好的基础。

本章问题的一般提法为

$$(fgh)\begin{cases}\min f(\boldsymbol{x}) \\ \text{s. t.}\quad g_i(\boldsymbol{x})\leqslant 0,\ i=1,\ 2,\ \cdots,\ m \\ \qquad h_j(\boldsymbol{x})=0,\ j=1,\ 2,\ \cdots,\ l\end{cases}$$

其中，f，g_i，h_j：$\mathbf{R}^n\to\mathbf{R}$，$i=1,\ 2,\ \cdots,\ m$；$j=1,\ 2,\ \cdots,\ l$，记约束集（可行集）为

$$S=\{\boldsymbol{x}\mid g_i(\boldsymbol{x})\leqslant 0,\ h_j(\boldsymbol{x})=0,\ i=1,\ 2,\ \cdots,\ m;\ j=1,\ 2,\ \cdots,\ l\}$$

为了简便，可以将它写成矩阵形式

$$(\boldsymbol{fgh})\begin{cases}\min\quad f(\boldsymbol{x}) \\ \text{s. t.}\quad \boldsymbol{g}(\boldsymbol{x})\leqslant\boldsymbol{0} \\ \qquad \boldsymbol{h}(\boldsymbol{x})=\boldsymbol{0}\end{cases}$$

其中，f：$\mathbf{R}^n\to\mathbf{R}$，$\boldsymbol{g}$：$\mathbf{R}^n\to\mathbf{R}^m$，$\boldsymbol{h}$：$\mathbf{R}^n\to\mathbf{R}^l$

$$S=\{\boldsymbol{x}\mid \boldsymbol{g}(\boldsymbol{x})\leqslant\boldsymbol{0},\boldsymbol{h}(\boldsymbol{x})=\boldsymbol{0}\}$$

在以下讨论中，两种形式不加特别说明，读者只需注意其表示方式，不会引起混淆。

6.1 Kuhn-Tucker 条件

6.1.1 等式约束问题的最优性条件

这一节只考虑含有等式约束的问题

$$(\boldsymbol{fh})\begin{cases}\min\quad f(\boldsymbol{x}) \\ \text{s. t.}\quad \boldsymbol{h}(\boldsymbol{x})=\boldsymbol{0}\end{cases}\tag{6-1}$$

其中，f：$\mathbf{R}^n \to \mathbf{R}$，$\boldsymbol{h}$：$\mathbf{R}^n \to \mathbf{R}^l$ 均为连续可微函数。

这里可行集：$S=\{\boldsymbol{x} \mid \boldsymbol{h}(\boldsymbol{x})=\mathbf{0}\}$。

这是一个条件极值问题，很多人已经熟悉它的最优性条件。为了引导对一般问题的有关讨论，下面再介绍一下，并引出更进一步的结论。

1. 拉格朗日（Lagrange）乘子及一阶必要条件

对问题（6-1）建立拉格朗日函数

$$L(\boldsymbol{x},\boldsymbol{v})=f(\boldsymbol{x})+\boldsymbol{v}^{\mathrm{T}}\boldsymbol{h}(\boldsymbol{x}) \tag{6-2}$$

其中，$\boldsymbol{v}\in\mathbf{R}^l$ 为拉格朗日乘子。

设 $\boldsymbol{x}^* \in S$，在 $\boldsymbol{x}^*$ 点 $\boldsymbol{h}(\boldsymbol{x})$ 的各分量的梯度 $\nabla h_1(\boldsymbol{x}^*)$，$\nabla h_2(\boldsymbol{x}^*)$，…，$\nabla h_l(\boldsymbol{x}^*)$ 线性无关，那么 $\boldsymbol{h}(\boldsymbol{x})$ 在 $\boldsymbol{x}^*$ 点的偏导数矩阵 $\partial\boldsymbol{h}(\boldsymbol{x}^*)/\partial\boldsymbol{x}$ 存在 $l\times l$ 的非奇异子矩阵，无妨设 $\partial\boldsymbol{h}(\boldsymbol{x}^*)/\partial(x_1, x_2, \cdots, x_l)$ 是 $l\times l$ 的非奇异矩阵。那么，根据隐函数定理可得到，在 $\boldsymbol{x}^*$ 的邻域内存在连续可微函数，$x_i=\varphi_i(x_{l+1}, x_{l+2}, \cdots, x_n)$，$i=1, 2, \cdots, l$ 且

$$\frac{\partial(\varphi_1, \cdots, \varphi_l)}{\partial(x_{l+1}, \cdots, x_n)}=-\left(\frac{\partial\boldsymbol{h}(\boldsymbol{x}^*)}{\partial(x_1, \cdots, x_l)}\right)^{-1}\frac{\partial\boldsymbol{h}(\boldsymbol{x}^*)}{\partial(x_{l+1}, \cdots, x_n)}$$

于是原问题（6-1）变为无约束问题，这里，x_{l+1}，…，x_n 为变量

$$\min f(\varphi_1(x_{l+1}, \cdots, x_n), \cdots, \varphi_l(x_{l+1}, \cdots, x_n), x_{l+1}, \cdots, x_n) \tag{6-3}$$

为了方便，记 $\boldsymbol{y}=(x_1, x_2, \cdots, x_l)^{\mathrm{T}}$，$\boldsymbol{z}=(x_{l+1}, \cdots, x_n)^{\mathrm{T}}$。

如果 $\boldsymbol{x}^*$ 为式（6-1）的极小值点，也即是式（6-3）的极值点，那么根据一阶微分形式不变性，在 $\boldsymbol{x}^*$ 点有

$$\mathrm{d}f(\boldsymbol{x}^*)=\nabla_y f^{\mathrm{T}}(\boldsymbol{x}^*)\mathrm{d}\boldsymbol{y}+\nabla_z f^{\mathrm{T}}(\boldsymbol{x}^*)\mathrm{d}\boldsymbol{z}=0 \tag{6-4}$$

其中，$\nabla_y f$，$\nabla_z f$ 分别表示 f 关于 $\boldsymbol{y}$，$\boldsymbol{z}$ 的梯度，$\mathrm{d}\boldsymbol{y}$，$\mathrm{d}\boldsymbol{z}$ 表示相应的各分量微分构成的向量。又对于约束有

$$\mathrm{d}\boldsymbol{h}(\boldsymbol{x}^*)=\left(\frac{\partial\boldsymbol{h}(\boldsymbol{x}^*)}{\partial\boldsymbol{y}}\right)^{\mathrm{T}}\mathrm{d}\boldsymbol{y}+\left(\frac{\partial\boldsymbol{h}(\boldsymbol{x}^*)}{\partial\boldsymbol{z}}\right)^{\mathrm{T}}\mathrm{d}\boldsymbol{z}=\mathbf{0} \tag{6-5}$$

引入拉格朗日乘子，对式（6-4）与 $\boldsymbol{v}^{\mathrm{T}}$ 乘式（6-5）求和

$$\mathrm{d}f(\boldsymbol{x}^*)+\boldsymbol{v}^{\mathrm{T}}\mathrm{d}\boldsymbol{h}(\boldsymbol{x}^*)=0$$

即

$$\begin{aligned}&(\nabla_y f^{\mathrm{T}}(\boldsymbol{x}^*)\mathrm{d}\boldsymbol{y}+\nabla_z f^{\mathrm{T}}(\boldsymbol{x}^*)\mathrm{d}\boldsymbol{z})+\boldsymbol{v}^{\mathrm{T}}\left[\left(\frac{\partial\boldsymbol{h}(\boldsymbol{x}^*)}{\partial\boldsymbol{y}}\right)^{\mathrm{T}}\mathrm{d}\boldsymbol{y}+\left(\frac{\partial\boldsymbol{h}(\boldsymbol{x}^*)}{\partial\boldsymbol{z}}\right)^{\mathrm{T}}\mathrm{d}\boldsymbol{z}\right]\\&=\left[\nabla_y f^{\mathrm{T}}(\boldsymbol{x}^*)+\boldsymbol{v}^{\mathrm{T}}\left(\frac{\partial\boldsymbol{h}(\boldsymbol{x}^*)}{\partial\boldsymbol{y}}\right)^{\mathrm{T}}\right]\mathrm{d}\boldsymbol{y}+\left[\nabla_z f^{\mathrm{T}}(\boldsymbol{x}^*)+\boldsymbol{v}^{\mathrm{T}}\left(\frac{\partial\boldsymbol{h}(\boldsymbol{x}^*)}{\partial\boldsymbol{z}}\right)^{\mathrm{T}}\right]\mathrm{d}\boldsymbol{z}=0\end{aligned}$$

根据式（6-3）及隐函数定理得到的结论，$\boldsymbol{z}$ 为独立变量，$\boldsymbol{x}^*$ 为极值点，故

$$\nabla_z f^{\mathrm{T}}(\boldsymbol{x}^*)\mathrm{d}\boldsymbol{z}=0,\left(\frac{\partial\boldsymbol{h}(\boldsymbol{x}^*)}{\partial\boldsymbol{z}}\right)^{\mathrm{T}}\mathrm{d}\boldsymbol{z}=0$$

代入上式得

$$\nabla_y f^{\mathrm{T}}(\boldsymbol{x}^*)+\boldsymbol{v}^{\mathrm{T}}\left(\frac{\partial\boldsymbol{h}(\boldsymbol{x}^*)}{\partial\boldsymbol{y}}\right)^{\mathrm{T}}=0$$

由 $\partial\boldsymbol{h}(\boldsymbol{x}^*)/\partial\boldsymbol{y}$ 非奇异可解得

$$\boldsymbol{v}^*=-\left(\frac{\partial\boldsymbol{h}(\boldsymbol{x})^*}{\partial\boldsymbol{y}}\right)^{-1}\nabla_y f(\boldsymbol{x}^*)$$

于是得到 $\boldsymbol{x}^*$ 为式（6-1）的 l. opt. 的必要条件：

存在 $\boldsymbol{v}^* \in \mathbf{R}^l$，使

$$\begin{cases}\nabla_x L(\boldsymbol{x}^*, \boldsymbol{v}^*) = \nabla f(\boldsymbol{x}^*) + \dfrac{\partial \boldsymbol{h}(\boldsymbol{x}^*)}{\partial \boldsymbol{x}} \boldsymbol{v}^* = \boldsymbol{0} \\ \nabla_v L(\boldsymbol{x}^*, \boldsymbol{v}^*) = \boldsymbol{h}(\boldsymbol{x}^*) = \boldsymbol{0}\end{cases} \tag{6-6}$$

成立。

式（6-6）可写成

$$\nabla f(\boldsymbol{x}^*) = \sum_{i=1}^{l} (-v_i^*) \nabla h_i(\boldsymbol{x}^*) \tag{6-7}$$

即说明 $\nabla f(\boldsymbol{x}^*)$ 可表示为 $\nabla h_1(\boldsymbol{x}^*)$，$\nabla h_2(\boldsymbol{x}^*)$，…，$\nabla h_l(\boldsymbol{x}^*)$ 的线性组合。

以二维情况为例，当 $l=1$ 时，最优性条件如图 6-1 所示。

在 $\boldsymbol{x}^*$ 点，$\nabla f(\boldsymbol{x}^*)$ 同 $\nabla h(\boldsymbol{x}^*)$ 共线，沿函数下降方向的点不可行，故 $\boldsymbol{x}^*$ 为 l. opt.；在 $\bar{\boldsymbol{x}}$ 点，$-\nabla f(\bar{\boldsymbol{x}})$ 在 $h(\boldsymbol{x})=0$ 曲线的 $\bar{\boldsymbol{x}}$ 点的切线方向上有投影，即存在下降并线性可行方向，因而 $\bar{\boldsymbol{x}}$ 不是 l. opt.。这里线性可行方向指切线方向。

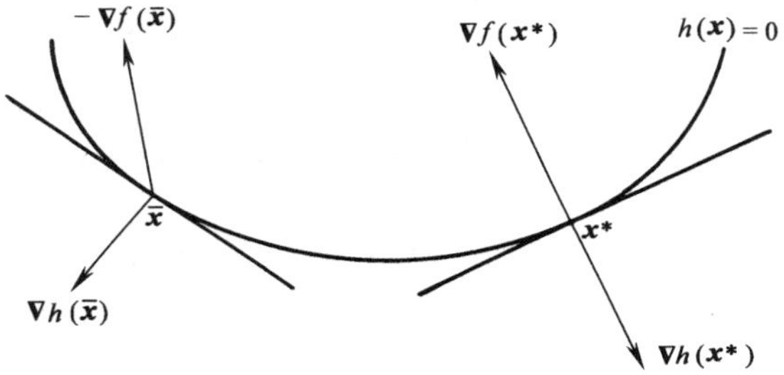

图 6-1

在一般 n 维情况下，问题（$\boldsymbol{fh}$）的可行集 $S=\{\boldsymbol{x} \mid \boldsymbol{h}(\boldsymbol{x})=\boldsymbol{0}\}$ 为 l 个超曲面的交集。设 $\boldsymbol{x}^* \in S$，$\nabla h_1(\boldsymbol{x}^*)$，$\nabla h_2(\boldsymbol{x}^*)$，…，$\nabla h_l(\boldsymbol{x}^*)$ 生成的子空间为 N，所有切向量构成 N 的正交子空间 $N^\perp$。根据式（6-7），最优性的必要条件为 $\nabla f(\boldsymbol{x}^*) \in N$。

2. 拉格朗日乘子的意义

考虑问题（$\boldsymbol{fh}$）的约束右端项有扰动的问题。

$$(\boldsymbol{fh})_\varepsilon \begin{cases}\min & f(\boldsymbol{x}) \\ \text{s. t.} & \boldsymbol{h}(\boldsymbol{x}) = \boldsymbol{\varepsilon}\end{cases}$$

设 $(\boldsymbol{fh})_\varepsilon$ 的最优解为 $\boldsymbol{x}(\boldsymbol{\varepsilon})$，最优乘子为 $\boldsymbol{v}(\boldsymbol{\varepsilon})$，原问题的最优解及最优乘子分别为 $\boldsymbol{x}^*$，$\boldsymbol{v}^*$。那么，$\boldsymbol{x}^* = \boldsymbol{x}(\boldsymbol{0})$，$\boldsymbol{v}^* = \boldsymbol{v}(\boldsymbol{0})$。

$(\boldsymbol{fh})_\varepsilon$ 的拉格朗日函数为

$$L(\boldsymbol{x}, \boldsymbol{v}, \boldsymbol{\varepsilon}) = f(\boldsymbol{x}) + \boldsymbol{v}^{\mathrm{T}}(\boldsymbol{h}(\boldsymbol{x}) - \boldsymbol{\varepsilon})$$

由于 $\boldsymbol{h}(\boldsymbol{x}(\boldsymbol{\varepsilon}))=\boldsymbol{\varepsilon}$，因此最优值函数 $f(\boldsymbol{x}(\boldsymbol{\varepsilon}))=L(\boldsymbol{x}(\boldsymbol{\varepsilon}), \boldsymbol{v}(\boldsymbol{\varepsilon}), \boldsymbol{\varepsilon})$。把 $f(\boldsymbol{x}(\boldsymbol{\varepsilon}))$ 对 $\boldsymbol{\varepsilon}$ 求导，得

$$\begin{aligned}\nabla_\varepsilon f(\boldsymbol{x}(\boldsymbol{\varepsilon})) &= \nabla_\varepsilon L(\boldsymbol{x}(\boldsymbol{\varepsilon}), \boldsymbol{v}(\boldsymbol{\varepsilon}), \boldsymbol{\varepsilon}) \\ &= \left(\frac{\partial \boldsymbol{x}(\boldsymbol{\varepsilon})}{\partial \boldsymbol{\varepsilon}}\right)^{\mathrm{T}} \nabla_x L + \left(\frac{\partial \boldsymbol{v}(\boldsymbol{\varepsilon})}{\partial \boldsymbol{\varepsilon}}\right)^{\mathrm{T}} \nabla_v L - \boldsymbol{v}(\boldsymbol{\varepsilon})\end{aligned}$$

根据前面的讨论，$\nabla_x L=\mathbf{0}$，$\nabla_v L=\mathbf{0}$，因而

$$\nabla_{\varepsilon} f(\boldsymbol{x}(\boldsymbol{\varepsilon}))=-\boldsymbol{v}(\boldsymbol{\varepsilon})$$

即

$$\frac{\partial f(\boldsymbol{x}(\boldsymbol{\varepsilon}))}{\partial \boldsymbol{\varepsilon}_i}=-v_i(\boldsymbol{\varepsilon}),\ i=1,\ \cdots,\ l$$

这说明，$-\boldsymbol{v}^*$ 的各分量为 $f(\boldsymbol{x}(\boldsymbol{\varepsilon}))$ 在 $\boldsymbol{\varepsilon}=\mathbf{0}$ 点的各阶偏导数，表示 $f(\boldsymbol{x}^*)$ 对各约束分量扰动的敏感程度。

6.1.2 一般约束问题的最优性条件

1. 不等式约束问题的 Kuhn-Tucker 条件

在 6.1.1 中我们已得到了关于等式约束问题的一阶最优性必要条件：$\nabla f(\boldsymbol{x}^*)\in N$。下面考虑只含不等式约束的问题。

$$(fg)\quad \begin{cases}\min & f(\boldsymbol{x})\\ \text{s. t.} & \boldsymbol{g}(\boldsymbol{x})\leqslant \mathbf{0}\end{cases} \tag{6-8}$$

设 f：$\mathbf{R}^n\to\mathbf{R}$，$\boldsymbol{g}$：$\mathbf{R}^n\to\mathbf{R}^m$ 连续可微。

设 $\boldsymbol{x}^*\in S=\{\boldsymbol{x}\mid \boldsymbol{g}(\boldsymbol{x})\leqslant\mathbf{0}\}$。在 $\boldsymbol{x}^*$ 点，向量 $\boldsymbol{g}(\boldsymbol{x}^*)\leqslant\mathbf{0}$ 中有的分量以严格不等式成立，有的以等式成立。记

$$I=\{i\mid g_i(\boldsymbol{x}^*)=0,\ i=1,\ 2,\ \cdots,\ m\}$$

称为 $\boldsymbol{x}^*$ 点的起作用集或紧约束集。

对于问题（fg），考虑 $\boldsymbol{x}^*$ 是否 l. opt. 时，那些 $g_i(\boldsymbol{x})$，$i\notin I$，没有起作用，因为它们在 $\boldsymbol{x}^*$ 的邻域内，对点的可行性无限制作用；那些 $g_i(\boldsymbol{x})$，$i\in I$ 中，只有在那些使 $g_i(\boldsymbol{x})$ 变为大于零的方向上有限制，而对使 $g_i(\boldsymbol{x})$ 变为小于或等于零的方向上没有限制。

以二维情况为例，设 $m=1$，图 6-2 中在 $\boldsymbol{x}^*$ 点，$-\nabla f(\boldsymbol{x}^*)$ 同 $\nabla \boldsymbol{g}(\boldsymbol{x}^*)$ 方向相同，即是当沿着 f 下降方向前进时，$\boldsymbol{g}(\boldsymbol{x})$ 上升就变得大于零，于是 $\boldsymbol{x}$ 变得不可行，因此 $\boldsymbol{x}^*$ 是 l. opt.；在 $\bar{\boldsymbol{x}}$ 点，虽然 $\nabla f(\bar{\boldsymbol{x}})$ 与 $\nabla \boldsymbol{g}(\bar{\boldsymbol{x}})$ 共线，但沿 f 下降方向，$\boldsymbol{g}(\boldsymbol{x})$ 也变小，因此 $\bar{\boldsymbol{x}}$ 不是 l. opt.。

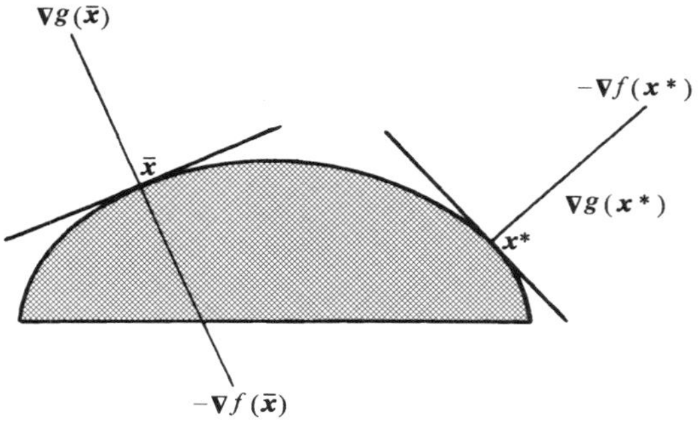

图 6-2

例 6-1 如图 6-3 所示，考虑问题

$$\begin{cases}\min(x_1-3)^2+(x_2-2)^2 & g_1(\boldsymbol{x})=x_1^2+x_2^2-5\\ \text{s. t. } x_1^2+x_2^2\leqslant 5 & g_2(\boldsymbol{x})=x_1+2x_2-4\\ \quad x_1+2x_2\leqslant 4 & g_3(\boldsymbol{x})=-x_1\\ \quad x_1,x_2\geqslant 0 & g_4(\boldsymbol{x})=-x_2\end{cases}$$

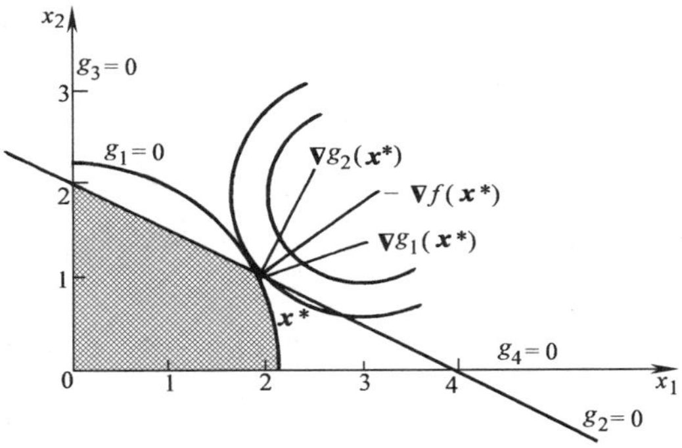

图 6-3

$$S=\{(x_1,x_2)^{\mathrm{T}}\mid x_1^2+x_2^2\leqslant 5,x_1+2x_2\leqslant 4,x_1,x_2\geqslant 0\}$$

在 $\boldsymbol{x}^*=(2,\ 1)^{\mathrm{T}}$，$I=\{1,\ 2\}$，沿函数下降方向的点，会移到约束集合 S 之外，因此，x^* 是 l. opt. 。可以看到$-\nabla f(\boldsymbol{x}^*)$ 可以用$\nabla g_1(\boldsymbol{x}^*)$ 和$\nabla g_2(\boldsymbol{x}^*)$ 的非负组合表出：$\nabla f(\boldsymbol{x}^*)=(-2,\ -2)^{\mathrm{T}}$，$\nabla g_1(\boldsymbol{x}^*)=(4,\ 2)^{\mathrm{T}}$，$\nabla g_2(\boldsymbol{x}^*)=(1,\ 2)^{\mathrm{T}}$，于是$\nabla f(\boldsymbol{x}^*)+\frac{1}{3}\nabla g_1(\boldsymbol{x}^*)+\frac{2}{3}\nabla g_2(\boldsymbol{x}^*)=\boldsymbol{0}$。

对于不等式约束问题有如下最优性定理，它的结论称为 Kuhn-Tucker 条件，简称 K-T 条件。

定理 6-1 问题（fg），设 $\boldsymbol{x}^*\in S$，I 为 $\boldsymbol{x}^*$ 点的紧约束集。函数 $f(\boldsymbol{x})$，$g_i(\boldsymbol{x}),i\in I$ 在 $\boldsymbol{x}^*$ 点可微，$g_i(\boldsymbol{x})$，$i\notin I$ 在 $\boldsymbol{x}^*$ 点连续，向量组 $\{\nabla g_i(\boldsymbol{x}^*)\mid i\in I\}$ 线性无关。如果 $\boldsymbol{x}^*$ 为（fg）的 l. opt. ，则存在 $\boldsymbol{u}_i^*\geqslant\boldsymbol{0}$，$i\in I$，使

$$\nabla f(\boldsymbol{x}^*)+\sum_{i\in I}\boldsymbol{u}_i^*\ \nabla g_i(\boldsymbol{x}^*)=\boldsymbol{0} \tag{6-9}$$

如果进一步有 $g_i(\boldsymbol{x})$，$i\notin I$ 在 $\boldsymbol{x}^*$ 点也可微，那么下列系统成立：

$$\nabla f(\boldsymbol{x}^*)+\frac{\partial \boldsymbol{g}(\boldsymbol{x}^*)}{\partial \boldsymbol{x}}\boldsymbol{u}^*=\boldsymbol{0} \tag{6-10}$$

$$\boldsymbol{u}^*\geqslant\boldsymbol{0} \tag{6-11}$$

$$\boldsymbol{u}^{*\mathrm{T}}\boldsymbol{g}(\boldsymbol{x}^*)=0 \tag{6-12}$$

定理 6-1 中式（6-10）可写成

$$\nabla f(\boldsymbol{x}^*)+\sum_{i=1}^{m} u_i^* \nabla g_i(\boldsymbol{x}^*)=\boldsymbol{0} \tag{6-13}$$

式（6-12）称为互补松弛条件。由于 $\boldsymbol{g}(\boldsymbol{x}^*)\leqslant\boldsymbol{0}$，$\boldsymbol{u}^*\geqslant\boldsymbol{0}$，可直接得到$u_i^* g_i(\boldsymbol{x}^*)=0, i=1, 2, \cdots, m$，显然当 $i\notin I$ 时，$g_i(\boldsymbol{x}^*)<0$，一定有 $u_i^*=0$。于是得到，除可微性的要求外，系统式（6-10）~式（6-12）同式（6-9）是等价的。

定理 6-1 中的条件"$\{\nabla g_i(\boldsymbol{x}^*) \mid i\in I\}$ 线性无关"是为使必要条件成立而强加的一个假设，称之为约束规格，记 CQ（Constraint Qualification）。

在理论上可有不同的 CQ，保证 K-T 条件成为必要条件，有兴趣的读者可参考有关文献，这里不多介绍。

K-T 条件的几何意义是目标函数的负梯度$-\nabla f(\boldsymbol{x}^*)$ 可表示成紧约束函数梯度的非负组合，或者说$-\nabla f(\boldsymbol{x}^*)$ 属于紧约束函数梯度所张成的锥$C(\cdots\nabla g_i(\boldsymbol{x}^*)(i\in I)\cdots)$。

2. 一般约束问题的 Kuhn-Tucker 条件

考虑一般约束问题（$\boldsymbol{fgh}$），结合定理 6-1 及上面不等式约束问题的最优性条件，可以平行地得到下面的定理。

定理 6-2　考虑问题（$\boldsymbol{fgh}$）。设 $\boldsymbol{x}^*\in S=\{\boldsymbol{x}\mid \boldsymbol{g}(\boldsymbol{x})\leqslant\boldsymbol{0},\ \boldsymbol{h}(\boldsymbol{x})=\boldsymbol{0}\}$，$I$ 为 $\boldsymbol{x}^*$ 点的紧约束集；f，g_i，$i\in I$，h_j，$j=1, 2, \cdots, l$ 在 $\boldsymbol{x}^*$ 点可微；g_i，$i\notin I$，在 x^* 点连续。再设（CQ）$\{\nabla g_i(\boldsymbol{x}^*), i\in I, \nabla h_j(\boldsymbol{x}^*), j=1, 2, \cdots, l\}$ 线性无关，那么，存在 $u_i\geqslant 0$，$i\in I$，v_j，$j=1, 2, \cdots, l$，使

$$\nabla f(\boldsymbol{x}^*)+\sum_{i\in I} u_i\nabla g_i(\boldsymbol{x}^*)+\sum_{j=1}^{l} v_j\nabla h_j(\boldsymbol{x}^*)=\boldsymbol{0} \tag{6-14}$$

如果进一步有 $g_i(\boldsymbol{x})$，$i\notin I$，在 $\boldsymbol{x}^*$ 点可微，则下面系统成立：

$$\nabla f(\boldsymbol{x}^*)+\frac{\partial \boldsymbol{g}(\boldsymbol{x}^*)}{\partial \boldsymbol{x}}\boldsymbol{u}+\frac{\partial \boldsymbol{h}(\boldsymbol{x}^*)}{\partial \boldsymbol{x}}\boldsymbol{v}=\boldsymbol{0} \tag{6-15}$$

$$\boldsymbol{u}\geqslant\boldsymbol{0},\ \boldsymbol{u}\in\mathbf{R}^m,\ \boldsymbol{v}\in\mathbf{R}^l \tag{6-16}$$

$$\boldsymbol{u}^{\mathrm{T}}\boldsymbol{g}(\boldsymbol{x}^*)=0 \tag{6-17}$$

定理中的式（6-17）为互补松弛条件。显然，通过它可得到式（6-14）与式（6-15）~式（6-17）的等价性。

例 6-2　考虑例 6-1 的问题

$$\min\quad f(\boldsymbol{x})=(x_1-3)^2+(x_2-2)^2$$

$$\text{s. t.}\quad \begin{cases} g_1(\boldsymbol{x})=x_1^2+x_2^2-5\leqslant 0 \\ g_2(\boldsymbol{x})=x_1+2x_2-4\leqslant 0 \\ g_3(\boldsymbol{x})=-x_1\leqslant 0 \\ g_4(\boldsymbol{x})=-x_2\leqslant 0 \end{cases}$$

用图解法容易求得最优解为 $\boldsymbol{x}^*=(2, 1)^{\mathrm{T}}$，验证 $\boldsymbol{x}^*$ 是 K-T 点。

首先，写出上述问题的 K-T 条件表示式

$$\nabla f(\boldsymbol{x})=\begin{pmatrix}2(x_1-3)\\2(x_2-2)\end{pmatrix}$$

$$\nabla g_1(\boldsymbol{x})=\begin{pmatrix}2x_1\\2x_2\end{pmatrix}$$

$$\nabla g_2(\boldsymbol{x})=\begin{pmatrix}1\\2\end{pmatrix}$$

$$\nabla g_3(\boldsymbol{x})=\begin{pmatrix}-1\\0\end{pmatrix},\nabla g_4(\boldsymbol{x})=\begin{pmatrix}0\\-1\end{pmatrix}$$

于是，得到 K-T 条件式

$$\begin{cases}2(x_1-3)+u_1\cdot 2x_1+u_2+u_3(-1)+u_4\cdot 0=0\\2(x_2-2)+u_1\cdot 2x_2+u_2\cdot 2+u_3\cdot 0+u_4\cdot(-1)=0\\u_1,u_2,u_3,u_4\geqslant 0\\u_1(x_1^2+x_2^2-5)=0\\u_2(x_1+2x_2-4)=0\\u_3x_1=0\\u_4x_2=0\end{cases}$$

由于 $\boldsymbol{x}^*$ 点使 $g_1(\boldsymbol{x}^*)=0$，$g_2(\boldsymbol{x}^*)=0$，即起作用集（紧约束集）$I=\{1,2\}$，于是可知 $u_3=u_4=0$，K-T 条件式简化为（把 $\boldsymbol{x}^*$，u_3，u_4 代入）

$$\begin{cases}4u_1+u_2=2\\2u_1+2u_2=2\end{cases}$$

解得 $u_1^*=\dfrac{1}{3}$，$u_2^*=\dfrac{2}{3}$，均非负，故 $\boldsymbol{x}^*$ 是 K-T 点。

在约束最优化问题中，K-T 条件的地位相当于无约束最优化问题中的驻点（梯度等于 $\mathbf{0}$ 的点）条件。因此，许多约束最优化算法的目标定为求得K-T点。

3. 关于凸规划的一阶充分条件

当问题（fgh）是凸规划时，一阶条件式（6-14）或式（6-15）~式（6-17）成为充分必要条件。定理 6-2 已经给出了必要性，关于充分性，有如下定理：

定理 6-3 考虑问题（fgh）。设 f：$\mathbf{R}^n\to\mathbf{R}$ 是可微凸函数，g_i：$\mathbf{R}^n\to\mathbf{R}(i=1,2,\cdots,m)$ 均为可微凸函数，$\boldsymbol{h}(\boldsymbol{x})=\boldsymbol{A}\boldsymbol{x}-\boldsymbol{b}$，$\boldsymbol{A}$ 为 $l\times n$ 矩阵，$\boldsymbol{b}\in\mathbf{R}^l$。再设 $\boldsymbol{x}^*\in S=\{\boldsymbol{x}\mid \boldsymbol{g}(\boldsymbol{x})\leqslant\mathbf{0},\boldsymbol{h}(\boldsymbol{x})=\mathbf{0}\}$，并且满足式（6-14）。那么，$\boldsymbol{x}^*$ 为（fgh）的 g. opt. 。

证明 记 $I=\{i\mid g_i(\boldsymbol{x}^*)=0\}$ 为 $\boldsymbol{x}^*$ 的紧约束集。根据凸函数的性质，对 $\forall\boldsymbol{x}\in S$ 有

$$f(\boldsymbol{x})\geqslant f(\boldsymbol{x}^*)+\nabla f^{\mathrm{T}}(\boldsymbol{x}^*)(\boldsymbol{x}-\boldsymbol{x}^*)$$

$$g_i(\boldsymbol{x})\geqslant g_i(\boldsymbol{x}^*)+\nabla g_i^{\mathrm{T}}(\boldsymbol{x}^*)(\boldsymbol{x}-\boldsymbol{x}^*)$$

注意到 $g_i(\boldsymbol{x})\leqslant 0$，对 $i\in I$，$g_i(\boldsymbol{x}^*)=0$，于是

$$\nabla g_i^{\mathrm{T}}(\boldsymbol{x}^*)(\boldsymbol{x}-\boldsymbol{x}^*)\leqslant 0$$

对 $\boldsymbol{h}(\boldsymbol{x})=\mathbf{0}$，$\boldsymbol{h}(\boldsymbol{x}^*)=\mathbf{0}$，可得到

$$\boldsymbol{h}(\boldsymbol{x})-\boldsymbol{h}(\boldsymbol{x}^*)=\boldsymbol{A}(\boldsymbol{x}-\boldsymbol{x}^*)=\boldsymbol{0}$$

考虑 K-T 条件式（6-14）可表示为

$$\nabla f^{\mathrm{T}}(\boldsymbol{x}^*)+\sum_{i\in I} u_i^* \nabla g_i^{\mathrm{T}}(\boldsymbol{x}^*)+\boldsymbol{v}^{*\mathrm{T}}\boldsymbol{A}=\boldsymbol{0}^{\mathrm{T}}, u_i^*\geqslant 0$$

把此式两端同右乘（$\boldsymbol{x}-\boldsymbol{x}^*$），根据上面讨论，可得到

$$\nabla f^{\mathrm{T}}(\boldsymbol{x}^*)(\boldsymbol{x}-\boldsymbol{x}^*)=-\sum_{i\in I} u_i^*\nabla g_i^{\mathrm{T}}(\boldsymbol{x}^*)(\boldsymbol{x}-\boldsymbol{x}^*)\geqslant 0$$

于是 $f(\boldsymbol{x})\geqslant f(\boldsymbol{x}^*)$ 对 $\forall \boldsymbol{x}\in S$ 成立，即 $\boldsymbol{x}^*$ 为 g. opt. 。

证毕。

根据定理 6-3 以及第 3 章的讨论，可得到线性规划的 K-T 条件点，必然是最优解。

考虑线性规划的标准形式

$$\begin{aligned}&\max \quad z=\boldsymbol{c}^{\mathrm{T}}\boldsymbol{x}\\&\text{s. t.}\begin{cases}\boldsymbol{A}\boldsymbol{x}=\boldsymbol{b}\\ \boldsymbol{x}\geqslant\boldsymbol{0}\end{cases}\end{aligned}\qquad \text{写成}\qquad \begin{aligned}&\min \quad f=-\boldsymbol{c}^{\mathrm{T}}\boldsymbol{x}\\&\text{s. t.}\begin{cases}-\boldsymbol{x}\leqslant\boldsymbol{0}\\ \boldsymbol{A}\boldsymbol{x}-\boldsymbol{b}=\boldsymbol{0}\end{cases}\end{aligned}$$

它的 K-T 条件式如下：

$$\begin{cases}-\boldsymbol{c}+(-\boldsymbol{E})\boldsymbol{u}+\boldsymbol{A}^{\mathrm{T}}\boldsymbol{v}=\boldsymbol{0}\\ \boldsymbol{u}^{\mathrm{T}}\boldsymbol{x}=0\\ \boldsymbol{u}\geqslant\boldsymbol{0}\end{cases}$$

其中，$\boldsymbol{E}$ 为单位矩阵，$\boldsymbol{u}\in\mathbf{R}^n$，$\boldsymbol{v}\in\mathbf{R}^m$。

整理后可得

$$\boldsymbol{u}=-\boldsymbol{c}+\boldsymbol{A}^{\mathrm{T}}\boldsymbol{v}\geqslant\boldsymbol{0},\ (\boldsymbol{c}-\boldsymbol{A}^{\mathrm{T}}\boldsymbol{v})^{\mathrm{T}}\boldsymbol{x}=0$$

进一步得到

$$\boldsymbol{c}^{\mathrm{T}}\boldsymbol{x}=(\boldsymbol{A}\boldsymbol{x})^{\mathrm{T}}\boldsymbol{v}=\boldsymbol{b}^{\mathrm{T}}\boldsymbol{v}\quad \text{（即为后文将讨论的强对偶性质）}$$

无妨设 $\boldsymbol{x}$ 有分解 $\boldsymbol{A}=(\boldsymbol{B},\boldsymbol{N})$，其中 $\boldsymbol{B}$ 为 $m\times m$ 非奇异矩阵。那么

$$\boldsymbol{x}=\begin{pmatrix}\boldsymbol{x}_B\\ \boldsymbol{x}_N\end{pmatrix},\ \boldsymbol{x}_B>\boldsymbol{0}\ \text{（非退化）},\ \boldsymbol{x}_N=\boldsymbol{0},\ \boldsymbol{c}=\begin{pmatrix}\boldsymbol{c}_B\\ \boldsymbol{c}_N\end{pmatrix},\ \boldsymbol{u}=\begin{pmatrix}\boldsymbol{u}_B\\ \boldsymbol{u}_N\end{pmatrix}$$

由互补松弛条件

$$\boldsymbol{u}_B^{\mathrm{T}}\boldsymbol{x}_B=0$$

得

$$\boldsymbol{u}_B=-\boldsymbol{c}_B+\boldsymbol{B}^{\mathrm{T}}\boldsymbol{v}=\boldsymbol{0},\ \boldsymbol{v}^{\mathrm{T}}=\boldsymbol{c}_B^{\mathrm{T}}\boldsymbol{B}^{-1}\ \text{（即对偶问题的解）}$$

代入

$$\boldsymbol{u}_N^{\mathrm{T}}=-\boldsymbol{c}_N^{\mathrm{T}}+\boldsymbol{v}^{\mathrm{T}}\boldsymbol{N}=-\boldsymbol{c}_N^{\mathrm{T}}+\boldsymbol{c}_B^{\mathrm{T}}\boldsymbol{B}^{-1}\boldsymbol{N}\geqslant\boldsymbol{0}$$

于是

$$-\boldsymbol{u}_N^{\mathrm{T}}=\boldsymbol{c}_N^{\mathrm{T}}-\boldsymbol{c}_B^{\mathrm{T}}\boldsymbol{B}^{-1}\boldsymbol{N}\leqslant\boldsymbol{0}$$

此即线性规划最优性条件，$-\boldsymbol{u}_N$ 即检验数。

6.1.3* 约束最优化问题的二阶条件

上面已经讨论过无约束问题的二阶条件，必要条件和充分条件中的二阶信息分别要求目标函数的二阶黑塞矩阵$\nabla^2 f(\boldsymbol{x}^*)$ 半正定和正定。

对于约束问题，只考虑$\nabla^2 f(\boldsymbol{x}^*)$是不够的，即使$\nabla^2 f(\boldsymbol{x}^*)$正定，仍不能保证$\boldsymbol{x}^*$是l. opt.。

例 6-3 （Fiacco 和 McCormick，1968）

$$
问题\begin{cases}\min \quad f(\boldsymbol{x})=\dfrac{1}{2}[(x_1-1)^2+x_2^2] \\ \text{s. t.} \quad h(\boldsymbol{x})=-x_1+\beta x_2^2=0,\ \beta \text{ 为常数}\end{cases}
$$

如图 6-4 所示，$\boldsymbol{x}^*=(0,\ 0)^{\mathrm{T}}$，$\nabla f(\boldsymbol{x}^*)=(-1,\ 0)^{\mathrm{T}}$，$\nabla h(\boldsymbol{x}^*)=(-1,\ 0)^{\mathrm{T}}$，取$\boldsymbol{v}^*=-1$，则$\nabla f(\boldsymbol{x}^*)+\boldsymbol{v}^{*\mathrm{T}}\nabla h(\boldsymbol{x}^*)=\boldsymbol{0}$，$\boldsymbol{x}^*$为 K-T 点。

又 $\nabla^2 f(\boldsymbol{x}^*)=\begin{pmatrix}1 & 0\\ 0 & 1\end{pmatrix}$正定，如图 6-4 所示，当$\beta=1/4$时，$\boldsymbol{x}^*$是最优解；当$\beta=1$时，$\boldsymbol{x}^*$不是最优解。

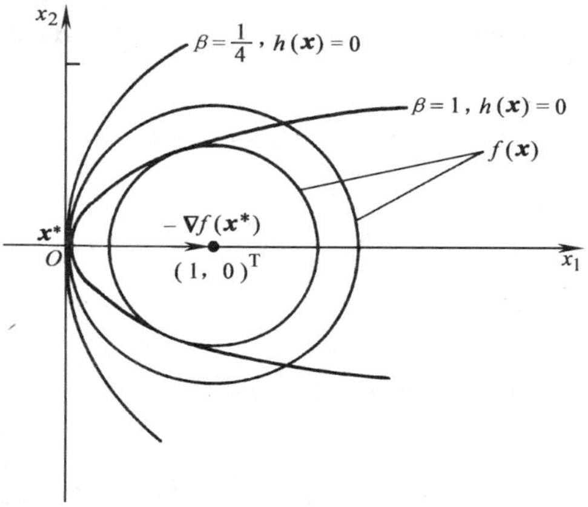

图 6-4

我们来考虑拉格朗日函数$L(\boldsymbol{x},\boldsymbol{v})=f(\boldsymbol{x})+\boldsymbol{v}\boldsymbol{h}(\boldsymbol{x})$，取$v=-1$，那么

$$L(\boldsymbol{x},-1)=\frac{1}{2}[(x_1-1)^2+x_2^2]+x_1-\beta x_2^2$$

$$\nabla_x L(\boldsymbol{x}^*,-1)=\nabla \boldsymbol{f}(\boldsymbol{x}^*)-\nabla h(\boldsymbol{x}^*)=0$$

即 K-T 条件。

$$
\begin{aligned}
\nabla_x^2 L(\boldsymbol{x}^*,-1)&=\nabla^2 f(\boldsymbol{x}^*)-\nabla^2 h(\boldsymbol{x}^*)\\
&=\begin{pmatrix}1 & 0\\ 0 & 1\end{pmatrix}-\begin{pmatrix}0 & 0\\ 0 & 2\beta\end{pmatrix}=\begin{pmatrix}1 & 0\\ 0 & 1-2\beta\end{pmatrix}
\end{aligned}
$$

对于$\boldsymbol{x}^*$点的线性可行方向$\boldsymbol{d}=(0,\ d_2)^{\mathrm{T}}$，$d_2\in\mathbf{R}$，$d_2\neq 0$。

由$\boldsymbol{d}^{\mathrm{T}}\nabla_x^2 L(\boldsymbol{x}^*,\ -1)\boldsymbol{d}=(1-2\beta)\ d_2^2$可知：

（1）当$\beta<1/2$时，$\boldsymbol{d}^{\mathrm{T}}\nabla^2 L(\boldsymbol{x}^*,\ -1)\ \boldsymbol{d}>0$。

（2）当$\beta=1/2$时，$\boldsymbol{d}^{\mathrm{T}}\nabla^2 L(\boldsymbol{x}^*,\ -1)\ \boldsymbol{d}=0$。

（3）当$\beta>1/2$时，$\boldsymbol{d}^{\mathrm{T}}\nabla^2 f(\boldsymbol{x}^*,\ -1)\ \boldsymbol{d}<0$。

实际上，当$\beta\leqslant 1/2$时，即（1），（2）的情况，$\boldsymbol{x}^*$是 opt.；而当$\beta>1/2$时，即（3）的情况，$\boldsymbol{x}^*$不是 opt.。

由上面的例子可以看出，在约束问题中，二阶条件需要涉及拉格朗日函数关于 x 的二阶黑塞矩阵。下面给出二阶必要条件及二阶充分条件的定理，不予证明，这里的有关符号意义同前。

定理 6-4（二阶必要条件） 问题（fgh），设 $\boldsymbol{x}^*\in S$，$f(\boldsymbol{x})$，$g_i(\boldsymbol{x})$ $(i\in I)$，$h_i(\boldsymbol{x})$ $(j=1, 2, \cdots, l)$，在 $\boldsymbol{x}^*$ 二次可微，$g_i(\boldsymbol{x})$，$i\notin I$ 在 $\boldsymbol{x}^*$ 连续。约束规格 CQ：$\{\nabla g_i(\boldsymbol{x}^*)$，$i\in I$；$\nabla h_j(\boldsymbol{x}^*)$，$j=1, 2, \cdots, l\}$ 线性无关。如果 $\boldsymbol{x}^*$ -l. opt.，那么，存在 $u_i\geqslant 0(i\in I)$，$\boldsymbol{v}\in \mathbf{R}^l$ 使 K-T 条件式（6-14）成立。由乘子 u_i，$\boldsymbol{v}$ 构造拉格朗日函数

$$L(\boldsymbol{x},\boldsymbol{u},\boldsymbol{v})=f(\boldsymbol{x})+\sum_{i\in I}u_ig_i(\boldsymbol{x})+\sum_{j=1}^{l}v_jh_j(\boldsymbol{x}) \tag{6-18}$$

令

$$S_h=\{\boldsymbol{d}\mid \nabla h_j^{\mathrm{T}}(\boldsymbol{x}^*)\boldsymbol{d}=0,\ j=1, 2, \cdots, l\}$$
$$S_{g0}=\{\boldsymbol{d}\mid \nabla g_i^{\mathrm{T}}(\boldsymbol{x}^*)\boldsymbol{d}=0,\ i\in I\}$$

则

$$\boldsymbol{d}\in S_{g0}\cap S_h$$

有

$$\boldsymbol{d}^{\mathrm{T}}\nabla_x^2L(\boldsymbol{x}^*, \boldsymbol{u}, \boldsymbol{v})\boldsymbol{d}\geqslant 0 \tag{6-19}$$

定理 6-5（二阶充分条件） 问题（fgh），设 $\boldsymbol{x}^*$ 是 K-T 点（满足 K-T 条件的点），$u_i(i\in I)$，$v_j(j=1, 2, \cdots, l)$ 为相应乘子，拉格朗日函数如式（6-18）。如果 $\boldsymbol{d}\in S_h\cap\{\boldsymbol{d}\mid \nabla f^{\mathrm{T}}(\boldsymbol{x}^*)\boldsymbol{d}=0,\ \nabla g_i^{\mathrm{T}}(\boldsymbol{x}^*)\boldsymbol{d}\leqslant 0,\ i\in I\}$，且 $\boldsymbol{d}\neq\boldsymbol{0}$，均有

$$\boldsymbol{d}^{\mathrm{T}}\nabla_x^2L(\boldsymbol{x}^*, \boldsymbol{u}, \boldsymbol{v})\boldsymbol{d}>0 \tag{6-20}$$

则 $\boldsymbol{x}^*$ 是问题（fgh）的严格局部最优解。

由定理 6-4 及定理 6-5 看到二阶信息比 $\nabla^2 f(\boldsymbol{x}^*)$ 半正定、正定的条件强，而比 $\nabla_x^2L(\boldsymbol{x}^*, \boldsymbol{u}, \boldsymbol{v})$ 半正定、正定的条件弱。

6.1.4* 拉格朗日对偶

建立对偶的目的是为了提供一个与原问题在性质上密切联系的相关问题，称之为对偶问题，使之便于计算或具有某种理论上和实际上的意义。

把问题（fgh）称为原问题，为了方便，这里记原问题为

$$(P)\begin{cases}\min & f(\boldsymbol{x})\\ \text{s.t.} & \boldsymbol{g}(\boldsymbol{x})\leqslant\boldsymbol{0}\\ & \boldsymbol{h}(\boldsymbol{x})=\boldsymbol{0}\\ & \boldsymbol{x}\in D\subseteq\mathbf{R}^n\end{cases} \tag{6-21}$$

其中，f：$\mathbf{R}^n\to\mathbf{R}$，$\boldsymbol{g}$：$\mathbf{R}^n\to\mathbf{R}^m$，$\boldsymbol{h}$：$\mathbf{R}^n\to\mathbf{R}^l$，$D$ 为 $\mathbf{R}^n$ 中的集合。在实际处理问题时，常常有一些约束不能用函数表示出来；另一方面，有时把一些易于处理的简单约束组合起来，构成集合 D。总之，这里设 D 集合，使问题（P）更接近实际的处理。

建立拉格朗日对偶函数，其中 inf 为下确界

$$\theta(\boldsymbol{u},\boldsymbol{v})=\inf\{f(\boldsymbol{x})+\boldsymbol{u}^{\mathrm{T}}\boldsymbol{g}(\boldsymbol{x})+\boldsymbol{v}^{\mathrm{T}}\boldsymbol{h}(\boldsymbol{x})\mid \boldsymbol{x}\in D\} \tag{6-22}$$

其中，$\boldsymbol{u}$，$\boldsymbol{v}$ 为参数，$\boldsymbol{u}\in\mathbf{R}^m$，$\boldsymbol{v}\in\mathbf{R}^l$，因而 θ：$\mathbf{R}^{m+l}\to\mathbf{R}\cup\{-\infty\}$，表示允许 θ 取$-\infty$。

拉格朗日对偶问题为

$$(D)\ \begin{cases}\max & \theta(\boldsymbol{u},\ \boldsymbol{v})\\ \text{s. t.} & \boldsymbol{u}\geqslant\mathbf{0}\end{cases} \tag{6-23}$$

1. 拉格朗日对偶问题的几何解释

考虑 $m=1$，$l=0$ 的情形，原问题为

$$(P)\begin{cases}\min & f(\boldsymbol{x})\\ \text{s. t.} & g(\boldsymbol{x})\leqslant 0\\ & \boldsymbol{x}\in D\end{cases}$$

如图 6-5 所示，考虑映射（g，f），$\mathbf{R}^n\to\mathbf{R}^2$，设 $D\subset\mathbf{R}^n$ 在映射（g，f）下的象集合为 $G\subset\mathbf{R}^2$。那么，$f+ug=\alpha$ 是（g，f）平面上，斜率为$-u$、截距为 α 的直线。考虑拉格朗日对偶函数：$\theta(u)=\inf\{f(\boldsymbol{x})+ug(\boldsymbol{x})\mid\boldsymbol{x}\in\mathbf{R}\}$，即是过象集合 G 的以$-u$ 为斜率的直线族中各截距的下确界，也就是斜率为$-u$，并且从下方支撑象集合 G 的直线的截距，如图 6-5 所示，设 $u_1<u_2$，$\boldsymbol{x}^{(1)}$，$\boldsymbol{x}^{(2)}$分别是取到$\theta(u_1)$，$\theta(u_2)$ 下确界的点，则 $\theta(u_1)<\theta(u_2)$。在图中的情况下，对偶问题（D）$\begin{cases}\max & \theta(u)\\ \text{s. t.} & u\geqslant 0\end{cases}$的解是那些从下方支撑 G 的直线中，斜率最大的 u^*，这个 G 下方凸，$\theta(u^*)$ 等于原问题的最优值$f(\boldsymbol{x}^*)$。

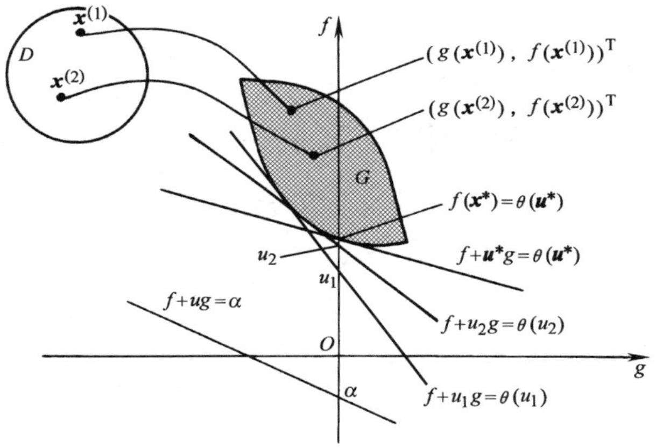

图 6-5

例 6-4 线性规划问题的对偶，即拉格朗日对偶。设

$$(P)\ \begin{cases}\min & \boldsymbol{c}^{\mathrm{T}}\boldsymbol{x}\\ \text{s. t.} & \boldsymbol{A}\boldsymbol{x}=\boldsymbol{b},\ \boldsymbol{c}\in\mathbf{R}^n,\ \boldsymbol{A}_{m\times n},\ \boldsymbol{b}\in\mathbf{R}^m\\ & \boldsymbol{x}\geqslant\mathbf{0}\end{cases} \tag{6-24}$$

拉格朗日对偶函数：把 $\boldsymbol{x}\geqslant\mathbf{0}$，记$-\boldsymbol{x}\leqslant\mathbf{0}$

$$\theta(\boldsymbol{\lambda},\boldsymbol{\mu})=\inf\{\boldsymbol{c}^{\mathrm{T}}\boldsymbol{x}-\boldsymbol{\lambda}^{\mathrm{T}}(\boldsymbol{A}\boldsymbol{x}-\boldsymbol{b})-\boldsymbol{\mu}^{\mathrm{T}}\boldsymbol{x}\}$$
$$=\boldsymbol{\lambda}^{\mathrm{T}}\boldsymbol{b}+\inf\{(\boldsymbol{c}-\boldsymbol{A}^{\mathrm{T}}\boldsymbol{\lambda}-\boldsymbol{\mu})^{\mathrm{T}}\boldsymbol{x}\}$$
$$=\begin{cases}\boldsymbol{\lambda}^{\mathrm{T}}\boldsymbol{b},\ \boldsymbol{x}\geqslant\boldsymbol{0}\text{ 且当 }\boldsymbol{\mu}\leqslant\boldsymbol{c}-\boldsymbol{A}^{\mathrm{T}}\boldsymbol{\lambda}\text{ 时}\\-\infty\qquad\text{否则}\end{cases}$$

于是对偶问题为（注意，$\boldsymbol{\mu}\geqslant\boldsymbol{0}$ 为约束条件）

$$(D)\begin{cases}\max\quad \boldsymbol{b}^{\mathrm{T}}\boldsymbol{\lambda}\\ \text{s. t.}\quad \boldsymbol{c}-\boldsymbol{A}^{\mathrm{T}}\boldsymbol{\lambda}\geqslant\boldsymbol{0}\quad(\text{或写为 }\boldsymbol{A}^{\mathrm{T}}\boldsymbol{\lambda}\leqslant\boldsymbol{c})\end{cases}\tag{6-25}$$

容易证明，问题（D）的对偶问题即是原问题（P）。

2. 对偶定理

关于对偶问题同原问题之间的关系有如下的对偶定理。

定理 6-6（弱对偶定理）　考虑原问题（P）式（6-21）和对偶问题（D）式（6-22）及式（6-23），设 $\boldsymbol{x}\in S=\{\boldsymbol{x}\mid \boldsymbol{g}(\boldsymbol{x})\leqslant\boldsymbol{0},\ \boldsymbol{h}(\boldsymbol{x})=\boldsymbol{0},\ \boldsymbol{x}\in D\}$，$\boldsymbol{u}\geqslant\boldsymbol{0}$，则

$$f(\boldsymbol{x})\geqslant\theta(\boldsymbol{u},\boldsymbol{v})\tag{6-26}$$

证明　由 $\boldsymbol{x}\in S$，$\boldsymbol{g}(\boldsymbol{x})\leqslant\boldsymbol{0}$，$\boldsymbol{h}(\boldsymbol{x})=\boldsymbol{0}$；$\boldsymbol{x}\in D$，又 $\boldsymbol{u}\geqslant\boldsymbol{0}$，则

$$f(\boldsymbol{x})\geqslant f(\boldsymbol{x})+\boldsymbol{u}^{\mathrm{T}}\boldsymbol{g}(\boldsymbol{x})+\boldsymbol{v}^{\mathrm{T}}\boldsymbol{h}(\boldsymbol{x})$$
$$\geqslant\inf\{f(\boldsymbol{x})+\boldsymbol{u}^{\mathrm{T}}\boldsymbol{g}(\boldsymbol{x})+\boldsymbol{v}^{\mathrm{T}}\boldsymbol{h}(\boldsymbol{x})\mid\boldsymbol{x}\in D\}=\theta(\boldsymbol{u},\boldsymbol{v})$$

证毕。

定理 6-6 的结论可写成

$$\inf\{f(\boldsymbol{x})\mid\boldsymbol{x}\in S\}\geqslant\sup\{\theta(\boldsymbol{u},\boldsymbol{v})\mid\boldsymbol{u}\geqslant\boldsymbol{0}\}\tag{6-27}$$

也就是原问题（P）的最优值 $f(\boldsymbol{x}^*)$ 不小于对偶问题的最优值 $\theta(\boldsymbol{u}^*,\boldsymbol{v}^*)$。式（6-27）的等号成立需要一定的条件，当 $f(\boldsymbol{x}^*)>\theta(\boldsymbol{u}^*,\boldsymbol{v}^*)$ 时，称存在对偶间隙。如图 6-6 所示，仍假设 $m=1$，$l=0$，考虑（g，f）映射，这里的解集合 G 非凸，则存在对偶间隙。

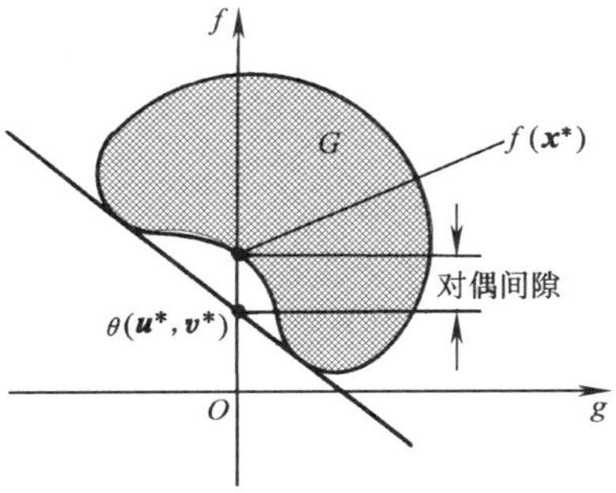

图　6-6

在较强的假设下，可以建立下面的强对偶定理。

定理 6-7（强对偶定理）　问题（P）式（6-21），设 $D\subset\mathbf{R}^n$，非空，凸，$\boldsymbol{f}$，$\boldsymbol{g}$ 为凸函数，约束规格 CQ：存在 $\bar{\boldsymbol{x}}\in D$，使 $\boldsymbol{g}(\bar{\boldsymbol{x}})<\boldsymbol{0}$，$\boldsymbol{h}(\bar{\boldsymbol{x}})=\boldsymbol{0}$，又 $\boldsymbol{0}\in\mathrm{int}\boldsymbol{h}$（$D$）$=\{\boldsymbol{h}(\boldsymbol{x})\mid\boldsymbol{x}\in D\}$，则 $\inf\{f(\boldsymbol{x})\mid\boldsymbol{x}\in S\}=\sup\{\theta(\boldsymbol{u},\boldsymbol{v})\mid\boldsymbol{u}\geqslant\boldsymbol{0}\}$。若左端为有限值，则右端的上确界在 $\boldsymbol{u}^*$，$\boldsymbol{v}^*$ 达到，且 $\boldsymbol{u}^*\geqslant\boldsymbol{0}$；若左端下确界在 $\boldsymbol{x}^*$ 处达到，则有 $\boldsymbol{u}^{*\mathrm{T}}\boldsymbol{g}(\boldsymbol{x}^*)=0$。

证明从略。

显然，对线性规划强对偶定理成立。

6.2 既约梯度法及凸单纯形法

Wolfe（1963）提出对于一种把约束变换为标准形式的线性约束问题的算法。问题为

$$(f\boldsymbol{Ab})\begin{cases}\min & f(\boldsymbol{x})\\ \text{s.t.} & \boldsymbol{Ax}=\boldsymbol{b}\\ & \boldsymbol{x}\geqslant\boldsymbol{0}\end{cases}\tag{6-28}$$

其中，f：$\mathbf{R}^n\to\mathbf{R}$，可微，$\boldsymbol{A}$ 为 $m\times n$ 矩阵，$\boldsymbol{b}\in\mathbf{R}^m$。

记约束集合 $S=\{\boldsymbol{x}\mid \boldsymbol{Ax}=\boldsymbol{b},\ \boldsymbol{x}\geqslant\boldsymbol{0}\}$。约束和线性规划标准形式的约束相同。算法的基本思想是利用等式约束条件，把一部分变量（基变量）用另一部分独立变量（非基变量或决策变量）来表示，然后代入目标函数，得到维数降低了的问题。这个维数降低后的目标函数关于独立变量的梯度，即称既约梯度。本节介绍的既约梯度法和赞维尔（Zangwill）的凸单纯形法是这类方法中较为有效的。

1. 非退化假设及既约梯度

首先，对问题（6-28）建立非退化假设：

（1）矩阵 $\boldsymbol{A}$ 的任意 m 列都是线性无关的。

（2）任意可行解 $\boldsymbol{x}\in S$，至少有 m 个正分量。

在非退化假设下，$\forall\boldsymbol{x}\in S$，$\exists$ 分解 $\boldsymbol{A}=(\boldsymbol{B},\ \boldsymbol{N})$ 使 $\boldsymbol{x}=\begin{pmatrix}\boldsymbol{x}_B\\ \boldsymbol{x}_N\end{pmatrix}$，其中 $\boldsymbol{x}_B>\boldsymbol{0}$，$\boldsymbol{B}_{m\times m}$ 非奇异，$\boldsymbol{x}_N\geqslant\boldsymbol{0}$。称 $\boldsymbol{x}_B$ 为基变量，$\boldsymbol{x}_N$ 为非基变量或决策变量。根据约束 $\boldsymbol{Ax}=\boldsymbol{b}$ 可得 $\boldsymbol{Bx}_B+\boldsymbol{Nx}_N=\boldsymbol{b}$，于是

$$\boldsymbol{x}_B=\boldsymbol{B}^{-1}\boldsymbol{b}-\boldsymbol{B}^{-1}\boldsymbol{Nx}_N\tag{6-29}$$

这样得到了用非基变量 $\boldsymbol{x}_N$ 表示基变量 $\boldsymbol{x}_B$ 的关系式。利用上面的分解及式（6-29）可得到目标函数为

$$f(\boldsymbol{x})=f(\boldsymbol{B}^{-1}\boldsymbol{b}-\boldsymbol{B}^{-1}\boldsymbol{Nx}_N,\ \boldsymbol{x}_N)\triangleq g(\boldsymbol{x}_N)\tag{6-30}$$

那么，$g(\boldsymbol{x}_N)$ 的梯度，记 $\boldsymbol{r}_N=\nabla g(\boldsymbol{x}_N)$ 是上面分解通过式（6-29）简约后关于独立变量 $\boldsymbol{x}_N$ 的梯度，故称为 f 在点 $\boldsymbol{x}$ 处，对应于基矩阵 $\boldsymbol{B}$ 的既约梯度。

把 $f(\boldsymbol{x})$ 的梯度做相应分解

$$\nabla f(\boldsymbol{x})=\begin{pmatrix}\nabla_B f(\boldsymbol{x})\\ \nabla_N f(\boldsymbol{x})\end{pmatrix}$$

其中，$\nabla_B f(\boldsymbol{x})$ 和 $\nabla_N f(\boldsymbol{x})$ 分别是 f 对基变量 $\boldsymbol{x}_B$ 的梯度向量和对非基变量 $\boldsymbol{x}_N$ 的梯度向量。根据复合函数求导的规则，可得

$$\boldsymbol{r}_N=-\boldsymbol{N}^{\mathrm{T}}(\boldsymbol{B}^{-1})^{\mathrm{T}}\nabla_B f(\boldsymbol{x})+\nabla_N f(\boldsymbol{x})$$

为了方便，写成

$$\boldsymbol{r}_N^{\mathrm{T}}=\nabla_N f^{\mathrm{T}}(\boldsymbol{x})-\nabla_B f^{\mathrm{T}}(\boldsymbol{x})\boldsymbol{B}^{-1}\boldsymbol{N}\tag{6-31}$$

下面讨论在 $\boldsymbol{x}\in S$ 点处，下降可行方向所需满足的条件。

引理 6-1　设问题（6-28），$x \in S$，那么 $\boldsymbol{d} \in \mathbf{R}^n$，$\boldsymbol{d} \neq \mathbf{0}$ 是 $\boldsymbol{x}$ 点处的可行方向的充分必要条件是

$$\boldsymbol{Ad}=\mathbf{0} \tag{6-32}$$

$$d_j \geqslant 0，当 x_j=0 时 \tag{6-33}$$

证明　充分性：$\boldsymbol{d}$ 满足式（6-32）、式（6-33），对于 $\forall j \notin I=\{j \mid x_j=0\}$，由于 $x_j>0$，$\exists \delta>0$，使 $x_j+\lambda d_j \geqslant 0$，$\forall \lambda \in (0, \delta)$，而当 $j \in I$ 时，$x_j+\lambda d_j=\lambda d_j \geqslant 0$，同时 $\boldsymbol{A}(\boldsymbol{x}+\lambda \boldsymbol{d})=\boldsymbol{Ax}+\lambda \boldsymbol{Ad}=\boldsymbol{b}$，故 $\boldsymbol{x}+\lambda \boldsymbol{d} \in S$，$\forall \lambda \in (0, \delta)$，即 $\boldsymbol{d}$ 为可行方向。

必要性：设 $\boldsymbol{d}$ 为 $\boldsymbol{x}$ 点处的可行方向，则 $\exists \delta>0$ 使 $\boldsymbol{A}(\boldsymbol{x}+\lambda \boldsymbol{d})=\boldsymbol{b}$，$\forall \lambda \in (0, \delta)$，由于 $\boldsymbol{Ax}=\boldsymbol{b}$，故 $\lambda \boldsymbol{Ad}=\mathbf{0}$，所以 $\boldsymbol{Ad}=\mathbf{0}$，又 $(\boldsymbol{x}+\lambda \boldsymbol{d}) \geqslant 0$，$\forall \lambda \in (0, \delta)$，对于 $j \in I$，有 $\lambda d_j \geqslant 0$，故 $d_j \geqslant 0$。

根据引理 6-1，当把可行方向做相应分解 $\boldsymbol{d}=\begin{pmatrix}\boldsymbol{d}_B \\ \boldsymbol{d}_N\end{pmatrix}$ 时，由式（6-32）有 $\boldsymbol{Ad}=\boldsymbol{Bd}_B+\boldsymbol{Nd}_N=\mathbf{0}$，从而得到

$$\boldsymbol{d}_B=-\boldsymbol{B}^{-1}\boldsymbol{Nd}_N \tag{6-34}$$

按照下降方向的特征 $\nabla f^{\mathrm{T}}(\boldsymbol{x})\boldsymbol{d}<0$，分解后得到

$$\begin{aligned}\nabla f^{\mathrm{T}}(\boldsymbol{x})\boldsymbol{d} &= \nabla_B f^{\mathrm{T}}(\boldsymbol{x})\boldsymbol{d}_B+\nabla_N f^{\mathrm{T}}(\boldsymbol{x})\boldsymbol{d}_N \\ &= -\nabla_B f^{\mathrm{T}}(\boldsymbol{x})\boldsymbol{B}^{-1}\boldsymbol{Nd}_N+\nabla_N f^{\mathrm{T}}(\boldsymbol{x})\boldsymbol{d}_N\end{aligned}$$

也就是

$$\nabla f^{\mathrm{T}}(\boldsymbol{x})\boldsymbol{d}=\boldsymbol{r}_N^{\mathrm{T}}\boldsymbol{d}_N<0 \tag{6-35}$$

我们得到方向 $\boldsymbol{d}$ 为下降可行方向的特征是式（6-33）~式（6-35）。

2. 既约梯度法

既约梯度法按下列规则构造搜索方向，设 $\boldsymbol{x} \in S$，对应于非基变量，考虑 $\boldsymbol{r}_N$ 的分量 r_j。

$$d_j=\begin{cases}-r_j, & r_j \leqslant 0 \\ -x_j r_j, & r_j>0\end{cases} \tag{6-36}$$

得到 $\boldsymbol{d}_N$，$\boldsymbol{d}_B=-\boldsymbol{B}^{-1}\boldsymbol{Nd}_N$。

下面定理说明，按上述规则产生的方向，如果 $\boldsymbol{d} \neq \mathbf{0}$，则是下降可行方向；如果 $\boldsymbol{d}=\mathbf{0}$，则说明 $\boldsymbol{x}$ 是 K-T 点。

定理 6-8　问题（6-28），$S=\{\boldsymbol{x} \mid \boldsymbol{Ax}=\boldsymbol{b}, \boldsymbol{x} \geqslant \mathbf{0}\}$，设 $\boldsymbol{x} \in S$，对应分解 $\boldsymbol{A}=(\boldsymbol{B}, \boldsymbol{N})$，$\boldsymbol{x}=\begin{pmatrix}\boldsymbol{x}_B \\ \boldsymbol{x}_N\end{pmatrix}$，$\boldsymbol{B}_{m\times m}$ 非奇异，$\boldsymbol{x}_B>\mathbf{0}$，$\boldsymbol{r}_N$ 为既约梯度，按式（6-34）、式（6-36）构造方向，那么：

（1）$\boldsymbol{d} \neq \mathbf{0}$ 时，$\boldsymbol{d}$ 为下降可行方向。

（2）$\boldsymbol{x}$ 是 K-T 点的充分必要条件是 $\boldsymbol{d}=\mathbf{0}$。

证明　设 $J=\{j \mid x_j>0\}$

（1）由式（6-36）知，当 $x_j=0$ 时，$d_j \geqslant 0$，即式（6-33）成立。

$$r_j d_j=\begin{cases}-r_j^2 & , r_j\leqslant 0\\ -x_j r_j^2 & , r_j>0\end{cases}, \ j\in J$$

由于 $\boldsymbol{d}\neq\boldsymbol{0}$，故 $\boldsymbol{r}_N^{\mathrm{T}}\boldsymbol{d}_N<0$，即式（6-35）成立，故 $\boldsymbol{d}$ 为下降可行方向。

（2）“充分性”：由于 $\boldsymbol{d}=\boldsymbol{0}$，根据式（6-36），$\forall j\in J$，或 $r_j=0$，或 $r_j\geqslant 0$，$x_j=0$。于是 $\boldsymbol{r}_N^{\mathrm{T}}\boldsymbol{x}_N=0$，且 $\boldsymbol{r}_N\geqslant\boldsymbol{0}$。

取 $\boldsymbol{u}\in\mathbf{R}^n$，使

$$\boldsymbol{u}_B=\boldsymbol{0},\boldsymbol{u}_N=\boldsymbol{r}_N,\boldsymbol{v}=-[\nabla_B f^{\mathrm{T}}(\boldsymbol{x})\boldsymbol{B}^{-1}]^{\mathrm{T}}\in\mathbf{R}^m$$

于是

$$\begin{cases}\nabla f(\boldsymbol{x})+\boldsymbol{A}^{\mathrm{T}}\boldsymbol{v}-\boldsymbol{u}=\boldsymbol{0}\\ \boldsymbol{u}^{\mathrm{T}}\boldsymbol{x}=\boldsymbol{0}\\ \boldsymbol{u}\geqslant\boldsymbol{0}\end{cases}\tag{6-37}$$

即 $\boldsymbol{x}$ 是 K-T 点。

“必要性”：$\boldsymbol{x}$ 是 K-T 点，即式（6-37）成立，对于分解 $\boldsymbol{A}=(\boldsymbol{B},\ \boldsymbol{N})$，$\boldsymbol{x}=\begin{pmatrix}\boldsymbol{x}_B\\ \boldsymbol{x}_N\end{pmatrix}$，$\boldsymbol{u}=\begin{pmatrix}\boldsymbol{u}_B\\ \boldsymbol{u}_N\end{pmatrix}$，由$\boldsymbol{x}\geqslant\boldsymbol{0}$，$\boldsymbol{u}\geqslant\boldsymbol{0}$，$\boldsymbol{u}^{\mathrm{T}}\boldsymbol{x}=0$，故 $\boldsymbol{u}_B^{\mathrm{T}}\boldsymbol{x}_B=0$。又 $\boldsymbol{x}_B>\boldsymbol{0}$，所以 $\boldsymbol{u}_B=\boldsymbol{0}$。考虑式（6-37）第一式的分解，关于基变量 $\boldsymbol{x}_B$ 有$\nabla_B f(\boldsymbol{x})+\boldsymbol{B}^{\mathrm{T}}\boldsymbol{v}-\boldsymbol{u}_B=\boldsymbol{0}$，可得到 $\boldsymbol{v}^{\mathrm{T}}=-\nabla_B f^{\mathrm{T}}(\boldsymbol{x})\boldsymbol{B}^{-1}$。代入$\nabla_N f(\boldsymbol{x})+\boldsymbol{N}^{\mathrm{T}}\boldsymbol{v}-\boldsymbol{u}_N=\boldsymbol{0}$，得到$\boldsymbol{u}_N^{\mathrm{T}}=\nabla_N f^{\mathrm{T}}(\boldsymbol{x})-\nabla_B f^{\mathrm{T}}(\boldsymbol{x})\ \boldsymbol{B}^{-1}\boldsymbol{N}=\boldsymbol{r}_N^{\mathrm{T}}$，由

$$\begin{cases}\boldsymbol{u}_N^{\mathrm{T}}=\boldsymbol{r}_N^{\mathrm{T}}\geqslant\boldsymbol{0}\\ \boldsymbol{u}_N^{\mathrm{T}}\boldsymbol{x}_N=\boldsymbol{r}_N^{\mathrm{T}}\boldsymbol{x}_N=\boldsymbol{0}\end{cases}$$

得到 $d_j=0$，$j\in J$，因此 $\boldsymbol{d}_N=\boldsymbol{0}$，于是 $\boldsymbol{d}=\boldsymbol{0}$。

证毕。

在找到下降可行方向以后，一维搜索应注意步长的限制，为使 $\boldsymbol{x}$ 不违背非负的约束，取

$$\bar{\lambda}=\begin{cases}+\infty & \text{当 } \boldsymbol{d}\geqslant\boldsymbol{0} \text{ 时}\\ \min\left\{-\dfrac{x_j}{d_j}\mid d_j<0\right\} & \text{否则}\end{cases}\tag{6-38}$$

下面给出既约梯度算法，如图 6-7 所示。

例 6-5 考虑

$$\begin{aligned}&\min\quad f(\boldsymbol{x})=x_1^2+x_2^2-x_1x_2-2x_1-3x_2\\ &\text{s. t.}\ \begin{cases}x_1+x_2\leqslant 2\\ x_1+5x_2\leqslant 5\\ x_1,\ x_2\geqslant 0\end{cases}\end{aligned}$$

用既约梯度法求解。

解 先把问题标准化，引入松弛变量 x_3，x_4 变为

$$\begin{aligned}&\min\quad f(\boldsymbol{x})=x_1^2+x_2^2-x_1x_2-2x_1-3x_2\\ &\text{s. t.}\ \begin{cases}x_1+x_2+x_3=2\\ x_1+5x_2+x_4=5\\ x_1,\ x_2,\ x_3,\ x_4\geqslant 0\end{cases}\end{aligned}$$

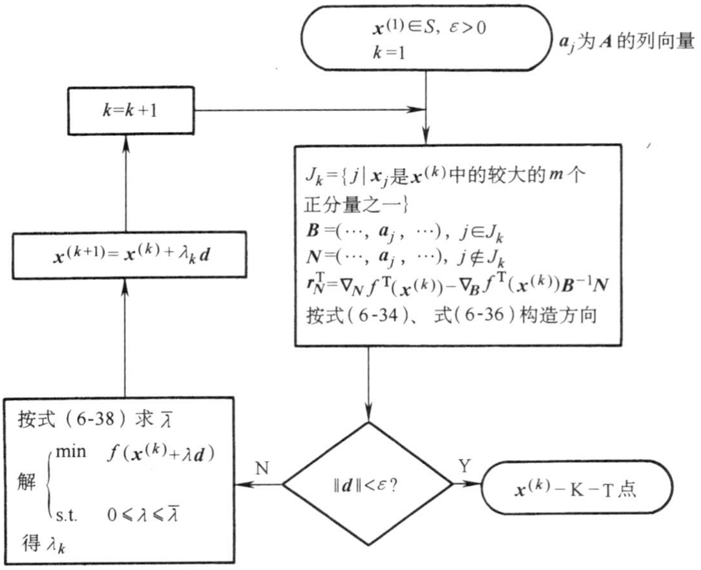

图 6-7

那么

$$A=\begin{pmatrix}1&1&1&0\\1&5&0&1\end{pmatrix},b=\begin{pmatrix}2\\5\end{pmatrix},\nabla f(x)=(2x_1-x_2-2,2x_2-x_1-3,0,0)^{\mathrm{T}}$$

取

$$x^{(1)}=(0,\ 0,\ 2,\ 5)^{\mathrm{T}},\ k=1$$

$$J_1=\{3,\ 4\},\ B=\begin{pmatrix}1&0\\0&1\end{pmatrix},\ N=\begin{pmatrix}1&1\\1&5\end{pmatrix},\ \nabla f(x^{(1)})=(-2,\ -3,\ 0,\ 0)^{\mathrm{T}}$$

$$\nabla_B f(x^{(1)})=(0,\ 0)^{\mathrm{T}},\ \nabla_N f(x^{(1)})=(-2,\ -3)^{\mathrm{T}}$$

于是

$$r_N=(-2,\ -3)^{\mathrm{T}},\ d_N=(2,\ 3)^{\mathrm{T}},\ d_B=-\begin{pmatrix}1&0\\0&1\end{pmatrix}^{-1}\begin{pmatrix}1&1\\1&5\end{pmatrix}\begin{pmatrix}2\\3\end{pmatrix}=(-5,\ -17)^{\mathrm{T}}$$

$$\bar{\lambda}=\min\left\{\frac{2}{5},\ \frac{5}{17}\right\}=\frac{5}{17}$$

求解

$$\begin{cases}\min & f(x^{(1)}+\lambda d)=7\lambda^2-13\lambda\\ \text{s. t.} & 0\leqslant\lambda\leqslant\dfrac{5}{17}\end{cases}$$

得

$$\lambda_1=\frac{5}{17}=\bar{\lambda}$$

$$\boldsymbol{x}^{(2)}=\boldsymbol{x}^{(1)}+\lambda_1\boldsymbol{d}=\left(\frac{10}{17},\ \frac{15}{17},\ \frac{9}{17},\ 0\right)^{\mathrm{T}},\ k=2$$

$$J_2=\{1,\ 2\}$$

$$\boldsymbol{B}=\begin{pmatrix}1 & 1\\ 1 & 5\end{pmatrix},\ \boldsymbol{N}=\begin{pmatrix}1 & 0\\ 0 & 1\end{pmatrix},\ \nabla f(\boldsymbol{x}^{(2)})=\left(-\frac{29}{17},\ -\frac{31}{17},\ 0,\ 0\right)^{\mathrm{T}}$$

$$\nabla_{\boldsymbol{B}} f(\boldsymbol{x}^{(2)})=\left(-\frac{29}{17},\ -\frac{31}{17}\right)^{\mathrm{T}},\ \nabla_{\boldsymbol{N}} f(\boldsymbol{x}^{(2)})=(0,\ 0)^{\mathrm{T}}$$

于是

$$\boldsymbol{r}_N=\begin{pmatrix}0\\0\end{pmatrix}-\begin{pmatrix}1 & 0\\ 0 & 1\end{pmatrix}\begin{pmatrix}\frac{5}{4} & -\frac{1}{4}\\ -\frac{1}{4} & \frac{1}{4}\end{pmatrix}\begin{pmatrix}-\frac{29}{17}\\ -\frac{31}{17}\end{pmatrix}=\left(\frac{57}{34},\ \frac{1}{34}\right)^{\mathrm{T}}$$

$$\boldsymbol{d}_N=\left(-\frac{513}{578},\ 0\right)^{\mathrm{T}},\ \boldsymbol{d}_B=-\begin{pmatrix}\frac{5}{4} & -\frac{1}{4}\\ -\frac{1}{4} & \frac{1}{4}\end{pmatrix}\begin{pmatrix}1 & 0\\ 0 & 1\end{pmatrix}\begin{pmatrix}-\frac{513}{578}\\ 0\end{pmatrix}$$

则

$$\boldsymbol{d}_B=\left(\frac{2565}{2312},\ -\frac{513}{2312}\right)^{\mathrm{T}},\ \bar{\lambda}=\min\left\{\frac{\frac{15}{17}}{\frac{513}{2312}},\ \frac{\frac{9}{17}}{\frac{513}{578}}\right\}=\frac{34}{57}$$

求解

$$\begin{cases}\min & f(\boldsymbol{x}^{(2)}+\lambda\boldsymbol{d})=\dfrac{8158239}{5345344}\lambda^2-\dfrac{29241}{19652}\lambda-\dfrac{930}{289}\\ \text{s.t.} & 0\leqslant\lambda\leqslant\dfrac{17}{57}\end{cases}$$

得

$$\lambda_2=\frac{136}{279},\ \boldsymbol{x}^{(3)}=\boldsymbol{x}^{(2)}+\lambda_2\boldsymbol{d}=\left(\frac{35}{31},\ \frac{24}{31},\ \frac{3}{31},\ 0\right)^{\mathrm{T}},\ k=3$$

$$J_3=\{1,\ 2\},\ \boldsymbol{B},\ \boldsymbol{N}\ \text{不变}$$

$$\nabla f(\boldsymbol{x}^{(3)})=\left(-\frac{16}{31},\ -\frac{80}{31},\ 0,\ 0\right)^{\mathrm{T}}$$

$$\nabla_{\boldsymbol{B}} f(\boldsymbol{x}^{(3)})=\left(-\frac{16}{31},\ -\frac{80}{31}\right)^{\mathrm{T}},\ \nabla_{\boldsymbol{N}} f(\boldsymbol{x}^{(3)})=(0,\ 0)^{\mathrm{T}}$$

于是

$$\boldsymbol{r}_N=\begin{pmatrix}0\\0\end{pmatrix}-\begin{pmatrix}1 & 0\\ 0 & 1\end{pmatrix}\begin{pmatrix}\frac{5}{4} & -\frac{1}{4}\\ -\frac{1}{4} & \frac{1}{4}\end{pmatrix}\begin{pmatrix}-\frac{16}{31}\\ -\frac{80}{31}\end{pmatrix}=\left(0,\ \frac{16}{31}\right)^{\mathrm{T}},\ \boldsymbol{d}_N=(0,\ 0)^{\mathrm{T}}$$

即 $\boldsymbol{d}=\boldsymbol{0}$，故 $\boldsymbol{x}^{(3)}=\left(\frac{35}{31}, \frac{24}{31}, \frac{3}{31}, 0\right)^{\mathrm{T}}$ 是 K-T 点，由于 f 凸，故 $\boldsymbol{x}^{(3)}$ 是最优解。返回到原问题，可知最优解是 $\left(\frac{35}{31}, \frac{24}{31}\right)^{\mathrm{T}}$。

3. 凸单纯形法

赞维尔（Zangwill，1967）提出用类似单纯形法来解线性约束的规划问题的算法，因此称之为凸单纯形法。这个方法用于解式（6-28）问题同既约梯度法一样，首先做非退化假设并计算既约梯度 $\boldsymbol{r}_N$。不同之处是搜索方向的选取，凸单纯形法 $\boldsymbol{d}_N$ 的选取，只保留绝对值最大的一个分量为 1 或−1，其余分量都取零。设 $\boldsymbol{x}\in S=\{\boldsymbol{x}\mid \boldsymbol{A}\boldsymbol{x}=\boldsymbol{b},\ \boldsymbol{x}\geqslant\boldsymbol{0}\}$，对应分解 $\boldsymbol{A}=(\boldsymbol{B}, \boldsymbol{N})$，$\boldsymbol{x}=\begin{pmatrix}\boldsymbol{x}_B\\ \boldsymbol{x}_N\end{pmatrix}$，$\boldsymbol{x}_B>\boldsymbol{0}$，$\boldsymbol{r}_N$ 为既约梯度，计算

$$\alpha=\max\{-r_j:\ r_j\leqslant 0\} \tag{6-39}$$

$$\beta=\max\{x_j r_j:\ r_j>0\} \tag{6-40}$$

显然，α，$\beta\geqslant 0$，当 α，β 不全为零时，按下列规则产生方向 $\boldsymbol{d}_N$（对应于非基变量的分量）。

（1）若 $\alpha\geqslant\beta$，设 $\alpha=-r_t$，则

$$d_j=\begin{cases}1, & j=t\\ 0, & \text{否则}\end{cases} \tag{6-41}$$

（2）若 $\alpha<\beta$，设 $\beta=x_t r_t$，则

$$d_j=\begin{cases}-1, & j=t\\ 0, & \text{否则}\end{cases} \tag{6-42}$$

对应于基变量的分量仍用式（6-34），$\boldsymbol{d}_B=-\boldsymbol{B}^{-1}\boldsymbol{N}\boldsymbol{d}_N$。下面定理说明 $\alpha=\beta=0$ 时，$\boldsymbol{x}$ 为问题（6-28）的 K-T 点，否则，由上面规则产生的方向为下降可行方向。

定理 6-9　考虑问题（6-28）。设 $\boldsymbol{x}\in S=\{\boldsymbol{x}\mid \boldsymbol{A}\boldsymbol{x}=\boldsymbol{b},\ \boldsymbol{x}\geqslant\boldsymbol{0}\}$，$f$ 在 $\boldsymbol{x}$ 处可微，有分解 $\boldsymbol{A}=(\boldsymbol{B}, \boldsymbol{N})$，$\boldsymbol{B}_{m\times m}$ 非奇异，相应 $\boldsymbol{x}=\begin{pmatrix}\boldsymbol{x}_B\\ \boldsymbol{x}_N\end{pmatrix}$，$\boldsymbol{x}_B>\boldsymbol{0}$，那么由式（6-39）、式（6-40）得到 α，β 有下列性质：

（1）若 α，β 不全为零，那么由式（6-41）、式（6-42）及式（6-34）产生的方向 $\boldsymbol{d}$ 为下降可行方向。

（2）$\boldsymbol{x}$ 是 K-T 点的充分必要条件为 $\alpha=\beta=0$。

证明　（1）按式（6-34）直接可得 $\boldsymbol{A}\boldsymbol{d}=\boldsymbol{0}$，由式（6-41）及式（6-42）显然对 $x_j=0$，必有 $d_j\geqslant 0$，于是根据引理 6-1，$\boldsymbol{d}$ 为可行方向。进一步，由式(6-41)、式（6-42）知

$$\nabla f^{\mathrm{T}}(\boldsymbol{x})\boldsymbol{d}=\boldsymbol{r}_N^{\mathrm{T}}\boldsymbol{d}_N=\begin{cases}r_t, & \alpha\geqslant\beta,\ \text{此时 } r_t<0\\ -r_t, & \alpha<\beta,\ \text{此时 } r_t>0\end{cases}$$

是小于零的，故 $\boldsymbol{d}$ 是下降方向。

（2）完全类似定理 6-8 的证明，当 $\alpha=\beta=0$ 时，有 $\boldsymbol{r}_N\geqslant\boldsymbol{0}$，$\boldsymbol{r}_N^{\mathrm{T}}\boldsymbol{x}_N=0$，取 $\boldsymbol{u}_B=\boldsymbol{0}$，$\boldsymbol{u}_N=\boldsymbol{r}_N$，$\boldsymbol{v}=-[\nabla_B f^{\mathrm{T}}(\boldsymbol{x})\boldsymbol{B}^{-1}]^{\mathrm{T}}$，则 K-T 条件式（6-37）成立。

反之，$\boldsymbol{x}$ 是 K-T 点，式（6-37）成立，可推出 $\boldsymbol{r}_N \geqslant \boldsymbol{0}$，$\boldsymbol{r}_N^{\mathrm{T}}\boldsymbol{x}_N=0$，由此得到 $\alpha=\beta=0$。

证毕。

Zangwill 的凸单纯形法的流程图如图 6-8 所示。

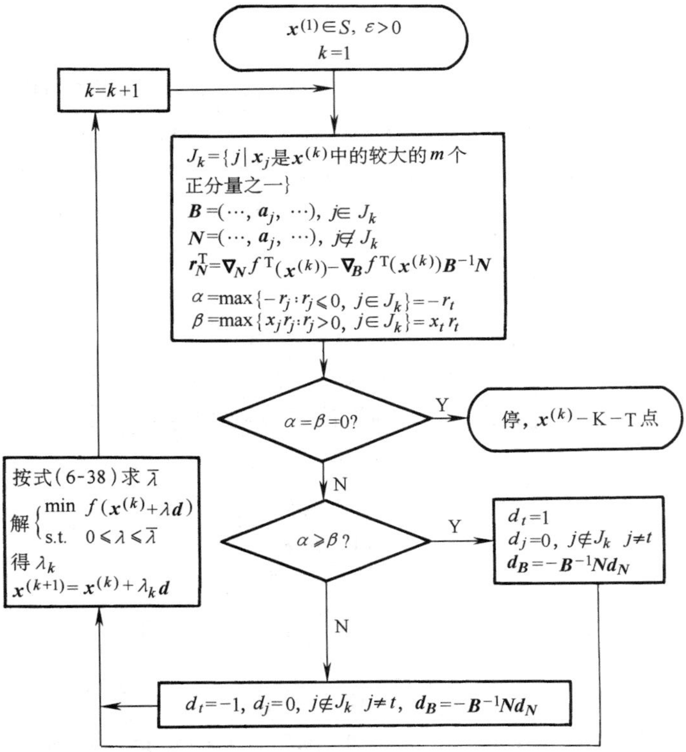

图 6-8

例 6-6 对例 6-5 中的问题

$$\min \quad f(\boldsymbol{x})=x_1^2+x_2^2-x_1x_2-2x_1-3x_2$$
$$\text{s. t.} \begin{cases} x_1+x_2\leqslant 2\\ x_1+5x_2\leqslant 5\\ x_1,\ x_2\geqslant 0\end{cases}$$

用 Zangwill 的凸单纯形法求解。

解 把问题化为标准形式

$$\min f(\boldsymbol{x})=x_1^2+x_2^2-x_1x_2-2x_1-3x_2$$
$$\text{s. t.} \begin{cases} x_1+x_2+x_3=2\\ x_1+5x_2+x_4=5\\ x_1,\ x_2,\ x_3,\ x_4\geqslant 0\end{cases}$$

$k=1$，取 $\boldsymbol{x}^{(1)}=(0,\ 0,\ 2,\ 5)$，同既约梯度法的计算

$J_1=\{3,\ 4\}$，$\boldsymbol{B}=\begin{pmatrix}1 & 0\\ 0 & 1\end{pmatrix}$，$\boldsymbol{N}=\begin{pmatrix}1 & 1\\ 1 & 5\end{pmatrix}$，$\nabla f(\boldsymbol{x}^{(1)})=(-2,\ -3,\ 0,\ 0)^{\mathrm{T}}$

$$\nabla_B f(\boldsymbol{x}^{(1)})=(0,\ 0)^{\mathrm{T}},\ \nabla_N f(\boldsymbol{x}^{(1)})=(-2,\ -3)^{\mathrm{T}}$$

于是

$$\boldsymbol{r}_N=(-2,\ -3)^{\mathrm{T}},\ \alpha=-r_2=3,\ \beta=0,\ \alpha>\beta$$

故

$\boldsymbol{d}_N=(0,1)^{\mathrm{T}},\ \boldsymbol{d}_B=-\boldsymbol{B}^{-1}\boldsymbol{N}\boldsymbol{d}_N=-\begin{pmatrix}1&0\\0&1\end{pmatrix}^{-1}\begin{pmatrix}1&1\\1&5\end{pmatrix}\begin{pmatrix}0\\1\end{pmatrix}=(-1,-5)^{\mathrm{T}},\ \boldsymbol{d}=(0,1,-1,-5)^{\mathrm{T}},$

$\lambda=\min\left\{\dfrac{2}{1},\dfrac{5}{5}\right\}=1$

解

$$\begin{cases}\min f(\boldsymbol{x}^{(1)}+\lambda\boldsymbol{d})=\lambda^2-3\lambda\\ \text{s.t.}\quad 0\leqslant\lambda\leqslant 1\end{cases}$$

得

$$\lambda_1=1=\bar{\lambda}$$

$$\boldsymbol{x}^{(2)}=\boldsymbol{x}^{(1)}+\lambda_1\boldsymbol{d}=(0,\ 1,\ 1,\ 0)^{\mathrm{T}},\ k=2$$

$J_2=\{2,\ 3\},\ \boldsymbol{B}=\begin{pmatrix}1&1\\5&0\end{pmatrix},\ \boldsymbol{N}=\begin{pmatrix}1&0\\1&1\end{pmatrix},\ \nabla f(\boldsymbol{x}^{(2)})=(-3,\ -1,\ 0,\ 0)^{\mathrm{T}}$

$$\nabla_B f(\boldsymbol{x}^{(2)})=(-1,\ 0)^{\mathrm{T}},\ \nabla_N f(\boldsymbol{x}^{(2)})=(-3,\ 0)^{\mathrm{T}}$$

于是

$$\begin{aligned}\boldsymbol{r}_N^{\mathrm{T}}&=\nabla_N f^{\mathrm{T}}(\boldsymbol{x}^{(2)})-\nabla_B f^{\mathrm{T}}(\boldsymbol{x}^{(2)})\ \boldsymbol{B}^{-1}\boldsymbol{N}\\&=(-3,\ 0)-(-1,\ 0)\begin{pmatrix}1&1\\5&0\end{pmatrix}^{-1}\begin{pmatrix}1&0\\1&1\end{pmatrix}\\&=\left(-\frac{14}{5},\ \frac{1}{5}\right)\end{aligned}$$

$\alpha=\dfrac{14}{5}=r_1,\ \beta=0,\ \alpha>\beta$，取 $\boldsymbol{d}_N=(1,\ 0)^{\mathrm{T}},\ \boldsymbol{d}_B=\boldsymbol{B}^{-1}\boldsymbol{N}\boldsymbol{d}_N=\left(-\dfrac{1}{5},\ -\dfrac{4}{5}\right)^{\mathrm{T}},\ \boldsymbol{d}=\left(1,\ -\dfrac{1}{5},\ -\dfrac{4}{5},\ 0\right)^{\mathrm{T}},\ \bar{\lambda}=\min\left\{5,\ \dfrac{5}{4}\right\}=\dfrac{5}{4}$。

解

$$\begin{cases}\min f(\boldsymbol{x}^{(3)}+\lambda\boldsymbol{d})=\dfrac{31}{25}\lambda^2-\dfrac{14}{5}\lambda-2\\ \text{s.t.}\quad 0\leqslant\lambda\leqslant\dfrac{5}{4}\end{cases}$$

得 $\lambda_2=\dfrac{35}{31}$

$$\boldsymbol{x}^{(3)}=\boldsymbol{x}^{(2)}+\lambda_2\boldsymbol{d}=\left(\frac{35}{31},\ \frac{24}{31},\ \frac{3}{31},\ 0\right)^{\mathrm{T}},\ k=3$$

$$J_3=\{1,\ 2\},\ \boldsymbol{B}=\begin{pmatrix}1&1\\1&5\end{pmatrix},\ \boldsymbol{N}=\begin{pmatrix}1&0\\0&1\end{pmatrix},\ \nabla f(\boldsymbol{x}^{(3)})=\left(-\frac{16}{31},\ -\frac{80}{31},\ 0,\ 0\right)^{\mathrm{T}}$$

$$\nabla_B f(\boldsymbol{x}^{(3)})=\left(-\frac{16}{31},\ -\frac{80}{31}\right)^{\mathrm{T}},\ \nabla_N f(\boldsymbol{x}^{(3)})=(0,\ 0)^{\mathrm{T}}$$

$$\begin{aligned}
\boldsymbol{r}_N^{\mathrm{T}} &= \nabla_N f^{\mathrm{T}}(\boldsymbol{x}^{(3)}) - \nabla_B f^{\mathrm{T}}(\boldsymbol{x}^{(3)})\ \boldsymbol{B}^{-1}\boldsymbol{N} \\
&= (0,\ 0) - \left(-\frac{16}{31},\ -\frac{80}{31}\right)\begin{pmatrix}1 & 1\\ 1 & 5\end{pmatrix}^{-1}\begin{pmatrix}1 & 0\\ 0 & 1\end{pmatrix} \\
&= \left(0,\ \frac{16}{31}\right)
\end{aligned}$$

那么，$\alpha=\beta=0$，故 $\boldsymbol{x}^{(3)}$ 是 K-T 点。返回到原问题，根据凸性知$\left(\frac{35}{31},\ \frac{24}{31}\right)$是原问题的最优解。

4. 广义既约梯度法（GRG 法）

在前面，我们介绍了解线性约束问题的既约梯度法，该方法在实际应用中是比较有效的，因而引起人们的广泛重视。Abadie 和 Carpentier（1969）把这个方法推广用于解非线性约束的问题。数值计算的实践表明，这个广义既约梯度法（GRG 法——Generalized Reduced Gradient Method）是解非线性约束问题的较好方法之一。GRG 法的基本思想是对约束函数线性化。然后用既约梯度方法的思想来构造求解过程，由于线性化过程会带来一系列的困难，在 GRG 法中提出了各种问题的处理方案。

（1）广义既约梯度及 GRG 法原理。

GRG 法用于解下列形式的问题：

$$\begin{cases}\min f(x) \\ \text{s. t.} \quad \boldsymbol{h}(\boldsymbol{x})=\boldsymbol{0} \\ \qquad\quad \boldsymbol{a} \leqslant \boldsymbol{x} \leqslant \boldsymbol{b}\end{cases} \tag{6-43}$$

其中，f：$\mathbf{R}^n \to \mathbf{R}$，$\boldsymbol{h}$：$\mathbf{R}^n \to \mathbf{R}^l$，连续可微，$\boldsymbol{a}$，$\boldsymbol{b} \in \mathbf{R}^n$，$\boldsymbol{a}$，$\boldsymbol{b}$ 的分量允许取$\pm\infty$，且 $\boldsymbol{a}<\boldsymbol{b}$。记

$$S=\{\boldsymbol{x} \mid \boldsymbol{h}(\boldsymbol{x})=\boldsymbol{0},\ \boldsymbol{a} \leqslant \boldsymbol{x} \leqslant \boldsymbol{b}\} \tag{6-44}$$

如同既约梯度法，需要做非退化假设。对问题（6-43）做如下非退化假设：

1）$\forall \boldsymbol{x} \in S$，$\exists$ 分解 $\boldsymbol{x}=\begin{pmatrix}\boldsymbol{y}\\ \boldsymbol{z}\end{pmatrix}$，使 $\boldsymbol{y} \in \mathbf{R}^l$，$\boldsymbol{z} \in \mathbf{R}^{n-l}$。相应记分解$\boldsymbol{a}=\begin{pmatrix}\boldsymbol{a}_y\\ \boldsymbol{a}_z\end{pmatrix}$，$\boldsymbol{b}=\begin{pmatrix}\boldsymbol{b}_y\\ \boldsymbol{b}_z\end{pmatrix}$，使 $\boldsymbol{a}_y<\boldsymbol{y}<\boldsymbol{b}_y$。

2）矩阵$\dfrac{\partial \boldsymbol{h}(\boldsymbol{x})}{\partial \boldsymbol{y}}$非奇异。

这里的分解是在各分量调换位置的情况下得到的。随着 $\boldsymbol{x}$ 分量位置互换，$\boldsymbol{a}$，$\boldsymbol{b}$ 等各分量随着互换位置。$\partial \boldsymbol{h}(\boldsymbol{x})/\partial \boldsymbol{y}$ 是相应雅可比（Jacobi）矩阵的转置。

在非退化假设下，对 $\forall \boldsymbol{x} \in S$ 取定，称 $\boldsymbol{y}$ 为基变量，$\boldsymbol{z}$ 为非基变量或决策变量，这时问题化成

$$\begin{aligned}&\min f(\boldsymbol{y},\ \boldsymbol{z}) \\ &\text{s. t.} \quad \begin{cases}\boldsymbol{h}(\boldsymbol{y},\ \boldsymbol{z})=\boldsymbol{0} \\ \boldsymbol{a}_y \leqslant \boldsymbol{y} \leqslant \boldsymbol{b}_y \\ \boldsymbol{a}_z \leqslant \boldsymbol{z} \leqslant \boldsymbol{b}_z\end{cases}\end{aligned}$$

考虑微分，省略变量不记

$$\mathrm{d}f=\nabla_y f^{\mathrm{T}}\mathrm{d}\boldsymbol{y}+\nabla_z f^{\mathrm{T}}\mathrm{d}z \tag{6-45}$$

$\left(\dfrac{\partial \boldsymbol{h}}{\partial \boldsymbol{y}}\right)^{\mathrm{T}}\mathrm{d}\boldsymbol{y}+\left(\dfrac{\partial \boldsymbol{h}}{\partial z}\right)^{\mathrm{T}}\mathrm{d}z=0$，由非退化假设$\dfrac{\partial \boldsymbol{h}}{\partial \boldsymbol{y}}$非奇异，则

$$\mathrm{d}\boldsymbol{y}=-\left(\frac{\partial \boldsymbol{h}^{\mathrm{T}}}{\partial \boldsymbol{y}}\right)^{-1}\frac{\partial \boldsymbol{h}^{\mathrm{T}}}{\partial z}\mathrm{d}z \tag{6-46}$$

把式（6-46）代入式（6-45）得到

$$\mathrm{d}f=\left[\nabla_z f^{\mathrm{T}}-\nabla_y f^{\mathrm{T}}\left(\frac{\partial \boldsymbol{h}^{\mathrm{T}}}{\partial \boldsymbol{y}}\right)^{-1}\frac{\partial \boldsymbol{h}^{\mathrm{T}}}{\partial z}\right]\mathrm{d}z \xlongequal{\text{记}} \boldsymbol{r}_z^{\mathrm{T}}\mathrm{d}z \tag{6-47}$$

$$\boldsymbol{r}_z^{\mathrm{T}}=\nabla_z f^{\mathrm{T}}-\nabla_y f^{\mathrm{T}}\left(\frac{\partial \boldsymbol{h}^{\mathrm{T}}}{\partial \boldsymbol{y}}\right)^{-1}\frac{\partial \boldsymbol{h}^{\mathrm{T}}}{\partial z} \tag{6-48}$$

记 $H_0=\{\boldsymbol{d}\mid \nabla h_i^{\mathrm{T}}(\boldsymbol{x})\boldsymbol{d}=0,\ i=1,2,\cdots,l\}$，对比既约梯度法中的既约梯度，式（6-48）说明，$\boldsymbol{r}_z$ 是目标函数的梯度向量在仿射流形 $\boldsymbol{x}+H_0$ 的投影。于是，称 $\boldsymbol{r}_z$ 为问题（6-43）在 $\boldsymbol{x}$ 点处的广义既约梯度。

下面讨论问题（6-43）的 K-T 条件

$$\begin{cases}\nabla f(\boldsymbol{x})+\dfrac{\partial \boldsymbol{h}(\boldsymbol{x})}{\partial \boldsymbol{x}}v-\boldsymbol{\mu}+\boldsymbol{\rho}=\boldsymbol{0}\\ \boldsymbol{\mu},\ \boldsymbol{\rho}\geqslant\boldsymbol{0},\ \boldsymbol{\mu},\ \boldsymbol{\rho}\in\mathbf{R}^n\\ \boldsymbol{\mu}^{\mathrm{T}}(\boldsymbol{a}-\boldsymbol{x})=0\\ \boldsymbol{\rho}^{\mathrm{T}}(\boldsymbol{x}-\boldsymbol{b})=0\end{cases}$$

令 $\boldsymbol{u}=\boldsymbol{\mu}-\boldsymbol{\rho}$，则变成

$$\nabla f(\boldsymbol{x})+\frac{\partial \boldsymbol{h}(\boldsymbol{x})}{\partial \boldsymbol{x}}v=\boldsymbol{u} \tag{6-49}$$

$$u_i=\begin{cases}\mu_i\geqslant 0, & x_i=a_i\\ -\rho_i\geqslant 0, & x_i=b_i\\ 0, & a_i<x_i<b_i\end{cases} \tag{6-50}$$

考虑若 $\boldsymbol{x}\in S$ 为式（6-43）的 K-T 点，由非退化假设，存在分解 $\boldsymbol{x}=\begin{pmatrix}\boldsymbol{y}\\ \boldsymbol{z}\end{pmatrix}$，使 $\boldsymbol{a}_y<\boldsymbol{y}<\boldsymbol{b}_y$，$\dfrac{\partial \boldsymbol{h}(\boldsymbol{x})}{\partial \boldsymbol{y}}$ 非奇异。那么对于式（6-49）、式（6-50）及各个量的相应分解有 $\boldsymbol{u}_y=\boldsymbol{0}$，于是

$$\nabla_y f(\boldsymbol{x})+\frac{\partial \boldsymbol{h}(\boldsymbol{x})}{\partial \boldsymbol{y}}v=\boldsymbol{u}_y=\boldsymbol{0}$$

得

$$v=-\left(\frac{\partial \boldsymbol{h}(\boldsymbol{x})}{\partial \boldsymbol{y}}\right)^{-1}\nabla_y f(\boldsymbol{x}) \tag{6-51}$$

把式（6-51）代入 $\nabla_z f(\boldsymbol{x})+\dfrac{\partial \boldsymbol{h}(\boldsymbol{x})}{\partial z}v=\boldsymbol{u}_z$，得到

$$\boldsymbol{u}_z=\nabla_z f(\boldsymbol{x})-\frac{\partial \boldsymbol{h}(\boldsymbol{x})}{\partial z}\left(\frac{\partial \boldsymbol{h}(\boldsymbol{x})}{\partial \boldsymbol{y}}\right)^{-1}\nabla_y f(\boldsymbol{x})=\boldsymbol{r}_z \tag{6-52}$$

根据上面分析，可得到下面定理。

定理 6-10　考虑问题（6-43），做非退化假设。设 $\boldsymbol{x}\in S$，那么，$\boldsymbol{x}$ 是 K-T 点的充分必要条件是广义既约梯度 $\boldsymbol{r}_z$ 满足下列条件：

$$(\boldsymbol{r}_z)_i\begin{cases}\geqslant 0, & z_i=a_i\\ \leqslant 0, & z_i=b_i\\ =0, & a_i<z_i<b_i\end{cases} \tag{6-53}$$

证明 必要性：设 $\boldsymbol{x}\in S$ 为 K-T 点，由上面分析得到式（6-52），$\boldsymbol{u}_z=\boldsymbol{r}_z$，再参考式（6-50），即为式（6-53）。

充分性：若式（6-53）成立，取 $\boldsymbol{u}_z=\boldsymbol{r}_z$，$\boldsymbol{u}_y=\boldsymbol{0}$，$\boldsymbol{v}=-\left(\dfrac{\partial \boldsymbol{h}(\boldsymbol{x})}{\partial \boldsymbol{y}}\right)^{-1}\nabla_y f(\boldsymbol{x})$，即有式（6-50）和非退化假设成立，故 $\boldsymbol{x}$ 是 K-T 点。

证毕。

容易看到，在非退化假设下，$\forall \boldsymbol{x}\in S$，问题（6-43）在 $\boldsymbol{x}$ 点处各等式约束的梯度向量，以及上、下界约束构成的不等式约束中起作用约束的梯度向量（$\boldsymbol{e}_i$ 或 $-\boldsymbol{e}_i$，$\boldsymbol{e}_i$ 为坐标向量）是线性无关的。因为它们构成下列的满秩矩阵

$$\begin{pmatrix}\dfrac{\partial \boldsymbol{h}(\boldsymbol{x})}{\partial \boldsymbol{y}} & \boldsymbol{0}\\ \dfrac{\partial \boldsymbol{h}(\boldsymbol{x})}{\partial z} & \boldsymbol{E}\end{pmatrix}$$

其中，$\dfrac{\partial \boldsymbol{h}(\boldsymbol{x})}{\partial \boldsymbol{y}}$，$\dfrac{\partial \boldsymbol{h}(\boldsymbol{x})}{\partial z}$为 $\boldsymbol{h}(\boldsymbol{x})$ 分别对应分解的基变量、非基变量的偏导数矩阵；$\boldsymbol{E}$ 为各列分别是 $n-l$ 维的正或负坐标向量（$\boldsymbol{e}_i$ 或 $-\boldsymbol{e}_i$）。

由此知道，定理 6-2 成立，即 K-T 条件为式（6-43）局部最优解的必要条件。

按照定理 6-9，对 $\forall \boldsymbol{x}\in S$，可求出相应的广义既约梯度 $\boldsymbol{r}_z$，检验式（6-53）是否成立。若成立，则 $\boldsymbol{x}$ 为 K-T 点，停机；否则，利用 $\boldsymbol{r}_z$ 构造 $\boldsymbol{x}$ 点处的一个下降，并线性化可行的方向，通过一维搜索找到在 $\boldsymbol{x}+H_0$ 上的一点，这点不一定可行，再经过校正，找到新的可行点作为迭代点。这就是 GRG 法的原理。

在 GRG 法的实施过程中，要特别注意搜索方向的选择，沿搜索方向寻求可行点，基变量与非基变量的交替等。

（2）几个主要步骤的处理。

1）搜索方向的确定。仍用 $\boldsymbol{d}$ 来表示搜索方向，$\boldsymbol{d}_y$，$\boldsymbol{d}_z$ 分别为对应基变量和非基变量的分量。令 $J=\{i: z_i=a_i$，且 $(\boldsymbol{r}_z)_i>0$ 或 $z_i=\boldsymbol{b}_i$，且$(\boldsymbol{r}_z)_i<0\}$，那么

$$(\boldsymbol{d}_z)_i=\begin{cases}0, & i\in J\\ -(\boldsymbol{r}_z)_i \text{ 或 } 0, & i\notin J\end{cases} \tag{6-54}$$

$$\boldsymbol{d}_y=-\left(\frac{\partial \boldsymbol{h}^{\mathrm{T}}(\boldsymbol{x})}{\partial \boldsymbol{y}}\right)^{-1}\frac{\partial \boldsymbol{h}^{\mathrm{T}}(\boldsymbol{x})}{\partial z}\boldsymbol{d}_z \tag{6-55}$$

显然，受到限制的分量是属于 J 的，因此式（6-54）可保证方向 $\boldsymbol{d}$ 下降，且对上、下界约束来说是允许的方向，式（6-55）保证 $\boldsymbol{d}\in H_0$，即线性化的可行。由于式（6-54），下面的式子有选择的可能，因而在确定方向 $\boldsymbol{d}_z$ 时，有多种方案，如：

① GRG 法

$$(\boldsymbol{d}_z)_i=\begin{cases}0 & ,\ i\in J\\ -(\boldsymbol{r}_z)_i & ,\ i\notin J\end{cases} \tag{6-56}$$

② GRGS 法

令 $|(\boldsymbol{r}_z)_t|=\max\{|(\boldsymbol{r}_z)_i|:i\notin J\}$，则

$$(\boldsymbol{d}_z)_i=\begin{cases}0 & ,\ i\neq t\\ -(\boldsymbol{r}_z)_t & ,\ i=t\end{cases} \tag{6-57}$$

这个方法在所有函数退化为线性函数时，就是单纯形法。

③ GRGC 法。循环地取 $(\boldsymbol{d}_z^{(k)})_i=-(\boldsymbol{r}_z^{(k)})_i$，每 n 次迭代为一个循环重复进行，对于 $k=1, 2, \cdots, n$

$$(\boldsymbol{d}_z^{(k)})_i=\begin{cases}0 & ,\ i\neq k\\ -(\boldsymbol{r}_z^{(k)})_k & ,\ i=k\end{cases} \tag{6-58}$$

当相应 $x_k^{(k)}$ 为基变量或 $k\in J_k$ 时，省去这次迭代。$k=n$ 之后，重新取 $k=1$ 继续进行。

2）沿搜索方向寻求可行点。这一步的目的是寻找一个使目标函数下降的可行点。首先沿搜索方向进行一维搜索，为了保证上、下界约束成立，求步长限

$$\bar{\lambda}=\min\left\{\min\left\{\frac{x_j-a_j}{-d_j}:\ d_j<0\right\},\ \min\left\{\frac{b_j-x_j}{d_j}:\ d_j>0\right\}\right\} \tag{6-59}$$

求解

$$\begin{cases}\min & f(\boldsymbol{y}+\lambda\boldsymbol{d}_y,\ \boldsymbol{z}+\lambda\boldsymbol{d}_z)\\ \text{s. t.} & 0\leqslant\lambda\leqslant\bar{\lambda}\end{cases} \tag{6-60}$$

通过精确或不精确一维搜索可得到 λ_k，记 $\tilde{\boldsymbol{x}}=\boldsymbol{x}+\lambda\boldsymbol{d}=\begin{pmatrix}\tilde{\boldsymbol{y}}\\ \bar{\boldsymbol{z}}\end{pmatrix}$。这个 $\tilde{\boldsymbol{x}}\in\boldsymbol{x}+H_0$，但可能 $\tilde{\boldsymbol{x}}\notin S$，即可能 $\boldsymbol{h}(\tilde{\boldsymbol{y}},\ \bar{\boldsymbol{z}})\neq\boldsymbol{0}$，为了寻求可行点，可以固定 $\bar{\boldsymbol{z}}$，以 $\boldsymbol{y}^{(0)}=\tilde{\boldsymbol{y}}$ 为初始点，用牛顿法求解非线性方程组

$$\boldsymbol{h}(\boldsymbol{y},\ \bar{\boldsymbol{z}})=\boldsymbol{0} \tag{6-61}$$

迭代公式为

$$\boldsymbol{y}^{(j+1)}=\boldsymbol{y}^{(j)}-\left(\frac{\partial\boldsymbol{h}(\boldsymbol{y}^{(j)},\ \bar{\boldsymbol{z}})}{\partial\boldsymbol{y}}\right)^{-1}\boldsymbol{h}(\boldsymbol{y}^{(j)},\ \bar{\boldsymbol{z}}) \tag{6-62}$$

反复使用式（6-62），直至下列情况之一发生：

① 在连续若干次迭代中，范数 $\|\boldsymbol{h}(\boldsymbol{y}^{(j)},\ \bar{\boldsymbol{z}})\|$ 增大。在这种情况发生时，需减小步长限 λ，重新一维搜索，得到 $\tilde{\boldsymbol{x}}$ 后，重新用牛顿法解方程（6-61）。

② 得到 $f(\boldsymbol{y}^{(j+1)},\ \bar{\boldsymbol{z}})>f(\boldsymbol{y}^{(j)},\ \bar{\boldsymbol{z}})$ 时，同①的处理过程。

③ 对某个 j，使得 $\boldsymbol{y}^{(j)}\ngeqslant\boldsymbol{a}_y$ 或 $\boldsymbol{y}^{(j)}\nleqslant\boldsymbol{b}_y$，这时可在 $\boldsymbol{y}^{(j-1)}$ 到 $\boldsymbol{y}^{(j)}$ 的连线上找一点 $\boldsymbol{y}'$，使得满足 $\boldsymbol{a}_y\leqslant\boldsymbol{y}'\leqslant\boldsymbol{b}_y$，且存在 r 有 $y'_r=a_r$ 或 $y'_r=b_r$。这时把使得 $y'_i=a_i$ 或 $y'_i=b_i$ 的变量转换为非基变量，从原非基变量中选出相应个数的非边界变量作为基变量，于是 $(\boldsymbol{y}',\ \bar{\boldsymbol{z}})$ 构成新的分解，重新解 $\boldsymbol{h}(\boldsymbol{y},\ \bar{\boldsymbol{z}})=\boldsymbol{0}$（注意，为了方便，仍用 $\boldsymbol{y}$，$\boldsymbol{z}$ 分别记基变量与非基变量，实际上这里的分解已经发生了变化）。

④ 解方程 $\boldsymbol{h}(\boldsymbol{y},\ \bar{\boldsymbol{z}})=\boldsymbol{0}$ 的牛顿迭代法收敛，即 $\exists j_0$，使 $\|\boldsymbol{h}(\boldsymbol{y}^{(j_0)},\ \bar{\boldsymbol{z}})\|<\varepsilon$（其中 $\varepsilon>0$ 为

充分小的正数)，那么令 $\bar{\boldsymbol{y}}=\boldsymbol{y}^{(j_0)}$，新的迭代点 $\boldsymbol{x}^{(k+1)}=\begin{pmatrix}\bar{\boldsymbol{y}}\\ \bar{\boldsymbol{z}}\end{pmatrix}$。

通过对上面各种情况的处理，最终可得到可行解 $\boldsymbol{x}^{(k+1)}$，且有 $f(\boldsymbol{x}^{(k+1)})<f(\boldsymbol{x}^{(k)})$。

基变量与非基变量的调整：上面情况③发生的时候，需要把一些基变量变为非基变量。同时又需要从原非基变量中选择相同个数的变量转化为基变量，以保证基变量始终为 l 个，这个过程称为换基。除此之外，得到新迭代点若有 $\boldsymbol{a}_y<\bar{\boldsymbol{y}}<\boldsymbol{b}_y$，则不必换基，否则，要把使 $\bar{y}_i=a_i$ 或 $\bar{y}_i=b_i$ 的变量（称为界变量）转化为非基变量，故也有换基的需要。引进基的变量应当是远离边界的量，这样才可能使后面迭代步不致太小。

设 $J=\{i\mid z_i=a_i \text{ 或 } z_i=b_i\}$ 是非基变量中所有非边界变量的指标。记：$\boldsymbol{a}_r$ 为 $(\partial\boldsymbol{h}(\boldsymbol{x})/\partial\boldsymbol{y})^{-1}$ 的第 r 列，$\boldsymbol{b}_i=\left(\dfrac{\partial h_1}{\partial x_i},\ \dfrac{\partial h_2}{\partial x_i},\ \cdots,\ \dfrac{\partial h_l}{\partial x_i}\right)^{\mathrm{T}}$ 为 $\left(\dfrac{\partial\boldsymbol{h}(\boldsymbol{x})}{\partial\boldsymbol{x}}\right)^{\mathrm{T}}$ 的第 i 列，$\boldsymbol{g}=\boldsymbol{x}^{(k+1)}-\boldsymbol{x}^{(k)}$，$\varepsilon>0$ 为充分小的正数。如果从原基中把第 r 个变量 x_r 变为非基变量，设 s 为从原非基变量中选出的进入基的变量。那么，s 可由下列准则确定。

准则 1 $\quad |\boldsymbol{a}_r^{\mathrm{T}}\boldsymbol{b}_s|\delta_s=\max\left\{|\boldsymbol{a}_r^{\mathrm{T}}\boldsymbol{b}_i|\delta_i\ \middle|\ |\boldsymbol{a}_r^{\mathrm{T}}\boldsymbol{b}_i|>\varepsilon,\ i\in\bar{J}\right\}$

其中

$$\delta_j=\min\ \{(\boldsymbol{x}_j^{(k)}-a_j),\ (b_j-\boldsymbol{x}_j^{(k)})\},\ j\in\bar{J}$$

有时，准则 1 确定不了 s，例如当 $|\boldsymbol{a}_r^{\mathrm{T}}\boldsymbol{b}_i|\leqslant\varepsilon,\ \forall i\in\bar{J}$ 时，可采用下面准则 2。

准则 2 $\quad |\boldsymbol{a}_r^{\mathrm{T}}\boldsymbol{b}_s|=\begin{cases}\max\left\{|\boldsymbol{a}_r^{\mathrm{T}}\boldsymbol{b}_i|\ \middle|\ \boldsymbol{a}_r^{\mathrm{T}}\boldsymbol{b}_i g_i<0,\ i\in\bar{J}\right\},\ x_r=a_r\\ \max\left\{|\boldsymbol{a}_r^{\mathrm{T}}\boldsymbol{b}_i|\ \middle|\ \boldsymbol{a}_r^{\mathrm{T}}\boldsymbol{b}_i g_i>0,\ i\in\bar{J}\right\},\ x_r=b_r\end{cases}$

当有多个基变量转化为非基变量时，可逐个利用这两个准则来找进基的变量。

通过上面的讨论，我们看到进行计算的实施方案有许多考虑，有各种不同的方案可取，因而用 GRG 法解题有一定的复杂性。下面给出算法的主要步骤。

(3) 算法。GRG 法的主要流程框图如图 6-9 所示。

下面介绍一个求初始可行点的方法：

任取 $\boldsymbol{x}^{(1)}$ 满足 $\boldsymbol{a}\leqslant\boldsymbol{x}^{(1)}\leqslant\boldsymbol{b}$，取 $|h_{j0}(\boldsymbol{x}^{(1)})|=\max\{|(h_i(\boldsymbol{x}^{(i)})|\ \big|\ i=1,2,\cdots,l\}$，若 $h_{j0}(\boldsymbol{x}^{(1)})\neq0$，引入人工变量 t_i，$M>0$，记 $J_0=\{i\mid h_i(\boldsymbol{x}^{(1)})\neq0,i=1,2,\cdots,l\}$

解下列问题

$$\begin{cases}\min\quad f(\boldsymbol{x})+M\sum\limits_{i\in J_0}t_i\\ \text{s. t.}\quad h_i(\boldsymbol{x})-t_i=0,\ i\in J_0\\ \qquad\quad h_j(\boldsymbol{x})=0,\ j\in\{1,\ 2,\ \cdots,\ l\}/J_0\\ \qquad\quad \boldsymbol{a}\leqslant\boldsymbol{x}\leqslant\boldsymbol{b}\end{cases}\tag{6-63}$$

显然 $\boldsymbol{x}_i^{(1)}$，$t_i^{(1)}=h_i(\boldsymbol{x}^{(1)})$ $(i\in J_0)$，是式（6-63）的一个初始可行解。取 M 充分大，用 GRG 法解式（6-63），若得到解 $t_i^*=0$，$i\in J_0$，则 $\boldsymbol{x}^*$ 为原问题的解。

对于一般的非线性约束问题，很容易通过引入松弛变量把不等式约束转化为等式约束，

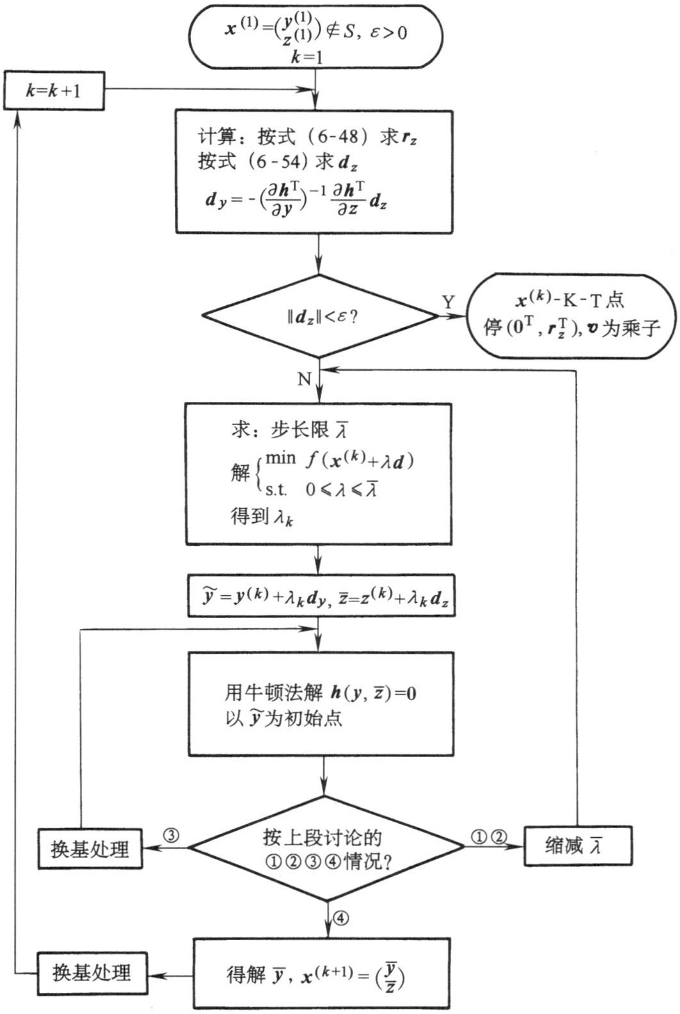

图　6-9

从而得到形式为式（6-43）的问题。

GRG 法在数值试验中显示出良好的效果，对各类试验性问题，广义既约梯度法几乎都能解出，表现了较好的收敛性。在理论方面的研究，已有不少有意义的结果，有兴趣的读者可查阅有关资料文献。

6.3 罚函数法及乘子法

解决约束问题的一个直接的想法是，把违背约束作为对求最小值的一种惩罚，将约束并入目标函数，从而得到一个辅助的无约束最优化问题，利用已有的无约束最优化方法进行求解。这就是罚函数法的基本思想。

具体来说，设问题为

$$(fS)\begin{cases}\min & f(\boldsymbol{x})\\ \text{s. t.} & \boldsymbol{x}\in S\end{cases}$$

构造惩罚函数

$$\alpha(\boldsymbol{x})=\begin{cases}0 & ,\ \boldsymbol{x}\in S\\ +\infty & ,\ \boldsymbol{x}\notin S\end{cases}$$

那么对问题（fS）的求解，就变成对 $\min f(\boldsymbol{x})+\alpha(\boldsymbol{x})$ 的求解。这里 $\alpha(\boldsymbol{x})$ 是理想情况，在实际使用中，为了便于求解，需要构造逐步逼近理想 $\alpha(\boldsymbol{x})$ 的一系列无约束问题，因此这种方法又称序列无约束极小化方法（SUMT，Sequential Unconstrained Minimization Technique）。按照取罚函数的方法不同，分为罚函数法（外点法）和闸函数法（内点法）。

6.3.1 罚函数法

考虑问题

$$(fghD)\begin{cases}\min & f(x)\\ \text{s. t.} & \boldsymbol{g}(\boldsymbol{x})\leqslant \boldsymbol{0}\\ & \boldsymbol{h}(\boldsymbol{x})=\boldsymbol{0}\\ & \boldsymbol{x}\in D\end{cases}\tag{6-64}$$

其中，f：$\mathbf{R}^n\to\mathbf{R}$，$\boldsymbol{g}$：$\mathbf{R}^n\to\mathbf{R}^m$，$\boldsymbol{h}$：$\mathbf{R}^n\to\mathbf{R}^l$，$D\subset\mathbf{R}^n$。

构造罚函数

$$\alpha(\boldsymbol{x})=\sum_{i=1}^{m}\varphi(g_i(\boldsymbol{x}))+\sum_{j=1}^{l}\psi(h_j(\boldsymbol{x}))\tag{6-65}$$

其中，$\varphi(\lambda)$，$\psi(\lambda)$ 分别满足：

$$\varphi(\lambda)\begin{cases}>0, & \lambda>0\\ =0, & \lambda\leqslant 0\end{cases}\tag{6-66}$$

$$\psi(\lambda)\begin{cases}>0, & \lambda\neq 0\\ =0, & \lambda=0\end{cases}\tag{6-67}$$

构造辅助问题

$$(P_\mu)\begin{cases}\min & f(\boldsymbol{x})+\mu\alpha(\boldsymbol{x})\\ \text{s. t.} & \boldsymbol{x}\in D\end{cases}\tag{6-68}$$

其中，$f(\boldsymbol{x})+\mu\alpha(\boldsymbol{x})$ 称为辅助函数，$\mu\alpha(\boldsymbol{x})$ 称为惩罚项，$\mu>0$ 为罚因子。

函数 $\varphi(\lambda)$，$\psi(\lambda)$ 的典型取法是：

$\varphi(\lambda)=[\max\{0,\ \lambda\}]^p$，$\psi(\lambda)=|\lambda|^p$，$p$ 为正整数。当 $p=2$ 时，比较常用，称相应罚函数为二次罚函数。

例 6-7 求解约束问题

$$\begin{aligned}&\min\quad x\\ &\text{s. t.}\quad -x+2\leqslant 0\end{aligned}$$

取二次罚函数，则

$$\alpha(x)=[\max\{0,\ -x+2\}]^2=\begin{cases}0 & ,\ x\geqslant 2\\ (2-x)^2 & ,\ x<2\end{cases}$$

辅助函数

$$f(x)+\mu\alpha(x)=\begin{cases}x & , x\geqslant 2\\ \mu x^2+(1-4\mu)\ \ x+4\mu & , x<2\end{cases}$$

显然辅助问题的最优解为：当 $x<2$ 时，

$$x_{\mu}^{*}=2-\frac{1}{2\mu}$$

当 $\mu\to\infty$ 时，$x_{\mu}^{*}\to x^{*}=2$，如图 6-10 所示。

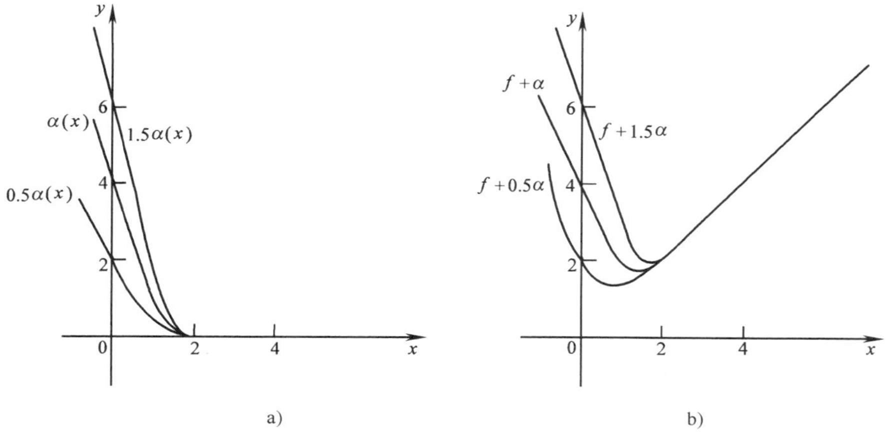

图　6-10

模型罚函数法的计算过程如图 6-11 所示。

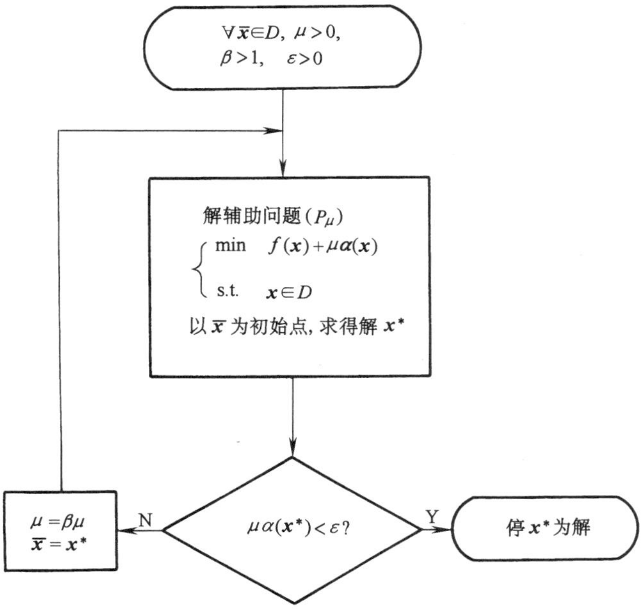

图　6-11

为了方便起见，在解一般约束问题时，常常把一部分易于处理的约束（如上、下界约束，线性约束等）归入集合 D，这样，得到的辅助问题变成易于求解的问题。特别地，当 $D=\mathbf{R}^n$ 时，辅助问题就变成了无约束的问题。

罚函数法可从任一点 $\boldsymbol{x}^{(1)}\in D$ 开始，一般情况下 $\boldsymbol{x}^{(1)}\notin S$，这里 $S=\{\boldsymbol{x}\mid \boldsymbol{x}\in D,\ \boldsymbol{g}(\boldsymbol{x})\leqslant \boldsymbol{0},\ \boldsymbol{h}(\boldsymbol{x})=\boldsymbol{0}\}$，随着 μ 的增大，$\boldsymbol{x}^{(k)}$ 逐步接近 S，因此，称之为外点法。

例 6-8 用罚函数法解

$$\begin{cases}\min & (x_1-2)^4+(x_1-2x_2)^2 \\ \text{s. t.} & x_1^2-x_2=0\end{cases} \tag{6-69}$$

辅助问题为

$$(P_\mu)\min(x_1-2)^4+(x_1-2x_2)^2+\mu(x_1^2-x_2)^2$$

取初始点 $\boldsymbol{x}^{(1)}=(2,\ 1)^{\mathrm{T}}$，$\mu_1=0.1$，$\beta=10$，记（$P_{\mu_k}$）的解为 $\boldsymbol{x}^{(k+1)}$，其最优值为 θ（μ_k），计算结果见表 6-1。

可以验证 $\boldsymbol{x}^{(6)}$ 满足 K-T 条件，乘子为 $v^*=3.3631$。

下面讨论罚函数法的收敛性。对问题（6-64）建立罚函数 $\alpha(\boldsymbol{x})$，定义

$$\theta(\mu)=\inf\{f(\boldsymbol{x})+\mu\alpha(\boldsymbol{x})\mid \boldsymbol{x}\in D\} \tag{6-70}$$

罚函数法相当于求解问题

表 6-1

k	μ_k	$\boldsymbol{x}^{(k+1)}$	$f(\boldsymbol{x}^{(k+1)})$	$\alpha(\boldsymbol{x}^{(k+1)})$	$\theta(\mu_k)$	$\mu_k\alpha(\boldsymbol{x}^{(k+1)})$
1	0.1	$(1.4539,\ 0.7608)^{\mathrm{T}}$	0.0935	1.8307	0.2766	0.1831
2	1.0	$(1.1687,\ 0.7407)^{\mathrm{T}}$	0.5753	0.3908	0.9661	0.3908
3	10.0	$(0.9906,\ 0.8425)^{\mathrm{T}}$	1.5203	0.01926	1.7129	0.1926
4	100.0	$(0.9507,\ 0.8875)^{\mathrm{T}}$	1.8917	0.000267	1.9184	0.0267
5	1000.0	$(0.9461094,\ 0.8934414)^{\mathrm{T}}$	1.9405	0.0000028	1.9433	0.0028

$$\begin{cases}\max & \theta(\mu) \\ \text{s. t} & \mu\geqslant 0\end{cases} \tag{6-71}$$

记问题（6-64）的可行集为

$$S=\{\boldsymbol{x}\mid \boldsymbol{x}\in D,\ \boldsymbol{g}(\boldsymbol{x})\leqslant\boldsymbol{0},\ \boldsymbol{h}(\boldsymbol{x})=\boldsymbol{0}\} \tag{6-72}$$

罚函数产生的辅助问题，同原问题之间的关系相当于一种对偶，也有下列的弱对偶性质，并且各相应函数有单调性。下面给出一些理论结果，不证明。

引理 6-2 设问题（*fghD*）中 f，$\boldsymbol{g}$，$\boldsymbol{h}$ 在 D 上连续，$\alpha(\boldsymbol{x})$ 为罚函数，再设对 $\forall\mu\geqslant 0$，$\exists \boldsymbol{x}_\mu$，使

$$\theta(\mu)=\inf\{f(\boldsymbol{x})+\mu\alpha(\boldsymbol{x})\mid \boldsymbol{x}\in D\}=f(\boldsymbol{x}_\mu)+\mu\alpha(\boldsymbol{x}_\mu)$$

则

（1）$\inf\{f(\boldsymbol{x})\mid \boldsymbol{x}\in S\}\geqslant\sup\{\theta(\mu)\mid\mu\geqslant 0\}$

（2）对 $\mu\geqslant 0$，$f(\boldsymbol{x}_\mu)$，$\theta(\mu)$ 是关于 μ 的单调非减函数，$\alpha(\boldsymbol{x}_\mu)$ 是关于 μ 的单调非增函数。

在引理的基础上，作稍强的假设，便可得到罚函数法的收敛性。

定理 6-11　考虑问题（6-64）（$fghD$），设 S 非空，引理 6-2 条件成立。再设∃紧子集 D_0，使 $\{\boldsymbol{x}_\mu \mid \mu \geqslant 0\} \subset D_0$，则

（1）$\inf \{f(\boldsymbol{x}) \mid \boldsymbol{x} \in S\} = \sup \{\theta(\mu) \mid \mu \geqslant 0\}$

$= \lim\limits_{\mu \to \infty} \theta(\mu)$

（2）$\{\boldsymbol{x}_\mu\}$ 的任意极限点 $\boldsymbol{x}^*$ 是（$fghD$）的最优解；

（3）$\lim\limits_{\mu \to \infty} \mu \alpha(\boldsymbol{x}_\mu) = 0$。

推论　在定理 6-10 的假设下，若∃$\mu \geqslant 0$，使 $\alpha(\boldsymbol{x}_\mu) = 0$，则 $\boldsymbol{x}_\mu$ 是式（6-64）的解。

推论给出了罚函数法有限步终止的情况。

罚函数法的主要缺点是，当 μ 很大时，惩罚项变为接近于“0 · ∞”的形式，给数值计算带来很大困难，产生很大误差。而实际上，最优解常常是出现在 $\mu \to +\infty$ 的情况下，下面做一简要的说明。

考虑只含等式的约束问题

$$\begin{aligned} &\min \quad f(\boldsymbol{x}) \\ &\text{s. t.} \quad \boldsymbol{h}(\boldsymbol{x}) = \boldsymbol{0} \end{aligned}$$

设 f，$\boldsymbol{h}$ 可微，$S = \{\boldsymbol{x} \mid \boldsymbol{h}(\boldsymbol{x}) = \boldsymbol{0}\}$，构造辅助问题

$$\min p(\boldsymbol{x}, \mu) = f(\boldsymbol{x}) + \mu \boldsymbol{h}^{\mathrm{T}}(x) \boldsymbol{h}(\boldsymbol{x}) \tag{6-73}$$

$\mu \geqslant 0$，设 $\boldsymbol{x}_\mu$ 为式（6-73）的解，无妨设收敛子列 $\{\boldsymbol{x}_\mu\} \to \bar{\boldsymbol{x}} \in S$。

根据驻点条件，有

$$\nabla_x p(\boldsymbol{x}_\mu, \mu) = \nabla f(\boldsymbol{x}_\mu) + 2\mu \sum_{i=1}^{l} h_i(\boldsymbol{x}_\mu) \nabla h_i(\boldsymbol{x}_\mu) = \boldsymbol{0} \tag{6-74}$$

设∃M，使 $\| \nabla h_i(\boldsymbol{x}) \| \leqslant M$，∀$i$ 及∀$\boldsymbol{x}$ 属于 $\bar{\boldsymbol{x}}$ 的邻域。由式（6-74）可得

$$\| \nabla f(\boldsymbol{x}_\mu) \| \leqslant 2\mu l M \max \left\{ | h_i(\boldsymbol{x}_\mu) | \,\middle|\, i = 1, 2, \cdots, l \right\} \tag{6-75}$$

设在 $\bar{\boldsymbol{x}}$ 的邻域内，至少有一个 $\nabla h_i(\hat{\boldsymbol{x}}_\mu) \neq \boldsymbol{0}$，利用中值公式

$$h_i(\boldsymbol{x}_\mu) = h_i(\bar{\boldsymbol{x}}) + \nabla h_i^{\mathrm{T}}(\hat{\boldsymbol{x}}_\mu)(\boldsymbol{x}_\mu - \bar{\boldsymbol{x}})$$

注意 $\bar{\boldsymbol{x}} \in S$，则

$$\| \boldsymbol{x}_\mu - \bar{\boldsymbol{x}} \| \geqslant \frac{| h_i(\boldsymbol{x}_\mu) |}{\| \nabla h_i(\hat{\boldsymbol{x}}_\mu) \|}$$

对∀i，$\nabla h_i(\hat{\boldsymbol{x}}_\mu) \neq 0$，于是

$$\begin{aligned} \| \boldsymbol{x}_\mu - \bar{\boldsymbol{x}} \| &\geqslant \max \left\{ \frac{| h_i(\boldsymbol{x}_\mu) |}{\| \nabla h_i(\hat{\boldsymbol{x}}_\mu) \|} \,\middle|\, \| \nabla h_i(\hat{\boldsymbol{x}}_\mu) \| \neq \boldsymbol{0} \right\} \\ &\geqslant \frac{\max | h_i(\boldsymbol{x}_\mu) |}{\max \| \nabla h_i(\hat{\boldsymbol{x}}_\mu) \|} \\ &\geqslant \frac{1}{M} \max \left\{ | h_i(\boldsymbol{x}_\mu) | \,\middle|\, i = 1, 2, \cdots, l \right\} \end{aligned} \tag{6-76}$$

当 μ 充分大时，由连续可微性有 $\|\nabla f(\boldsymbol{x}_\mu)\| \geqslant \frac{1}{2}\|\nabla f(\bar{\boldsymbol{x}})\|$，把此式及式（6-75）代入式（6-76），得到

$$\|\boldsymbol{x}_\mu - \bar{\boldsymbol{x}}\| \geqslant \frac{1}{4\mu l M^2}\|\nabla f(\bar{\boldsymbol{x}})\| \tag{6-77}$$

由此，若要使 $\boldsymbol{x}_\mu$ 充分接近 $\bar{\boldsymbol{x}}$，必有 $\|\nabla f(\bar{\boldsymbol{x}})\|=0$ 或 μ 充分大。而对于约束问题，解一般不是目标函数的驻点。所以，罚函数法一般要在 μ 充分大时，才能得到近似程度较好的解。

6.3.2 闸函数法

闸函数法适用于不等式约束问题。考虑下面问题

$$(fgD)\begin{cases}\min & f(\boldsymbol{x})\\ \text{s.t.} & \boldsymbol{g}(\boldsymbol{x})\leqslant \boldsymbol{0}\\ & \boldsymbol{x}\in D\end{cases} \tag{6-78}$$

其中，$f:\mathbf{R}^n\to\mathbf{R},\boldsymbol{g}:\mathbf{R}^n\to\mathbf{R}^m$ 连续，$D\subset\mathbf{R}^n$ 非空，设 $S=\{\boldsymbol{x}\mid \boldsymbol{x}\in D,\boldsymbol{g}(\boldsymbol{x})\leqslant\boldsymbol{0}\}$，$S_0=\{\boldsymbol{x}\mid\boldsymbol{x}\in D,\boldsymbol{g}(\boldsymbol{x})<\boldsymbol{0}\}\neq\varnothing$。

闸函数法的基本思想是把惩罚加在约束集的边界，使当 $\boldsymbol{x}\in S_0$ 时，受极小的惩罚或（理想地）不受惩罚，而当 $\boldsymbol{x}\to\partial S$（$\partial S$ 为 S 的边界）时，惩罚项→∞，从而使得迭代点始终限制在 S_0 上。具有这种惩罚功能的函数，称之为闸函数，用 $B(\boldsymbol{x})$ 表示。

取
$$B(\boldsymbol{x})=\sum_{i=1}^{m}\varphi(g_i(\boldsymbol{x})) \tag{6-79}$$

其中
$$\varphi(\lambda)\begin{cases}\geqslant 0 & ,\ \lambda<0\\ \to+\infty & ,\ \lambda\to 0^-\end{cases} \tag{6-80}$$

$\varphi(\lambda)$ 连续，比较典型的取法有

$$\varphi(\lambda)=-\frac{1}{\lambda}\ 或\ \varphi(\lambda)=|\ln(-\lambda)|$$

辅助问题为

$$\begin{cases}\min & f(\boldsymbol{x})+\mu B(\boldsymbol{x})\\ \text{s.t.} & \boldsymbol{x}\in D\end{cases} \tag{6-81}$$

为了控制 $\mu B(\boldsymbol{x})$，使之当 $\boldsymbol{x}$ 接近边界时，能够有较小值，因此序列无约束极小化过程应取 $\mu\to 0^+$。

模型闸函数法的计算过程，如图 6-12 所示。

解题时，集合 D 的处理同前面的罚函数法。闸函数法从内点 $\boldsymbol{x}^{(1)}\in S_0$ 开始，迭代始终限制在 S_0 内，故称之为内点法。

初始内点的选取方法为：

（1）$\boldsymbol{x}^{(1)}\in D$，$k=1$，转（2）。

（2）令 $J_k=\{j\mid g_j(\boldsymbol{x}^{(k)})<0\}$，若 $J_k=\{1,2,\cdots,m\}$，则停，$\boldsymbol{x}^{(k)}$ 为初始点；否则转（3）。

（3）用闸函数法解

$$\begin{aligned}&\min \quad g_i(\boldsymbol{x})\\&\text{s. t.}\ \begin{cases}g_j(\boldsymbol{x})<0,\ j\in J_k\\ \boldsymbol{x}\in D\end{cases}\end{aligned}$$

其中，i 使 $g_i(\boldsymbol{x}^{(k)})=\max\{g_l(\boldsymbol{x}^{(k)})\mid l\notin J_k\}$。以 $\boldsymbol{x}^{(k)}$ 为初始点，得到 $\boldsymbol{x}^{(k+1)}$。若 $g_i(\boldsymbol{x}^{(k+1)})\geqslant 0$，则停，说明 $S_0=\varnothing$；否则 $k=k+1$，转（2）。

上述过程的第（3）步中求解，只需得到 $g_i(\boldsymbol{x})<0$ 即可停止。

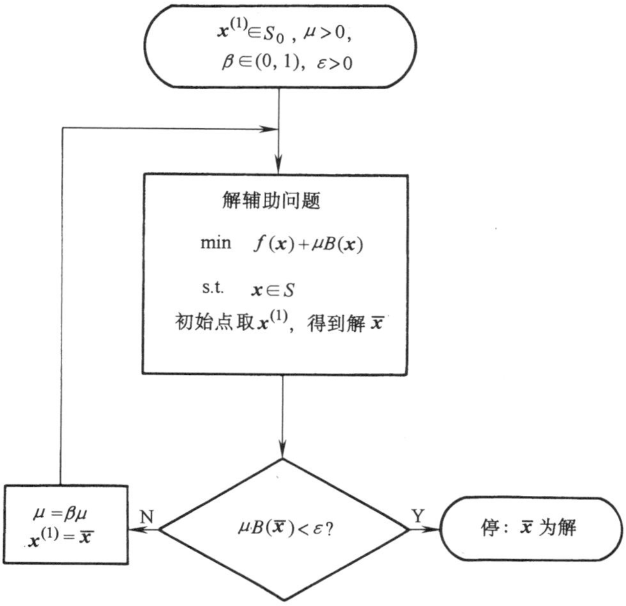

图　6-12

例 6-9　用闸函数法解下列问题：

$$\begin{aligned}&\min \quad (x_1-2)^4+(x_1-2x_2)^2\\&\text{s. t.}\quad x_1^2-x_2\leqslant 0\end{aligned}$$

取闸函数

$$B(\boldsymbol{x})=-\frac{1}{x_1^2-x_2}$$

得到辅助问题

$$\min (x_1-2)^4+(x_1-2x_2)^2-\frac{\mu}{x_1^2-x_2}$$

取初始点 $\boldsymbol{x}^{(1)}=(0,\ 1)^{\mathrm{T}}$，$\mu_1=10$，$\beta=0.1$，记辅助问题的解为 $\boldsymbol{x}^{(k+1)}$（罚因子为 μ_k），其最优值为 $\theta(\mu_k)$，那么计算结果见表 6-2。

表　6-2

k	μ_k	$\boldsymbol{x}^{(k+1)}$	$f(\boldsymbol{x}^{(k+1)})$	$B(\boldsymbol{x}^{(k+1)})$	$\theta(\mu_k)$	$\mu_k B(\boldsymbol{x}^{(k+1)})$
1	10.0	$(0.7079,\ 1.5315)^{\mathrm{T}}$	8.3338	0.9705	18.0388	9.705

（续）

k	μ_k	$x^{(k+1)}$	$f(x^{(k+1)})$	$B(x^{(k+1)})$	$\theta(\mu_k)$	$\mu_k B(x^{(k+1)})$
2	1.0	$(0.8282, 1.1098)^T$	3.8214	2.3591	6.1805	2.3591
3	0.1	$(0.8989, 0.9638)^T$	2.5282	6.4194	3.1701	0.6419
4	0.01	$(0.9294, 0.9162)^T$	2.1291	19.0783	2.3199	0.1908
5	0.001	$(0.9403, 0.9011)^T$	2.0039	59.0461	2.0629	0.0590
6	0.0001	$(0.94389, 0.89635)^T$	1.9645	184.4451	1.9829	0.0184

从表中的数值，我们可以看到$f(\boldsymbol{x}^{(k+1)})$和$\theta(\mu_k)$是$\mu_k$的单调非减函数，而$B(\boldsymbol{x}^{(k+1)})$是$\mu_k$的单调非增函数，且$\mu_k B(\boldsymbol{x}^{(k+1)})$随$\mu_k \to 0^+$而逐步趋于零。

关于闸函数法的收敛性及特征，有同罚函数法平行的结果，从略。

在实用中人们常把外点法与内点法结合起来使用，称为混合罚函数法。一般的问题($fghD$)，对于等式约束采用罚函数法构造

$$\alpha(\boldsymbol{x}) = \sum_{j=1}^{l} \psi(h_j(\boldsymbol{x}))$$

而对不等式约束采用闸函数法构造

$$B(\boldsymbol{x}) = \sum_{i=1}^{m} \varphi(g_i(\boldsymbol{x}))$$

取罚因子$\mu \to 0^+$，则得到辅助函数为

$$f(\boldsymbol{x}) + \mu B(\boldsymbol{x}) + \frac{1}{\mu}\alpha(\boldsymbol{x})$$

混合罚函数法有类似的理论结果，从略。

6.3.3 乘子法

罚函数法的主要困难在于其辅助问题的最优解要达到对原问题解的较好近似，常常在罚因子的极限情况时才能实现。这在前文中已做了讨论，看到其中主要因素之一是在最优解$\boldsymbol{x}^*$，目标函数的梯度$\nabla f(\boldsymbol{x}^*) \neq \boldsymbol{0}$，如果用拉格朗日函数$L$取代$f(\boldsymbol{x})$构造辅助问题，根据K-T条件，在最优解$\boldsymbol{x}^*$，存在最优乘子$\boldsymbol{v}^*$，有$\nabla_x L = \boldsymbol{0}$，这样就弥补了$\nabla f(\boldsymbol{x}^*) \neq \boldsymbol{0}$造成的困难，在这个思想下可得到乘子罚函数法，简称乘子法。

Hestenes 和 Powell 对等式约束问题各自独立地提出类似的方案。我们先介绍等式约束问题的乘子法，然后再把它推广到不等式约束的情况。

1. 等式约束问题的乘子法

考虑等式约束问题

$$(fhD)\begin{cases} \min \ f(\boldsymbol{x}) & f: \mathbf{R}^n \to \mathbf{R} \\ \text{s.t.} \ \boldsymbol{h}(\boldsymbol{x}) = \boldsymbol{0} & \boldsymbol{h}: \mathbf{R}^n \to \mathbf{R}^l \\ \quad \boldsymbol{x} \in D & D \subset \mathbf{R}^n \end{cases} \tag{6-82}$$

建立比较一般的乘子罚函数，或称增广拉格朗日函数

$$\phi(\boldsymbol{x},\boldsymbol{v},\boldsymbol{\mu})=f(\boldsymbol{x})+\boldsymbol{v}^{\mathrm{T}}\boldsymbol{h}(\boldsymbol{x})+\sum_{i=1}^{l}\mu_i h_i^2(\boldsymbol{x})$$
$$=f(\boldsymbol{x})+\boldsymbol{v}^{\mathrm{T}}\boldsymbol{h}(\boldsymbol{x})+\boldsymbol{h}^{\mathrm{T}}(\boldsymbol{x})\boldsymbol{M}\boldsymbol{h}(\boldsymbol{x}) \tag{6-83}$$

其中，$\boldsymbol{v}\in\mathbf{R}^l$ 为乘子，$\boldsymbol{\mu}=(\mu_1,\ \mu_2,\ \cdots,\ \mu_l)^{\mathrm{T}}\in\mathbf{R}^l$ 为罚因子，$\boldsymbol{M}=\mathrm{diag}(\mu_1,\ \cdots,\ \mu_l)$ 为对角矩阵，$\boldsymbol{\mu}>\boldsymbol{0}$。

式（6-83）右端的前两项实际上是式（6-82）的拉格朗日函数

$$L(\boldsymbol{x},\boldsymbol{v})=f(\boldsymbol{x})+\boldsymbol{v}^{\mathrm{T}}\boldsymbol{h}(\boldsymbol{x}) \tag{6-84}$$

乘子法的主要步骤如下：

（1）确定乘子向量序列 $\{\boldsymbol{v}^{(k)}\}\to\boldsymbol{v}^*$。

（2）对每个 $\boldsymbol{v}^{(k)}$ 求解辅助问题

$$\begin{aligned}\min\quad & \phi(\boldsymbol{x},\ \boldsymbol{v},\ \boldsymbol{\mu})\\ \text{s.t.}\quad & \boldsymbol{x}\in D\end{aligned}$$

的解 $\boldsymbol{x}(\boldsymbol{v}^{(k)})$。

（3）当 $\boldsymbol{h}(\boldsymbol{x}(\boldsymbol{v}^{(k)}))$ 充分接近零时终止。

下面将得到在求解辅助问题时，罚因子 $\boldsymbol{\mu}$ 同最优解是无关的（只需足够大）结论。因而问题变成了对乘子 $\boldsymbol{v}$ 的调整。但是最优乘子 $\boldsymbol{v}^*$ 是不知道的，还需对序列 $\{\boldsymbol{v}^{(k)}\}$ 的构造予以说明。

定理 6-12　考虑问题（6-82），如果 D 是开集，$\boldsymbol{x}^*$，$\boldsymbol{v}^*$ 满足最优性的二阶充分条件，则 $\exists\bar{\boldsymbol{\mu}}\geqslant\boldsymbol{0}$，使对 $\forall\boldsymbol{\mu}>\bar{\boldsymbol{\mu}}$，$\boldsymbol{x}^*$ 是 $\phi(\boldsymbol{x},\ \boldsymbol{v}^*,\ \boldsymbol{\mu})$ 在 D 上的严格局部极小点。

证明略。

在一定条件下可进一步得到，对给定的 $\boldsymbol{v}$，$\boldsymbol{\mu}\in\mathbf{R}^l$，$\boldsymbol{\mu}\geqslant\boldsymbol{0}$，如果 $\boldsymbol{x}^*$ 是问题

$$\begin{aligned}\min\quad & \phi(\boldsymbol{x},\ \boldsymbol{v},\ \boldsymbol{\mu})\\ \text{s.t.}\quad & \boldsymbol{x}\in D\end{aligned}$$

的解，并且 $\boldsymbol{h}(\boldsymbol{x}^*)=\boldsymbol{0}$，则 $\boldsymbol{x}^*$ 是原问题（6-82）的解，并且 $\boldsymbol{v}$ 是相应的乘子。

实际计算中不知道 $\bar{\boldsymbol{\mu}}$，因此仍需对 $\boldsymbol{\mu}$ 进行调整，不过不必取得非常大。这样，在乘子法的实施中，需要对 $\boldsymbol{\mu}$ 的分量 μ_j 及乘子 $\boldsymbol{v}$ 进行调整，根据定理 6-12 知，更重要的是关于乘子的调整。

实用上可用牛顿公式

$$\boldsymbol{v}^{(k+1)}=\boldsymbol{v}^{(k)}-[\nabla_v^2\boldsymbol{h}(\boldsymbol{x}(\boldsymbol{v}^{(k)}))]^{-1}\nabla_v\boldsymbol{h}(\boldsymbol{x}(\boldsymbol{v}^{(k)})) \tag{6-85}$$

或近似迭代公式

$$\boldsymbol{v}^{(k+1)}=\boldsymbol{v}^{(k)}+2\boldsymbol{M}\boldsymbol{h}(\boldsymbol{x}(\boldsymbol{v}^{(k)})) \tag{6-86}$$

下面给出等式约束问题的拉格朗日乘子法的算法，如图 6-13 所示。

一组经验的数据是取 $\alpha=0.25$，$\beta=10$。下面看一个数值计算的例子。

例 6-10

$$\begin{aligned}\min\quad & -x_1-x_2\\ \text{s.t.}\quad & x_1^2+x_2^2-1=0\end{aligned}$$

可知它的最优解及乘子为 $x_1^*=x_2^*=v^*=\dfrac{1}{\sqrt{2}}$

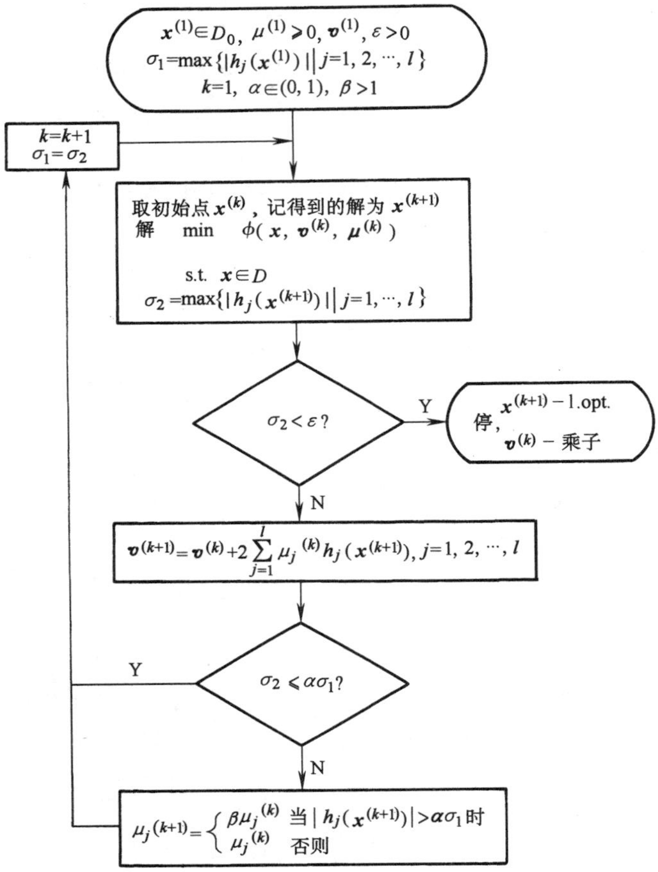

图 6-13

取 $v^{(1)}=0$，若取 $\mu=0.5$ 及 5，计算结果见表 6-3。

表 6-3

k	$\mu=0.5$ 用式（6-85）		$\mu=0.5$ 用式（6-86）		$\mu=5$ 用式（6-86）	
	$v^{(k)}$	$h(x^{(k+1)})$	$v^{(k)}$	$h(x^{(k+1)})$	$v^{(k)}$	$h(x^{(k+1)})$
1	0	0.5651977	0	0.5651977	0	0.0684095
2	0.6672450	0.0296174	0.5651977	0.1068981	0.6840946	0.0022228
3	0.7068853	0.0001637	0.6720958	0.0259956	0.7063222	0.0000758
4	0.7071068	0.149×10^{-7}	0.6980914	0.0066692	0.7070801	0.0000026
5			0.7047606	0.0017339	0.7071058	0.894×10^{-7}
6			0.7064945	0.0004524		
7			0.7069469	0.0001181		
8			0.7070650	0.0000308		

从表上结果看到用式（6-86）调整 $v^{(k)}$ 时，$h((x)^{(k)})\to 0$，为线性收敛，当取 $\mu=0.5$

时，商收敛因子约为 0.26；而 $\mu=5$ 时，商收敛因子约为 $\mu=0.034$。收敛速度随 μ 的增大而提高。在实际计算中还应注意到，如果 μ 太大，会使条件变坏，造成计算困难。

2. 一般问题的乘子法

前面介绍了求解等式约束问题的乘子法，不少研究者将其推广到一般约束问题，在 20 世纪 70 年代初，Bertsekas，Buys，Kout，Pierre 及 Rockafellar 等做了较好的工作。

考虑问题

$$(fghD)\begin{cases}\min & f(\boldsymbol{x}) & f:\ \mathbf{R}^n \to \mathbf{R}\\ \text{s.t.} & \boldsymbol{g}(\boldsymbol{x}) \leqslant \mathbf{0} & \boldsymbol{g}:\ \mathbf{R}^n \to \mathbf{R}^m\\ & \boldsymbol{h}(\boldsymbol{x}) = \mathbf{0} & \boldsymbol{h}:\ \mathbf{R}^n \to \mathbf{R}^l\\ & \boldsymbol{x} \in D & D \subset \mathbf{R}^n\end{cases}$$

为了变为问题（$f\boldsymbol{h}D$）的形式，对不等式约束引入松弛变量 $\boldsymbol{z}\in\mathbf{R}^m$ 那么问题变为

$$\begin{cases}\min & f(\boldsymbol{x})\\ \text{s.t.} & \boldsymbol{g}(\boldsymbol{x})+\boldsymbol{z}=\mathbf{0}\\ & \boldsymbol{h}(\boldsymbol{x})=\mathbf{0}\\ & \boldsymbol{x}\in D,\boldsymbol{z}\geqslant\mathbf{0}\end{cases} \tag{6-87}$$

式（6-87）为 $m+n$ 维等式约束的问题，可以用前面的方法求解。Rockafellar 通过解析方法，把此问题变换为 n 维问题求解，提高了效率。本书不做详细介绍。

乘子法是 20 世纪 70 年代以来发展起来的较为有效的方法之一，在理论上比罚函数法有较大的优越性，更为有利的是，由于最优乘子在实际背景中有它的意义，因而解题的同时，得到乘子的估计常常是必要的。但是它也存在着不足，就是增广拉格朗日函数 ϕ 只有一阶的可微性质，有时会给计算造成一定的限制。这方面的工作也有人在研究，这里就不再进一步介绍了。

习　　题

1. 写出标准形式的线性规划问题的 K-T 条件式。

2. 问题

$$(P)\begin{cases}\min & \left(x_1-\dfrac{9}{4}\right)^2+(x_2-2)^2\\ \text{s.t.} & x_2-x_1^2\geqslant 0\\ & x_1+x_2\leqslant 6\\ & x_1,\ x_2\geqslant 0\end{cases}$$

验证 $\boldsymbol{x}^*=(1.5,\ 2.25)^{\mathrm{T}}$ 是 K-T 点。证明 $\boldsymbol{x}^*$ 是唯一的最优解。

3. 通过 K-T 条件求解下列问题：

$$(P)\begin{cases}\min & f(\boldsymbol{x})=-3x_1+x_2-x_3^2\\ \text{s.t.} & x_1+x_2+x_3\leqslant 0\\ & -x_1+2x_2+x_3^2=0\end{cases}$$

4. 求问题

$$(P)\begin{cases}\min & f(\boldsymbol{x})=x_1^2+x_2^2\\ \text{s.t.} & x_1^2+x_2\geqslant 1\end{cases}$$

的全部 K-T 点，并求问题（P）的局部最优解。

5. 试利用 K-T 条件求解下列问题：

（1）$\min \quad f(\boldsymbol{x}) = 10x_1 + 4x_2$

$$\text{s.t.} \begin{cases} 3x_1 + 4x_2 \leqslant 10 \\ 5x_1 + 2x_2 \leqslant 8 \\ x_1 - 2x_2 \leqslant 3 \\ x_1, x_2 \geqslant 0 \end{cases}$$

（2）$\max \quad x_1^2 + 3x_2^2 + x_3^2$

$$\text{s.t.} \begin{cases} x_1 + 4x_2 \leqslant 12 \\ x_1 - 2x_2 - x_3 \geqslant -2 \\ x_1, x_2, x_3 \geqslant 0 \end{cases}$$

（3）$\max \quad z(\boldsymbol{x}) = -3x_1 + 4x_2 - 2x_3 + x_4$

$$\text{s.t.} \begin{cases} 3x_1 + x_2 + x_3 \leqslant 7 \\ 4x_1 + x_2 + 6x_3 - x_4 \geqslant 6 \\ x_1 + x_2 - x_3 - x_4 = 4 \\ x_1, x_2, x_3 \geqslant 0 \end{cases}$$

6. 考虑问题

$$(P)\begin{cases} \min \quad f(\boldsymbol{x}) = 2x_1^2 + 3x_2^2 - 12x_1 - 18x_2 \\ \text{s.t.} \quad -x_1 + 2x_2 \leqslant 3 \\ \qquad\quad x_1 + x_2 \leqslant 2 \\ \qquad\quad x_1, x_2 \geqslant 0 \end{cases}$$

（1）用图解法找出最优解。

（2）写出问题（P）的 K-T 条件式，并通过求 K-T 点来找出最优解。

（3）求下列各点的下降可行方向：$\boldsymbol{x}^{(1)} = (0, 0)^{\mathrm{T}}$，$\boldsymbol{x}^{(2)} = \left(\frac{1}{3}, \frac{5}{3}\right)^{\mathrm{T}}$，最优解。

7. 求下列多面体集合的极点和极方向，并写出各极点的可行方向集合：

（1）$S = \{\boldsymbol{x} \mid x_1 + x_2 + x_3 \leqslant 10, -x_1 + 2x_2 = 4, x_1, x_2, x_3 \geqslant 0\}$

（2）$S = \{\boldsymbol{x} \mid x_1 + 2x_2 - x_3 = 2, -x_1 + x_2 = 4, x_1, x_2, x_3 \geqslant 0\}$

8. 线性规划问题

$\max \quad z(\boldsymbol{x}) = 2x_1 + 3x_2$

$$\text{s.t.} \begin{cases} x_1 + x_2 \leqslant 8 \\ -x_1 + 2x_2 \leqslant 4 \\ x_1, x_2 \geqslant 0 \end{cases}$$

（1）用单纯形法求解问题。根据最优解找出相应 $\boldsymbol{B}$，$\boldsymbol{N}$，$\boldsymbol{c}_B^{\mathrm{T}}\boldsymbol{B}^{-1}$，$\boldsymbol{B}^{-1}\boldsymbol{N}$ 的值。

（2）写出问题的 K-T 表达式，验证第（1）步求出的最优解是 K-T 点，并求出相应的乘子。

（3）比较（1），（2）的结果，得到什么结论？

9. 证明线性规划问题对称形式的对偶关系是拉格朗日对偶。

10. 描述 Wolfe 既约梯度法的求解过程，并用该算法求解下列问题：

$\min f(x) = x_1^2 + 4x_2^2$

$$\text{s.t.} \begin{cases} x_1 + 2x_2 - x_3 = 1 \\ -x_1 + x_2 + x_4 = 0 \\ x_j \geqslant 0, j = 1, 2, 3, 4 \end{cases}$$

初始点取 $\boldsymbol{x}=\left(\frac{1}{3}, \frac{1}{3}, 0, 0\right)^{\mathrm{T}}$，要求写出过程。

11. 用既约梯度法和凸单纯形法解问题

$$\min \quad f(\boldsymbol{x}) = x_1^2 + x_1x_2 + 2x_2^2 - 6x_1 - 2x_2 - 12x_3$$

$$\text{s.t.} \begin{cases} x_1 + x_2 + x_3 = 2 \\ -x_1 + 2x_2 \leqslant 3 \\ x_1, \ x_2, \ x_3 \geqslant 0 \end{cases}$$

12. 考虑约束最优化问题

$$\min \quad f(\boldsymbol{x}) = 4x_1^2 + 5x_1x_2 + x_2^2$$

$$\text{s.t.} \begin{cases} x_1^2 - x_2 + 2 \leqslant 0 \\ x_1 + x_2 - 6 \leqslant 0 \\ x_1, \ x_2 \geqslant 0 \end{cases}$$

分别写出用罚函数法和闸函数法求解的辅助问题。

13. 考虑问题

$$\min \quad f(\boldsymbol{x}) = (x_1 - 5)^2 + (x_2 - 3)^2$$

$$\text{s.t.} \begin{cases} x_1 + x_2 \leqslant 3 \\ -x_1 + 2x_2 \leqslant 4 \end{cases}$$

（1）用图解法求最优解。

（2）用闸函数法，取 $\mu=1$，初始点 $\boldsymbol{x}^{(1)}=(0, 0)^{\mathrm{T}}$ 求解。

14. 考虑问题

$$\min \quad f(\boldsymbol{x}) = \mathrm{e}^{x_1} - x_1x_2 + x_2^2$$

$$\text{s.t.} \begin{cases} x_1^2 + x_2^2 = 4 \\ 2x_1 + x_2 \leqslant 2 \end{cases}$$

构造无约束最优化的辅助问题，其中对等式约束取罚函数，令罚因子为 μ；对不等式约束取闸函数，相应的罚因子为 $1/\mu$。

15. 考虑问题

$$\min \quad f(\boldsymbol{x}) = 1.5x_1^2+x_2^2+0.5x_3^2-x_1x_2-x_2x_3+x_1+x_2+x_3$$

$$\text{s.t.} \quad x_1+2x_2+x_3-4=0$$

写出乘子法求解的辅助问题。

第 7 章

目标规划

在科学研究、经济建设和生产实践中，人们经常遇到一类含有多个目标的数学规划问题，称之为多目标规划。本章介绍一种特殊的多目标规划，称其为目标规划（Goal Programming），这是美国学者 Charnes 等在 1952 年提出来的。目标规划在实践中的应用十分广泛，它的重要特点是对各个目标分级加权与逐级优化，这符合人们处理问题要分清轻重缓急、保证重点的思考方式。

7.1 目标规划模型

7.1.1 问题提出

为了便于理解目标规划数学模型的特征及建模思路，首先举一个简单的例子来说明。

例 7-1 某公司分厂用一条生产线生产两种产品 A 和 B，每周生产线运行时间为 60h，生产一台 A 产品需要 4h，生产一台 B 产品需要 6h。根据市场预测，A，B 产品平均销售量分别为每周 9 台、8 台，它们的销售利润分别为 12 万元、18 万元。在制订生产计划时，经理考虑下述四项目标：

首先，产量不能超过市场预测的销售量；

其次，工人加班时间最少；

第三，希望总利润最大；

最后，要尽可能满足市场需求，当不能满足时，市场认为 B 产品的重要性是 A 产品的 2 倍。

试建立这个问题的数学模型。

讨论：若把总利润最大看作目标，而把产量不能超过市场预测的销售量、工人加班时间最少和要尽可能满足市场需求的目标看作约束，则可建立一个单目标线性规划模型。

设决策变量 x_1，x_2 分别为产品 A，B 的产量

$$\max \quad z=12x_1+18x_2$$

$$\text{s.t.}\begin{cases}4x_1+6x_2\leqslant 60\\ x_1\leqslant 9\\ x_2\leqslant 8\\ x_1,\ x_2\geqslant 0\end{cases}$$

容易求得上述线性规划的最优解为 $(9,\ 4)^T$ 到 $(3,\ 8)^T$ 所在线段上的点，最优目标值为 $z^*=180$ 万元，即可选方案有多种。

实际上，这个结果并非完全符合决策者的要求，它只实现了经理的第一、二、三条目标，而没有达到最后一个目标。进一步分析可知，要实现全体目标是不可能的。

下面我们结合例 7-1 介绍目标规划模型。

7.1.2 目标规划模型的基本概念

把例 7-1 的四个目标表示为不等式。仍设决策变量 x_1，x_2 分别为产品 A，B 的产量，那么：

第一个目标为　$x_1\leqslant 9$，$x_2\leqslant 8$；

第二个目标为　$4x_1+6x_2\leqslant 60$；

第三个目标为　希望总利润最大，要表示成不等式，需要找到一个目标上界，这里可以估计为 252 万元（12 万元×9+18 万元×8），于是有 $12x_1+18x_2\leqslant 252$；

第四个目标为　$x_1\geqslant 9$，$x_2\geqslant 8$。

下面引入与建立目标规划数学模型有关的概念。

1. 正、负偏差变量 d^+，d^-

用正偏差变量 d^+ 表示决策值超过目标值的部分；负偏差变量 d^- 表示决策值不足目标值的部分。因决策值不可能既超过目标值同时又未达到目标值，故恒有 $d^+\times d^-=0$。

2. 绝对约束和目标约束

把所有等式、不等式约束分为两部分：绝对约束和目标约束。

绝对约束是指必须严格满足的等式约束和不等式约束，如在线性规划问题中考虑的约束条件，不能满足这些约束条件的解称为非可行解，所以它们是硬约束。如果例 7-1 中生产 A，B 产品所需原材料数量有限制，并且无法从其他渠道予以补充，则构成绝对约束。

目标约束是目标规划特有的，可以把约束右端项看作要努力追求的目标值，但允许发生正、负偏差，用在约束中加入正、负偏差变量来表示，于是称它们是软约束。

对于例 7-1，有如下目标约束

$$x_1+d_1^- - d_1^+ = 9$$

$$x_2+d_2^- - d_2^+ = 8$$

$$4x_1+6x_2+d_3^- - d_3^+ = 60$$

$$12x_1+18x_2+d_4^- - d_4^+ = 252$$

3. 优先因子与权系数

对于多目标问题，设有 L 个目标函数 f_1，f_2，…，f_L，决策者在要求达到这些目标时，一般有主次之分。为此，引入优先因子 P_i，$i=1,\ 2,\ \cdots,\ L$。无妨设预期的目标函数优先顺序为 f_1，f_2，…，f_L，把要求第一位达到的目标赋予优先因子 P_1，次位的目标赋予优先因子

P_2，…，并规定 $P_i \gg P_{i+1}$，$i=1$，2，…，$L-1$。这里符号“$\gg$”表示远远大于。即在计算过程中，首先保证 P_1 级目标的实现，这时可不考虑次级目标；而 P_2 级目标是在实现 P_1 级目标的基础上考虑的，以此类推。当需要区别具有相同优先因子的若干个目标的差别时，可分别赋予它们不同的权系数 w_j。优先因子及权系数的值，均由决策者按具体情况来确定。

4. 目标规划的目标函数

目标规划的目标函数是通过各目标约束的正、负偏差变量和赋予相应的优先等级来构造的。决策者的要求是尽可能从某个方向缩小偏离目标的数值。于是，目标规划的目标函数应该是求极小：$\min f=f(d^+, d^-)$。其基本形式有三种：

（1）要求恰好达到目标值，即使相应目标约束的正、负偏差变量都要尽可能地小。这时取 $\min\{d^+ + d^-\}$。

（2）要求不超过目标值，即使相应目标约束的正偏差变量要尽可能地小。这时取$\min\{d^+\}$。

（3）要求不低于目标值，即使相应目标约束的负偏差变量要尽可能地小。这时取$\min\{d^-\}$。

对于例 7-1，根据决策者的考虑知：

第一优先级要求　$\min\{d_1^+ + d_2^+\}$；

第二优先级要求　$\min\{d_3^+\}$；

第三优先级要求　$\min\{d_4^-\}$；

第四优先级要求　$\min\{d_1^- + 2d_2^-\}$，这里，当不能满足市场需求时，市场认为 B 产品的重要性是 A 产品的 2 倍。即减少 B 产品的影响是 A 产品的 2 倍，因此引入了 1∶2 的权系数。

综合上述分析，可得到下列目标规划模型

$$\begin{cases} \min f = P_1(d_1^+ + d_2^+) + P_2 d_3^+ + P_3 d_4^- + P_4(d_1^- + 2d_2^-) \\ \text{s.t.}\quad x_1 + d_1^- - d_1^+ = 9 \\ \qquad x_2 + d_2^- - d_2^+ = 8 \\ \qquad 4x_1 + 6x_2 + d_3^- - d_3^+ = 60 \\ \qquad 12x_1 + 18x_2 + d_4^- - d_4^+ = 252 \\ \qquad x_1,\ x_2,\ d_i^-,\ d_i^+ \geqslant 0,\ i = 1, 2, 3, 4 \end{cases} \tag{7-1}$$

7.1.3 目标规划模型的一般形式

根据上面的讨论，可以得到目标规划的一般形式如下：

$$(LGP)\begin{cases} \min \sum\limits_{l=1}^{L} P_l\left[\sum\limits_{k=1}^{K}(w_{lk}^- d_k^- + w_{lk}^+ d_k^+)\right] \\ \text{s.t.}\ \sum\limits_{j=1}^{n} c_{kj}x_j + d_k^- - d_k^+ = g_k,\ k = 1, 2, \cdots, K \\ \qquad \sum\limits_{j=1}^{n} a_{ij}x_j = (\leqslant,\ \geqslant) b_i,\ i = 1, 2, \cdots, m \\ \qquad x_j,\ d_k^-,\ d_k^+ \geqslant 0,\ j = 1, 2, \cdots, n;\ k = 1, 2, \cdots, K \end{cases}$$

（LGP）中的第二行是 K 个目标约束，第三行是 m 个绝对约束，c_{kj} 和 g_k 是目标参数。

7.2 目标规划的几何意义及图解法

对只具有两个决策变量的目标规划的数学模型，可以用图解法来分析求解。通过图解示例，可以看到目标规划中优先因子，正、负偏差变量及权系数等的几何意义。

下面用图解法来求解例 7-1。

先在平面直角坐标系的第一象限内做出与各约束条件所对应的直线，然后在这些直线旁分别标上其所代表的约束 $G-i(i=1,2,3,4)$。图中 x，y 分别表示问题（7-1）的 x_1 和 x_2；各直线移动使之函数值变大、变小的方向用+、-表示为 d_i^+，d_i^-(图 7-1)。

下面根据目标函数的优先因子来分析求解。首先考虑第一级具有 P_1 优先因子的目标的实现，在目标函数中要求实现 $\min\{d_1^+ + d_2^+\}$，取 $d_1^+ = d_2^+ = 0$。图 7-2中阴影部分即表示该最优解集合的所有点。

进一步在第一级目标的最优解集合中找满足第二优先级要求 $\min\{d_3^+\}$ 的最优解。取 $d_3^+ = 0$，可得到图 7-3 中阴影部分即是满足第一、第二优先级要求的最优解集合。

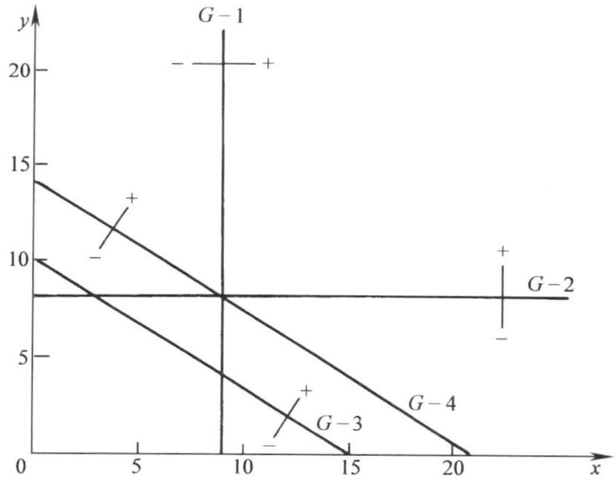

图　7-1

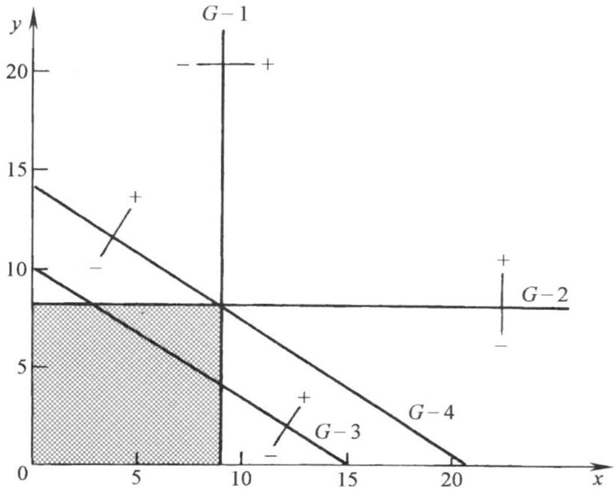

图　7-2

第三优先级要求 $\min\{d_4^-\}$。根据图示可知，d_4^- 不可能取 0 值，取使 d_4^- 最小的值 72 得到图 7-4 所示的黑色粗线段，其表示满足第一、第二及第三优先级要求的最优解集合。

最后，考虑第四优先级，要求 $\min\{d_1^-+2d_2^-\}$，即要在黑色粗线段中找出最优解。由于 d_1^- 的权因子小于 d_2^-，因此在这里可以考虑取 $d_2^-=0$。于是解得$d_1^-=6$，最优解为 A 点：$x=3$，$y=8$。

我们看到，虽然这组解没有满足决策者的所有目标，但已经是符合决策者各优先级思路的最好结果了。

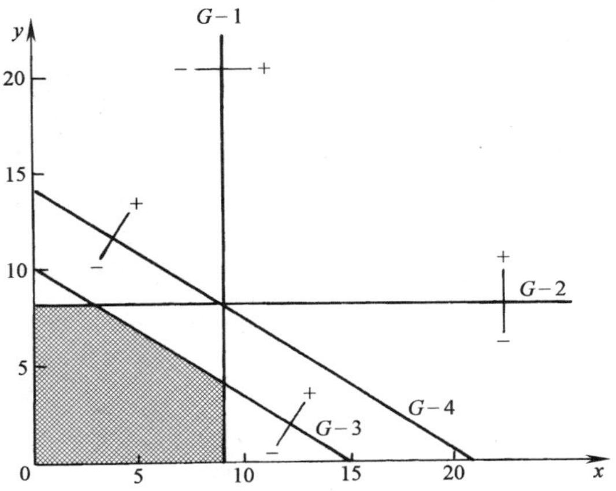

图 7-3

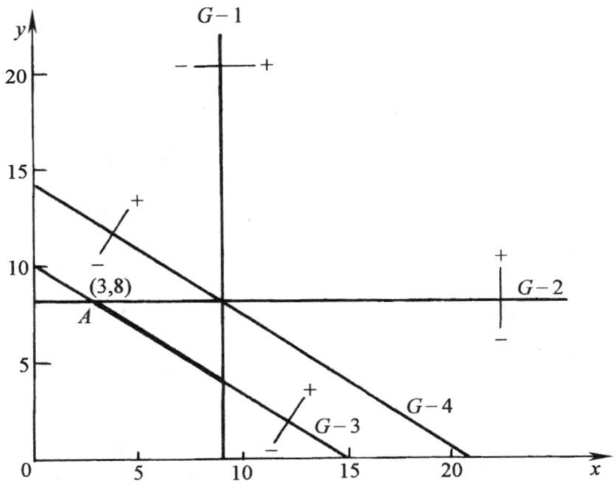

图 7-4

7.3 求解目标规划的单纯形法

目标规划的数学模型，特别是约束的结构与线性规划模型没有本质的区别，只是它的目标不止一个，虽然其利用优先因子和权系数把目标写成一个函数的形式，但在计算中无法按单目标处理，所以可用单纯形法进行适当改进后求解。在组织、构造算法时，要考虑目标规划数学模型的一些特点，做以下规定：

（1）因为目标规划问题的目标函数都是求最小化，所以检验数的最优准则与线性规划是相同的。

（2）因为非基变量的检验数中含有不同等级的优先因子，$P_i \gg P_{i+1}$，$i=1, 2, \cdots, L-1$。于是从每个检验数的整体来看：$P_{i+1}(i=1, 2, \cdots, L-1)$ 优先级第 k 个检验数的正、负首先决定于 $P_1, P_2, \cdots, P_i$ 优先级第 k 个检验数的正、负。若 P_1 级第 k 个检验数为 0，则此检验数的正、负取决于 P_2 级第 k 个检验数；若 P_2 级第 k 个检验数仍为 0，则此检验数的正、负取决于 P_3 级第 k 个检验数，以此类推。换一句话说，当某 P_i 级第 k 个检验数为负数时，计算中不必再考察 $P_j(j>i)$ 级第 k 个检验数的正、负情况。

（3）根据（LGP）模型特征，当不含绝对约束时，$d_i^-(i=1, 2, \cdots, K)$ 构成了一组基本可行解。在寻找单纯形法初始可行点时，这个特点是很有用的。

解目标规划问题的单纯形法的计算步骤：

（1）建立初始单纯形表。在表中将检验数行按优先因子个数分别列成 K 行。初始的检验数需根据初始可行解计算出来，方法同基本单纯形法。当不含绝对约束时，$d_i^-(i=1, 2, \cdots, K)$ 构成了一组基本可行解，这时只需利用相应单位向量把各级目标行中对应 $d_i^-(i=1, 2, \cdots, K)$ 的量消成 0，即可得到初始单纯形表。置 $k=1$。

（2）检查确定进基变量。当前第 k 行中是否存在大于 0，且对应的前 $k-1$ 行的同列检验数为零的检验数。若有，则取其中最大者对应的变量为换入变量，转步骤（3）。否则，若无这样的检验数，则转步骤（5）。

（3）确定出基变量。按单纯形法中的最小比值规则确定换出变量。当存在两个和两个以上相同的最小比值时，选取具有较高优先级别的变量为换出变量，转步骤（4）。

（4）换基运算。按单纯形法的相关步骤进行基变换运算，建立新的单纯形表（注意：要对所有的目标行进行转轴运算），返回步骤(2)。

（5）终止或迭代。当 $k=K$ 时，计算结束。表中的解即为满意解。否则置 $k=k+1$，返回步骤(2)。

例 7-2　试用单纯形法来求解例 7-1 的目标规划模型（7-1）

$$\min \quad f = P_1(d_1^+ + d_2^+) + P_2 d_3^+ + P_3 d_4^- + P_4(d_1^- + 2d_2^-)$$

$$\text{s.t.} \begin{cases} x_1 + d_1^- - d_1^+ = 9 \\ x_2 + d_2^- - d_2^+ = 8 \\ 4x_1 + 6x_2 + d_3^- - d_3^+ = 60 \\ 12x_1 + 18x_2 + d_4^- - d_4^+ = 252 \\ x_1, x_2, d_i^-, d_i^+ \geqslant 0, \ i=1, 2, 3, 4 \end{cases}$$

解　对目标规划问题建立表 7-1。其中 RHS 表示约束右端项。

表 7-1

	x_1	x_2	d_1^-	d_1^+	d_2^-	d_2^+	d_3^-	d_3^+	d_4^-	d_4^+	RHS	θ
P_1	0	0	0	−1	0	−1	0	0	0	0	0	
P_2	0	0	0	0	0	0	0	−1	0	0	0	

（续）

	x_1	x_2	d_1^-	d_1^+	d_2^-	d_2^+	d_3^-	d_3^+	d_4^-	d_4^+	RHS	$\boldsymbol{\theta}$
P_3	0	0	0	0	0	0	0	0	−1	0	0	
P_4	0	0	−1	0	−2	0	0	0	0	0	0	
d_1^-	1	0	1	−1	0	0	0	0	0	0	9	
d_2^-	0	1	0	0	1	−1	0	0	0	0	8	
d_3^-	4	6	0	0	0	0	1	−1	0	0	60	
d_4^-	12	18	0	0	0	0	0	0	1	−1	252	

首先处理初始基本可行解对应的各级检验数。

由于 P_1，P_2 优先级对应的目标函数中不含 d_i^-，所以其检验数只需取系数负值。分别为

$$(0,\ 0,\ 0,\ -1,\ 0,\ -1,\ 0,\ 0,\ 0,\ 0;\ 0)$$

$$(0,\ 0,\ 0,\ 0,\ 0,\ 0,\ 0,\ -1,\ 0,\ 0;\ 0)$$

P_3 优先级对应的目标函数中含 d_4^-，所以该行不是典式表示，应将第 4 个约束行加到这一行上，使得基变量对应的检验数为 0。得到

$$(12,\ 18,\ 0,\ 0,\ 0,\ 0,\ 0,\ 0,\ 0,\ -1;\ 252)$$

见表 7-2。

表 7-2

	x_1	x_2	d_1^-	d_1^+	d_2^-	d_2^+	d_3^-	d_3^+	d_4^-	d_4^+	RHS	$\boldsymbol{\theta}$
P_1	0	0	0	−1	0	−1	0	0	0	0	0	
P_2	0	0	0	0	0	0	0	−1	0	0	0	
P_3	12	18	0	0	0	0	0	0	0	−1	252	
P_4	0	0	−1	0	−2	0	0	0	0	0	0	
d_1^-	1	0	1	−1	0	0	0	0	0	0	9	
d_2^-	0	1	0	0	1	−1	0	0	0	0	8	
d_3^-	4	6	0	0	0	0	1	−1	0	0	60	
d_4^-	12	18	0	0	0	0	0	0	1	−1	252	

P_4 优先级对应的目标函数中含（$d_1^-+2d_2^-$），所以该行也不是典式表示，应将第 1 个约束行与第 2 个约束行的 2 倍加到这一行上，使得基变量对应的检验数为 0。得到

$$(1,\ 2,\ 0,\ -1,\ 0,\ -2,\ 0,\ 0,\ 0,\ 0;\ 25)$$

于是，得到此目标规划的初始单纯形表（表 7-3）。

表 7-3

	x_1	x_2	d_1^-	d_1^+	d_2^-	d_2^+	d_3^-	d_3^+	d_4^-	d_4^+	RHS	$\boldsymbol{\theta}$
P_1	0	0	0	−1	0	−1	0	0	0	0	0	
P_2	0	0	0	0	0	0	0	−1	0	0	0	
P_3	12	18	0	0	0	0	0	0	0	−1	252	
P_4	1	2	0	−1	0	−2	0	0	0	0	25	

（续）

	x_1	x_2	d_1^-	d_1^+	d_2^-	d_2^+	d_3^-	d_3^+	d_4^-	d_4^+	RHS	$\boldsymbol{\theta}$
d_1^-	1	0	1	-1	0	0	0	0	0	0	9	
d_2^-	0	[1]	0	0	1	-1	0	0	0	0	8	8
d_3^-	4	6	0	0	0	0	1	-1	0	0	60	10
d_4^-	12	18	0	0	0	0	0	0	1	-1	252	14

（1）$k=1$，在初始单纯形表中基变量为$(d_1^-, d_2^-, d_3^-, d_4^-)^{\mathrm{T}}=(9, 8, 60, 252)^{\mathrm{T}}$。

（2）因为 P_1 与 P_2 优先级的检验数均已经为非正，所以这个单纯形表对 P_1 与 P_2 优先级是最优单纯形表。

（3）下面考虑 P_3 优先级，第二列的检验数为 18，此为进基变量，计算相应的比值 b_i/a_{ij}，写在 $\boldsymbol{\theta}$ 列。通过比较，得到 d_2^- 对应的比值最小，于是取 a_{22}（标为 [ ]）为转轴元进行矩阵行变换，得到新的单纯形表（表 7-4）。

表 7-4

	x_1	x_2	d_1^-	d_1^+	d_2^-	d_2^+	d_3^-	d_3^+	d_4^-	d_4^+	RHS	$\boldsymbol{\theta}$
P_1	0	0	0	-1	0	-1	0	0	0	0	0	
P_2	0	0	0	0	0	0	0	-1	0	0	0	
P_3	12	0	0	0	-18	18	0	0	0	-1	108	
P_4	1	0	0	-1	-2	0	0	0	0	0	9	
d_1^-	1	0	1	-1	0	0	0	0	0	0	9	9
x_2	0	1	0	0	1	-1	0	0	0	0	8	
d_3^-	[4]	0	0	0	-6	6	1	-1	0	0	12	3
d_4^-	12	0	0	0	-18	18	0	0	1	-1	108	9

（4）继续考虑 P_3 优先级，第一列的检验数为 12，此为进基变量，计算相应的比值 b_i/a_{ij}，写在 $\boldsymbol{\theta}$ 列。通过比较，得到 d_3^- 对应的比值最小，于是取 a_{31}（标为 [ ]）为转轴元进行矩阵行变换，得到新的单纯形表（表 7-5）。

表 7-5

	x_1	x_2	d_1^-	d_1^+	d_2^-	d_2^+	d_3^-	d_3^+	d_4^-	d_4^+	RHS	$\boldsymbol{\theta}$
P_1	0	0	0	-1	0	-1	0	0	0	0	0	
P_2	0	0	0	0	0	0	0	-1	0	0	0	
P_3	0	0	0	0	0	0	-3	3	0	-1	72	
P_4	0	0	0	-1	-0.5	-1.5	-0.25	0.25	0	0	6	
d_1^-	0	0	1	-1	1.5	-1.5	-0.25	0.25	0	0	6	
x_2	0	1	0	0	1	-1	0	0	0	0	8	
x_1	1	0	0	0	-1.5	1.5	0.25	-0.25	0	0	3	
d_4^-	0	0	0	0	0	0	-3	3	1	-1	72	

（5）当前的单纯形表各优先级的检验数均满足了上述条件，故为最优单纯形表。得到

最优解 $x_1=3$，$x_2=8$。

习　　题

1. 用图解法找出下列目标规划问题的满意解：

（1）$\min\quad f=P_1d_1^++P_2(d_2^++d_3^-)+P_1d_1^-$

$$\text{s. t.}\begin{cases}2x_1+3x_2+d_1^--d_1^+=10\\x_1-2x_2+d_2^--d_2^+=5\\3x_1+\ x_2+d_3^--d_3^+=12\\x_1,\ x_2,\ d_j^-,\ d_j^+\geqslant 0,\ j=1,\ 2,\ 3\end{cases}$$

（2）$\min\quad f=P_1(d_3^++d_4^+)+P_2d_1^++P_3d_2^-+P_4(d_3^-+1.5d_4^-)$

$$\text{s. t.}\begin{cases}x_1+x_2+d_1^--d_1^+=4\\2x_1+x_2+d_2^--d_2^+=10\\x_1+d_3^--d_3^+=3\\x_2+d_4^--d_4^+=2\\x_1,\ x_2,\ d_j^-,\ d_j^+\geqslant 0,\ j=1,\ 2,\ 3,\ 4\end{cases}$$

2. 用单纯形法求解下列目标规划的满意解：

（1）$\min\quad f=P_1d_2^++P_2d_2^-+P_3(d_1^++d_3^+)$

$$\text{s. t.}\begin{cases}x_1+2x_2+d_1^--d_1^+=8\\10x_1+5x_2+d_2^--d_2^+=63\\2x_1-x_2+d_3^--d_3^+=5\\x_1,\ x_2,\ d_j^-,\ d_j^+\geqslant 0,\ j=1,\ 2,\ 3\end{cases}$$

（2）$\min\quad f=P_1d_1^-+P_2(d_2^-+d_2^+)$

$$\text{s. t.}\begin{cases}x_1+x_2\qquad\leqslant 10\\x_1-x_2+d_1^--d_1^+=4.5\\2x_1+3x_2+d_2^--d_2^+=6\\x_1,\ x_2,\ d_j^-,\ d_j^+\geqslant 0,\ j=1,\ 2\end{cases}$$

3. 考虑目标规划问题

$\min\quad f=P_1d_1^-+P_2d_4^++P_3(5d_2^-+3d_2^++3d_3^-+5d_3^+)$

$$\text{s. t.}\begin{cases}x_1+x_2+d_1^--d_1^+=8\\x_1+d_2^--d_2^+=7\\x_2+d_3^--d_3^+=4.5\\d_1^-+d_4^--d_4^+=1\\x_1,\ x_2,\ d_j^-,\ d_j^+\geqslant 0,\ j=1,\ 2,\ 3,\ 4\end{cases}$$

（1）用单纯形法求这个问题的满意解。

（2）把目标函数改为

$\min\quad f=P_1d_1^-+P_2\ (5d_2^-+3d_2^++3d_3^-+5d_3^+)+P_3d_4^+$

求解，并比较与（1）的结果有什么不同。

（3）若第一个目标约束右端项改为 12，求解后满意解分别有什么变化。

4. 某公司生产并销售三种产品 A，B，C，在组装时要经过同一条组装线，三种产品装配时间分别为 30h，40h 与 50h。组装线每个月工作时间为 600h。这三种产品的销售利润为 A 每台 25000 元，B 每台 32500

元，C 每台 40000 元。每月销售预计为 A 8 台，B 6 台，C 4 台。该公司决策者有如下考虑：

第一，争取利润指标为每月 90000 元；

第二，要充分利用生产能力，不使组装线空闲；

第三，如果加班，那么加班时间不得超过 24h；

第四，努力按销量来完成生产数量。

试建立生产计划的数学模型。

5. 某企业生产两种产品 A，B，可获单件利润分别为 100 元和 80 元。两种产品所需同一种关键材料分别为 6kg 和 4kg。该种材料每周的计划供应量为 240kg，若不够时可议价购入不超过 80kg 的此种材料，由于原材料的价格问题，导致 A，B 产品的利润降低，每台都将降低 10 元。企业希望总的获利最大。试建立目标规划模型（优先顺序可根据经验来确定）。

第 8 章

整数规划

在前面各章中讨论的问题，绝大多数都是连续型变量的问题，但在许多实际问题中往往要求变量取值为整数。例如，涉及人数、飞机数、车辆数、机器台数、流水线条数等；又如，决策某个方案的取与舍，电路的连通与切断，逻辑运算中涉及的是与非等；再如，某种机器有限种运行方式的选择，人员配备的若干组合方案的选取等。这些都涉及用整数值来作为取值范围的变量，由于它们的求解过程中的特殊性而构成数学规划的一个分支，称之为整数规划。

整数规划分为纯整数规划（所有决策变量取值均为整数）和混合整数规划（决策变量中有一部分取值为整数）。有一类整数规划问题，其决策变量只取 0 或 1 值，由于计算上的特殊性，称之为 0-1 规划。

整数规划具有广泛的应用领域，如管理决策、人员组织、生产调度、区域布局、资本预算、资源规划等。在工程和科学方面，计算机设计、系统可靠性、编码系统设计等也都提出不少整数规划的问题。

本章介绍整数规划建模中常使用的一些处理方法及最基本的整数规划解法。在最后一节，将介绍一个特殊的整数规划问题——分派问题的解法。

8.1 整数规划问题的提出

8.1.1 问题特征

整数规划问题的一个明显特征是它的变量取值范围是离散的。因而在经典连续数学中的理论和基本方法一般无法直接用于求解整数规划问题。

一种自然的想法是用连续型的一般方法求解忽略了整数限制的问题，而对求得的解通过“四舍五入”得到整数解。这个方法常常是不可行的，因为整数化以后的解往往对原问题来说是不可行，有时虽然可行，但并不是最优解。当问题稳定性较差时，这个取整的结果往往与实际问题的解相差很远。

8.1.2 整数规划建模中常用的处理方法

对于很多整数规划问题，除考虑到它的某些或全部决策变量有整数限制外，没有特殊的建模难点。比较特殊的是0–1变量的使用，它可以把一些不易用数学公式表示的条件，处理成易于表达的数学式。下面介绍一个关于投资问题的整数规划背景及几个0–1变量设置问题。

1. 资本预算问题

决策者要对若干潜在的投资方案做出选择，决定是取还是舍。

设共有 n 个投资方案，$c_j(j=1, 2, \cdots, n)$ 为第 j 个投资方案的投资收益，整个投资过程共分 m 个阶段，b_i 为第 i 阶段的投资总量，a_{ij} 为第 i 阶段第 j 项投资方案所需要的资金。目标是在各阶段资金限制下使整个投资的总收益最大。

这类问题是典型的决策问题。设决策变量 x_j 为对第 j 个方案的取$(x_j=1)$ 或舍 $(x_j=0)$，可得到下列整数规划问题，是0–1规划

$$\begin{cases} \max \quad z = \sum_{j=1}^{n} c_j x_j \\ \text{s.t.} \quad \sum_{j=1}^{n} a_{ij} x_j \leqslant b_i, \ i=1, 2, \cdots, m \\ \quad x_j = 0 \text{ 或 } 1, \ j=1, 2, \cdots, n \end{cases} \tag{8-1}$$

问题（8-1）的约束

$$\sum_{j=1}^{n} a_{ij} x_j \leqslant b_i, \ i=1, 2, \cdots, m$$

反映了第 i 个时期资金增长量的平衡。这里 a_{ij} 代表第 i 时期内第 j 项投资的净资金流量：①$a_{ij}>0$，表示需附加资金；②$a_{ij}<0$，表示该项投资在第 i 时期内产生资金。右端项 b_i 表示第 i 时期外源资金流量的增长量：①$b_i>0$，表示有附加资金的数量；②$b_i<0$，表示要抽回资金的数量。

2. 指示变量

指示变量常用于指示不同情况的出现。例如，某产品生产涉及两类成本：一类为产品的边际成本费用 c_1，即每生产一个单位的产品需有 c_1 费用的投入；另一类为固定费用，如装配线的固定投资等，记为 c_2，它与生产产品的数量无关，只要生产就必须全数投入。设 x 为产品数量，c 为总成本费用，于是成本费用就变为：

当 $x=0$ 时，$c=0$；

当 $x>0$ 时，$c=c_1x+c_2$。

显然，变成了一个非线性的分段函数，为了便于计算，可以引入指示变量

$$y=\begin{cases} 1 & \text{当 } x>0 \text{ 时} \\ 0 & \text{当 } x=0 \text{ 时} \end{cases}$$

于是可得到线性函数

$$c=c_1x+c_2y$$

例 8-1 仓库位置问题：有 m 个仓库，经营者需要决定动用哪些仓库才能满足 n 个客户对货物的需求，还要进一步决定从各仓库分别向不同客户运送货物的数量，使总的费用最少。

设：f_i 表示动用仓库 i 的固定运营费，c_{ij} 表示从仓库 i 到客户 j 运送单位货物量的费用 $(i=1, 2, \cdots, m; \ j=1, 2, \cdots, n)$。设置变量：$x_{ij}$ 为从仓库 i 向客户 j 运送货物的数量，指示变量

$$y_i=\begin{cases}1 & \text{表示动用仓库 } i\\ 0 & \text{表示不动用仓库 } i\end{cases}$$

规定约束条件：

（1）每个客户对货物的需求量 d_j，必须从各动用仓库中得到满足。

（2）不动用的仓库不能对任何客户供货。

这里，第（2）个约束的处理可用下面不等式

$$\sum_{j=1}^{n} x_{ij} \leqslant y_i M_i$$

其中，M_i 为可能从仓库 i 中取出货物的上限数，一个较简单的取法为

$$M_i = \sum_{j=1}^{n} d_j,\ i=1,\ 2,\ \cdots,\ m$$

可以看出，当 $y_i=0$ 时，即仓库 i 不动用，$x_{ij}\leqslant 0$，$j=1,\ 2,\ \cdots,\ n$，又由于 $x_{ij}\geqslant 0$，故这时从第 i 个仓库到第 j 个客户的运货量必有 $x_{ij}=0$；当 $y_i=1$ 时，即动用仓库 i，运货量不会在这里受限制。

根据上述分析，容易得到下列数学模型：

$$\min \quad \sum_{i=1}^{m}\sum_{j=1}^{n} c_{ij}x_{ij} + \sum_{i=1}^{m} f_i y_i$$

$$\text{s. t.}\begin{cases}\sum\limits_{i=1}^{m} x_{ij} = d_j,\ j=1,\ 2,\ \cdots,\ n\\ \sum\limits_{j=1}^{n} x_{ij} - y_i\sum\limits_{j=1}^{n} d_j \leqslant 0,\ i=1,\ 2,\ \cdots,\ m\\ x_{ij}\geqslant 0,\ i=1,\ 2,\ \cdots,\ m;\ \ j=1,\ 2,\ \cdots,\ n\\ y_i = 0 \text{ 或 } 1,\ i=1,\ 2,\ \cdots,\ m\end{cases}$$

3. 线性规划模型的附加条件

在许多实际问题中，其线性规划模型中的约束条件允许一定范围的放宽或对个别因素有进一步限制时，常可通过引入 0-1 变量来处理。下面介绍三种情况，作为一种建模思路的启示。

（1）不同时成立的约束条件。设某个模型问题中的约束条件不必同时成立，有 m 个线性不等式约束

$$\sum_{j=1}^{n} a_{ij}x_j \leqslant b_i,\ i=1,\ 2,\ \cdots,\ m \tag{8-2}$$

对每个约束引入一个指示变量 y_i，并得到每个约束左端的一个上界 $M_i(i=1,\ 2,\ \cdots,\ m)$，建立下列不等式

$$\sum_{j=1}^{n} a_{ij}x_j + M_i y_i \leqslant b_i + M_i,\ i=1,\ 2,\ \cdots,\ m \tag{8-3}$$

显然，当 $y_i=1$ 时，式（8-3）与式（8-2）等价；当 $y_i=0$ 时，式（8-3）是恒成立，相当于除去了这个限制。

在实际问题中，如果至少有 k 个约束成立时，只需附加下列约束

$$\sum_{i=1}^{m} y_i \geqslant k$$

（2）最优解中非零分量个数的限制。在许多实际问题中，对最优解中的非零分量个数有所限制。类似上述分析可对每个决策变量 x_i 找到其上界 M_i，并引入指示变量 y_i。附加下式：

$$x_i - M_i y_i \leqslant 0,\ i=1,\ 2,\ \cdots,\ n \tag{8-4}$$

$$\sum_{i=1}^{n} y_i \leqslant k \tag{8-5}$$

可以看出，式（8-4）等价于

$$x_i > 0 \Leftrightarrow y_i = 1$$
$$x_i = 0 \Leftrightarrow y_i = 0$$

式（8-5）说明，非零分量至多有 k 个。

（3）离散的资源变化。实际问题中常出现下列情况：不等式约束

$$\sum_{j=1}^{n} a_j x_j \leqslant b_i,\ i=0,\ 1,\ \cdots,\ k \tag{8-6}$$

表示右端的值可以有 k 个等级的违背，而 $b_0<b_1<b_2<\cdots<b_k$，这里 b_0 为最低的限制，在这个限制下，不需要付出代价；其余的限制 $b_i(i=1,\ 2,\ \cdots,\ k)$ 各需相应付出代价 $c_i(i=1,\ 2,\ \cdots,\ k)$，自然有

$$c_1<c_2<\cdots<c_k$$

在这种情况下，可以引入 0−1 变量 y_i 来把上述情况模型化：用式（8-7）和式（8-8）取代式（8-6）

$$\sum_{j=1}^{n} a_j x_j - \sum_{i=0}^{k} b_i y_i \leqslant 0 \tag{8-7}$$

$$\sum_{i=0}^{k} y_i = 1 \tag{8-8}$$

在目标函数上需增加一项（求 min 时）

$$\sum_{i=1}^{k} c_i y_i \tag{8-9}$$

由此不难看出式（8-7）及式（8-8）决定了式（8-6）中的一个式子成立，而式（8-9）表明把相应的代价加到目标函数中。注意式（8-9）应在目标函数求最小时使用。请读者思考为什么？在求目标函数最大时如何处理？

8.2 整数规划解法概述

本章主要讨论线性整数规划问题，设整数规划问题为

$$(IP)\begin{cases} \min & f = \boldsymbol{c}^{\mathrm{T}}\boldsymbol{x} \\ \text{s. t.} & \boldsymbol{A}\boldsymbol{x} \leqslant \boldsymbol{b}(\text{或 } \boldsymbol{A}\boldsymbol{x} = \boldsymbol{b}) \\ & \boldsymbol{x} \geqslant \boldsymbol{0},\ x_i \text{ 为整数},\ i=1,\ 2,\ \cdots,\ n \end{cases} \tag{8-10}$$

前文叙述了整数规划问题的特征，于是在求解问题上就自然形成两个基本的途径：一个是先忽略整数要求，按连续情况求解，然后对解进行整数处理。虽然我们已经说明了它的不足之处，但由于缺乏更好的方法，所以仍是一种可参考的思路；另一个是基于如下考虑：离散情况下的解大多是有限的，因此找出所有的解，再进行比较的想法也是自然的，称之为穷

举法或枚举法。

枚举法在实际中常常也是行不通的，因为这个有限的数量往往大得惊人，在允许的时限内，无法求得它们的全部，更不要说比较了。例如0-1 规划中的背包问题，设有60个变量，其可能的解有 $2^{60}\approx 1.1529\times 10^{18}$ 个，如果用计算机每秒处理1亿个数据，需要360多年。

在整数规划的一般解法中，常常用到下面三个有用的概念：分解、松弛和一般的分析处理。下面进行简单介绍。

8.2.1 分解

设数学规划问题为（P），它的全部可行解集合为 $S(P)$。设另有 m 个数学规划问题（P_1），（P_2），…，（P_m）满足：

(1) $S(P_1)\cup S(P_2)\cup\cdots\cup S(P_m)=S(P)$

(2) $S(P_i)\cap S(P_j)=\varnothing$，$\forall i$，$j=1$，2，…，$m$，且 $i\neq j$

则称（P）分解为 m 个子问题（P_1），（P_2），…，（P_m）之和，（P_i）称为子问题。分解又称分支。

常用的分解 $m=2$。例如对0-1 规划可通过对某个0-1 变量 x_i，限制 $x_i=0$ 与 $x_i=1$ 分解成两个子问题。

8.2.2 松弛

对于数学规划问题（P），若放弃某些约束条件得到问题（$\tilde{P}$），称之为（P）的松弛问题。

（P）与松弛问题（$\tilde{P}$）具有如下明显的性质：

(1) 若（$\tilde{P}$）无可行解，那么（P）也一定无可行解。

(2) 若（P）是求目标函数最小的问题，那么（$\tilde{P}$）的最小值不大于（P）的最小值，即（$\tilde{P}$）的最小值是（P）问题最优目标值的一个下界。

(3) 如果（$\tilde{P}$）的一个最优解是（P）的可行解，那么它也是（P）的最优解。

(4) $S(P)\subset S(\tilde{P})$。

以上性质的证明可由读者自己完成。对于（IP）问题，一种常用的方法是构造放弃整数要求的松弛问题（$\widetilde{IP}$）

$$(\widetilde{IP})\begin{cases}\min & f=\boldsymbol{c}^{\mathrm{T}}\boldsymbol{x}\\ \text{s. t.} & \boldsymbol{A}\boldsymbol{x}\leqslant\boldsymbol{b}\ (\text{或 }\boldsymbol{A}\boldsymbol{x}=\boldsymbol{b})\\ & \boldsymbol{x}\geqslant\boldsymbol{0}\end{cases}\tag{8-11}$$

显然式（8-11）是一般的线性规划问题。

8.2.3 一般的分析处理

设目标函数求极小的问题（P）按照某种规划分解成子问题（P_1），（P_2），…，（P_m）之和。那么，通过对各子问题（P_i）的松弛问题（$\tilde{P}_i$），$i=1$，2，…，m 求解，得到（$\tilde{P}_i$）的最

优目标值 $\tilde{f}_i$ 即是该子问题（P_i）最优值的一个下界$\underline{f_i}$。再设（P_i）的最优目标值为f_i^*，原问题（P）的最优目标值为f^*；问题处理过程中每一阶段的当前目标值上、下界为 $\bar{f}$ 和$\underline{f}$。

（1）对原问题（P）而言，任意子问题（P_i）的最优目标值的上界，必然是f^*的上界（因为（P_i）的最优目标值实际对应（P）的一个可行解）；对任何子问题之和的分解，其所有子问题的下界最小值是（P）的下界（注意$S(P_1)\cup S(P_2)\cup\cdots\cup S(P_m)=S(P)$）。另外有$\underline{f_i}\geqslant\underline{f}$。

（2）若前一步的当前上、下界$\bar{f}$和$\underline{f}$已得到，当前阶段的子问题之和中各子问题（P_i）的上、下界$\bar{f}_i$与$\underline{f_i}$求出。那么，当前上界是$\bar{f}$，$\bar{f}_i$（$i=1$，…，m）中最小者；当前下界是$\underline{f_i}$（$i=1$，…，m）中最小者。

（3）在逐步分解过程中，若（$\tilde{P}_i$）无可行解，说明（P_i）无可行解，于是不必再进行分解。

（4）若（$\tilde{P}_i$）的最优解是（P_i）的可行解，那么（P_i）不必再分解（再分解只能使最优目标值增大），并且这个最优解对应的目标值是（P_i）的一个当前的上界，同时也是当前下界。

（5）如果（$\tilde{P}_i$）的最优值$f_i^*\geqslant\bar{f}$，说明（P_i）及其再分解得到的最优值不会有更好的改善，于是（P_i）也不需要再分解。

（6）如果子问题（P_i）的松弛问题（$\tilde{P}_i$）的最优目标函数值均不小于当前上界$\bar{f}$（注意，$\bar{f}$的取得必是（P）一个可行解的目标函数值），那么，这个$\bar{f}$对应的可行解即（P）的最优解。

在整数规划的算法中，最常用的是基于上述概念的分枝定界算法和隐枚举法，它们均属于有选择穷举的范围。实用效果较为明显。

解线性整数规划问题中的割平面法，不使用分解技术，而用线性规划问题作为松弛问题求解，是实际中用得较多的另一类方法。下面几节将介绍这些方法的实现。

8.3 分枝定界法

分枝定界法（Branch and Bound Method）可用于解纯整数规划或混合整数规划问题。它的基本思想是，把整数规划问题（IP）逐步通过设置某些决策变量的范围把问题分解成子问题，对每个子问题再利用去掉整数约束得到松弛的子问题，使用线性规划方法得到最优目标值的下界而迭代进行的算法。

设线性规划问题

$$(A)\begin{cases}\min & f=\boldsymbol{c}^{\mathrm{T}}\boldsymbol{x}\\ \text{s. t.} & \boldsymbol{A}\boldsymbol{x}=\boldsymbol{b}\\ & \boldsymbol{x}\geqslant\boldsymbol{0}\\ & x_j\text{ 为整数},\ j=1,\ 2,\ \cdots,\ n\end{cases}\tag{8-12}$$

其中，$\boldsymbol{A}$ 为 $m\times n$ 矩阵，$\boldsymbol{b}\in\mathbf{R}^m$，$\boldsymbol{c}\in\mathbf{R}^n$。再设放弃整数约束的相应问题为（$\tilde{A}$）。对

式（8-12），（$\tilde{A}$）即是一个标准的（$\widetilde{IP}$）问题，可用线性规划的方法得到它的解$\tilde{\boldsymbol{x}}=(\tilde{x}_1, \tilde{x}_2, \cdots, \tilde{x}_n)^{\mathrm{T}}$及最优目标值 $\tilde{f}=f(\tilde{\boldsymbol{x}})=\boldsymbol{c}^{\mathrm{T}}\tilde{\boldsymbol{x}}$。

在分枝定界法过程中求解问题（$\tilde{A}$），应有以下情况之一：

（1）（$\tilde{A}$）无可行解，则（A）也无可行解，停止对此问题的计算。

（2）（$\tilde{A}$）有最优解$\tilde{\boldsymbol{x}}$，并满足整数约束，即同时为（A）的最优解，那么 $\tilde{f}$ 同时是当前问题（A）最优目标值的上界和下界，即$\underline{f}=\bar{f}=\tilde{f}$。停止对这个问题的计算。

（3）（$\tilde{A}$）有最优解$\tilde{x}$及最优值 $\tilde{f}$，但不符合整数条件。这时得到当前问题（A）最优目标值的一个下界$\underline{f}=\tilde{f}$。

基于这个特征，下面介绍分枝定界法的计算过程：

1. 对原问题（A），求解松弛问题（$\tilde{A}$）

根据上面的分析，若出现情况（1），（2）则停机。（1）说明此问题无可行解；（2）则得到最优解。无妨设情况（3）发生，得到$\underline{f}=\tilde{f}$ 是（A）问题最优值的一个下界。根据上一节的讨论，任找（A）问题的一个可行解 $\bar{x}$，那么 $\bar{f}=\boldsymbol{c}^{\mathrm{T}}\bar{\boldsymbol{x}}$ 是（A）最优值的一个上界。即得到$\underline{f}\leqslant f^*\leqslant\bar{f}$（注：找（$A$）问题的可行解往往需要较大的计算量，这时可简单记 $\bar{f}=+\infty$，而先不必费很大力气去求较好的上界。从以下分析可以看到，找到一个好的最优目标值上界，将对算法的快速求得目标非常有效），转 2. 进行以下一般步的迭代。

2. 对当前问题进行分枝和定界

（1）分枝。无妨设当前问题为（A），其松弛问题（$\tilde{A}$）的最优解$\tilde{\boldsymbol{x}}$不符合整数约束，任取非整数的分量$\tilde{x}_i$（人们习惯取偏离整数较远的分量，如$\tilde{x}_1=1.459$，$\tilde{x}_3=5.862$，由于$\tilde{x}_1$与整数 1 的差的绝对值为$|\tilde{x}_1-1|=0.459$，而$|\tilde{x}_3-6|=0.138$，那么偏离整数较远的分量是$\tilde{x}_1$。注意，这个考虑不是必需的）。设$\tilde{x}_i=r_i$，利用取整函数$[r_i]$（$[r_i]$是不小于 r_i 的最大整数），构造两个附加约束

$$x_i\leqslant[r_i] \tag{8-13}$$

$$x_i\geqslant[r_i]+1 \tag{8-14}$$

对（A）分别加入约束式（8-13）和式（8-14）得到两个子问题（A_1）和（A_2），显然（A_1）和（A_2）是（A）分解的子问题之和，这两个子问题的可行解集的并是（A）的可行解集。问题的分解，除去了松弛问题中，x_i 分量取值在（$[r_i]$，$[r_i]+1$）范围内的所有可行解。

（2）定界。根据前面的分析，对每个当前问题（A）通过求解松弛问题（$\tilde{A}$），以及找（A）的可行解得到当前问题的上、下界$\bar{f}$和$\underline{f}$。

对一般迭代步，设根据分枝定界法得到了原问题（A）的一个同层子问题（A_i），$i=1, 2, \cdots, m$ 之和的分解。这里的同层子问题是指每个子问题（A_i）都是（A）经过相同分枝次数得到的。

记每一步的当前上、下界为$\bar{f}$和$\underline{f}$，每个问题（A_i）的上、下界分别为$\bar{f}_i$和$\underline{f_i}$，$i=1$，2，…，m。依据8.2节的分析，可得当前上、下界为

$$\alpha = \min\{\bar{f}, \bar{f}_1, \bar{f}_2, \cdots, \bar{f}_m\} \tag{8-15}$$

$$\beta = \min\{\underline{f}_1, \underline{f}_2, \cdots, \underline{f}_m\} \tag{8-16}$$

为了方便，把式（8-15）的值仍记为$\bar{f}$，即$\bar{f}=\alpha$；把式（8-16）的值仍记为$\underline{f}$，即$\underline{f}=\beta$。（注意式（8-16）中不含$\underline{f}$项，请读者思考这是为什么？）

显然，对于前一步的$\bar{f}$，$\underline{f}$有

$$\bar{f} \geqslant \alpha, \ \underline{f} \leqslant \beta \tag{8-17}$$

式（8-17）表明，分枝定界法的迭代计算使求得的原问题最优目标值的上界越来越小（非增）而下界越来越大（非降）。

第2步中分枝是对每个子问题做的，而定界在对每个子问题做的基础上，当一层上的子问题计算完后，应对整层进行定界，从而使当前的上、下界得到改善。转3.。

3. 比较与剪枝

根据8.2节的分析，对当前子问题进行考察，若不需要再进行计算，则称之为剪枝。一般遇到下列情况就需剪枝：

（1）（$\tilde{A}_i$）无可行解。

（2）（$\tilde{A}_i$）的最优解符合整数约束。

（3）（$\tilde{A}_i$）的最优值$\tilde{f}_i \geqslant \bar{f}$。

情况（1），（2）已经分析得很清楚了，情况（3）是由于一个明显的原理：问题附加约束后，最优值不会下降。

通过比较，若子问题不剪枝则返回2.。

分枝定界法当所有子问题都剪枝了，即没有需要处理的子问题时，达到当前上界$\bar{f}$的可行解即原问题的最优解，算法结束。实质上，算法若得到最优解而结束时，应有$\bar{f}=\underline{f}=\boldsymbol{c}^{\mathrm{T}}\boldsymbol{x}^*$，这里$\bar{f}$，$\underline{f}$，$\boldsymbol{x}^*$分别为当前上界、当前下界、原问题的最优解。

例 8-2　考虑整数规划问题

$$(A)\begin{cases}\min & f=-5x_1-4x_2 \\ \text{s.t.} & 3x_1+4x_2 \leqslant 24 \\ & 9x_1+5x_2 \leqslant 45 \\ & x_1, x_2 \geqslant 0, \ x_1, x_2 \text{为整数}\end{cases}$$

解　（1）求解（$\tilde{A}$）

$$(\tilde{A})\begin{cases}\min & f=-5x_1-4x_2 \\ \text{s.t.} & 3x_1+4x_2 \leqslant 24 \\ & 9x_1+5x_2 \leqslant 45 \\ & x_1, x_2 \geqslant 0\end{cases}$$

容易得到此线性规划的最优解为$\tilde{\boldsymbol{x}}=(2.857, 3.857)^{\mathrm{T}}$，最优值为 $\tilde{f}=-29.714$。考虑整数解$(2, 3)^{\mathrm{T}}$得到上界$\bar{f}=-22$，于是得到（A）最优值的上、下界$\bar{f}=-22$，$\underline{f}=\tilde{f}=-29.714$。

（2）取 x_1 为分枝变量，附加 $x_1\leqslant[2.857]=2, x_1\geqslant[2.857]+1=3$ 得到两个子问题

$$(A_1)\begin{cases}\min & f=-5x_1-4x_2\\ \text{s. t.} & 3x_1+4x_2\leqslant 24\\ & 9x_1+5x_2\leqslant 45\\ & x_1\leqslant 2\\ & x_1, x_2\geqslant 0, x_1, x_2 \text{ 为整数}\end{cases}$$

$$(A_2)\begin{cases}\min & f=-5x_1-4x_2\\ \text{s. t.} & 3x_1+4x_2\leqslant 24\\ & 9x_1+5x_2\leqslant 45\\ & x_1\geqslant 3\\ & x_1, x_2\geqslant 0, x_1, x_2 \text{ 为整数}\end{cases}$$

（3）求解（A_1）的松弛问题（$\tilde{A}_1$）得到它的解$\tilde{\boldsymbol{x}}^{(1)}=(2, 4.5)^{\mathrm{T}}$，$\tilde{f}_1=-28$。取整数解$(2, 4)^{\mathrm{T}}$，得上界$\bar{f}_1=-26$，于是（$A_1$）的最优值下界为$\underline{f}_1=\tilde{f}_1=-28$。

（4）求解（A_2）的松弛问题（$\tilde{A}_2$）得到它的解$\tilde{\boldsymbol{x}}^{(2)}=(3, 3.6)^{\mathrm{T}}$，$\tilde{f}_2=-29.4$。取整数解$(3, 3)^{\mathrm{T}}$，得上界$\bar{f}_2=-27$，于是（$A_2$）的最优值下界为$\underline{f}_2=\tilde{f}_2=-29.4$。

（5）根据（3），（4）的结果，当前上、下界分别为

$$\bar{f}=\min\{-22, -26, -27\}=-27$$
$$\underline{f}=\min\{-28, -29.4\}=-29.4$$

我们看到，现在的当前上界小于原问题（A）最优目标值的上界，而当前下界大于原问题（A）最优目标值的下界。

（6）类似于（3），（4），对（A_1）进行分解，令 $x_2\leqslant 4$ 和 $x_2\geqslant 5$ 得到子问题

$$(A_{11})\begin{cases}\min & f=-5x_1-4x_2\\ \text{s. t.} & 3x_1+4x_2\leqslant 24\\ & 9x_1+5x_2\leqslant 45\\ & x_1\leqslant 2, x_2\leqslant 4\\ & x_1, x_2\geqslant 0, x_1, x_2 \text{ 为整数}\end{cases}$$

$$(A_{12})\begin{cases}\min & f=-5x_1-4x_2\\ \text{s. t.} & 3x_1+4x_2\leqslant 24\\ & 9x_1+5x_2\leqslant 45\\ & x_1\leqslant 2, x_2\geqslant 5\\ & x_1, x_2\geqslant 0, x_1, x_2 \text{ 为整数}\end{cases}$$

计算可得到（A_{11}）的松弛问题（$\tilde{A}_{11}$）的最优解为$\tilde{\boldsymbol{x}}^{(11)}=(2, 4)^{\mathrm{T}}$，最优值 $\tilde{f}_{11}=-26$。于是，此问题剪枝得到$\bar{f}_{11}=\underline{f}_{11}=\tilde{f}_{11}=-26$。

计算（A_{12}）的松弛问题（$\tilde{A}_{12}$），得最优解为$\tilde{\boldsymbol{x}}^{(12)}=(1.333, 5)^{\mathrm{T}}$，最优值 $\tilde{f}_{12}=$

-26.665。由于 $\tilde{f}_{12}>\bar{f}=-27$，因此在此剪枝。

（7）类似于（6），对（A_2）进行分解，令 $x_2\leqslant 3$ 和 $x_2\geqslant 4$，得到子问题

$$(A_{21})\begin{cases}\min & f=-5x_1-4x_2\\ \text{s. t.} & 3x_1+4x_2\leqslant 24\\ & 9x_1+5x_2\leqslant 45\\ & x_1\geqslant 3,\ x_2\leqslant 3\\ & x_1,\ x_2\geqslant 0,\ x_1,\ x_2\text{ 为整数}\end{cases}$$

$$(A_{22})\begin{cases}\min & f=-5x_1-4x_2\\ \text{s. t.} & 3x_1+4x_2\leqslant 24\\ & 9x_1+5x_2\leqslant 45\\ & x_1\geqslant 3,\ x_2\geqslant 4\\ & x_1,\ x_2\geqslant 0,\ x_1,\ x_2\text{ 为整数}\end{cases}$$

计算（A_{21}）的松弛问题（$\tilde{A}_{21}$），得最优解 $\tilde{\boldsymbol{x}}^{(21)}=(3.333,\ 3)^{\mathrm{T}}$，最优值 $\tilde{f}_{21}=-28.665$。于是可得到此问题下界 $\underline{f}_{21}=\tilde{f}_{21}=-28.665$，此问题上界仍可定为 $(3,\ 3)^{\mathrm{T}}$ 点的目标函数值 $\bar{f}_{21}=-27$。

计算（A_{22}）的松弛问题（$\tilde{A}_{22}$），无可行解，因此剪枝。

（8）类似（5），可得到此层各子问题之和的当前上界、下界分别为 $\bar{f}=-27$，$\underline{f}=-28.665$。

（9）再对问题（A_{21}）进行分解，令 $x_1\leqslant 3$ 和 $x_1\geqslant 4$，得到两个子问题（注意，把可合并的约束合并）

$$(A_{211})\begin{cases}\min & f=-5x_1-4x_2\\ \text{s. t.} & 3x_1+4x_2\leqslant 24\\ & 9x_1+5x_2\leqslant 45\\ & x_1=3,\ x_2\leqslant 3\\ & x_1,\ x_2\text{ 为整数}\end{cases}$$

$$(A_{212})\begin{cases}\min & f=-5x_1-4x_2\\ \text{s. t.} & 3x_1+4x_2\leqslant 24\\ & 9x_1+5x_2\leqslant 45\\ & x_1\geqslant 4,\ x_2\leqslant 3\\ & x_1,\ x_2\text{ 为整数}\end{cases}$$

计算（A_{211}）的松弛问题（$\tilde{A}_{211}$），得到解 $\tilde{\boldsymbol{x}}^{(211)}=(3,\ 3)^{\mathrm{T}}$，最优值 $\tilde{f}_{211}=-27$。于是剪枝，$\tilde{f}_{211}=\underline{f}_{211}=-27$。

计算（A_{212}）的松弛问题（$\tilde{A}_{212}$）得 $\tilde{\boldsymbol{x}}^{(212)}=(4,\ 1.8)^{\mathrm{T}}$，$\tilde{f}=-27.2$，可再分解（略）。

最后，所有子问题均已剪枝，没有需要处理的子问题，于是算法结束。最优解为 $\boldsymbol{x}^*=(3,\ 3)^{\mathrm{T}}$，最优值为 $f^*=-27$。

在整数规划的分枝定界法中，常用二元树的结构图来说明计算过程。例 8-2 的二元树如图 8-1 所示。

分枝定界法解纯整数规划问题和混合整数规划问题的优越性很明显。它只在一部分可行解中进行运算，计算量一般都远远小于穷举法。当问题规模很大时，计算量仍相当大。可以看到，减少计算量的关键在于对问题最优值的当前上界的选取，而这个问题在实际运算中没有很好的办法，需要凭借经验或其他方法来求得问题的可行解。

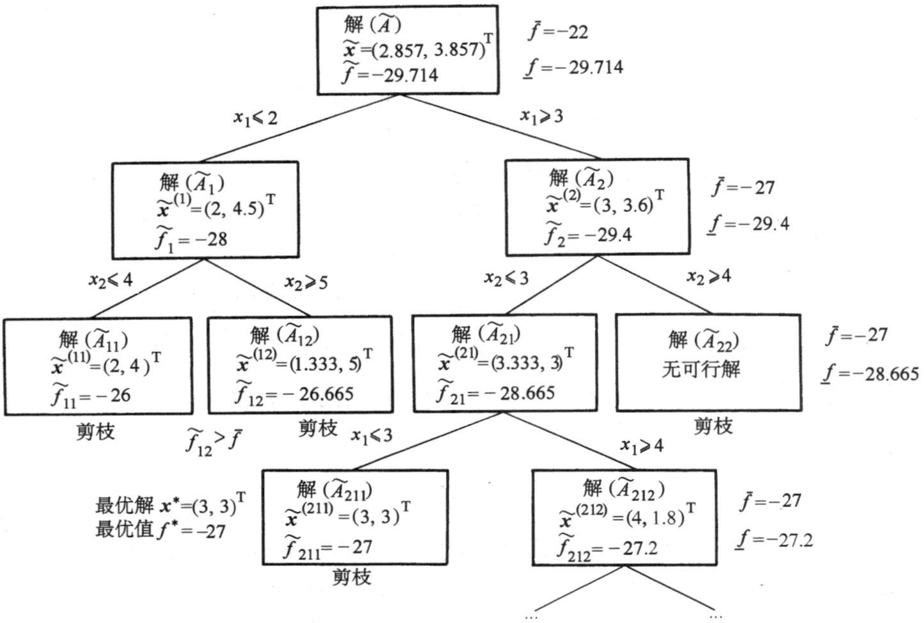

图 8-1

8.4 割平面法

8.4.1 割平面法的基本思想

仍然讨论线性整数规划（IP）问题（8-10）。首先对（IP）问题舍弃整数约束的松弛问题（$\widetilde{IP}$）用线性规划方法求解。若得到的解不符合整数约束，即非（IP）问题的可行解，则增加一个线性约束。这个线性约束要满足：

（1）使得当前的非整数最优解变为不可行解，即从（$\widetilde{IP}$）问题的可行域中，切去含这个最优解的一个子区域。

（2）使得（IP）问题的可行解仍保留在附加此约束后的（$\widetilde{IP}$）问题的可行域中，即不能切去任何（IP）问题的可行解。

把这个附加约束的（$\widetilde{IP}$）作为当前的线性规划问题。重复上述过程，直到求得的解是（IP）问题的可行解，即为（IP）的最优解。

在几何术语上，称附加一个线性约束为割平面，故称此方法为割平面法。割平面法是由 R. E. Gomory（1959）提出来的，所以又称它为 Gomory 割平面法。

例 8-3　考虑线性规划

$$(A)\begin{cases}\min \quad f=-x_1-x_2 \\ \text{s.t.} \quad 3x_1+2x_2\leqslant 10 \\ \qquad 2x_2\leqslant 5 \\ \qquad x_1,\ x_2\geqslant 0,\ x_1,\ x_2 \text{ 取整数}\end{cases}$$

用图解法求（$\tilde{A}$）的最优解（图 8-2），得到解 $\tilde{\boldsymbol{x}}=(1.667,\ 2.5)^{\mathrm{T}}$ 不是 A 的可行解。

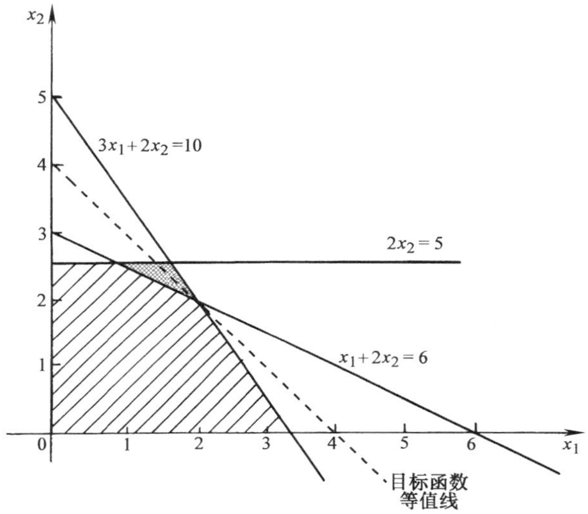

图　8-2

附加一个线性约束

$$x_1+2x_2\leqslant 6$$

得到新的问题

$$(B)\begin{cases}\min \quad f=-x_1-x_2 \\ \text{s.t.} \quad 3x_1+2x_2\leqslant 10 \\ \qquad x_1+2x_2\leqslant 6 \\ \qquad 2x_2\leqslant 5 \\ \qquad x_1,\ x_2\geqslant 0\end{cases}$$

由图 8-2 可以看出，问题（B）的可行集含（A）的所有可行解，（B）的最优解 $\boldsymbol{x}_B=(2,\ 2)^{\mathrm{T}}$ 是（A）的可行解。因此问题（A）的最优解 $\boldsymbol{x}^*=(2,\ 2)^{\mathrm{T}}$，最优值 $f^*=-4$。

8.4.2 割平面法基本过程

割平面法中最主要的步骤是附加约束的选取。根据线性规划的单纯形法原理，利用单纯形表求得附加约束是有效合理的方法。下面讨论这个过程。

设整数线性规划问题

$$(A)\begin{cases}\min \quad f=\sum_{j=1}^{n} c_j x_j \\ \text{s. t.} \quad \sum_{j=1}^{n} a_{ij}x_j=b_i, \ i=1, 2, \cdots, m \\ \quad x_j \geqslant 0, \ x_j \text{ 为整数}, \ j=1, 2, \cdots, n\end{cases} \tag{8-18}$$

无妨设利用单纯形法求得（A）舍弃整数约束的松弛问题（$\tilde{A}$）的解为 $\boldsymbol{x}^*=(x_1, x_2, \cdots, x_m, y_1, y_2, \cdots, y_{n-m})^{\mathrm{T}}$，其中 $x_1, x_2, \cdots, x_m$ 为基变量，$y_1, y_2, \cdots, y_{n-m}$ 为非基变量，显然，$y_1=y_2=\cdots=y_{n-m}=0$。

下面先引进记号：

设 α 为实数，记 $[\alpha]$ 为不超过 α 的最大整数，$(\alpha)=\alpha-[\alpha]$ 为 α 的正纯小数部分。例如：

$\alpha=5.99$ 则 $[\alpha]=5$，$(\alpha)=0.99$

$\alpha=-3.21$ 则 $[\alpha]=-4$，$(\alpha)=0.79$

$\alpha=-2$ 则 $[\alpha]=-2$，$(\alpha)=0.00$

再设 $(x_r)=\max\{(x_1), (x_2), \cdots, (x_m)\}$，这里 x_r 是最优解 $\boldsymbol{x}^*$ 的基变量中小数部分值最大者。如果 $(x_r)=0$，则说明该解即为（A）的最优解。

设问题（$\tilde{A}$）的最优单纯形表为表 8-1。

表 8-1

	x_1	$\cdots$	x_r	$\cdots$	x_m	y_1	y_2	$\cdots$	y_{n-m}	RHS
f	0	$\cdots$	0	$\cdots$	0	σ_1	σ_2	$\cdots$	σ_{n-m}	$\bar{f}$
x_1	1	$\cdots$	0	$\cdots$	0	$\bar{a}_{11}$	$\bar{a}_{12}$	$\cdots$	$\bar{a}_{1,n-m}$	$\bar{b}_1$
$\vdots$	$\vdots$		$\vdots$		$\vdots$	$\vdots$	$\vdots$		$\vdots$	$\vdots$
x_r	0	$\cdots$	1	$\cdots$	0	$\bar{a}_{r1}$	$\bar{a}_{r2}$	$\cdots$	$\bar{a}_{r,n-m}$	$\bar{b}_r$
$\vdots$	$\vdots$		$\vdots$		$\vdots$	$\vdots$	$\vdots$		$\vdots$	$\vdots$
x_m	0	$\cdots$	0	$\cdots$	1	$\bar{a}_{m1}$	$\bar{a}_{m2}$	$\cdots$	$\bar{a}_{m,n-m}$	$\bar{b}_m$

根据单纯形法原理知道，在矩阵形式问题

$$(LP)\begin{cases}\min \quad f=\boldsymbol{c}^{\mathrm{T}}\boldsymbol{x} \\ \text{s. t.} \quad \boldsymbol{A}\boldsymbol{x}=\boldsymbol{b} \\ \quad \boldsymbol{x} \geqslant \boldsymbol{0}\end{cases}$$

中，由于最优解是极点，对应分解 $\boldsymbol{A}=(\boldsymbol{B}, \boldsymbol{N})$。于是有，对任意可行解 $\boldsymbol{x}$，$\boldsymbol{x}_B=\boldsymbol{B}^{-1}\boldsymbol{b}-\boldsymbol{B}^{-1}\boldsymbol{N}\boldsymbol{x}_N$，其中，$\boldsymbol{x}_B$，$\boldsymbol{x}_N$ 分别对应该最优解的基变量和非基变量。

用这里的符号写成分量的形式，即为

$$x_r=\bar{b}_r-\sum_{k=1}^{n-m}\bar{a}_{rk}y_k \tag{8-19}$$

利用引入的记号，整理式（8-19）可得

$$(\bar{b}_r)-\sum_{k=1}^{n-m}(\bar{a}_{rk})y_k=x_r-[\bar{b}_r]+\sum_{k=1}^{n-m}[\bar{a}_{rk}]y_k \tag{8-20}$$

当可行解为整数解时，x_r 及 y_k（$k=1,2,\cdots,n-m$）均为整数，那么

$$(\bar{b}_r) - \sum_{k=1}^{n-m} (\bar{a}_{rk}) y_k \tag{8-21}$$

是整数。又根据 $0 \leqslant (\bar{a}_{rk}) < 1$，$y_k$ 为非负整数，所以 $\sum_{k=1}^{n-m} (\bar{a}_{rk}) y_k \geqslant 0$。于是可以得到

$$(\bar{b}_r) - \sum_{k=1}^{n-m} (\bar{a}_{rk}) y_k \leqslant (\bar{b}_r) < 1 \tag{8-22}$$

结合式（8-21）和式（8-22），注意（0，1）内不含整数，则有

$$(\bar{b}_r) - \sum_{k=1}^{n-m} (\bar{a}_{rk}) y_k \leqslant 0 \tag{8-23}$$

式（8-23）即是 Gomory 附加约束。由上面分析可知，式（8-23）把问题（$\tilde{A}$）的最优解变成了不可行解，而（A）的其他可行解没有受到影响。

例 8-4 考虑例 8-2 整数规划问题（A）。首先把该问题的松弛问题标准化。

得到下列问题（B）：

$$(B)\begin{cases} \min \quad f = -5x_1 - 4x_2 \\ \text{s. t.} \quad 3x_1 + 4x_2 + x_3 = 24 \\ \qquad 9x_1 + 5x_2 + x_4 = 45 \\ \qquad x_1, x_2, x_3, x_4 \geqslant 0 \end{cases}$$

用单纯形法求解问题（B），为了方便，把目标函数行放在单纯形表的底端，于是可得表 8-2。

表 8-2

基变量	x_1	x_2	x_3	x_4	RHS	$\boldsymbol{\theta}$
x_3	3	4	1	0	24	8
x_4	[9]	5	0	1	45	5
f	$5_\triangle$	4	0	0	0	
x_3	0	[3/7]	1	−1/3	9	27/7
x_1	1	5/9	0	1/9	5	9
f	0	$11/9_\triangle$	0	−5/9	−25	
x_2	0	1	3/7	−1/7	27/7	
x_1	1	0	−5/21	4/21	20/7	
f	0	0	−11/21	−8/21	−208/7	

由此得到（B）的最优解 $\boldsymbol{x}^{(0)} = (20/7, 27/7)^{\mathrm{T}} = (2.857, 3.857)^{\mathrm{T}}$，不符合整数条件，根据式（8-19）分析

$$(x_r) = \max\{(x_1), (x_2)\} = \max\{0.857, 0.857\} = \frac{6}{7}$$

两个相同，任取一个。设取 x_2 来确定割平面条件，参考式（8-23）得

$$\frac{6}{7}-\frac{3}{7}x_3-\frac{6}{7}x_4\leqslant 0 \tag{8-24}$$

即

$$-3x_3-6x_4\leqslant -6 \tag{8-25}$$

为了用单纯形法进行计算，化简后再引入松弛变量 x_5，得到线性规划问题（B_1）

$$(B_1)\begin{cases}\min\quad f=-5x_1-4x_2\\ \text{s. t.}\quad 3x_1+4x_2+x_3=24\\ \qquad 9x_1+5x_2+x_4=45\\ \qquad -x_3-2x_4+x_5=-2\\ \qquad x_1,\ x_2,\ x_3,\ x_4,\ x_5\geqslant 0\end{cases}$$

下面用对偶单纯形法在上述单纯形表的基础上继续求解（表 8-3）。

表　8-3

基变量	x_1	x_2	x_3	x_4	x_5	RHS
x_2	0	1	3/7	−1/7	0	27/7
x_1	1	0	−5/21	4/21	0	20/7
x_5	0	0	−1	[−2]	1	−2
f	0	0	−11/21	−8/21	0	−208/7
x_2	0	1	1/2	0	−1/14	4
x_1	1	0	−1/3	0	2/21	8/3
x_4	0	0	1/2	1	−1/2	1
f	0	0	−1/3	0	−4/21	−88/3

由此得到（B_1）的最优解 $\boldsymbol{x}^{(1)}=(8/3,\ 4,\ 0,\ 1,\ 0)^{\mathrm{T}}$，仍不符合整数条件，显然这里割平面约束应对 x_1 取。根据式（8-23）得

$$\frac{2}{3}-\frac{2}{3}x_3-\frac{2}{21}x_5\leqslant 0 \tag{8-26}$$

即

$$-7x_3-x_5\leqslant -7 \tag{8-27}$$

要用单纯形法继续求解，再引入松弛变量 x_6，得线性规划问题（B_2）

$$(B_2)\begin{cases}\min\quad f=-5x_1-4x_2\\ \text{s. t.}\quad 3x_1+4x_2+x_3=24\\ \qquad 9x_1+5x_2+x_4=45\\ \qquad -x_3-2x_4+x_5=-2\\ \qquad -7x_3-x_5+x_6=-7\\ \qquad x_1,\ x_2,\ x_3,\ x_4,\ x_5,\ x_6\geqslant 0\end{cases}$$

下面用对偶单纯形法在（B_1）的最优单纯形表的基础上继续求解（表 8-4）。

表 8-4

基变量	x_1	x_2	x_3	x_4	x_5	x_6	RHS
x_2	0	1	1/2	0	−1/14	0	4
x_1	1	0	−1/3	0	2/21	0	8/3
x_4	0	0	1/2	1	−1/2	0	1
x_6	0	0	[−7]	0	−1	1	−7
f	0	0	−1/3	0	−4/21	0	−88/3
x_2	0	1	0	0	−1/7	1/14	7/2
x_1	1	0	0	0	1/7	−1/21	3
x_4	0	0	0	1	−4/7	1/14	1/2
x_3	0	0	1	0	1/7	−1/7	1
f	0	0	0	0	−1/7	−1/21	−29

由此得到（B_2）的最优解 $\boldsymbol{x}^{(2)}=(3,\ 7/2,\ 1,\ 1/2,\ 0,\ 0)^{\mathrm{T}}$，不符合整数条件。建立对应 x_2 的割平面约束条件：

$$\frac{1}{2}-\frac{6}{7}x_5-\frac{1}{14}x_6 \leqslant 0 \tag{8-28}$$

即

$$-12x_5-x_6 \leqslant -7 \tag{8-29}$$

引入松弛变量 $x_7 \geqslant 0$，构造线性规划问题（B_3）

$$(B_3)\begin{cases}\min\ \ f=-5x_1-4x_2 \\ \text{s. t.}\ \ 3x_1+4x_2+x_3=24 \\ \qquad 9x_1+5x_2+x_4=45 \\ \qquad -x_3-2x_4+x_5=-2 \\ \qquad -7x_3-x_5+x_6=-7 \\ \qquad -12x_5-x_6+x_7=-7 \\ \qquad x_1,\ x_2,\ x_3,\ x_4,\ x_5,\ x_6,\ x_7 \geqslant 0\end{cases}$$

下面用对偶单纯形法在上述单纯形表的基础上继续求解（表 8-5）。

表 8-5

基变量	x_1	x_2	x_3	x_4	x_5	x_6	x_7	RHS
x_2	0	1	0	0	−1/7	1/14	0	7/2
x_1	1	0	0	0	1/7	−1/21	0	3
x_4	0	0	0	1	−4/7	1/14	0	1/2
x_3	0	0	1	0	1/7	−1/7	0	1
x_7	0	0	0	0	−12	−1	1	−7
f	0	0	0	0	−1/7	−1/21	0	−29

经多次迭代可得到原问题（A）的解为 $\boldsymbol{x}^*=(3,\ 3)^{\mathrm{T}}$，最优值 $f^*=-27$，与前文用分枝定界法得到的解一致。

在实际计算中，割平面法常常收敛很慢，故对大规模问题使用较少。若把割平面法同其他方法结合起来使用，常可提高使用效率。

8.5 0-1 规划的隐枚举法

隐枚举法是求解 0-1 规划最常用的方法之一。对于 n 个决策变量的完全0-1 规划，其可行点最多有 2^n 个。前文已讨论过，若使用穷举法，当 n 较大时其计算量仍然大得惊人，以致在允许的时间内无法得到解。隐枚举法的基本思想是根据 0-1 规划的特点，利用 8.2 节介绍的思路进行分枝逐步求解。

8.5.1 用于隐枚举法的 0-1 规划标准形式

为了计算上的方便，需要把一般的 0-1 规划问题等价地化成下列标准形式

$$\begin{cases}\min\ \ f=\sum_{j=1}^{n}c_jx_j\\ \text{s.t.}\ \sum_{j=1}^{n}a_{ij}x_j\leqslant b_i,\ i=1,\ 2,\ \cdots,\ m\\ \qquad x_j=0\text{ 或 }1,\ j=1,\ 2,\ \cdots,\ n\end{cases}\tag{8-30}$$

其中，$c_j\geqslant 0$，$j=1,\ 2,\ \cdots,\ n$。

下面说明一个完全的 0-1 规划问题可以化为等价的标准形式（8-30）。

（1）若目标函数求最大：$\max\ z=\sum_{j=1}^{n}c_jx_j$，可令

$$f=-z=\sum_{j=1}^{n}(-c_j)x_j$$

变为求最小：$\min f=\sum_{j=1}^{n}(-c_j)x_j$。

（2）若目标函数的系数有负值时，如 $c_j<0$，那么，可以令相应的 $y_j=1-x_j$。此时 $c_jx_j=c_j-c_jy_j$。取 $c_j'=-c_j>0$，可变为系数为正的目标约束，而在求解规划问题时，目标函数中的常数可以分离出来。于是，这个 c_j' 变成满足标准形式要求的系数。

（3）当某个约束不等式是“$\geqslant$”时，只需两端同乘以-1，即变为“$\leqslant$”。例如 $\sum_{j=1}^{n}a_{ij}x_j\geqslant b_i$，可化为 $\sum_{j=1}^{n}(-a_{ij})x_j\leqslant -b_i$。

（4）当某个约束是等式约束时，可得到两个不等式，如 $\sum_{j=1}^{n}a_{ij}x_j=b_i$，可化为

$$\begin{cases}\sum_{j=1}^{n}a_{ij}x_j\leqslant b_i\\ \sum_{j=1}^{n}(-a_{ij})x_j\leqslant(-b_i)\end{cases}$$

如果有多个等式约束，那么可把各等式约束写成标准的“≤”形式，而另构造一个反向的不等式，如

$$\sum_{j=1}^{n} a_{ij}x_j = b_i,\ i=1,\ 2,\ \cdots,\ L$$

可化为

$$\begin{cases}\sum_{j=1}^{n} a_{ij}x_j \leqslant b_i,\ i=1,\ 2,\ \cdots,\ L \\ \sum_{i=1}^{L}\sum_{j=1}^{n}(-a_{ij})x_j \leqslant \sum_{i=1}^{L}(-b_i)\end{cases}$$

例如，设有 3 个等式约束

$$\begin{cases}3x_1+4x_2+2x_3-x_4=7 \\ 5x_1-2x_2+x_3-3x_4=9 \\ x_1+3x_2-4x_3+2x_4=5\end{cases}$$

可标准化为下列 4 个不等式约束

$$\begin{cases}3x_1+4x_2+2x_3-x_4 \leqslant 7 \\ 5x_1-2x_2+x_3-3x_4 \leqslant 9 \\ x_1+3x_2-4x_3+2x_4 \leqslant 5 \\ -9x_1-5x_2+x_3+2x_4 \leqslant -21\end{cases}$$

例 8-5　求解下列 0-1 规划问题

$$(P)\begin{cases}\max & z=3x_1-2x_2+5x_3 \\ \text{s. t.} & x_1+2x_2-x_3 \leqslant 2 \\ & x_1+4x_2+x_3 \leqslant 4 \\ & x_1+x_2 \leqslant 3 \\ & 4x_2+x_3 \leqslant 6 \\ & x_1,\ x_2,\ x_3=0 \text{ 或 } 1\end{cases}$$

解　对问题标准化，首先设

$$f=-z=-3x_1+2x_2-5x_3$$

目标函数中，x_1，x_3 的系数均为负数。于是，设 $y_1=1-x_1$，$y_2=x_2$，$y_3=1-x_3$，得到下列标准形式的 0-1 规划

$$(P_1)\begin{cases}\min & \bar{f}=3y_1+2y_2+5y_3 \\ \text{s. t.} & -y_1+2y_2+y_3 \leqslant 2 \\ & -y_1+4y_2-y_3 \leqslant 2 \\ & -y_1+y_2 \leqslant 2 \\ & 4y_2-y_3 \leqslant 5 \\ & y_1,\ y_2,\ y_3=0 \text{ 或 } 1\end{cases}$$

其中 $\bar{f}=f+8$。

容易看到问题（P_1）中（0，0，0）^{T} 是可行解，并且是最优解。于是我们得到问题（P_1）

的最优解 $y_1^* = y_2^* = y_3^* = 0$，最优值$\bar{f}^* = 0$，故 $f^* = -8$。对应回到原问题（P），则最优解为 $x_1^* = 1 - y_1^* = 1$，$x_2^* = y_2^* = 0$，$x_3^* = 1 - y_3^* = 1$，最优值 $z^* = -f^* = 8$。

8.5.2 隐枚举法的基本过程

由于0-1规划中决策变量的明显特征，因此可以用分量 $x_j = 0$ 或 1 来分解问题。另一方面，由于验算比求解容易，于是可以用舍弃线性约束来作为松弛方案。

同分枝定界法类似，为了简便且易于实施，隐枚举法的计算过程通常用二元枚举树来表示。下面给出计算过程的主要步骤。

（1）将0-1规划问题化为标准形式（8-30），设其最优解为 $\boldsymbol{x}^*$，最优目标值为 f^*。显然 $\boldsymbol{x} = \boldsymbol{0}$，即各分量均取零值时，目标值 $f = 0$ 是不考虑线性不等式约束的最小解，于是 $f^* \geqslant 0$。若 $\boldsymbol{x} = \boldsymbol{0}$ 是可行解，如例8-5，那么 $\boldsymbol{x}^* = \boldsymbol{0}$ 是该问题的最优解，结束计算。否则，令 $\boldsymbol{x} = \boldsymbol{0}$，即先把所有分量 x_j（$\forall j = 1, 2, \cdots, n$）置零，并置所有分量为自由变量。转（2）。

（2）任选一自由变量 x_k，令 x_k 为固定变量。分别固定为 $x_k = 0$ 与 $x_k = 1$，令所有自由变量取零值，则得到两个分枝。对每个分枝的试探解进行检验（把自由变量逐次定为固定变量的顺序可以是任意的，在不进行先验考察时，常按指标变量从小到大的顺序进行）。转（3）。

（3）检验当前试探解时，遇到下列四种情况就剪枝，即不必再向下分枝，在剪枝的子问题下方标记“×”：

情况一：若子问题的试探解可行，即满足所有线性不等式约束，则此问题的目标值是原问题最优目标值的一个上界，记为$\bar{f}$，即 $f^* \leqslant \bar{f}$。把 $\bar{f}$ 的值记在子问题框的旁边，并在下方标记上“×”。

情况二：若试探解不可行，且此问题的任何分枝都是不可行的问题，于是在此问题框的下方标记“×”。

情况三：若试探解不可行，且它的目标值与目标函数中对应当前自由变量的任一个系数之和大于所有已得到的上界中最小者时，说明在当前问题的基础上，固定任何自由变量都不可能对目标函数有改善，于是在该问题框的下方标记“×”。

情况四：若试探解不可行，但所有变量已被置为固定变量，也应剪枝，于是在该问题框的下方标记“×”。

把已标记“×”的子问题，称为已探明的枝。转（4）。

（4）进一步考察。如果所有的枝均为已探明的枝，则停机，结束计算。找出所有子问题框边标记 $\bar{f}$ 值的问题，比较得到其中最小者，其对应的试探解即原问题的最优解，相应 $\bar{f}$ 值即原问题的最优目标值 f^*。若没有标记 $\bar{f}$ 值的框，则说明原问题无最优解，实际上原问题无可行解。

如果仍存在尚未探明的分枝，则可任选一个未探明的分枝。转（2）。

例 8-6 某公司的市场研究小组考虑下一步选择怎样的广告策略以使其影响人数可达最多。根据调查，对电视、报纸、电台及展销活动四种形式得到有关数据见表8-6。

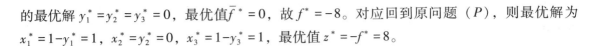

表 8-6

	电 视	报 纸	电 台	展销活动	资源限制
影响顾客人数/万人	100	30	40	45	
费用投入/万元	50	30	25	10	95
设计工作量/百人·h	7	2	2	4	11
需工作人员/百人	2	1	1	10	12

为了达到展销活动的最大效果，若开展展销活动，必须有报纸或电台给予配合。

解 设 x_1，x_2，x_3，x_4 为 0-1 变量分别表示电视、报纸、电台和展销活动的采用（取值 1）和不采用（取值 0）。得到下列 0-1 规划问题：

$$(A)\begin{cases}\max & z=100x_1+30x_2+40x_3+45x_4\\ \text{s. t.} & 50x_1+30x_2+25x_3+10x_4\leqslant 95\\ & 7x_1+2x_2+2x_3+4x_4\leqslant 11\\ & 2x_1+x_2+x_3+10x_4\leqslant 12\\ & x_4\leqslant x_2+x_3\\ & x_1,\ x_2,\ x_3,\ x_4=0\text{ 或 }1\end{cases}$$

模型中约束 $x_4\leqslant x_2+x_3$ 表示在报纸和电台中至少有一个被采纳的前提下，展销活动才可以被采纳。

首先把（A）标准化，令 $\tilde{f}=-z=-100x_1-30x_2-40x_3-45x_4$。为使系数均为正数，设 $y_j=1-x_j$（$j=1$，2，3，4），经过计算整理，得到如下标准形式的0-1 规划问题（取 $f=\tilde{f}+215$）：

$$(B_0)\begin{cases}\min & f=100y_1+30y_2+40y_3+45y_4\\ \text{s. t.} & -50y_1-30y_2-25y_3-10y_4\leqslant -20\\ & -7y_1-2y_2-2y_3-4y_4\leqslant -4\\ & -2y_1-y_2-y_3-10y_4\leqslant -2\\ & y_2+y_3-y_4\leqslant 1\\ & y_1,\ y_2,\ y_3,\ y_4=0\text{ 或 }1\end{cases}$$

首先，取 $\boldsymbol{y}=\boldsymbol{0}$ 为试探解，易验证其不可行，得到目标值 $f=0$ 为最优目标值 f^* 的当前下界。以下用二元枚举树来说明计算过程，如图 8-3 所示。比较各可行试探解的最优值 $\tilde{f}$，得到问题（B_0）的最优解 $\boldsymbol{y}^*=(0,\ 1,\ 0,\ 1)^{\mathrm{T}}$，最优值 $f^*=75$。那么原问题（A）的最优解为 $\boldsymbol{x}^*=(1,\ 0,\ 1,\ 0)^{\mathrm{T}}$，最优值 $z^*=-\tilde{f}^*=-(f^*-215)=140$。即采用电视、报纸和电台做广告，可使预期的影响人数达到 140 万人。

隐枚举法在实际计算中，对变量顺序做适当调整，往往可收到很好的效果。常用的方法是对目标函数按系数从小到大来排列变量的顺序。另外的方法是分析约束，把系数较小的变量放在前面，但是由于约束较多，对这个顺序的考虑常常效果不明显。

例 8-6 的问题（B_0），若把 y_4 作为首选的固定变量，则显然可加速算法的收敛。

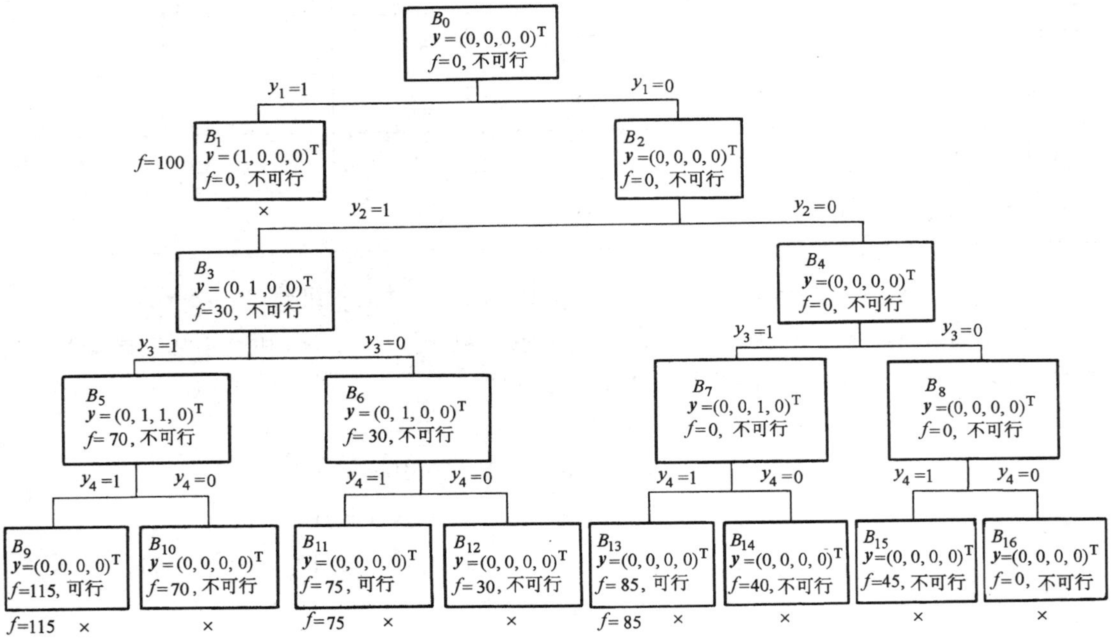

图 8-3

8.6 分派问题及解法

8.6.1 分派问题

在实践中，常遇到有 n 项任务要分配给 n 个人去完成的问题，要求每人完成且仅完成其中一项任务。由于各人完成不同任务的效率不同，因而要决定一种分派方案，使总的效率最高。称这类问题为分派问题或指派问题（Assignment Problem）。

类似的分派问题有：n 台机床加工 n 项任务；n 条航线安排 n 艘船或 n 架客机去航行或飞行；n 项任务由 n 个人组成一个队去完成等。

例 8-7 某装修公司有甲、乙、丙、丁、戊 5 个装修队。现公司接到 5 项装修任务 A，B，C，D，E。根据经验，各装修队完成不同任务所需时间见表 8-7（单位：天）。如何分派，可使总用时最少？

对一般分派问题建立模型，设有 n 项任务，n 个人去完成。

首先引入变量 x_{ij}，令 i，$j=1$，2，…，n

$$x_{ij}=\begin{cases}1 & \text{分派第 } i \text{ 人去完成第 } j \text{ 项任务}\\ 0 & \text{否则}\end{cases}$$

表 8-7

装修队	装修任务				
	A	B	C	D	E
甲	32	17	34	36	25
乙	21	31	21	22	19
丙	24	29	40	28	39
丁	26	35	41	33	29
戊	33	27	31	42	22

设第 i 人完成第 j 项任务的用时为 $c_{ij}>0$，考虑求总用时最少的分派问题，易得如下模型：

$$(AP)\begin{cases}\min \quad f=\sum_{i=1}^{n}\sum_{j=1}^{n}c_{ij}x_{ij} & (8\text{-}31)\\ \text{s. t.}\quad \sum_{i=1}^{n}x_{ij}=1,\ j=1,\ 2,\ \cdots,\ n & (8\text{-}32)\\ \qquad \sum_{j=1}^{n}x_{ij}=1,\ i=1,\ 2,\ \cdots,\ n & (8\text{-}33)\\ \qquad x_{ij}=0\text{ 或 }1 & (8\text{-}34)\end{cases}$$

约束条件（8-32）说明第 j 项任务只能由一个人去完成；约束条件（8-33）说明第 i 人只能去完成一项任务；约束条件（8-34）说明决策变量的特性。对于满足式（8-32）~式（8-34）的可行解 x_{ij} 可以写成表格形式或矩阵形式。例 8-7 的一个可行解矩阵为

$$\boldsymbol{x}^*=(x_{ij})=\begin{pmatrix}1&0&0&0&0\\0&0&1&0&0\\0&0&0&1&0\\0&1&0&0&0\\0&0&0&0&1\end{pmatrix}$$

从上式中可看到分派问题（AP）可行解矩阵的如下明显特征：矩阵中各行、各列的元素之和均为 1。

显然分派问题（AP）是一个特殊的 0-1 规划，可以直接用解 0-1 规划的方法求解。在实用上，由于分派问题（AP）的全部有用数据都表现在数据表上，根据其特征，可以直接在数据表上求解。为了计算方便，把数据表写成矩阵形式，称为分派问题的系数矩阵

$$\boldsymbol{C}=\begin{pmatrix}c_{11}&c_{12}&\cdots&c_{1n}\\c_{21}&c_{22}&\cdots&c_{2n}\\\vdots&\vdots&&\vdots\\c_{n1}&c_{n2}&\cdots&c_{nn}\end{pmatrix}\tag{8-35}$$

对于例 8-7，分派问题的系数矩阵为

$$\boldsymbol{C}=\begin{pmatrix}32&17&34&36&25\\21&31&21&22&19\\24&29&40&28&39\\26&35&41&33&29\\33&27&31&42&22\end{pmatrix}$$

8.6.2 分派问题（AP）最优解的性质

分派问题（AP）的系数矩阵 $\boldsymbol{C}$ 与其最优解有如下关系：

若从矩阵 $\boldsymbol{C}$ 的一行（或一列）各元素中同时加一个常实数，得到新矩阵$\boldsymbol{B}=(b_{ij})_{n\times n}$，那么以 b_{ij}为系数的分派问题同（AP）有相同最优解。

容易证明这个性质：

设在矩阵 $\boldsymbol{C}$ 的第 k 行每个元素加上常实数 a 那么

$$b_{ij}=\begin{cases}c_{ij} & ,\ i\neq k\\ c_{kj}+a & ,\ i=k\end{cases}$$

则以 b_{ij}为系数的新分派问题的目标函数为

$$\begin{aligned}\bar{z} &= \sum_{i=1}^{n}\sum_{j=1}^{n} b_{ij}x_{ij}\\ &= \sum_{i\neq k}\sum_{j=1}^{n} c_{ij}x_{ij} + \sum_{j=1}^{n}(c_{kj}+a)x_{kj}\\ &= \sum_{i=1}^{n}\sum_{j=1}^{n} c_{ij}x_{ij} + a\sum_{j=1}^{n} x_{kj}\left(\text{由式(8-33)},\ \sum_{j=1}^{n} x_{kj}=1\right)\\ &= z+a\end{aligned}$$

我们知道，目标函数相差一个常数时，对最优解无影响，只影响目标函数值。因此，以 b_{ij}为系数的分派问题与（AP）有相同的解。

另一个显然的性质是：若系数矩阵中每行、每列都至少有一个零元素，且存在 n 个无任意两个同在一行与一列的零元素时，这独立的 n 个零元素就给出分派问题的最优解。

结合上面两个性质，对有些问题就可能直接得到最优解。

例 8-8 一个分派问题的系数矩阵为

$$\boldsymbol{C}=\begin{pmatrix}2&5&7&9\\3&5&1&7\\9&5&4&3\\1&1&3&5\end{pmatrix}$$

解 对矩阵中第 1，2，3，4 行分别加上−2，−1，−3，−1，得到

$$\boldsymbol{B}=\begin{pmatrix}0&3&5&7\\2&4&0&6\\6&2&1&0\\0&0&2&4\end{pmatrix}$$

由于 b_{11}，b_{23}，b_{34}，b_{42}构成 4 个独立的零元素，即它们任两个零都不在同一行，也不在同一列。于是得到最优解：$x_{11}=x_{23}=x_{34}=x_{42}=1$，其余变量取零值。对应下面的最优解矩阵

$$\boldsymbol{x}^*=(x_{ij}^*)=\begin{pmatrix}1&0&0&0\\0&0&1&0\\0&0&0&1\\0&1&0&0\end{pmatrix}$$

同时得到最优目标值为$f^* = 2+1+3+1 = 7$。

上述两条性质，往往不能解决任何分派问题。常常出现系数矩阵虽然每行、每列均有零元素，但找不到 n 个独立零元素的情况，这时得不到最优解。例如，某个分派问题系数矩阵为

$$\boldsymbol{C}=\begin{pmatrix} 0 & 3 & 5 & 7 \\ 2 & 0 & 6 & 0 \\ 0 & 5 & 9 & 3 \\ 1 & 8 & 0 & 4 \end{pmatrix}$$

显然，从这个矩阵不能直接得到一组最优解。

8.6.3 匈牙利法解分派问题的基本过程

由上段分析知，分派问题矩阵经过简单处理后得到各行、各列均有零元素的矩阵后，判断并得到 n 个独立零元素的过程是解题的关键。

针对这个问题，D. König 关于零元素的覆盖定理有重要意义。

定理 8-1 各行、各列有零的系数矩阵中独立零元素的最多个数等于能覆盖所有零元素的最少直线数。

证略。

例 8-9

$$\begin{pmatrix} 0 & 3 & 5 & 7 \\ 2 & 0 & 6 & 0 \\ 0 & 5 & 9 & 3 \\ 1 & 8 & 0 & 4 \end{pmatrix}$$

只有 3 个独立零元素，覆盖所有零元素的最少直线数也是 3 条。

W. W. Kuhn（1955）提出分派问题的解法，一般称为匈牙利法。下面结合例 8-7 介绍分派问题的求解过程。

第一步：变换矩阵使每行、每列都至少出现一个零元素。

（1）对系数矩阵的每一行分别加上该行最小元素的相反数（取负号）。

（2）再考察每一列，对没有零元素的列，加上该列最小元素的相反数。

例 8-7 中系数矩阵

$$\begin{pmatrix} 32 & 17 & 34 & 36 & 25 \\ 21 & 31 & 21 & 22 & 19 \\ 24 & 29 & 40 & 28 & 39 \\ 26 & 35 & 41 & 33 & 29 \\ 33 & 27 & 31 & 42 & 22 \end{pmatrix}$$

各行最小值分别为 17，19，24，26，22

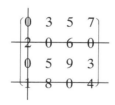

$$\longrightarrow\begin{pmatrix} 15 & 0 & 17 & 19 & 8 \\ 2 & 12 & 2 & 3 & 0 \\ 0 & 5 & 16 & 4 & 15 \\ 0 & 9 & 15 & 7 & 3 \\ 11 & 5 & 9 & 20 & 0 \end{pmatrix}$$

第 3，4 列最小元素分别为 2，3

$$\longrightarrow\begin{pmatrix} 15 & 0 & 15 & 16 & 8 \\ 2 & 12 & 0 & 0 & 0 \\ 0 & 5 & 14 & 1 & 15 \\ 0 & 9 & 13 & 4 & 3 \\ 11 & 5 & 7 & 17 & 0 \end{pmatrix}$$

第二步：试派，寻找独立零元素。

（1）对每行检查，若当前行中只有一个零元素，给它加圈，标为“⓪”，同时把该元素所在列的其他零元素划去，标为“Ø”。

（2）再对每列进行检查，若当前列中只有一个零元素，则给它加圈，标为“⓪”，同时把该元素所在行的其他零元素划去，标为“Ø”。

注意，考察时对划去的零元素（称为“Ø”）看作非零元素。反复执行（1），（2）直到所有行、列的单个零元素被处理完毕。

（3）若同行（列）的零元素都至少有 2 个以上，则可类似（1），（2），从含最少零元素个数的行或列中任选一个零元素加圈，标为“⓪”，同时把该元素所在行、列的其他零元素划去，标记为“Ø”。如此对（1），（2），（3）反复进行，直到所有零元素被处理（加圈或划去）。

做上述（1），（2），（3）步处理

$$\begin{pmatrix} 15 & \textcircled{0} & 15 & 16 & 8 \\ 2 & 12 & \textcircled{0} & \not{0} & \not{0} \\ \not{0} & 5 & 14 & 1 & 15 \\ \textcircled{0} & 9 & 13 & 4 & 3 \\ 11 & 5 & 7 & 17 & \textcircled{0} \end{pmatrix}$$

第 1 行只有一个零元素，加圈；第 4 行也只有一个零元素，加圈，并划去第 1 列第 3 行的零元素；第 5 行只有一个零元素，加圈，并划去第 5 列第 2 行的零元素；第 3 列只有一个零元素加圈，并划去第 2 行第 4 列的零元素。至此，所有零元素已处理完毕。

第三步：记加圈零的个数为 m。

若 $m=n$，则得到最优解，停止。加圈零对应的 $x_{ij}=1$，其余 $x_{ij}=0$；否则，即 $m<n$，转向第四步。

例 8-7 得到的矩阵表明 $m=4<n=5$。

第四步：按照定理 8-1 作最少的覆盖零元素的直线，以确定最多的独立零元素个数。

（1）对无加圈零元素的行打“√”。

（2）对已打“√”的行检查，对该行所含划去的零元素所在的列打“√”。

（3）对已打“√”的列检查，对该列所含加圈的零元素所在的行打“√”。

（4）重复（2），（3），直到得不出需进一步打“√”的行、列为止。

（5）对所有没有“√”的行画横线，对所有打“√”的列画一纵线。

对例 8-7 的矩阵进行第四步：

$$\begin{array}{c}\left(\begin{array}{ccccc}15 & \textcircled{0} & 15 & 16 & 8 \\ 2 & 12 & \textcircled{0} & \not{0} & \not{0} \\ \not{0} & 5 & 14 & 1 & 15 \\ \textcircled{0} & 9 & 13 & 4 & 3 \\ 11 & 5 & 7 & 17 & \textcircled{0}\end{array}\right)\begin{array}{c} \\ \\ \checkmark \\ \checkmark \\ \\ \end{array} \\ \begin{array}{ccccc}\checkmark & & & & \end{array}\end{array}$$

第五步：记划出的覆盖零元素的直线数为 l。

若 $l<n$，转第六步；

若 $l=n$，而 $m<n$，说明试派不成功，转第二步，重新试派。

第六步：变换系数，在不出现负元素的前提下增加零元素的个数。

在第四步得到的矩阵中，求没有被直线覆盖部分所有元素的最小元，记为 α。在所有划"√"的行中各元素减去 α，所有划"√"的列中各元素加上 α。这样可以增加零元素的个数，同时不会出现负数。然后，返回第二步，对新的矩阵重新试派。

继续对例 8-7 进行计算，按照第六步可得矩阵中的 $\alpha=1$，于是得到

$$\left(\begin{array}{ccccc}16 & \textcircled{0} & 15 & 16 & 8 \\ 3 & 12 & \textcircled{0} & \not{0} & \not{0} \\ \not{0} & 4 & 13 & \textcircled{0} & 14 \\ \textcircled{0} & 8 & 12 & 3 & 2 \\ 12 & 5 & 7 & 17 & \textcircled{0}\end{array}\right)$$

对以上矩阵重新进行第二步，试派：第 1 行只有一个零，加圈；第 4 行只有一个零，加圈并划去第 1 列第 3 行的零元素；第 5 行只有一个零元素，加圈并划去第 5 列第 2 行的零元素；第 3 列只有一个零元素，加圈并划去第 2 行第 4 列的零元素；第 3 行剩下一个零元素，加圈，于是，得到 5 个独立零元素，算法结束。最优解为 $x_{12}=x_{23}=x_{34}=x_{41}=x_{55}=1$，即甲完成 B，乙完成 C，丙完成 D，丁完成 A，戊完成 E，总的用时为 17 天+21 天+28 天+26 天+22 天=114 天。

8.6.4 例及一般情况的处理

使用匈牙利法解分派问题时，若试派不合适，可能出现虽有 n 个独立零元素，但试派不成功的情况。

例 8-10　设一个分派问题的系数矩阵如下：

$$\left(\begin{array}{cccccccc}0 & 0 & 1 & 1 & 1 & 1 & 1 & 1 \\ 1 & 0 & 0 & 0 & 1 & 1 & 1 & 1 \\ 1 & 0 & 0 & 0 & 0 & 1 & 1 & 1 \\ 1 & 0 & 0 & 0 & 0 & 1 & 1 & 1 \\ 1 & 1 & 1 & 1 & 1 & 0 & 0 & 0 \\ 1 & 1 & 1 & 1 & 1 & 0 & 0 & 0 \\ 1 & 1 & 1 & 1 & 1 & 0 & 0 & 1 \\ 0 & 1 & 1 & 1 & 1 & 0 & 1 & 1\end{array}\right)$$

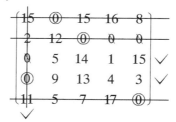

解 矩阵中每行、每列均有零，可直接试派

$$\begin{pmatrix} \textcircled{0} & \not{0} & 1 & 1 & 1 & 1 & 1 & 1 \\ 1 & \textcircled{0} & \not{0} & \not{0} & 1 & 1 & 1 & 1 \\ 1 & \not{0} & \not{0} & \not{0} & \textcircled{0} & 1 & 1 & 1 \\ 1 & \not{0} & \textcircled{0} & \not{0} & \not{0} & 1 & 1 & 1 \\ 1 & 1 & 1 & 1 & 1 & \not{0} & \not{0} & \textcircled{0} \\ 1 & 1 & 1 & 1 & 1 & \not{0} & \not{0} & \not{0} \\ 1 & 1 & 1 & 1 & 1 & \not{0} & \textcircled{0} & 1 \\ \not{0} & 1 & 1 & 1 & 1 & \textcircled{0} & 1 & 1 \end{pmatrix}\begin{matrix} \checkmark \\ \checkmark \\ \checkmark \\ \checkmark \\ \checkmark \\ \checkmark \\ \checkmark \\ \checkmark \end{matrix}$$
$$\begin{matrix} \checkmark & \checkmark & \checkmark & \checkmark & \checkmark & \checkmark & \checkmark & \checkmark \end{matrix}$$

每行、每列都至少有 2 个零，从左上角开始，选第 1 行第 1 列零元素加圈，按算法进行。得到加圈零的个数 $m=7<n=8$。在进行算法第四步，得到 $l=8$。于是，重新进行试派。

为了避免重复前次试派的失败，首先选第 1 行第 2 列的零元素加圈，以下按算法进行

$$\begin{pmatrix} \not{0} & \textcircled{0} & 1 & 1 & 1 & 1 & 1 & 1 \\ 1 & \not{0} & \textcircled{0} & \not{0} & 1 & 1 & 1 & 1 \\ 1 & \not{0} & \not{0} & \textcircled{0} & \not{0} & 1 & 1 & 1 \\ 1 & \not{0} & \not{0} & \not{0} & \textcircled{0} & 1 & 1 & 1 \\ 1 & 1 & 1 & 1 & 1 & \not{0} & \not{0} & \textcircled{0} \\ 1 & 1 & 1 & 1 & 1 & \textcircled{0} & \not{0} & \not{0} \\ 1 & 1 & 1 & 1 & 1 & \not{0} & \textcircled{0} & 1 \\ \textcircled{0} & 1 & 1 & 1 & 1 & \not{0} & 1 & 1 \end{pmatrix}$$

得到最优解 $x_{12}=x_{23}=x_{34}=x_{45}=x_{58}=x_{66}=x_{77}=x_{81}=1$，其余 $x_{ij}=0$。

在实际中，常遇到人和任务数不相等的情况，一般的处理方法是补充虚拟的人或任务，使人和任务数相同。下面用两个例题来介绍这个过程。

例 8-11 设需要分派甲、乙、丙、丁 4 人去完成 5 项任务 A，B，C，D，E。每人完成各项任务的时间见表 8-8。

由于任务数多于人数，故规定除其中 1 人可兼完成 2 项任务外，其余 3 人每人只能完成剩下的 3 项任务之一。试确定使总花费时间最少的分派方案。

解 虚设 1 人为戊，此人所对应的任务将是甲、乙、丙、丁中某人完成的第 2 项任务，因此，把戊完成 A，B，C，D，E 任务所需时间设为各人完成该项任务所需的最少时间。于是得到下列系数矩阵：

表 8-8

人员	任务				
	A	B	C	D	E
甲	5	9	11	22	17
乙	24	23	11	5	18
丙	14	7	8	20	12
丁	4	22	16	3	25

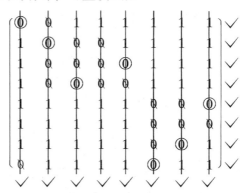

$$
\boldsymbol{C}=\begin{pmatrix}
5 & 9 & 11 & 22 & 17 \\
24 & 23 & 11 & 5 & 18 \\
14 & 7 & 8 & 20 & 12 \\
4 & 22 & 16 & 3 & 25 \\
4 & 7 & 8 & 3 & 12
\end{pmatrix}
$$

先变换 $\boldsymbol{C}$ 使之每行、每列至少有一个零，按照算法得到矩阵

$$
\begin{array}{l}
\begin{pmatrix}
\textcircled{0} & 4 & 5 & 17 & 7 \\
19 & 18 & 5 & \textcircled{0} & 8 \\
7 & \textcircled{0} & \not{0} & 13 & \not{0} \\
1 & 19 & 12 & \not{0} & 17 \\
1 & 4 & 4 & \not{0} & 4
\end{pmatrix}
\begin{array}{c} \\ \checkmark \\ \\ \checkmark \\ \checkmark \end{array} \\
\qquad\qquad\qquad\quad \checkmark
\end{array}
$$

选出未被直线覆盖的元素中最小者 $\alpha=1$，根据算法第六步得到新的矩阵

$$
\begin{array}{l}
\begin{pmatrix}
\textcircled{0} & 4 & 5 & 18 & 7 \\
18 & 17 & 4 & \textcircled{0} & 7 \\
7 & \textcircled{0} & \not{0} & 14 & \not{0} \\
\not{0} & 18 & 11 & \not{0} & 16 \\
\not{0} & 3 & 3 & \not{0} & 3
\end{pmatrix}
\begin{array}{c} \checkmark \\ \checkmark \\ \\ \checkmark \\ \checkmark \end{array} \\
\quad \checkmark \qquad\qquad\quad\ \checkmark
\end{array}
$$

选出未被直线覆盖的元素中最小者 $\alpha=3$，根据算法第六步得到新的矩阵

$$
\begin{array}{l}
\begin{pmatrix}
\textcircled{0} & 1 & 2 & 18 & 4 \\
18 & 14 & 1 & \textcircled{0} & 4 \\
10 & \textcircled{0} & \not{0} & 17 & \not{0} \\
\not{0} & 15 & 8 & \not{0} & 13 \\
\not{0} & \not{0} & \textcircled{0} & \not{0} & \not{0}
\end{pmatrix}
\begin{array}{c} \checkmark \\ \checkmark \\ \\ \checkmark \\ \\ \end{array} \\
\quad \checkmark \qquad\qquad\quad\ \checkmark
\end{array}
$$

选出未被直线覆盖的元素中最小者 $\alpha=1$，根据算法第六步得到

$$
\begin{pmatrix}
\textcircled{0} & \not{0} & 1 & 18 & 3 \\
18 & 13 & \textcircled{0} & \not{0} & 3 \\
11 & \textcircled{0} & \not{0} & 18 & \not{0} \\
\not{0} & 14 & 7 & \textcircled{0} & 12 \\
1 & \not{0} & \not{0} & 1 & \textcircled{0}
\end{pmatrix}
$$

对新得到的矩阵再试派，得到 5 个独立零元素。于是得到最优解 $x_{11}=x_{23}=x_{32}=x_{44}=x_{55}=1$。即甲完成任务 A，乙完成任务 C，丙完成任务 B 和 E，丁完成任务 D，总用时为 5+11+7+3+12=38。这里 x_{55}对应的 12 是丙完成 E 的时间，故丙兼任了两项任务。

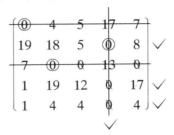

例 8-12 从甲、乙、丙、丁、戊 5 人中选 4 人完成 4 项工作 A，B，C，D。规定每人只能单独完成一项任务。每人完成不同任务的工作时间见表 8-9。

表 8-9

任务	人员				
	甲	乙	丙	丁	戊
A	10	2	3	15	9
B	5	10	15	2	4
C	15	5	14	7	15
D	20	15	13	6	8

另外，由于某种原因，甲必须被分配一项任务，丁不能承担任务 D。求满足这些条件，并使总用时最少的分派方案。

解 为了使任务与人的数量相等，需引入一项虚拟任务 E。每人完成 E 所需的时间在没有其他要求时，可设为零，因为任何人轮空的可能都是相同的。为了不使甲轮空，即甲不能对应任务 E，而要求丁不能对应任务 D，可以取相应的完成时间充分大，手算时可直接取为 ∞，即得系数矩阵

$$\begin{pmatrix} 10 & 2 & 3 & 15 & 9 \\ 5 & 10 & 15 & 2 & 4 \\ 15 & 5 & 14 & 7 & 15 \\ 20 & 15 & 13 & \infty & 8 \\ \infty & 0 & 0 & 0 & 0 \end{pmatrix}$$

变换上述矩阵使每行、每列均含零元素。按算法计算得到新的矩阵

$$\begin{pmatrix} 5 & \textcircled{0} & 1 & 13 & 7 \\ \textcircled{0} & 8 & 13 & \not{0} & 2 \\ 7 & \not{0} & 9 & 2 & 10 \\ 9 & 7 & 5 & \infty & \textcircled{0} \\ \infty & \not{0} & \textcircled{0} & \not{0} & \not{0} \end{pmatrix} \begin{matrix} \checkmark \\ \\ \checkmark \\ \\ \\ \end{matrix}$$

$$\begin{matrix} & \checkmark & & & \end{matrix}$$

未被直线覆盖的元素中最小者 $\alpha=1$，根据算法第六步得到

$$\begin{pmatrix} 4 & \not{0} & \textcircled{0} & 12 & 6 \\ \textcircled{0} & 9 & 13 & \not{0} & 2 \\ 6 & \textcircled{0} & 8 & 1 & 9 \\ 9 & 8 & 5 & \infty & \textcircled{0} \\ \infty & 1 & \not{0} & \textcircled{0} & \not{0} \end{pmatrix}$$

于是得到最优解 $x_{13}=x_{21}=x_{32}=x_{45}=x_{54}=1$，即甲完成任务 B，乙完成任务 C，丙完成任务 A，戊完成任务 D，丁轮空。总用时为 5+5+3+8=21。

习　题

1. 试把下列非线性 0-1 规划问题转换成线性 0-1 规划问题：

$$\max \quad z=x_1^2+x_2x_3-x_3^3$$

$$\text{s. t.} \begin{cases} -2x_1+3x_2+x_3\leqslant 3 \\ x_j=0 \text{ 或 } 1,\ j=1,\ 2,\ 3 \end{cases}$$

2. 某集团公司要向国外派出若干项目的考察组，现有候选的考察组 6 个，记为 A_j（$j=1,2,3,4,5,6$），各组的人数为 n_j，考察工作所需费用为 c_j，预期创造的成果折成标准分数为 r_j。由于总人数要限制在 N 之内，总费用限制在 C 以内，所以只能选派其中的若干考察组。要求各考察组不能拆散，同时有下列限制：

（1）A_1 与 A_4 中至多派 1 组。

（2）A_2 与 A_6 中至少派 1 组。

（3）A_3 与 A_5 要么同时派出，要么都不派出。

试建立满足上述条件，并且使考察成果的预期总标准分数最高的数学模型。

3. 考虑物资转运问题，有 m 个生产厂和 n 个用户。已知 m 个生产厂中，各厂生产这种物资的产量为 a_i（$i=1,2,\cdots,m$）单位；n 个用户中，对物资的需求量分别为 b_j（$j=1,2,\cdots,n$）单位；总产量大于或等于总需求量。在实际操作中，生产厂与用户是经过供销站来衔接的。有 P 个供销站可供选择。若使用第 k 个供销站，则需要固定费用 f_k，而第 k 个供销站的最大存货量为 R_k 单位。另外从第 i 个生产厂到第 k 个供销站单位物资的运费为 c_{ik}；从第 k 个供销站到第 j 个用户单位物资的运费为 c_{kj}。试建立数学模型，求使得总费用最少的选取供销站的方案。

4. 某饮食服务公司需对第一线员工进行体检，可选择的医院有甲、乙、丙、丁四家，若选择某家医院必须支付固定的设备起用费分别为 1000 元、2000 元、2500 元和 1500 元。甲、乙、丙、丁各医院的体检费分别为每人 20 元、每人 17 元、每人 15 元和每人 19 元，可检查人数分别为 600 人、800 人、1000 人和 550 人。公司需要体检的总人数为 1900 人。公司希望这笔费用的总数最少。试建立整数规划模型并求解。

5. 用分枝定界法求解下列整数规划：

（1）$\min \quad f=-3x_1+2x_2$

$$\text{s. t.} \begin{cases} 2x_1+\ x_2\leqslant 55 \\ 5x_1+4x_2\leqslant 62 \\ x_2\geqslant 0 \end{cases}$$

（2）$\max \quad z=6x_1+4x_2+x_3$

$$\text{s. t.} \begin{cases} 3x_1+2x_2+2x_3\leqslant 200 \\ 6x_1+5x_2+\ x_3\leqslant 250 \\ x_1+3x_2+3x_3\leqslant 100 \\ x_i\geqslant 0 \text{ 为整数},\ i=1,\ 2,\ 3 \end{cases}$$

（3）$\min f=-6x_1-4x_2$

$$\text{s. t.} \begin{cases} 2x_1+4x_2\leqslant 13 \\ 2x_1+x_2\leqslant 7 \\ x_1,\ x_2\geqslant 0 \text{ 且取整数} \end{cases}$$

6. 用割平面法求解下列问题：

（1） max $z=x_1+x_2$

s. t. $\begin{cases}2x_1+x_2\leqslant 6\\4x_1+5x_2\leqslant 20\\x_1,\ x_2\geqslant 0\ \text{为整数}\end{cases}$

（2） min $f=x_1-3x_2$

s. t. $\begin{cases}-x_1+2x_2\leqslant 6\\x_1+x_2\leqslant 5\\x_1,\ x_2\geqslant 0\ \text{为整数}\end{cases}$

（3） min $f=-x_1-x_2$

s. t. $\begin{cases}2x_1+x_2\leqslant 6\\4x_1+5x_2\leqslant 20\\x_1,\ x_2\geqslant 0\ \text{且取整数}\end{cases}$

7. 用隐枚举法求解下列 0-1 规划：

（1） max $z=210x_1+150x_2+900x_3+380x_4+1120x_5$

s. t. $\begin{cases}70x_1+30x_2+150x_3+150x_4+160x_5\leqslant 350\\x_j=0\ \text{或}\ 1,\ j=1,\ 2,\ 3,\ 4,\ 5\end{cases}$

（2） max $z=3x_1-x_2+4x_3-2x_4+3x_5$

s. t. $\begin{cases}x_1+x_2+3x_3+2x_4+2x_5\leqslant 4\\5x_1-2x_3+4x_4+x_5\leqslant 6\\6x_1-2x_2+3x_4-x_5\geqslant 3\\x_j=0\ \text{或}\ 1,\ j=1,\ 2,\ 3,\ 4,\ 5\end{cases}$

（3） min $f=8x_1+2x_2+4x_3+7x_4+5x_5$

s. t. $\begin{cases}-3x_1-3x_2+x_3+2x_4+3x_5\leqslant -2\\-5x_1-3x_2-2x_3-x_4+x_5\leqslant -4\\x_j=0\ \text{或}\ 1,\ \text{对所有的}\ j\end{cases}$

8. 一个分派问题的系数矩阵如下：

$$\boldsymbol{C}=\begin{pmatrix}15 & 18 & 21 & 24\\19 & 23 & 22 & 18\\26 & 17 & 16 & 19\\19 & 21 & 23 & 17\end{pmatrix}$$

求解此问题。

9. 游泳队要派人参加 200m 混合泳接力赛，现有 5 名运动员各项目的预期成绩见表 8-10（单位：s）。

表 8-10

泳种	运动员				
	甲	乙	丙	丁	戊
仰泳	37.7	32.9	33.8	37.0	35.4
蛙泳	43.3	33.1	42.2	34.7	41.8
蝶泳	33.3	28.5	38.9	30.4	33.6
自由泳	29.2	26.4	29.4	28.5	31.1

试找出一个组合使预期的接力成绩最好。

10. 某港口有 5 个装卸码头 1，2，3，4，5 号，现有 5 艘货轮 A，B，C，D，E 需要卸货，各货轮由不同码头卸货的时间（单位：天）见表 8-11。

表　8-11

码头	货轮				
	A	B	C	D	E
1	34	46	44	42	48
2	50	60	52	42	36
3	62	46	76	52	30
4	72	48	62	60	42
5	68	44	74	62	38

试求最优卸货安排方案，使总用时最少。

11. 第 9 题中若甲为队长，必须参加比赛，那么组队情况是否有变化，如何变化？

12. 某运输队有 4 辆汽车，要完成 5 项运输任务，要求有一辆汽车要完成 2 项任务，其余各完成一项任务，各车的运费（单位：元）见表 8-12。

表　8-12

汽车	任务				
	A	B	C	D	E
1	110	125	143	105	128
2	132	197	218	162	207
3	87	286	107	95	78
4	114	155	198	128	243

（1）求运输费用最少的运输方案。

（2）设表 8-12 内数据为运输得到的利润，那么求利润最高的运输方案。

第 9 章

网 络 计 划

网络计划是一种使用网络分析的方法编制大型工程进度计划的技术，它对于工程计划人员和工程管理人员统筹组织各项活动、全面掌控工程进度、按期高效地完成工程任务能起到重要作用，因而，在现代管理中得到了广泛的应用。

网络计划技术于20世纪50年代后期起源于美国，它的基本原理和基本方法主要包含在两个方法之中：通过网络图制订工程计划，一种是侧重于找出计划执行过程中的关键路线，称为关键路线法（Critical Path Method，简称 CPM）；一种侧重于对各项工作安排的评价和审查，称为计划评审技术（Program Evaluation and Review Technique，简称 PERT）。20世纪60年代，我国数学家华罗庚教授曾致力于推广和应用 CPM 和 PERT，并称其为统筹方法。

网络计划技术主要包括网络图的绘制、时间参数的计算、关键路线的确定以及网络优化等，本章将逐步介绍这些内容。

9.1 网络图

网络计划分析中的网络图实质上是一种有时序的有向赋权图，表示一项工程从开始到完工的整个计划，反映了工程计划中活动的组成及相互关系，可以看为工序流程图。

1. 基本术语

（1）工序。对于一项工程，根据技术和管理上的需要，将其划分为按一定时序执行又相对独立的一系列工作，这些工作称为工序（也称活动）。在网络图中，工序用带标号的箭头表示，例如工序 a 表示为“$\xrightarrow{a}$”。

（2）紧前工序、紧后工序。工序 b 必须在工序 a 完工以后才能开始，则称工序 a 是工序 b 的紧前工序，工序 b 称为工序 a 的紧后工序。

（3）事项。表示一道或者多道工序的开工或完工的时间点叫作事项。事项本身不消耗时间和资源，只是标志某项工序的开始或结束。在网络图中，事项用带有标号的圆圈结点表示（为了包含尽可能多的信息，有时也用其他格式表示结点，例如表格型结点）。引入结点后，工序可以用结点组合表示。例如，若工序 a 连接结点②和③，即②→③，则工序 a 可以表示为（2，3）。

（4）路线。网络图中的路线是指从始点事项到终点事项的由一系列工序连贯组成的一条路。

在把一项工程分解为若干工序后，根据工序资料，可以列出工序一览表。例如表 9-1 就表示某公司一个工程对应的简化了的工序一览表。有了工序一览表，就可以绘制网络图，进而进行相关分析了。

表 9-1

工序含义	工序代号	紧前工序	工序时间/天
人力物力准备	a	—	10
运送砂石料	b	a	15
平整地基	c	a	20
铺设道路	d	b，c	30

2. 绘制网络图的规则

（1）工序必须用具有唯一意义的结点组合表示，任何两道或多道工序的表示不能用同一结点组合。

（2）网络图从左往右画，而且始点和终点只能各有一个。

（3）为了不违反上述规定，在必要时引入虚工序。虚工序不占用时间等资源，只用来表达相邻工序间的衔接关系以及把始点和终点各自合并为一个等其他需要。在网络图上，虚工序用虚线表示。

（4）为了方便以后确定关键路线，规定当某道工序有几个紧前工序平行作业时，选择其中工序时间最长的紧前工序与该工序用实线连接，而与其他紧前工序通过虚工序用虚线连接。

在绘制网络图时，代表工序的箭线旁边的数字表示完成工序所需要的资源（例如时间、货币成本等）。

有了上述规则，表 9-1 对应的网络图如图 9-1 所示，其中，虚线部分表示的工序 e 即是为了不违反规则（1）引入的虚工序。

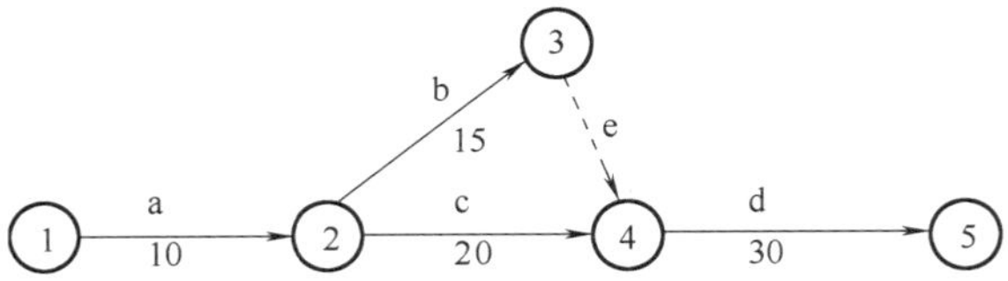

图 9-1 表 9-1 对应的网络图

另外，绘制网络图时要注意如下两点：

（1）不能有缺口，即除了起点和终点外，各道工序都必须前后衔接，否则从图上看不能经某工序到达终点。

（2）不能有循环，否则从图上看某道工序永远也完不成。

最后需要说明的是，本章介绍的网络图是箭线式网络图，还有结点式网络图，感兴趣的读者可以参看有关文献。

9.2 关键路线与时间参数

在网络计划技术中，画出网络图后的主要任务之一就是找出完成计划所需的最短时间，以及影响完工时间的关键工序。这就涉及求关键路线的问题。

1. 关键路线

网络图属于有向图，从起点到终点的一条路线上各道工序所需时间的总和称为该路线的路长。最长的路线称为关键路线，关键路线上的工序称为关键工序。关键路线的路长就是整个工程的完工期。关键路线在网络图上可以用粗线、双线或红线等标注。

当网络图比较简单时，可以用全枚举法找出关键路线。对大型工程的网络图，可以通过时间参数的计算来求得关键路线。

2. 时间参数及其计算

时间参数法计算关键路线的基本出发点是：为了达到关键路线所决定的工程完工期，关键路线上的工序的完工期是不能推迟的，即“关键工序没有时间余地”。设网络图起点编号为1，终点编号为n，所有箭线集合为A，用$t(i,j)$表示箭线(i,j)代表的工序的工序时间，工程的最早完工期（一般也就是工程的完工时间）记为T_E。

（1）事项j能发生的最早时间$t_E(j)$的计算公式为

$$\begin{cases} t_E(1)=0 \\ t_E(j)=\max\limits_{(i,j)\in A}\{t_E(i)+t(i,j)\},\ j=2,3,\cdots,n \end{cases} \tag{9-1}$$

（2）事项i发生的最迟时间$t_L(i)$的计算公式为

$$\begin{cases} t_L(i)=\min\limits_{(i,j)\in A}\{t_L(j)-t(i,j)\},\ i=n-1,n-2,\cdots,1 \\ t_L(n)=t_E(n)=T_E \end{cases} \tag{9-2}$$

由以上两组迭代公式可知，最早时间的计算是按从起点到终点的顺序，而最迟时间的计算是按从终点到起点的顺序。每个结点的最早时间和最迟时间可以用一个区间数标注在结点的旁边，区间数左端点是最早时间，右端点是最迟时间。

（3）工序最早可能开工时间$t_{ES}(i,j)$：

$$t_{ES}(i,j)=t_E(i) \tag{9-3}$$

（4）工序最早可能完工时间$t_{EF}(i,j)$：

$$t_{EF}(i,j)=t_E(i)+t(i,j) \tag{9-4}$$

（5）工序最迟必须开工时间$t_{LS}(i,j)$：

$$t_{LS}(i,j)=t_L(i)-t(i,j) \tag{9-5}$$

（6）工序最迟必须完工时间$t_{LF}(i,j)$：

$$t_{LF}(i,j)=t_{LS}(i,j)+t(i,j)=t_L(j) \tag{9-6}$$

（7）工序总时差$R(i,j)$：

$$R(i,j)=t_{LF}(i,j)-t_{EF}(i,j)=t_L(j)-t_E(i)-t(i,j) \tag{9-7}$$

（8）工序单时差$r(i,j)$：

$$r(i,j)=t_E(j)-t_E(i)-t(i,j) \tag{9-8}$$

工序总时差的含义是，在不影响工程完工期的前提下，工序完工期可推迟的时间。因此，关键路线上各关键工序的总时差都为零。当然，在关键路线上，每个事项的最早时间和最迟时间的差值也为零，据此可以确定关键路线。

例 9-1　工序一览表见表 9-1，网络图如图 9-1 所示，时间参数的计算结果见表 9-2，关键路线如图 9-2 中的粗线所示。

表　9-2

工序	相关事项	$t(i, j)$	t_{ES}	t_{LS}	t_{EF}	t_{LF}	单时差	总时差	关键工序
a	①→②	10	0	0	10	10	0	0	是
b	②→③	15	10	15	25	30	5	5	否
c	②→④	20	10	10	30	30	0	0	是
d	④→⑤	30	30	30	60	60	0	0	是

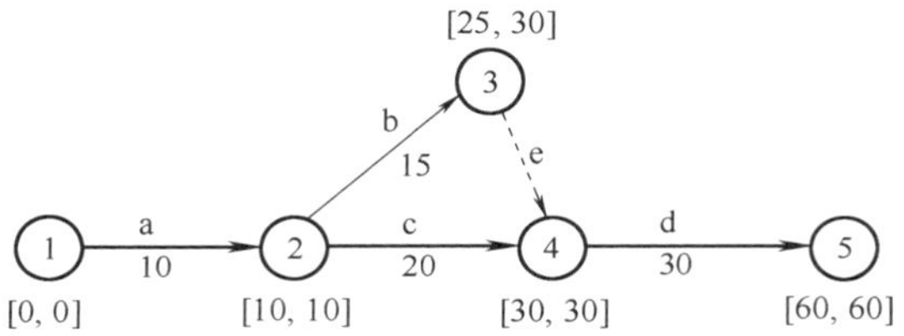

图 9-2　表 9-1 对应的网络图及关键路线

3. 工序时间的三时估计法

在作工程计划时，工序时间一般是个不确定型量，而用时间参数法计算关键路线需要工序时间的确定值。实用中多采用“三时估计法”确定工序时间的近似值。

先对完成工序所需时间进行三种估计：最可能时间 m、乐观时间 a、悲观时间 b，然后取三种时间的加权平均作为完成该工序所需的估计时间 $t_e(i, j)$：

$$t_e(i, j)=\frac{a+4m+b}{6} \tag{9-9}$$

这种估计方法的方差为

$$\sigma^2=\left(\frac{b-a}{6}\right)^2 \tag{9-10}$$

一个工程的完工期等于各关键工序的完工时间之和。在不确定型情况下，假设各工序的作业时间相互独立，而且服从相同的随机分布，如果在关键路线上有 q 个工序，则可以认为工程总完工期近似服从均值为

$$T_E = \sum_{i=1}^{q} \frac{a_i + 4m_i + b_i}{6} \tag{9-11}$$

方差为

$$\sigma_E^2 = \sum_{i=1}^{q}\left(\frac{b_i - a_i}{6}\right)^2 \tag{9-12}$$

的正态分布，从而可以根据均值和方差给出工程不同完工时间的概率。

9.3 网络的优化

在实际的工程规划和管理中，不仅要求时间进度，往往还需要考虑充分利用资源和降低费用等问题，这就涉及按照不同目标寻求最优工程计划，即网络优化问题。

在求出关键路线、关键工序以后，要缩短工期，显然应该考虑从缩短关键工序的完成时间入手，在考虑到工序总时差的前提下优先保证关键工序的资源使用。

要缩短工序的完成时间，就需要加大资源投入或增加劳动强度（当然，在某种意义上，人力也是资源），因此在赶工期的情况下，会产生额外费用——直接费用。同时，因为工期的缩短，也会节省与时间有关的间接成本，如设备的日租金等。所以，网络优化问题需要综合考虑、统筹安排。

对网络优化问题，可以通过建立数学规划模型来求解，从而得出最优方案。本节介绍几个数学规划模型，假设赶工时产生的额外费用以及因缩短工期而节省的间接费用都与时间成正比。

1. 最优工期模型

不考虑费用时，建立数学规划模型确定最优工期，其思想是让网络图中每个结点对应一个出现时间（决策变量），起点的出现时间为 0，终点的出现时间就是完工期。令网络图起点编号为 1，终点编号为 n，所有箭线集合为 A，用 t_{ij}表示箭线（i，j）代表的工序的完成时间，工程的最早完工期记为 T_E。在满足给定的工序完成时间约束下的数学规划模型为

$$\min\ T_E = x_n$$
$$\text{s. t.}\begin{cases} x_j - x_i \geqslant t_{ij},(i,j)\in A \\ x_i \geqslant 0,\ i=1,\ 2,\ \cdots,\ n \end{cases}$$

2. 工期不超过 T_E 的最低直接费用模型

在已知各工序的最短完成时间 s_{ij}、最长完成时间 t_{ij}以及每减少一天的附加费用（以下称费用斜率）k_{ij}的前提下，各工序的完成时间 x_{ij}为多少时，工程的完工期不超过 T_E。数学规划模型为

$$\min f = \sum_{(i,j)\in A} k_{ij}(t_{ij} - x_{ij})$$
$$\text{s. t.}\begin{cases} x_j - x_i \geqslant x_{ij},\ (i,\ j)\in A \\ s_{ij} \leqslant x_{ij} \leqslant t_{ij},\ (i,\ j)\in A \\ x_n \leqslant T_E \\ x_i \geqslant 0,\ i=1,\ 2,\ \cdots,\ n \end{cases}$$

3. 最小工程费用方案模型

在已知各工序的最短完成时间为 s_{ij}、最长完成时间为 t_{ij}、费用斜率为 k_{ij}以及工期每缩短一天节省的间接费用为 c 的前提下，各工序的完成时间 x_{ij}为多少时，工程的总费用最低，完工期 x_n是多少。数学规划模型为

$$\min f = cx_n + \sum_{(i,j)\in A} k_{ij}(t_{ij} - x_{ij})$$

$$\text{s. t.} \begin{cases} x_j - x_i \geqslant x_{ij},\ (i,\ j) \in A \\ s_{ij} \leqslant x_{ij} \leqslant t_{ij},\ (i,\ j) \in A \\ x_i \geqslant 0,\ i=1,\ 2,\ \cdots,\ n \end{cases}$$

例 9-2　某工程的工序数据如表 9-3 所示，而且已知工期每缩短一天节省的间接费用为 6。

表　9-3

工　序	紧前工序	正常完工时间 t_{ij}	赶工完成时间 s_{ij}	费用斜率 k_{ij}
a	—	8	6	4
b	—	4	3	3
c	a	2	1	5
d	b	3	2	5
e	b	4	2	1
f	c，d	4	3	8

对该工程项目计划进行网络优化分析：

（1）在不考虑费用的情况下求出最优工期。

（2）求工期不超过 12 的最低直接费用和方案。

（3）求最小工程费方案。

解　（1）首先画出网络图，如图 9-3 所示。

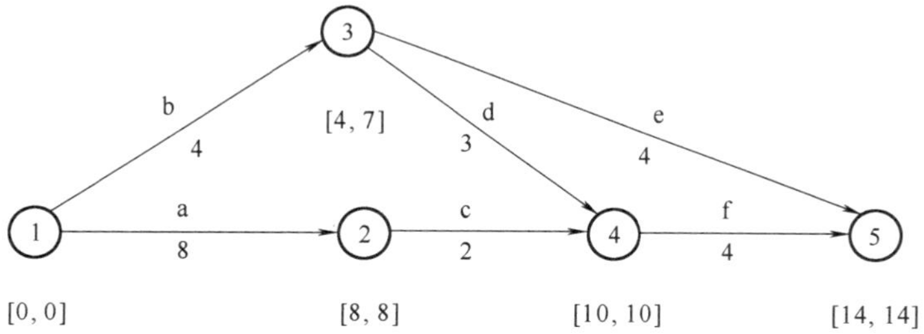

图　9-3

建立如下线性规划模型：

$$\min T_E = x_5$$

$$\text{s. t.} \begin{cases} x_2 - x_1 \geqslant 8 \\ x_3 - x_1 \geqslant 4 \\ x_4 - x_2 \geqslant 2 \\ x_4 - x_3 \geqslant 3 \\ x_5 - x_3 \geqslant 4 \\ x_5 - x_4 \geqslant 4 \\ x_1,\ x_2,\ x_3,\ x_4,\ x_5 \geqslant 0 \end{cases}$$

可以用运筹学软件求得最优工期 $T_E=14$。

（2）建立如下数学规划模型：

$$\min f=4(8-x_{12})+3(4-x_{13})+5(2-x_{24})+5(3-x_{34})+(4-x_{35})+8(4-x_{45})$$

$$\text{s.t.}\begin{cases}x_2-x_1\geqslant x_{12}\\x_3-x_1\geqslant x_{13}\\x_4-x_2\geqslant x_{24}\\x_4-x_3\geqslant x_{34}\\x_5-x_3\geqslant x_{35}\\x_5-x_4\geqslant x_{45}\\6\leqslant x_{12}\leqslant 8\\3\leqslant x_{13}\leqslant 4\\1\leqslant x_{24}\leqslant 2\\2\leqslant x_{34}\leqslant 3\\2\leqslant x_{35}\leqslant 4\\3\leqslant x_{45}\leqslant 4\\x_5\leqslant 12\\x_1,x_2,x_3,x_4,x_5\geqslant 0\end{cases}$$

用运筹学软件求得最优工期 $T_E=x_5=12$，最小直接费用为 8，$x_1=0$，$x_2=6$，$x_3=5$，$x_4=8$，$x_5=12$，$x_{12}=6$，$x_{13}=4$，$x_{24}=2$，$x_{34}=3$，$x_{35}=4$，$x_{45}=4$。

（3）建立如下数学规划模型：

$$\min f=6x_5+4(8-x_{12})+3(4-x_{13})+5(2-x_{24})+5(3-x_{34})+(4-x_{35})+8(4-x_{45})$$

$$\text{s.t.}\begin{cases}x_2-x_1\geqslant x_{12}\\x_3-x_1\geqslant x_{13}\\x_4-x_2\geqslant x_{24}\\x_4-x_3\geqslant x_{34}\\x_5-x_3\geqslant x_{35}\\x_5-x_4\geqslant x_{45}\\6\leqslant x_{12}\leqslant 8\\3\leqslant x_{13}\leqslant 4\\1\leqslant x_{24}\leqslant 2\\2\leqslant x_{34}\leqslant 3\\2\leqslant x_{35}\leqslant 4\\3\leqslant x_{45}\leqslant 4\\x_1,x_2,x_3,x_4,x_5\geqslant 0\end{cases}$$

用运筹学软件求得最优工期 $T_E=x_5=11$，最小工程费为 79，$x_1=0$，$x_2=6$，$x_3=4$，$x_4=7$，$x_5=11$，$x_{12}=6$，$x_{13}=4$，$x_{24}=1$，$x_{34}=3$，$x_{35}=4$，$x_{45}=4$。

习 题

1. 某工程的工序一览表见表 9-4，请画出网络图，并通过计算时间参数找出关键路线。

表 9-4

工序	a	b	c	d	e	f	g	h	i	j	k
完成时间	6	10	12	5	5	14	20	32	24	13	21
紧前工序	—	—	—	b	a	c，d	b，e	b，e	b，e	f，g，i	f，g

2. 某工程的工序数据见表 9-5，而且已知工期每缩短一天节省的间接费用为 6。

表 9-5

工　序	紧 前 工 序	正常完工时间 t_{ij}	赶工完成时间 s_{ij}	费用斜率 k_{ij}
a	—	2	1	4
b	—	6	2	3
c	—	3	2	5
d	a	3	1	5
e	a	4	2	1
f	b	2	1	8
g	c	2	1	4
h	e，f，g	3	2	3

对该工程项目计划进行网络优化分析：

（1）在不考虑费用的情况下求出最优工期。

（2）求工期不超过 10 的最低直接费用和方案。

（3）求最小工程费方案。

第10章

层次分析法

在社会的各种实践中，人们常常需要对一些复杂情况做出决策。如企业决策者要决定购置哪些设备，生产什么产品；公司的人事管理部门要决定从若干求职者当中录用哪些人员；地方行政官员要对人口、交通、经济、环境等领域的发展规划做出相应决策等。即使在日常生活中，人们也会遇到各种决策问题，如在多类不同特征的商品中选购符合各方面要求的物品；报考学校时选择志愿；在求职过程中选择合适的工作岗位等。

由于问题中含有大量的主、客观因素，许多要求与期望是模糊的，相互之间还会存在一些矛盾，所以这类决策问题，单纯依靠构造一个数学模型来求解往往是行不通的。面对这类决策问题，运筹学工作者进行了大量的研究，探索不同的途径。

美国运筹学家 T. L. Saaty 教授在 20 世纪 70 年代初提出的层次分析法（Analytic Hierarchy Process，简称 AHP）是处理这类问题最有效的方法之一。以 T. L. Saaty 等为首的工作小组曾成功地把层次分析法用于电力工业计划、苏丹运输业研究、美国高等教育事业 1985—2000 年展望、1985 年世界石油价格预测等重大的研究项目上。

层次分析法的主要特征是，它合理地把定性与定量的决策结合起来，按照思维、心理的规律把决策过程层次化、数量化。

层次分析法在我国的应用与发展，大约开始于 1982 年。从那以后的十几年中，层次分析法在国内的发展很快，在能源系统分析、城市规划、经济管理、科研评价、各部门的管理等许多领域中得到广泛应用。

本章主要介绍层次分析法的基本过程及常用的一些处理技术。

10.1 层次分析法的基本过程

层次分析法是模仿人们对复杂决策问题的思维、判断过程进行构造的。我们先从一个例子来讨论。

例 10-1 某人准备选购一台电冰箱，他了解了市场上的 6 种不同类型的电冰箱。在决定买哪一款时，往往不是直接进行比较，因为存在许多不可比的因素，比较直接的是选取一些中间考察标准。例如电冰箱的容量、制冷级别、价格、形式、耗电量、外界信誉、售后服务等。然后再考虑各种型号冰箱在上述各中间标准下的优劣排序。借助这些排序，最终做出选购决策。用层次结构图来表示，如图 10-1 所示。

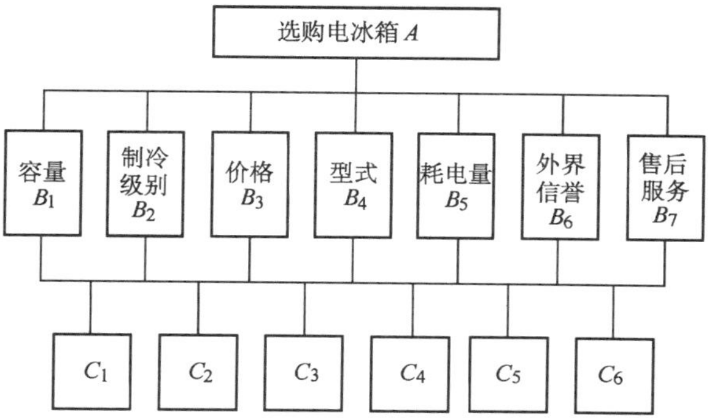

图　10-1

在决策时，由于 6 种电冰箱对于每个中间标准的优劣排序一般是不一致的，因此决策者首先要对这 7 个标准的重要度做一个估计，给出一种排序，然后把 6 种冰箱分别对每一个标准的排序权重找出来，最后把这些信息数据综合，得到针对总目标即购买电冰箱这个问题，也即得到这 6 种电冰箱的排序权重。有了这个权重向量，决策就很容易了。

根据例 10-1 的思维过程，可以得出运用层次分析法进行决策时需要经历的 4 个步骤：

（1）建立系统的递阶层次结构。

（2）构造两两比较判断矩阵。

（3）针对某一个标准（准则），计算各被支配元素的权重。

（4）计算当前一层元素关于总的目标的排序权重。

以下对各主要步骤进行讨论。

10.1.1 建立层次分析结构模型

利用层次分析法解决问题，首先是建立层次结构模型。这一步必须建立在对问题及其环境充分理解、分析的基础上。因此，这项工作应由运筹学工作者与决策人、专家等密切合作完成。作为一个工具，层次分析法模型的层次结构大体分成三类：

第一类：最高层，又称顶层、目标层。这层只有一个元素，一般是决策问题的预定目标或理想结果。在例 10-1 中即是“选购电冰箱”。

第二类：中间层，又称准则层。这一层可以有多个子层，每个子层可以有多个元素，它们包括所有为实现目标所涉及的中间环节。这些环节常常是需要考虑的准则、子准则。在例 10-1中即是容量、制冷级别、价格、形式、耗电量、外界信誉、售后服务等中间标准。

第三类：最底层，又称措施层、方案层。这一层的元素是为实现目标可供选择的各种措施、决策或方案，在例 10-1 中即是 6 种电冰箱。

我们称层次分析结构中各项为结构模型的元素。图 10-1 所示是一个典型的层次结构模型。

在实际建模过程中有以下几点需要说明：

（1）除顶层和底层之外，各元素受上层某一元素或某些元素的支配，同时又支配下层的某些元素。

（2）层次之间的支配关系可以是完全的，如例 10-1，也可以是不完全的，即某元素只支配其下层的某些元素，有时甚至是隔层支配（图 10-2）。

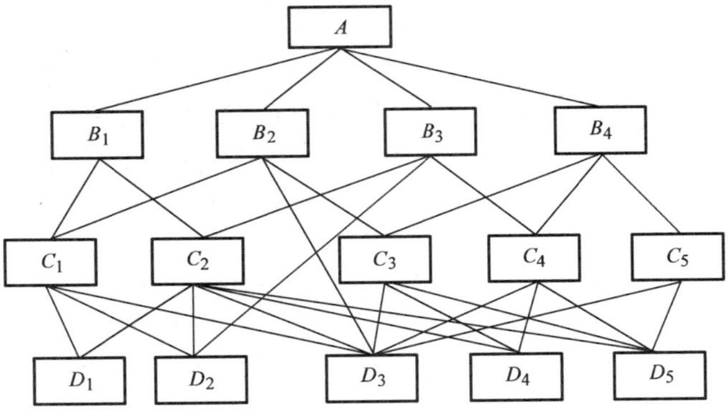

图 10-2

（3）递阶层次结构中的层数与问题的复杂程度有关，一般不受限制。

（4）为避免判断上的困难，每个层次中元素所支配的下层元素一般不超过 9 个（原因将在后文讨论）。若实际问题中被支配元素多于 9 个时，可将该层分成若干子层。

根据以上（1）~（3）的特征，称这种自上而下的支配关系所形成的层次结构为递阶层次结构。

10.1.2 构造两两比较判断矩阵

当一个递阶层次结构建立以后，需要确定一个上层元素 z（除底层外）所支配的下一层若干元素 x_1，x_2，…，x_m 关于这个 z 的排序权重。这些权重 p_1，p_2，…，p_m 常常表示为百分数，即满足 $0 \leqslant p_j \leqslant 1$，且 $\sum_{j=1}^{m} p_j = 1$。

要直接确定这些权重，一般是很困难的，因为在此类决策问题中，各被支配元素相对于准则 z 往往只有一个定性的评价，如“好”“差”等，所以对于多个元素的排序，直接确定是行不通的。

层次分析法提出用两两比较的方式建立判断矩阵。

设受上层元素 z 支配的 m 个元素为 x_1，x_2，…，x_m，对于 i，$j=1$，2，…，m，以 a_{ij} 表示 x_i 与 x_j 关于 z 的影响的比值。于是得到矩阵

$$\boldsymbol{A} = \begin{pmatrix} a_{11} & a_{12} & \cdots & a_{1m} \\ a_{21} & a_{22} & \cdots & a_{2m} \\ \vdots & \vdots & & \vdots \\ a_{m1} & a_{m2} & \cdots & a_{mm} \end{pmatrix} \tag{10-1}$$

称 $\boldsymbol{A}$ 为 x_1，x_2，…，x_m 关于 z 两两比较的判断矩阵，简称判断矩阵。

为了便于操作，T. L. Saaty 建议用 1~9 及其倒数共 17 个数作为标度来确定 a_{ij} 的值，习惯称之为 9 标度法。

9 标度法的含义见表 10-1。

表　10-1

含　义	x_i 与 x_j 同样重要		x_i 比 x_j 稍重要		x_i 比 x_j 重要		x_i 比 x_j 强烈重要		x_i 比 x_j 极重要
a_{ij} 取值	1		3		5		7		9
		2		4		6		8	

表 10-1 中的第 2 行描述的是从定性角度，x_i 与 x_j 相比较，关于重要程度的取值，第 3 行描述了介于每两种情况之间的取值。由于 a_{ij} 描述重要度的比值，所以 1~9 的倒数则分别表示相反的情况。例如，x_j 比 x_i 重要时，$a_{ij}=1/5$。也就是说，对任意 i，j 有 $a_{ji}=1/a_{ij}$。

9 标度法的选择是在分析了人们的一般心理习惯并参考了心理学研究成果的基础上提出来的，被使用者普遍地接受。在实践中，9 标度法易于操作，并且收到了比较好的效果。当然，如果需要，也可以采用其他标度方法，可以扩大数值范围或缩小数值范围。当重要度的情况用量化的指标进行表示时，可以不设标度限制，而直接用指标数值之比来得到相应的 a_{ij} 值。

显然，两两比较判断的办法产生的判断矩阵为

$$\boldsymbol{A}=(a_{ij})_{n\times n}$$

具有下列性质：

（1）对于任意 i，$j=1$，2，…，n，有 $a_{ij}>0$。

（2）对于任意 i，$j=1$，2，…，n，有 $a_{ji}=1/a_{ij}$。

（3）对于任意 $i=1$，2，…，n，有 $a_{ii}=1$。

我们称具有上述性质的矩阵为正互反矩阵，有如下定义。

定义 10-1　设 n 阶实数矩阵 $\boldsymbol{A}=(a_{ij})_{n\times n}$ 满足对于任意 i，$j=1$，2，…，n，有 $a_{ji}=1/a_{ij}$，则称矩阵 $\boldsymbol{A}$ 为正互反矩阵。

例 10-2　在例 10-1 中，6 种型号的电冰箱的价格分别为 1400 元、1800 元、2300 元、1950 元、3200 元和 2560 元。于是可得到 C_1，C_2，C_3，C_4，C_5，C_6 关于价格 B_3 的判断矩阵（可直接求数值的比值）

$$\boldsymbol{A}_{B_3-C}=\begin{pmatrix} 1 & \frac{7}{9} & \frac{14}{23} & \frac{28}{39} & \frac{7}{16} & \frac{35}{64} \\ \frac{9}{7} & 1 & \frac{18}{23} & \frac{12}{13} & \frac{9}{16} & \frac{45}{64} \\ \frac{23}{14} & \frac{23}{18} & 1 & \frac{46}{39} & \frac{23}{32} & \frac{115}{128} \\ \frac{39}{28} & \frac{13}{12} & \frac{39}{46} & 1 & \frac{39}{64} & \frac{195}{256} \\ \frac{16}{7} & \frac{16}{9} & \frac{32}{23} & \frac{64}{39} & 1 & \frac{5}{4} \\ \frac{64}{35} & \frac{64}{45} & \frac{128}{115} & \frac{256}{195} & \frac{4}{5} & 1 \end{pmatrix}$$

6 种电冰箱 $C_1 \sim C_6$ 关于售后服务 B_7 的两两比较判断矩阵（根据主观定性判断，用 9 标度法产生）

$$A_{B_7-C}=\begin{pmatrix} 1 & 3 & \frac{1}{4} & 1 & \frac{1}{2} & \frac{1}{3} \\ \frac{1}{3} & 1 & \frac{1}{8} & \frac{1}{2} & \frac{1}{5} & \frac{1}{7} \\ 4 & 8 & 1 & 3 & 2 & 1 \\ 1 & 2 & \frac{1}{3} & 1 & \frac{1}{3} & \frac{1}{3} \\ 2 & 5 & \frac{1}{2} & 3 & 1 & 2 \\ 3 & 7 & 1 & 3 & \frac{1}{2} & 1 \end{pmatrix}$$

10.1.3 单一准则下元素相对排序权重计算及判断矩阵的一致性

在给定准则下，由元素之间两两比较判断矩阵导出相对排序权重的方法有许多种，其中提出最早、应用最广又有重要理论意义的特征根法受到普遍的重视。下面着重介绍这种方法。

1. 单一准则下元素相对权重的计算过程

在 10.1.2 小节介绍的两两比较判断矩阵在理论上应有下列的一致性性质。

定义 10-2 设 $\boldsymbol{A}=(a_{ij})$ 为 n 阶正互反矩阵，满足对任意 $i, j, k=1, 2, \cdots, n$ 有 $a_{ik}a_{kj}=a_{ij}$，则称 $\boldsymbol{A}$ 为一致性矩阵。

特征根法的基本思想是，当矩阵 $\boldsymbol{A}$ 为一致性矩阵时，其特征根问题

$$\boldsymbol{A}\boldsymbol{w}=\lambda\boldsymbol{w} \tag{10-2}$$

的最大特征值所对应的特征向量归一化后即为排序权向量。

根据这个基本思想，求单一准则下元素相对排序权重的计算过程如下：

第一步，得到单一准则下元素间两两比较判断矩阵 $\boldsymbol{A}=(a_{ij})_{n\times n}$。

第二步，求 $\boldsymbol{A}$ 的最大特征值 $\lambda_{\max}$ 及相应的特征向量 $\boldsymbol{u}=(u_1, u_2, \cdots, u_n)^{\mathrm{T}}$。

第三步，将 $\boldsymbol{u}$ 归一化，即对 $i=1, 2, \cdots, n$，求：

$$w_i=\frac{u_i}{\sum_{j=1}^{n}u_j}$$

由上面过程得到的向量 $\boldsymbol{w}=(w_1, w_2, \cdots, w_n)^{\mathrm{T}}$ 即为单一准则下元素的相对排序权重向量。

2. 判断矩阵的一致性检验

首先介绍判断矩阵的有关理论结果。

前文已介绍两两比较判断矩阵是正互反矩阵，其首先为正矩阵。关于正矩阵概念及其重要的性质如下：

定义 10-3 设 $\boldsymbol{A}=(a_{ij})_{n\times n}$ 是 n 阶实矩阵，若有 $a_{ij}\geqslant 0$，$\forall i$，$j=1$，2，…，n，则称 $\boldsymbol{A}$ 为非负矩阵，记 $\boldsymbol{A}\geqslant\boldsymbol{0}$；若有 $a_{ij}>0$，$\forall i$，$j=1$，2，…，n，则称 $\boldsymbol{A}$ 为正矩阵，记 $\boldsymbol{A}>\boldsymbol{0}$。

定理 10-1 （Perron 定理） 设 n 阶矩阵 $\boldsymbol{A}>\boldsymbol{0}$，$\lambda_{\max}$ 及 $\boldsymbol{u}=(u_1, u_2, \cdots, u_n)^{\mathrm{T}}$ 分别为 $\boldsymbol{A}$ 的最大特征值及其相应特征向量。那么：

（1）$\lambda_{\max}>0$，$\boldsymbol{u}>\boldsymbol{0}$（即 $u_i>0$，$\forall i=1$，2，…，n）。

（2）$\lambda_{\max}$ 是单特征根。

（3）对 $\boldsymbol{A}$ 的任何其他特征值 λ，有 $\lambda_{\max}>|\lambda|$。

证略。

根据定理 10-1 中（2）可知，特征向量 $\boldsymbol{u}$ 除可能相差一常数因子外是唯一的。

当 $\boldsymbol{A}$ 为一致性矩阵时，还有如下的重要结果。

定理 10-2 设正互反矩阵 $\boldsymbol{A}=(a_{ij})_{n\times n}$ 是一致性矩阵，那么：

（1）$\boldsymbol{A}^{\mathrm{T}}$ 是一致性矩阵。

（2）$\boldsymbol{A}$ 是每一行均为任意指定的另一行的正数倍，因此秩 $r(\boldsymbol{A})=1$。

（3）$\boldsymbol{A}$ 的最大特征值 $\lambda_{\max}=n$，其余特征值均为零。

（4）设 $\boldsymbol{A}$ 的最大特征值对应的特征向量为 $\boldsymbol{u}=(u_1, u_2, \cdots, u_n)^{\mathrm{T}}$，则有

$$a_{ij}=\frac{u_i}{u_j},\ i,\ j=1,\ 2,\ \cdots,\ n$$

证明 （1）根据一致性矩阵定义 10-2 显然。

（2）对于 $i=1$，2，…，n 及 $k=1$，2，…，n，根据定义 10-2 有

$$a_{ij}=a_{ik}a_{kj},\ j=1,\ 2,\ \cdots,\ n$$

即第 i 行的元素是第 k 行元素的 a_{ik} 倍（$a_{ik}>0$）。

（3）由（2）得到 $r(\boldsymbol{A})=1$，于是 $\boldsymbol{A}$ 只有一个非零特征根 $\lambda_{\max}>0$，其余特征根均为零。根据线性代数理论：矩阵 $\boldsymbol{A}$ 的迹 $\mathrm{tr}(\boldsymbol{A})=\sum_{i=1}^{n}a_{ii}$ 等于矩阵 $\boldsymbol{A}$ 的 n 个特征值之和。

由于 $\boldsymbol{A}$ 是正互反矩阵，故 $\mathrm{tr}(\boldsymbol{A})=n$，根据上述原理，有 $\lambda_{\max}=n$。

（4）$\boldsymbol{u}$ 是 $\boldsymbol{A}$ 的最大特征值 $\lambda_{\max}$ 对应的特征向量，则有 $\boldsymbol{Au}=\lambda_{\max}\boldsymbol{u}$，取其第 i 个分量与第 j 个分量有

$$\sum_{k=1}^{n}a_{ik}u_k=\lambda_{\max}u_i \tag{10-3}$$

$$\sum_{k=1}^{n}a_{jk}u_k=\lambda_{\max}u_j \tag{10-4}$$

根据一致性矩阵定义，对任意 $k=1$，2，…，n 有

$$a_{ik}=a_{ij}a_{jk}$$

代入式（10-3）得

$$a_{ij}\sum_{k=1}^{n}a_{jk}u_k=\lambda_{\max}u_i \tag{10-5}$$

式（10-5）两端分别除以式（10-4）两端，得到

$$a_{ij}=\frac{u_i}{u_j}$$

证毕。

进一步可得到：

定理 10-3 n 阶正互反矩阵 $\boldsymbol{A}=(a_{ij})_{n\times n}$是一致性矩阵的充分必要条件是 $\boldsymbol{A}$ 的最大特征值 $\lambda_{\max}=n$。

证明 必要性：由定理 10-2 的性质（3）直接得到。

充分性：设 $\boldsymbol{A}$ 的最大特征值 $\lambda_{\max}=n$，它相应的特征向量为 $\boldsymbol{u}=(u_1, u_2, \cdots, u_n)^{\mathrm{T}}$，那么对任意 $i=1, 2, \cdots, n$，有 $\sum_{j=1}^{n}a_{ij}u_j=\lambda_{\max}u_i$。

由定理 10-1，$u_i>0$，于是 $\lambda_{\max}=\sum_{j=1}^{n}\frac{a_{ij}u_j}{u_i}$。注意 $a_{ii}=1$，则 $\lambda_{\max}-1=\sum_{\substack{j=1\\j\neq i}}^{n}\frac{a_{ij}u_j}{u_i}$。

对 $i=1, 2, \cdots, n$，求和得

$$n(\lambda_{\max}-1)=\sum_{i=1}^{n}\sum_{\substack{j=1\\j\neq i}}^{n}\frac{a_{ij}u_j}{u_i} \tag{10-6}$$

注意，对任意 $i, j=1, 2, \cdots, n$ 有 $a_{ij}=\frac{1}{a_{ji}}$及假设 $\lambda_{\max}=n$，整理式(10-6)，得

$$n(n-1)=\sum_{i=1}^{n-1}\sum_{j=\lambda+1}^{n}\left(\frac{a_{ij}u_j}{u_i}+\frac{1}{\frac{a_{ij}u_j}{u_i}}\right) \tag{10-7}$$

利用柯西不等式：当 $x>0$ 时，$x+\frac{1}{x}\geqslant 2$，当且仅当 $x=1$ 时等号成立。于是由式（10-7）得

$$\begin{aligned}n(n-1)&\geqslant\sum_{i=1}^{n-1}\sum_{j=i+1}^{n}2\\&=2[(n-1)+(n-2)+\cdots+2+1]=n(n-1)\end{aligned}$$

上式等号成立，即有$\frac{a_{ij}u_j}{u_i}=1$，故 $a_{ij}=\frac{u_i}{u_j}$，$\forall i, j=1, 2, \cdots, n$。

于是，对于任意 $i, j, k=1, 2, \cdots, n$，有

$$a_{ij}=\frac{u_i}{u_j}=\frac{u_i}{u_k}\cdot\frac{u_k}{u_j}=a_{ik}a_{kj}$$

根据定义 10-2 得到 $\boldsymbol{A}$ 是一致性矩阵。

证毕。

定理 10-3 能够用来判断正互反矩阵 $\boldsymbol{A}$ 是否为一致性矩阵。在实际操作时，由于客观事物的复杂性及人们对事物判别比较时的模糊性，很难构造出完全一致的判断矩阵。事实上，

当矩阵不严重违背重要性的规律，即如甲比乙强，乙比丙强，不应产生丙比甲强的情况，人们在判断时还是多半可接受的。于是 T. L. Saaty 在构造层次分析法时，提出满意一致性的概念，即用 $\lambda_{\max}$ 与 n 的接近程度来作为一致性程度的尺度。

设两两比较判断矩阵 $\boldsymbol{A}=(a_{ij})_{n\times n}$，对其一致性检验的步骤如下：

（1）计算矩阵 $\boldsymbol{A}$ 的最大特征值 $\lambda_{\max}$。

（2）求一致性指标（Consistency Index）

$$\text{C. I.} = \frac{\lambda_{\max} - n}{n-1} \tag{10-8}$$

（3）查表求相应的平均随机一致性指标 R. I. （Rondom Index）。平均随机一致性指标可以预先计算制表，其计算过程如下：

取定阶数 n，随机取 9 标度数构造正互反矩阵后求其最大特征值，共计算 m 次（m 足够大）。计算这 m 个最大特征值的平均值 $\tilde{\lambda}_{\max}$，得到

$$\text{R. I.} = \frac{\tilde{\lambda}_{\max} - n}{n-1} \tag{10-9}$$

T. L. Saaty 以 $m=1000$ 得到表 10-2。

表　10-2

矩阵阶数	3	4	5	6	7	8
R. I.	0. 58	0. 90	1. 12	1. 24	1. 32	1. 41
矩阵阶数	9	10	11	12	13	
R. I.	1. 45	1. 49	1. 51	1. 54	1. 56	

（4）计算一致性比率 C. R.（Consistency Ratio）

$$\text{C. R.} = \frac{\text{C. I.}}{\text{R. I.}} \tag{10-10}$$

（5）判断。当 C. R. <0. 1 时，认为判断矩阵 $\boldsymbol{A}$ 有满意一致性；否则，若 C. R. ≥0. 1，应考虑修正判断矩阵 $\boldsymbol{A}$。

例 10-3　判断矩阵

$$\boldsymbol{A}=\begin{pmatrix} 1 & 2 & 5 \\ \frac{1}{2} & 1 & 3 \\ \frac{1}{5} & \frac{1}{3} & 1 \end{pmatrix}$$

可计算出 $\lambda_{\max}=3.0037$，$\text{C. I.}=\frac{3.0037-3}{3-1}=0.00185$，$n=3$，查表得 R. I. =0. 58，于是

$$\text{C. R.}=\frac{\text{C. I.}}{\text{R. I.}}=\frac{0.00185}{0.58}=0.00319<0.1$$

故 $\boldsymbol{A}$ 具有满意的一致性。

再考虑判断矩阵

$$B=\begin{pmatrix}1 & 2 & 5\\ \frac{1}{2} & 1 & 7\\ \frac{1}{5} & \frac{1}{7} & 1\end{pmatrix}$$

可计算出 $\lambda_{\max}=3.1189$，$\text{C. I.}=\dfrac{3.1189-3}{3-1}=0.05945$

$$\text{C. R.}=\frac{0.05945}{0.58}=0.1025>0.1$$

故应对 $\boldsymbol{B}$ 进行修正。

10.1.4 各层元素对目标层的合成权重的计算过程

层次分析法的最终目的是求得底层即方案层各元素关于目标层的排序权重。在 10.1.3 节中，仅介绍了一组元素对其上一层某元素的排序权重向量的介绍，为实现最终目的，需要从上而下逐层进行各层元素对目标的合成权重的计算。

设已计算出第 $k-1$ 层 n_{k-1} 个元素相对于目标的合成权重为

$$\boldsymbol{w}^{(k-1)}=(w_1^{(k-1)},\ w_2^{(k-1)},\ \cdots,\ w_{n_{k-1}}^{(k-1)})^{\mathrm{T}} \tag{10-11}$$

再设第 k 层的 n_k 个元素关于第 $k-1$ 层第 j 个元素（$j=1,\ 2,\ \cdots,\ n_{k-1}$）的单一准则排序权重向量为

$$\boldsymbol{u}_j^{(k)}=(u_{1j}^{(k)},\ u_{2j}^{(k)},\ \cdots,\ u_{n_kj}^{(k)})^{\mathrm{T}},\ j=1,\ 2,\ \cdots,\ n_{k-1} \tag{10-12}$$

式（10-12）应对第 k 层的 n_k 个元素是完全的。当某些元素不受 $k-1$ 层第 j 个元素支配时，相应位置用零补充，于是得到 $n_k\times n_{k-1}$ 矩阵

$$\boldsymbol{U}^{(k)}=\begin{pmatrix}u_{11}^{(k)} & u_{12}^{(k)} & \cdots & u_{1n_{k-1}}^{(k)}\\ u_{21}^{(k)} & u_{22}^{(k)} & \cdots & u_{2n_{k-1}}^{(k)}\\ \vdots & \vdots & & \vdots\\ u_{n_k1}^{(k)} & u_{n_k2}^{(k)} & \cdots & u_{n_kn_{k-1}}^{(k)}\end{pmatrix} \tag{10-13}$$

利用式（10-11）和式（10-13）可得到第 k 层 n_k 个元素关于目标层的合成权重

$$\boldsymbol{w}^{(k)}=\boldsymbol{U}^{(k)}\boldsymbol{w}^{(k-1)} \tag{10-14}$$

分解可得

$$\boldsymbol{w}^{(k)}=\boldsymbol{U}^{(k)}\boldsymbol{U}^{(k-1)}\cdots\boldsymbol{U}^{(3)}\boldsymbol{w}^{(2)} \tag{10-15}$$

把式（10-14）写成分量形式，有

$$w_i^{(k)}=\sum_{j=1}^{n_{k-1}}u_{ij}^{(k)}w_j^{(k-1)},\ i=1,\ 2,\ \cdots,\ n_k \tag{10-16}$$

注意：$\boldsymbol{w}^{(2)}$ 是第 2 层元素对目标层的排序权重向量，实际上是单准则下的排序权重向量。

各层元素对目标层的合成排序权重向量是否可以满意接受，同单一准则下的排序问题一样，需要进行综合一致性检验。

设 k 层的综合指标分别为一致性指标 $\mathrm{C.I.}^{(k)}$、随机一致性指标 $\mathrm{R.I.}^{(k)}$、一致性比率 $\mathrm{C.R.}^{(k)}$。再设以第 $k-1$ 层上第 j 元素为准则的一致性指标为 $\mathrm{C.I.}_j^{(k)}$，平均一致性指标为 $\mathrm{R.I.}_j^{(k)}$ $(j=1, 2, \cdots, n_{k-1})$。那么

$$\mathrm{C.I.}^{(k)} = (\mathrm{C.I.}_1^{(k)}, \mathrm{C.I.}_2^{(k)}, \cdots, \mathrm{C.I.}_{n_{k-1}}^{(k)})\boldsymbol{w}^{(k-1)} = \sum_{j=1}^{n_{k-1}} w_j^{(k-1)} \mathrm{C.I.}_j^{(k)} \tag{10-17}$$

$$\mathrm{R.I.}^{(k)} = (\mathrm{R.I.}_1^{(k)}, \mathrm{R.I.}_2^{(k)}, \cdots, \mathrm{R.I.}_{n_{k-1}}^{(k)})\boldsymbol{w}^{(k-1)} = \sum_{j=1}^{n_{k-1}} w_j^{(k-1)} \mathrm{R.I.}_j^{(k)} \tag{10-18}$$

利用式（10-17）和式（10-18）可计算综合一致性比率

$$\mathrm{C.R.}^{(k)} = \frac{\mathrm{C.I.}^{(k)}}{\mathrm{R.I.}^{(k)}} \tag{10-19}$$

当 $\mathrm{C.R.}^{(k)}<0.1$ 时，认为递阶层次结构在第 k 层以上的判断具有整体满意的一致性。

在实际应用中，整体一致性检验常常不予进行，主要原因是对整体进行考虑是十分困难的；另一方面，若每个单一准则下的判断具有满意一致性，而整体达不到满意一致性时，调整起来非常困难。这个整体满意一致性的背景不如单一准则下的背景清晰，它的必要性也有待进一步研究。

例 10-4　有一递阶层次结构如图 10-3 所示。

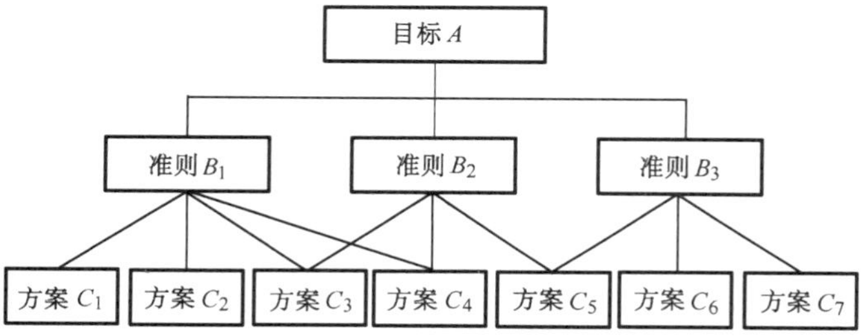

图　10-3

经专家讨论分析得到下列两两判断矩阵：

A	B_1	B_2	B_3
B_1	1	3	6
B_2	1/3	1	2
B_3	1/6	1/2	1

B_1	C_1	C_2	C_3	C_4
C_1	1	1/3	1/5	1/9
C_2	3	1	1/2	1/7
C_3	5	2	1	1/4
C_4	9	7	4	1

B_2	C_3	C_4	C_5
C_3	1	2	7
C_4	1/2	1	4
C_5	1/7	1/4	1

B_3	C_5	C_6	C_7
C_5	1	2	5
C_6	1/2	1	3
C_7	1/5	1/3	1

计算可得：

第 2 层对目标 A 的排序权重向量为

$$\boldsymbol{w}^{(2)}=(0.6667,\ 0.2222,0.1111)^{\mathrm{T}}$$

相应判断矩阵的最大特征值 $\lambda_{\max}=3$，故为一致性矩阵。

第 3 层对第 2 层各元素的情况如下：

C_1，C_2，C_3，C_4 对准则 B_1 的排序权重向量为

$$\boldsymbol{v}_{B_1}=(0.0472,0.1095,0.2023,\ 0.6410)^{\mathrm{T}}$$

相应判断矩阵的最大特征值 $\lambda_{\max}=4.0887$，得到

$$\text{C. I.}_1^{(3)}=\frac{4.0887-4}{4-1}=0.0296$$

$$\text{R. I.}_1^{(3)}=0.90$$

$$\text{C. R.}_1^{(3)}=0.0329$$

C_3，C_4，C_5 对准则 B_2 的排序权重向量为

$$\boldsymbol{v}_{B_2}=(0.6026,0.3150,0.0824)^{\mathrm{T}}$$

相应判断矩阵的最大特征值 $\lambda_{\max}=3.002$，得到

$$\text{C. I.}_2^{(3)}=\frac{3.002-3}{3-1}=0.001$$

$$\text{R. I.}_2^{(3)}=0.58$$

$$\text{C. R.}_2^{(3)}=0.0017$$

C_5，C_6，C_7 对准则 B_3 的排序权重向量为

$$\boldsymbol{v}_{B_3}=(0.5813,\ 0.3091,\ 0.1096)^{\mathrm{T}}$$

相应判断矩阵的最大特征值 $\lambda_{\max}=3.0038$，得到

$$\text{C. I.}_3^{(3)}=\frac{3.0038-3}{3-1}=0.0019$$

$$\text{R. I.}_3^{(3)}=0.58$$

$$\text{C. R.}_3^{(3)}=0.0033$$

利用上文讨论的符号有

$$\boldsymbol{u}_1^{(3)}=(0.0472,\ 0.1095,\ 0.2023,\ 0.6410,\ 0,\ 0,\ 0)^{\mathrm{T}}$$

$$\boldsymbol{u}_2^{(3)}=(0,\ 0,\ 0.6026,\ 0.3150,\ 0.0824,\ 0,\ 0)^{\mathrm{T}}$$

$$\boldsymbol{u}_3^{(3)}=(0,\ 0,\ 0,\ 0,\ 0.5813,\ 0.3091,\ 0.1096)^{\mathrm{T}}$$

$$\boldsymbol{U}^{(3)}=\begin{pmatrix} 0.0472 & 0 & 0 \\ 0.1095 & 0 & 0 \\ 0.2023 & 0.6026 & 0 \\ 0.6410 & 0.3150 & 0 \\ 0 & 0.0824 & 0.5813 \\ 0 & 0 & 0.3091 \\ 0 & 0 & 0.1096 \end{pmatrix}$$

于是可得到方案层各元素关于目标 A 的合成权重向量为

$$\begin{aligned}\boldsymbol{w}^{(3)} &= \boldsymbol{U}^{(3)}\boldsymbol{w}^{(2)}\\ &= (0.03147,\ 0.07300,\ 0.26877,\ 0.49735,\ 0.08289,\ 0.03434,\ 0.01218)^{\mathrm{T}}\end{aligned}$$

利用式（10-17）~式（10-19）可得

$$\mathrm{C.I.}^{(3)} = (0.0296,\ 0.001,\ 0.0019)\boldsymbol{w}^{(2)} = 0.0202$$

$$\mathrm{R.I.}^{(3)} = (0.90,\ 0.58,\ 0.58)\boldsymbol{w}^{(2)} = 0.7933$$

$$\mathrm{C.R.}^{(3)} = \frac{\mathrm{C.I.}^{(3)}}{\mathrm{R.I.}^{(3)}} = 0.02546 < 0.1$$

故有整体满意的一致性。

10.2 层次分析法应用中若干问题的处理

在层次分析法应用中，处理比较频繁的问题是求排序权重向量、残缺矩阵处理、群组决策等问题。

10.2.1 求正互反矩阵的最大特征值及相应特征向量的常用方法

前文的讨论指出，利用特征根法计算层次分析法中单一准则下各元素的排序权重向量，实质上是计算两两比较判断矩阵对应于最大特征值的归一化的特征向量，而最大特征值又是讨论一致性的关键因素。下面介绍幂法与方根法、和积法两个简易的近似算法。

1. 幂法

在矩阵特征值与特征向量的计算方法中，幂法是最简单而有效的算法之一，它特别适宜计算一致性或近似一致性的正互反矩阵的最大特征值及相应特征向量。

设 n 阶方阵 $\boldsymbol{A}$ 的特征值为 λ_1，λ_2，…，λ_n 相对应 n 个线性无关的特征向量 $\boldsymbol{u}_1$，$\boldsymbol{u}_2$，…，$\boldsymbol{u}_n$，并且满足 $|\lambda_1| \geq |\lambda_2| \geq |\lambda_3| \geq \cdots \geq |\lambda_n|$。任取 $\boldsymbol{x}^{(0)} \neq \boldsymbol{0}$，则存在 α_1，α_2，…，α_n，使

$$\boldsymbol{x}^{(0)} = \sum_{j=1}^{n} \alpha_j \boldsymbol{u}_j \tag{10-20}$$

利用迭代公式

$$\boldsymbol{x}^{(k+1)} = \boldsymbol{A}\boldsymbol{x}^{(k)},\ k = 0,\ 1,\ \cdots \tag{10-21}$$

得到点列 $\{\boldsymbol{x}^{(0)},\ \boldsymbol{x}^{(1)},\ \cdots,\ \boldsymbol{x}^{(k)},\ \cdots\}$，根据矩阵运算的性质有

$$\begin{aligned}\boldsymbol{x}^{(k+1)} &= \boldsymbol{A}\boldsymbol{x}^{(k)} \quad \text{（逐次展开用式(10-21)）}\\ &= \boldsymbol{A}^k\boldsymbol{x}^{(0)} \quad \text{（把式(10-20)代入）}\\ &= \boldsymbol{A}^k \sum_{j=1}^{n} \alpha_j \boldsymbol{u}_j\\ &= \sum_{j=1}^{n} \alpha_j \boldsymbol{A}^k \boldsymbol{u}_j \quad \text{（注意 } \boldsymbol{A}\boldsymbol{u}_j = \lambda_j \boldsymbol{u}_j\text{）}\\ &= \sum_{j=1}^{n} \alpha_j \lambda_j^k \boldsymbol{u}_j\\ &= \lambda_1^k \left[\alpha_1 \boldsymbol{u}_1 + \sum_{j=2}^{n} \alpha_j \left(\frac{\lambda_j}{\lambda_1}\right)^k \boldsymbol{u}_j\right]\end{aligned} \tag{10-22}$$

根据假设 $|\lambda_j/\lambda_1|<1$，$j=2$，3，…，n，由极限原理，当 k 充分大时，式（10-22）的后项可充

分小，于是，若 $\alpha_1 \neq 0$，则

$$A^k x^{(0)} \approx \lambda_1^k \alpha_1 u_1 \tag{10-23}$$

在 k 充分大时，对 $x^{(k+1)}$，$x^{(k+2)}$ 用式（10-23），则对它们的非零分量，第 i 个分量有

$$\frac{x_i^{(k+2)}}{x_i^{(k+1)}} = \frac{(A^{k+1}x^{(0)})_i}{(A^k x^{(0)})_i} \approx \lambda_1 \tag{10-24}$$

因此，$x_i^{(k+2)}/x_i^{(k+1)}$ 与 $x^{(k+1)}$ 是 λ_1 及其相应特征值的一个近似估计。可以看到，在计算中，若 $|\lambda_1|>1$，当 k 充分大时，$|\lambda_1^k|$会变得很大，给计算带来困难；若$|\lambda_1|<1$，则当 k 充分大时，$|\lambda_1^k|$会很接近于零，这对于计算来说也是问题。针对这些困难，实用的计算方法是，对每次迭代产生的向量处理为最大分量为 1 的向量，即用下列公式

$$\begin{cases} \text{令 } \beta = \max\{x_i^{(k)} \mid i = 1, 2, \cdots, n\} \\ y^{(k)} = \dfrac{1}{\beta} x^{(k)} \\ x^{(k+1)} = A y^{(k)} \end{cases} \tag{10-25}$$

$k=0, 1, 2, \cdots$，若前一步的 β 与后继步产生的 β 的差的绝对值足够小，那么 β 即为最大特征值模的近似值，$x^{(k+1)}$ 即为相应特征向量。

定理 10-2 说明，两两比较判断矩阵为一致性或接近一致性矩阵时，$\lambda_{\max}$ 比其他特征值大，且 $\lambda_{\max}>0$，相应特征向量也为正向量。因此，用幂法求判断矩阵的最大特征值及特征向量效果较好。

根据上述讨论，面向求解判断矩阵最大特征值及特征向量的幂法计算过程可以用图 10-4 所示计算流程图来描述。

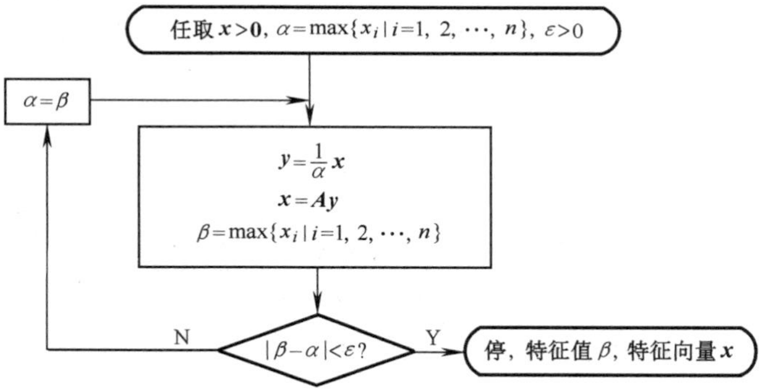

图 10-4

例 10-5 求下列正互反矩阵的最大特征值及归一化特征向量，即排序权重向量

$$A = \begin{pmatrix} 1 & 3 & 1 \\ \frac{1}{3} & 1 & \frac{1}{3} \\ 1 & 3 & 1 \end{pmatrix}, \quad B = \begin{pmatrix} 1 & 2 & 5 \\ \frac{1}{2} & 1 & 3 \\ \frac{1}{5} & \frac{1}{3} & 1 \end{pmatrix}$$

用幂法取 $\boldsymbol{x}=(1,\ 0,\ 0)^{\mathrm{T}}$，$\varepsilon=10^{-5}$。

解　对 $\boldsymbol{A}$ 使用，求解过程见表 10-3。

表　10-3

k	x_1	x_2	x_3	y_1	y_2	y_3	α
0	1	0	0	1	0	0	1
1	1	1/3	1	1	1/3	1	1
2	3	1	3	1	1/3	1	3
3	3	1	3	1	1/3	1	3

所以，$\lambda_{\max}=3$，$\boldsymbol{u}=(3,\ 1,\ 3)^{\mathrm{T}}$ 归一化后得到 $\boldsymbol{w}=(3/7,\ 1/7,\ 3/7)^{\mathrm{T}}$ 是排序权重向量。

对 $\boldsymbol{B}$ 使用，求解过程见表 10-4。

表　10-4

k	x_1	x_2	x_3	α	y_1	y_2	y_3
0	1	0	0	1	1	0	0
1	1	0.5	0.2	1	1	0.5	0.2
2	3	1.6	0.5667	3	1	0.5333	0.1889
3	3.0111	1.6	0.5667	3.0111	1	0.5314	0.1882
4	3.0037	1.5959	0.5653	3.0037	1	0.5313	0.1882
5	3.0037	1.5959	0.5653	3.0037			

所以，$\lambda_{\max}=3.0037$，$\boldsymbol{u}=(3.0037,\ 1.5959,\ 0.5653)^{\mathrm{T}}$，归一化得到 $\boldsymbol{w}=(0.5816,\ 0.3090,\ 0.1094)^{\mathrm{T}}$。

一致性检验

$$\text{C. I.}=\frac{3.0037-3}{3-1}=0.00185$$

$$\text{C. R.}=\frac{\text{C. I.}}{\text{R. I.}}=\frac{0.00185}{0.58}=0.0032<0.1$$

故 $\boldsymbol{B}$ 具有满意的一致性。

用简易算法在精度要求不高时求判断矩阵的最大特征值及相应特征向量的估计值是常采用的手段。下面介绍两个简易算法——方根法与和积法，它们都可以直接使用笔算进行。

2. 方根法

方根法的基本过程是将判断矩阵 $\boldsymbol{A}$ 的各行向量采用几何平均，然后归一化，得到排序权重向量。设 $\boldsymbol{A}=(a_{ij})_{n\times n}$，其计算步骤如下：

（1）求 $M_i=\left(\prod_{j=1}^{n}a_{ij}\right)^{1/n}$，$i=1,\ 2,\ \cdots,\ n$。

（2）归一化：$w_i=M_i/\sum_{j=1}^{n}M_j$，$i=1,\ 2,\ \cdots,\ n$。

（3）估计最大特征值：$\lambda_{\max}=\dfrac{1}{n}\sum_{i=1}^{n}\dfrac{(\boldsymbol{Aw})_i}{w_i}$，其中 $(\boldsymbol{Aw})_i$ 为 $\boldsymbol{Aw}$ 的第 i 个分量，$\boldsymbol{w}=(w_1, w_2, \cdots, w_n)^{\mathrm{T}}$。

用方根法求解例 10-5 的矩阵 $\boldsymbol{A}$ 如下：

（1）$M_1=\sqrt[3]{1\times3\times1}=1.4422$

$$M_2=\sqrt[3]{\frac{1}{3}\times1\times\frac{1}{3}}=0.4807$$

$$M_3=\sqrt[3]{1\times3\times1}=1.4422$$

（2）$M=M_1+M_2+M_3=3.3651$

$$w_1=\frac{M_1}{M}=\frac{1.4422}{3.3651}=0.4286$$

$$w_2=\frac{M_2}{M}=\frac{0.4807}{3.3651}=0.1428$$

$$w_3=\frac{M_3}{M}=\frac{1.4422}{3.3651}=0.4286$$

（3）$\boldsymbol{Aw}=(1.2856, 0.4285, 1.2856)^{\mathrm{T}}$

$$\lambda_{\max}=\frac{1}{3}\times\left(\frac{1.2856}{0.4286}+\frac{0.4285}{0.1428}+\frac{1.2856}{0.4286}\right)=2.9999$$

用方根法求解例 10-5 的矩阵 $\boldsymbol{B}$ 如下：

（1）$M_1=\sqrt[3]{1\times2\times5}=2.1544$

$$M_2=\sqrt[3]{\frac{1}{2}\times1\times3}=1.1447$$

$$M_3=\sqrt[3]{\frac{1}{5}\times\frac{1}{3}\times1}=0.4055$$

（2）$M=M_1+M_2+M_3=3.7046$

$$w_1=\frac{M_1}{M}=\frac{2.1544}{3.7046}=0.5815$$

$$w_2=\frac{M_2}{M}=\frac{1.1447}{3.7046}=0.3090$$

$$w_3=\frac{M_3}{M}=\frac{0.4055}{3.7046}=0.1095$$

（3）$\boldsymbol{Bw}=(1.7470, 0.9283, 0.3288)^{\mathrm{T}}$

$$\lambda_{\max}=\frac{1}{3}\times\left(\frac{1.7470}{0.5815}+\frac{0.9283}{0.3090}+\frac{0.3288}{0.1095}\right)=3.0037$$

由于用方根法得出的 $\lambda_{\max}$ 值同幂法得出的结果一样，因此一致性检验结果也必然是相同的。

容易证明，当正互反矩阵 $\boldsymbol{A}=(a_{ij})_{n\times n}$ 为一致性矩阵时，用方根法可得到精确的最大特征值与相应的特征向量。

设 $\boldsymbol{A}=(a_{ij})_{n\times n}$是一致性矩阵，$\lambda_{\max}$为其最大特征值，$\boldsymbol{u}=(u_1, u_2, \cdots, u_n)^{\mathrm{T}}$为相应特征向量，且是归一化的。根据定理 10-2 知，$\lambda_{\max}=n$，$a_{ij}=u_i/u_j$，$i, j=1, 2, \cdots, n$。那么，用方根法的记号，令 $s=\left(\prod_{j=1}^{n} u_j\right)^{1/n}$，对 $i=1, 2, \cdots, n$，则

$$M_i=\left(\prod_{j=1}^{n} a_{ij}\right)^{1/n}=\frac{u_i}{s}$$

显然归一化后 $\boldsymbol{w}=(w_1, w_2, \cdots, w_n)^{\mathrm{T}}$，这里的 $\boldsymbol{w}$ 即特征向量 $\boldsymbol{u}$，于是用公式

$$\frac{1}{n}\sum_{i=1}^{n}\frac{(\boldsymbol{Aw})_i}{w_i}$$

求得的最大特征值为 n。

这里，只需注意有 $\boldsymbol{Aw}=n\boldsymbol{w}$。

可以验证，当判断矩阵 $\boldsymbol{A}$ 有满意一致性时，方根法得到的结论基本上也是相同的。

3. 和积法

和积法的基本过程是先把判断矩阵 $\boldsymbol{A}$ 的每一列向量化为归一化的向量，再对这个新矩阵的每一行向量的元素采用算术平均，最后归一化，即得到排序权重向量。设 $\boldsymbol{A}=(a_{ij})_{n\times n}$，其计算步骤如下：

（1）将矩阵 $\boldsymbol{A}$ 的每个列向量归一化得到 $\boldsymbol{B}=(b_{ij})_{n\times n}$，$b_{ij}=a_{ij}/\sum_{k=1}^{n}a_{kj}$，$i, j=1, 2, \cdots, n$。

（2）$w_i=\frac{1}{n}\sum_{j=1}^{n}b_{ij}$，$i=1, 2, \cdots, n$。

（3）$\lambda_{\max}=\frac{1}{n}\sum_{j=1}^{n}\frac{(\boldsymbol{Aw})_j}{w_j}$，其中$(\boldsymbol{Aw})_j$为 $\boldsymbol{Aw}$ 的第 j 个分量，$\boldsymbol{w}=(w_1, w_2, \cdots, w_n)^{\mathrm{T}}$。

类似地，可以证明，当正互反矩阵 $\boldsymbol{A}=(a_{ij})_{n\times n}$是一致性矩阵时，和积法可以得到精确的最大特征值与相应的归一化特征向量。

设 $\boldsymbol{A}=(a_{ij})_{n\times n}$是一致性矩阵，$\lambda_{\max}$为其最大特征值，$\boldsymbol{u}=(u_1, u_2, \cdots, u_n)^{\mathrm{T}}$是相应的归一化特征向量。根据定理 10-2 知，$\lambda_{\max}=n$，$a_{ij}=u_i/u_j$，$i, j=1, 2, \cdots, n$。那么，矩阵 $\boldsymbol{A}$ 各列向量的和 $\sum_{k=1}^{n}a_{kj}=\sum_{k=1}^{n}u_k/u_j$，$j=1, 2, \cdots, n$，列向量归一化得到

$$b_{ij}=\frac{a_{ij}}{\sum_{k=1}^{n}a_{kj}}=\frac{u_i}{\sum_{k=1}^{n}u_k}=u_i,\ i, j=1, 2, \cdots, n$$

$\left(\sum_{k=1}^{n}u_k=1\right.$ 是根据归一化的概念得到的。$\left.\right)$

注意：b_{ij}与下标 j 无关，即说明当 $\boldsymbol{A}$ 为一致性矩阵时，求得的 b_{ij}对 $j=1, 2, \cdots, n$ 都相同，于是 $w_i=\frac{1}{n}\sum_{j=1}^{n}b_{ij}=u_i$，同时易知最大特征值是 $\lambda_{\max}=n$。

用和积法分别计算例 10-5 中 $\boldsymbol{A}$，$\boldsymbol{B}$ 矩阵的最大特征值及相应特征向量的近似值。

对于矩阵 $\boldsymbol{A}$：

(1) 各列归一化得到

$$A=\begin{pmatrix}\frac{3}{7} & \frac{3}{7} & \frac{3}{7}\\ \frac{1}{7} & \frac{1}{7} & \frac{1}{7}\\ \frac{3}{7} & \frac{3}{7} & \frac{3}{7}\end{pmatrix}$$

(2)

$$w_1=\frac{1}{3}\times\left(\frac{3}{7}+\frac{3}{7}+\frac{3}{7}\right)=\frac{3}{7}$$

$$w_2=\frac{1}{3}\times\left(\frac{1}{7}+\frac{1}{7}+\frac{1}{7}\right)=\frac{1}{7}$$

$$w_3=\frac{1}{3}\times\left(\frac{3}{7}+\frac{3}{7}+\frac{3}{7}\right)=\frac{3}{7}$$

(3)

$$\boldsymbol{A}\boldsymbol{w}=\left(\frac{9}{7},\frac{3}{7},\frac{9}{7}\right)$$

$$\lambda_{\max}=\frac{1}{3}\sum_{j=1}^{3}\frac{(\boldsymbol{A}\boldsymbol{w})_j}{w_j}=3$$

对于矩阵 $\boldsymbol{B}$:

(1) 各列归一化得到

$$B=\begin{pmatrix}0.5882 & 0.6 & 0.5556\\ 0.2941 & 0.3 & 0.3333\\ 0.1177 & 0.1 & 0.1111\end{pmatrix}$$

(2) $w_1=\frac{1}{3}\times(0.5882+0.6+0.5556)=0.5813$

$$w_2=\frac{1}{3}\times(0.2941+0.3+0.3333)=0.3091$$

$$w_3=\frac{1}{3}\times(0.1177+0.1+0.1111)=0.1096$$

(3) $\boldsymbol{B}\boldsymbol{w}=(1.7475, 0.9286, 0.3288)^{\mathrm{T}}$

$$\lambda_{\max}=\frac{1}{3}\times\left(\frac{1.7475}{0.5813}+\frac{0.9286}{0.3091}+\frac{0.3288}{0.1096}\right)=3.0035$$

容易检验，这个结果表明 $\boldsymbol{B}$ 具有满意的一致性。

10.2.2 残缺矩阵的概念及其处理

层次分析法中，对每一个准则，各元素两两比较所产生的判断矩阵应是正互反矩阵。每个判断矩阵需要进行 $n(n-1)/2$ 次两两比较，不能缺少，否则这个计算无法进行下去。但在实用中，当层次较多，因素之间关系较为复杂时，判断量很大，往往出现决策专家对其中的一些判断缺少把握，或不想发表意见，因而造成判断矩阵的元素空缺。这样的判断是一种不完全信息下的排序问题，称之为残缺判断，得到的矩阵称为残缺矩阵。

两个明显的事实是：一方面判断工作不能因元素的残缺而中止，另一方面，这种判断会对正确排序有一定影响。

1. 可接受的残缺矩阵概念

残缺判断并非都不能进行排序计算，也不是都能通过一定处理而进行计算得到判断结果。下面，首先讨论可进行判断的残缺矩阵。为了便于叙述，暂用“0”来表示残缺元素，特别注意，这里的“0”表示残缺判断，因而其对称元素也是“0”，没有正互反性质。

根据一致性定义，如果矩阵 $\boldsymbol{A}=(a_{ij})_{n\times n}$ 是一致性矩阵，那么，对任何 i，j，$k=1$，2，…，n，有

$$a_{ij}=a_{ik}a_{kj} \tag{10-26}$$

若某个残缺矩阵中，a_{ij} 残缺，但存在 $k=1$，2，…，n，使 a_{ij} 可由 $a_{ik}a_{kj}$ 得到，就称元素 a_{ij} 可间接获得。

定义 10-4　设 $\boldsymbol{A}=(a_{ij})_{n\times n}$ 是残缺矩阵，若其所有残缺元素都可以间接获得，则称 $\boldsymbol{A}$ 是可接受的残缺判断矩阵，否则称为不可接受的残缺判断矩阵。

例 10-6　一个可接受的残缺判断矩阵

$$\boldsymbol{B}=\begin{pmatrix} 1 & 2 & b_{13} & b_{14} \\ b_{21} & 1 & b_{23} & 3 \\ 3 & b_{32} & 1 & b_{34} \\ b_{41} & b_{42} & b_{43} & 1 \end{pmatrix}$$

利用判断矩阵的正互反性质及间接获得方法求各未知元素。

解　由正互反性质可得到

$$b_{21}=\frac{1}{2},\ b_{13}=\frac{1}{3},\ b_{42}=\frac{1}{3}$$

$$b_{14}=b_{12}b_{24}=2\times3=6,\ b_{41}=\frac{1}{6}$$

$$b_{23}=b_{21}b_{13}=\frac{1}{2}\times\frac{1}{3}=\frac{1}{6},\ b_{32}=6$$

$$b_{34}=b_{31}b_{14}=3\times6=18,\ b_{43}=\frac{1}{18}$$

定义 10-5　设 n 阶矩阵 $\boldsymbol{A}=(a_{ij})_{n\times n}$ 满足：

（1）$a_{ij}\geqslant0$，i，$j=1$，2，…，n。

（2）若 $a_{ij}>0$，则 $a_{ji}=1/a_{ij}$；若 $a_{ji}=0$，则 $a_{ij}=0$。

称 $\boldsymbol{A}$ 为非负拟互反矩阵。

显然，正互反矩阵和残缺矩阵均为非负拟互反矩阵，且对角线元均为 1。注意，一般非负拟互反矩阵并无对角线元为 1 的限制。

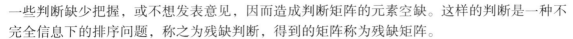

2. 可接受残缺矩阵排序向量的计算

我们只介绍用特征根法获得不完全信息下的排序权值。

设 $\boldsymbol{A}=(a_{ij})_{n\times n}$ 为由于不完全判断而得到的可接受残缺矩阵，是一个非负拟互反矩阵。令 $\lambda_{\max}$ 为它的最大特征值，$\boldsymbol{w}=(w_1, w_2, \cdots, w_n)^{\mathrm{T}}$ 是相应特征向量。

根据定理 10-2 知，若 $\boldsymbol{A}$ 是一致性矩阵，则对 $i, j=1, 2, \cdots, n$ 有 $a_{ij}=w_i/w_j$。在求解这个不完全信息的问题时，可利用这个特点对 $\boldsymbol{A}$ 构造辅助矩阵 $\boldsymbol{C}=(c_{ij})_{n\times n}$，其元素为

$$c_{ij}=\begin{cases} a_{ij} & ,a_{ij}\neq 0 \\ \dfrac{w_i}{w_j} & ,a_{ij}=0 \end{cases} \tag{10-27}$$

如此得到的 $\boldsymbol{C}$ 矩阵的特征值问题的解即是用特征值方法求解可接受残缺矩阵排序向量的计算结果。

例 10-7 设残缺矩阵

$$\boldsymbol{A}=\begin{pmatrix} 1 & 2 & 0 & 3 \\ \frac{1}{2} & 1 & \frac{1}{3} & 4 \\ 0 & 3 & 1 & 2 \\ \frac{1}{3} & \frac{1}{4} & \frac{1}{2} & 1 \end{pmatrix}$$

解 构造辅助矩阵 $\boldsymbol{C}$，设 $\boldsymbol{w}=(w_1, w_2, w_3, w_4)^{\mathrm{T}}$ 是相应于 $\boldsymbol{A}$ 最大特征值 $\lambda_{\max}$ 的特征向量。那么

$$\boldsymbol{C}=\begin{pmatrix} 1 & 2 & \frac{w_1}{w_3} & 3 \\ \frac{1}{2} & 1 & \frac{1}{3} & 4 \\ \frac{w_3}{w_1} & 3 & 1 & 2 \\ \frac{1}{3} & \frac{1}{4} & \frac{1}{2} & 1 \end{pmatrix}$$

考虑 $\boldsymbol{C}$ 的特征值问题：$\boldsymbol{C}\boldsymbol{w}=\lambda_{\max}\boldsymbol{w}$。左端：

$$\boldsymbol{C}\boldsymbol{w}=\left(2w_1+2w_2+3w_4, \frac{1}{2}w_1+w_2+\frac{1}{3}w_3+4w_4, 3w_2+2w_3+2w_4,\right.$$
$$\left.\frac{1}{3}w_1+\frac{1}{4}w_2+\frac{1}{2}w_3+w_4\right)^{\mathrm{T}}$$

显然，$\boldsymbol{C}$ 的特征值问题与下面矩阵 $\overline{\boldsymbol{A}}$ 的特征值问题相同：

$$\overline{\boldsymbol{A}}=\begin{pmatrix} 2 & 2 & 0 & 3 \\ \frac{1}{2} & 1 & \frac{1}{3} & 4 \\ 0 & 3 & 2 & 2 \\ \frac{1}{3} & \frac{1}{4} & \frac{1}{2} & 1 \end{pmatrix}$$

例 10-7 的情况可以推广到一般的 $n \times n$ 可接受残缺矩阵 $\boldsymbol{A}$。代替式（10-27）可构造残缺矩阵 $\boldsymbol{A}$ 的等价矩阵 $\overline{\boldsymbol{A}}=(\bar{a}_{ij})_{n\times n}$，其中

$$\bar{a}_{ij}=\begin{cases} a_{ij}, & i\neq j \\ 1+m_i, & i=j \end{cases} \tag{10-28}$$

i，j=1，2，…，n。这里 m_i 为矩阵 $\boldsymbol{A}$ 中第 i 行所含零元素（残缺元素）的个数。

求解 $\boldsymbol{A}$ 矩阵的排序向量即可通过求解 $\overline{\boldsymbol{A}}$ 的最大特征值及相应归一化特征向量得到。

3. 可接受残缺矩阵的一致性判断

由于残缺矩阵计算排序权向量的过程中利用了一致性的特征，于是对其一致性检验时，应更加严格。可采用下列一致性指标来进行一致性检验

$$\text{C. I.}=\frac{\lambda_{\max}-n}{(n-1)-\sum_{i=1}^{n}(m_i/n)} \tag{10-29}$$

当 $\text{C. R.}=\dfrac{\text{C. I.}}{\text{R. I.}}<0.1$ 时，认为这个可接受残缺矩阵具有满意一致性；否则，需要对判断矩阵进行修正。

10.2.3 群组决策

在决策中专家咨询工作是至关重要的。对于大多数涉及社会、经济、管理的系统评价与选优方案的问题，由于因素较多，关系复杂，人的判断往往起主要作用。因此，重视有丰富经验和知识的专家、学者、工程技术人员、管理人员的判断才会使决策更加符合客观规律，真正实现决策的科学化与民主化，是正确决策的关键。对于结构复杂、规模较大的系统，汇集多位专家、学者的判断，从而进行决策是普遍采用的方法。

1. 进行专家咨询时需注意的几个问题

根据层次分析法的特点，组织专家、学者、工程技术人员或管理人员进行咨询时，应注意以下几点，以便取得更好的效果。

（1）合理选择咨询对象。为了使咨询工作有较好的效果，选对、选准咨询对象是很关键的。选择咨询对象，应以熟悉需要决策问题的全部或大部分内容、环境、历史现状等为前提，这样才可能得到较为客观、准确的判断。

（2）要给咨询对象创造良好的咨询条件与环境。首先，要尽最大可能为咨询对象提供必要的、可靠的资料、数据和信息，把分析问题的目标介绍清楚。必要时，应向咨询对象简明、准确地介绍层次分析法的原理及过程；同时，需要向咨询对象提供必要的决策工具和手段；还要创造适合于独立思考、分析研究的良好环境，尽力避免人为干涉和带有种种目的性的主观引导。这样，才能保证咨询对象的判断具备客观性、准确性、合理性。

（3）把握正确的咨询方法。咨询的目的是请咨询对象对我们所关心的问题做出尽量客观、合理的判断，因此明确、清晰地阐明问题是十分重要的。在建立层次结构过程中，各因素的内涵、概念必须准确。为此有必要设计各种有用的表格。在两两比较的定性判断时，直接让咨询对象用“同等重要”“稍重要”“重要”“明显重要”“极其重要”等来取代数字“1”“3”“5”“7”“9”，这样可使专家更容易操作。由于事物本身关系的复杂性及我们思维认识中的模糊性，应允许专家在判断中出现轻微的矛盾，如“甲”比“乙”稍重要，

“乙”比“丙”稍重要，“丙”又比“甲”稍重要。这种情况往往带有更多的信息，同时也说明了事物的复杂，向人们提示该项判断需进行更深入的分析。由于事物涉及面广，超出咨询对象的知识范围，因此允许专家提出信息不完全的判断矩阵，即残缺矩阵。

（4）要对咨询信息进行分析，进行必要反馈，允许咨询对象参考反馈信息后进行重新判断，发表意见。根据处理专家群组决策的不同方法可能在不同阶段发现各类问题。例如，专家的个体判断得到一致性较差的判断矩阵，或某位专家的判断与群体综合结果差异很大。这时，如果条件允许，应把情况客观地反馈给咨询对象，供其参考。这样，一方面可以帮助专家、学者从自身判断中找原因，往往可能是专家在某些着眼点上对问题的认识出现偏差；另一方面，注意到“真理往往掌握在少数人手里”这一客观事实，少数专家、学者的独到见解经常会对问题的总体分析产生根本性的影响。

2. 群组决策的综合方法

建立在特征根法基础上的综合方法可分成两类：判断矩阵综合法和排序向量综合法。

设有 m 位咨询对象参与咨询活动，对某问题得到各自的单一准则下的两两比较判断矩阵

$$\boldsymbol{A}_k = (a_{ij}^{(k)})_{n\times n},\ k=1,2,\cdots,m \tag{10-30}$$

（1）第一类方法，即判断矩阵综合法。将各专家的判断矩阵进行综合，得到综合判断矩阵，再计算排序权重向量。具体处理有两种方法。

1）加权几何平均综合判断矩阵法。记综合后的判断矩阵为 $\boldsymbol{A}=(a_{ij})_{n\times n}$，那么，取一组专家权重系数 $\lambda_1,\lambda_2,\cdots,\lambda_m\geqslant 0$，满足 $\sum_{j=1}^{m}\lambda_j=1$，则

$$a_{ij}=(a_{ij}^{(1)})^{\lambda_1}(a_{ij}^{(2)})^{\lambda_2}\cdots(a_{ij}^{(m)})^{\lambda_m},\ i,j=1,2,\cdots,n \tag{10-31}$$

当各专家的能力水平相当，或没有任何先验的知识可以得出各专家的权重系数时，可取 $\lambda_1=\lambda_2=\cdots=\lambda_m=1/m$。这时式（10-31）变为

$$a_{ij}=(a_{ij}^{(1)}a_{ij}^{(2)}\cdots a_{ij}^{(m)})^{1/m},\ i,j=1,2,\cdots,m$$

这种方法可使产生的综合判断矩阵保持正互反性，而且当每个判断矩阵 $\boldsymbol{A}_k$（$k=1,2,\cdots,m$）均为一致性矩阵时，综合矩阵 $\boldsymbol{A}$ 也是一致性矩阵。

考虑这个综合矩阵是否可接受的群体决策综合矩阵时，需要计算如下群组判断的总体标准差

$$\sigma_{ij}=\sqrt{\frac{1}{m-1}\sum_{k=1}^{m}(a_{ij}^{(k)}-a_{ij})^2},\ i,j=1,2,\cdots,n \tag{10-32}$$

给定一个阈值 $\varepsilon>0$。当 $\sigma_{ij}<\varepsilon$ 时，这组判断被认为是可接受的；否则，应把信息反馈给咨询对象，请他们深入考虑，进行适当修改。$\varepsilon>0$ 的经验取值在 0.5 至 1 之间。一般地，专家人数越多，这个值应取得越大。

2）加权算术平均综合判断矩阵法。设综合后的判断矩阵为 $\boldsymbol{A}=(a_{ij})_{n\times n}$，加权算术平均方法是按公式（10-33）计算 $\boldsymbol{A}$ 的元素。

设各专家的权重系数为 $\lambda_1,\lambda_2,\cdots,\lambda_m\geqslant 0$，满足 $\sum_{k=1}^{m}\lambda_k=1$，那么

$$a_{ij}=\lambda_1 a_{ij}^{(1)}+\lambda_2 a_{ij}^{(2)}+\cdots+\lambda_m a_{ij}^{(m)},\ i,j=1,2,\cdots,n \tag{10-33}$$

类似于上述原因时，可取 $\lambda_1=\lambda_2=\cdots=\lambda_m=1/m$，式（10-33）化为

$$a_{ij}=\frac{1}{m}(a_{ij}^{(1)}+a_{ij}^{(2)}+\cdots+a_{ij}^{(m)}),\ i,\ j=1,\ 2,\ \cdots,\ m$$

使用加权算术平均法出现的一个最大问题是，得到的综合矩阵不再具有正互反性质。一个解决的办法是取上三角（或下三角）部分的元素进行加权算术平均，而另外的下三角（或上三角）部分的元素通过正互反性质来求得。这样，计算带有一定的任意性，并且即使原来的几个判断矩阵均为一致性矩阵，得到的综合矩阵一般也没有一致性了。

用这种方法产生综合判断矩阵后，也可以利用式（10-32）计算标准差，然后进行相应处理。

第一类方法是直接对判断进行综合，对产生的最终排序向量所反映的各种情况无法表现出来。在实用中，人们更多地偏重于第二类方法。

（2）第二类方法，即排序向量综合法。先求各专家判断矩阵的排序向量，再对各排序向量综合求出群组的综合排序权向量。这类方法也有对应的两种综合计算的方法。

1）加权几何平均综合排序向量方法

设
$$\boldsymbol{w}^{(k)}=(w_1^{(k)},w_2^{(k)},\cdots,w_n^{(k)})^{\mathrm{T}},\ k=1,\ 2,\ \cdots,\ m \tag{10-34}$$

为由第 k 位专家的判断矩阵 $\boldsymbol{A}_k$ 用特征值法得到的排序向量。再记平均综合排序向量为

$$\boldsymbol{w}=(w_1,\ w_2,\ \cdots,\ w_n)^{\mathrm{T}} \tag{10-35}$$

加权几何平均综合排序向量方法的步骤为：取专家权重系数 λ_1，λ_2，$\cdots$，$\lambda_m\geqslant 0$，满足 $\sum_{j=1}^{m}\lambda_j=1$，计算

$$\bar{w}_j=(w_j^{(1)})^{\lambda_1}(w_j^{(2)})^{\lambda_2}\cdots(w_j^{(m)})^{\lambda_m},\ j=1,\ 2,\ \cdots,\ n \tag{10-36}$$

再归一化，$w_j=\bar{w}_j/\sum_{k=1}^{n}\bar{w}_k$，$j=1$，$2$，$\cdots$，$n$ 得到平均综合排序向量。

为进一步考察数据的可接受性，需要计算 w_j 的标准差

$$\sigma_j=\sqrt{\frac{1}{m-1}\sum_{k=1}^{m}(w_j^{(k)}-w_j)^2},\ j=1,\ 2,\ \cdots,\ n \tag{10-37}$$

以及个体标准差

$$\sigma^{(k)}=\sqrt{\frac{1}{n-1}\sum_{j=1}^{n}(w_j^{(k)}-w_j)^2},\ k=1,\ 2,\ \cdots,\ m \tag{10-38}$$

为了估计式（10-32）的总体标准差，利用一致性，用综合的排序向量

$$\boldsymbol{w}=(w_1,\ w_2,\ \cdots,\ w_n)^{\mathrm{T}}$$

构造理论上的综合矩阵 $\boldsymbol{A}=(a_{ij})_{n\times n}$，其中

$$a_{ij}=\frac{w_i}{w_j},\ i,\ j=1,\ 2,\ \cdots,\ n \tag{10-39}$$

利用式（10-39）得到的矩阵 $\boldsymbol{A}$ 及式（10-32）的总体标准差 σ_{ij}（i，$j=1$，2，$\cdots$，n）来考察群体决策的可接受性。当 σ_{ij} 满足可接受条件时，接受这组判断。进一步考察个体标准差 $\sigma^{(k)}$，若满足条件（对给定阈值 ε，$\sigma^{(k)}<\varepsilon$）时，认为第 k 个决策者的决策可通过。否则，应将信息

反馈给有关专家以供修改时参考。

2）加权算术平均综合排序向量方法。同式（10-34）、式（10-35）的假设。此方法取专家系数 $\lambda_1, \lambda_2, \cdots, \lambda_m \geqslant 0$，$\sum_{j=1}^{m} \lambda_j = 1$。计算

$$w_j = \lambda_1 w_j^{(1)} + \lambda_2 w_j^{(2)} + \cdots + \lambda_m w_j^{(m)}, j = 1, 2, \cdots, n \tag{10-40}$$

得到加权算术平均综合排序向量 $\boldsymbol{w} = (w_1, w_2, \cdots, w_n)^{\mathrm{T}}$。当各专家权系数取相等时，有

$$w_j = \frac{1}{m}(w_j^{(1)} + w_j^{(2)} + \cdots + w_j^{(m)}), j = 1, 2, \cdots, n \tag{10-41}$$

进一步考察，同 1）中所述的方法相同，可用式（10-37）~式（10-39）计算相应的考察数值。

10.3 应用举例

例 10-8 某工厂有一笔企业留成利润，需要决定如何分配使用。已决定有三个去向：用作奖金、集体福利设施及用于引入设备技术。考察的准则也有三个：是否能调动职工的积极性、是否有利于提高技术水平及考虑改善职工生活条件。由此建立层次分析模型，如图 10-5所示。

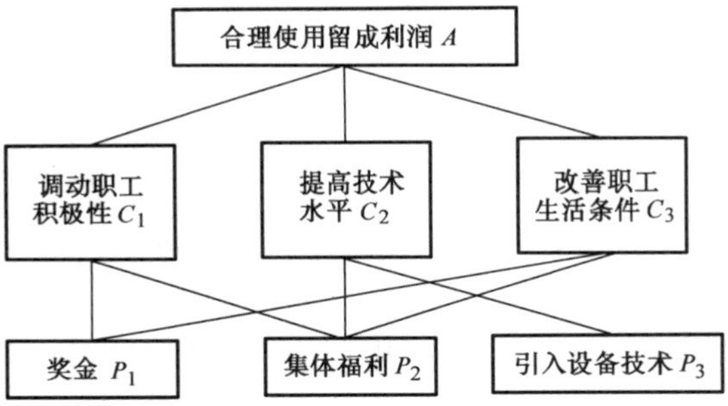

图 10-5

经过两两比较，得到下列各判断矩阵：

C 层关于目标层 A 的判断矩阵为

A	C_1	C_2	C_3
C_1	1	1/5	1/3
C_2	5	1	3
C_3	3	1/3	1

求出上述三阶正互反矩阵的最大特征值 $\lambda_{\max} = 3.038$，对应的归一化特征向量为 $\boldsymbol{w}^{(2)} = (0.105, 0.637, 0.258)^{\mathrm{T}}$。计算一致性指标及一致性比率

$$\mathrm{C.I.} = \frac{\lambda_{\max} - 3}{3 - 1} = 0.019$$

$$C.R. = \frac{C.I.}{R.I.} = \frac{0.019}{0.58} = 0.03276$$

因为　C. R. <0. 1，故这个判断矩阵可接受。

方案层（P 层）对 C 层的判断矩阵如下：

P 层对 C_1 元素

C_1	P_1	P_2
P_1	1	1/3
P_2	3	1

计算可得 $\boldsymbol{u}_1^{(3)} = (0.25, 0.75)^{\mathrm{T}}$，$\lambda_{\max} = 2$。

P 层对 C_2 元素

C_2	P_2	P_3
P_2	1	1/5
P_3	5	1

计算可得 $\boldsymbol{u}_2^{(3)} = (0.167, 0.833)^{\mathrm{T}}$，$\lambda_{\max} = 2$。

P 层对 C_3 元素

C_3	P_1	P_2
P_1	1	2
P_2	1/2	1

计算可得 $\boldsymbol{u}_3^{(3)} = (0.667, 0.333)^{\mathrm{T}}$，$\lambda_{\max} = 2$。这三个均为二阶正互反矩阵。因为二阶正互反矩阵必为一致矩阵，所以接受性是显然的。由此可得到

$$\boldsymbol{U}^{(3)} = \begin{pmatrix} 0.25 & 0 & 0.667 \\ 0.75 & 0.167 & 0.333 \\ 0 & 0.833 & 0 \end{pmatrix}$$

那么，P 层元素对目标 A 的总排序为

$$\boldsymbol{w}^{(3)} = \boldsymbol{U}^{(3)} \boldsymbol{w}^{(2)} = (0.198, 0.271, 0.531)^{\mathrm{T}}$$

决策结果表明，“引入设备技术”优于“福利”，而“福利”优于“奖金”。按照这个计算结果，应体现在资金分配使用上，即用全部留成利润的 53. 1%引入设备技术，用 19. 8%发奖金，用 27. 1%改善员工的福利。

例 10-9　设某港务局要改善一条河道的运输条件，考虑是否需要建立桥梁或修建隧道来代替目前采用的轮渡方法。

根据分析，可建立下列过河效益与过河代价的两个层次结构模型（图 10-6、图 10-7）。它们的准则均取经济、社会及环境三个因素。决策的制定将取决于效益代价比的大小。

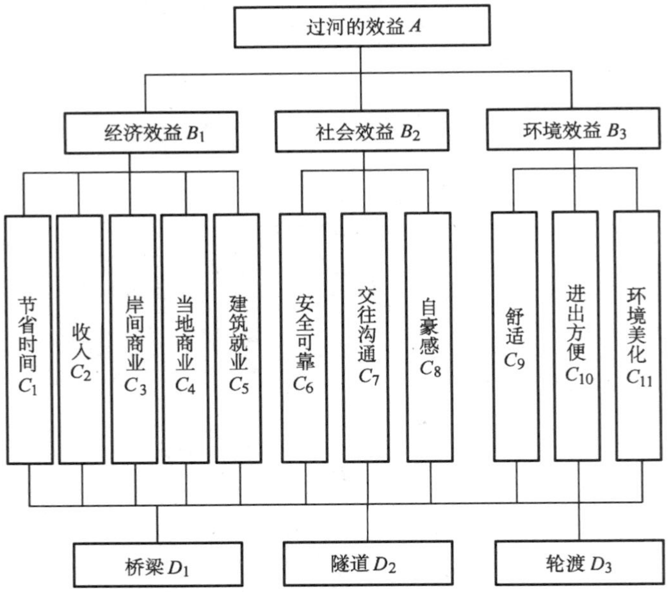

图 10-6

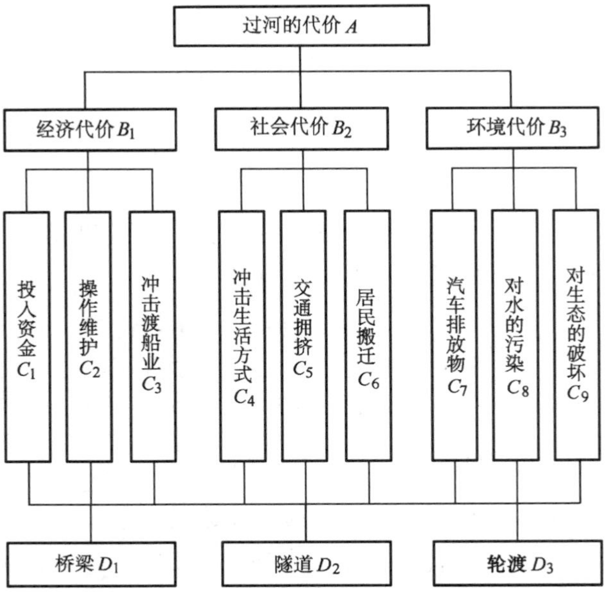

图 10-7

在效益方面，从经济角度看桥梁与隧道有明显的优越性：过河的时间可大大缩短，过河的方便会带来交通量的增加，而交通发达又会引起岸间商业的繁荣，同时建筑施工带来的就业机会也带来不可忽视的优越性。经济效益常常可以借助货币得到可进行数量计算的判定信息。社会效益与经济效益相比，则更多地需要用两两比较的方式来得到判断。

根据较深入的分析，可以得到下列判断矩阵：

第二层（B 层）关于 A 的判断矩阵

A	B_1	B_2	B_3
B_1	1	3	6
B_2	1/3	1	2
B_3	1/6	1/2	1

计算可得 $\lambda_{\max}=3$，$\boldsymbol{w}^{(2)}=(0.67, 0.22, 0.11)^{\mathrm{T}}$，可知此矩阵为一致性。

第三层（C 层）关于 B 层的三个判断矩阵及用特征值法计算的结果为

B_1	C_1	C_2	C_3	C_4	C_5
C_1	1	1/3	1/7	1/5	1/6
C_2	3	1	1/4	1/2	1/2
C_3	7	4	1	7	5
C_4	5	2	1/7	1	1/5
C_5	6	2	1/5	5	1

其最大特征值 $\lambda_{\max}=5.576$，C. I. $=0.14$，C. R. $=0.125$（R. I. $=1.12$），相应 $\boldsymbol{u}_1^{(3)}=(0.04, 0.09, 0.53, 0.11, 0.23)^{\mathrm{T}}$。

B_2	C_6	C_7	C_8
C_6	1	6	9
C_7	1/6	1	4
C_8	1/9	1/4	1

其最大特征值 $\lambda_{\max}=3.108$，C. I. $=0.054$，C. R. $=0.0931$（R. I. $=0.58$），相应 $\boldsymbol{u}_2^{(3)}=(0.76, 0.18, 0.06)^{\mathrm{T}}$。

B_3	C_9	C_{10}	C_{11}
C_9	1	1/4	6
C_{10}	4	1	8
C_{11}	1/6	1/8	1

其最大特征值 $\lambda_{\max}=3.136$，C. I. $=0.068$，C. R. $=0.117$（R. I. $=0.58$），相应 $\boldsymbol{u}_3^{(3)}=(0.25, 0.69, 0.06)^{\mathrm{T}}$。

于是得到

$$
\boldsymbol{U}^{(3)}=\begin{pmatrix}
0.04 & 0 & 0\\
0.09 & 0 & 0\\
0.53 & 0 & 0\\
0.11 & 0 & 0\\
0.23 & 0 & 0\\
0 & 0.76 & 0\\
0 & 0.18 & 0\\
0 & 0.06 & 0\\
0 & 0 & 0.25\\
0 & 0 & 0.69\\
0 & 0 & 0.06
\end{pmatrix}
$$

那么，C 层关于目标层 A 的综合排序向量为

$$
\begin{aligned}
\boldsymbol{w}^{(3)} &= \boldsymbol{U}^{(3)}\boldsymbol{w}^{(2)}\\
&=(0.027,\ 0.06,\ 0.355,\ 0.074,\ 0.154,\ 0.167,\ 0.04,\ 0.013,\ 0.027,\ 0.076,\ 0.007)^{\mathrm{T}}
\end{aligned}
$$

第四层（D 层）对 C 层的 11 个判断矩阵为

C_1	D_1	D_2	D_3
D_1	1	2	7
D_2	1/2	1	6
D_3	1/7	1/6	1

C_2	D_1	D_2	D_3
D_1	1	1/2	8
D_2	2	1	9
D_3	1/8	1/9	1

C_3	D_1	D_2	D_3
D_1	1	4	8
D_2	1/4	1	6
D_3	1/8	1/6	1

C_4	D_1	D_2	D_3
D_1	1	1	6
D_2	1	1	6
D_3	1/6	1/6	1

C_5	D_1	D_2	D_3
D_1	1	1/4	9
D_2	4	1	9
D_3	1/9	1/9	1

C_6	D_1	D_2	D_3
D_1	1	4	7
D_2	1/4	1	6
D_3	1/7	1/6	1

C_7	D_1	D_2	D_3
D_1	1	1	5
D_2	1	1	5
D_3	1/5	1/5	1

C_8	D_1	D_2	D_3
D_1	1	5	3
D_2	1/5	1	1/3
D_3	1/3	3	1

C_9	D_1	D_2	D_3
D_1	1	5	8
D_2	1/5	1	5
D_3	1/8	1/5	1

C_{10}	D_1	D_2	D_3
D_1	1	3	7
D_2	1/3	1	6
D_3	1/7	1/6	1

C_{11}	D_1	D_2	D_3
D_1	1	6	1/5
D_2	1/6	1	1/3
D_3	5	3	1

得到 11 个向量分别为

$$\boldsymbol{u}_1^{(4)}=(0.58,\ 0.35,\ 0.07)^{\mathrm{T}},\ \boldsymbol{u}_2^{(4)}=(0.20,\ 0.77,\ 0.03)^{\mathrm{T}}$$

$$\boldsymbol{u}_3^{(4)}=(0.69,\ 0.25,\ 0.06)^{\mathrm{T}},\ \boldsymbol{u}_4^{(4)}=(0.46,\ 0.46,\ 0.08)^{\mathrm{T}}$$

$$\boldsymbol{u}_5^{(4)}=(0.27,\ 0.68,\ 0.05)^{\mathrm{T}},\ \boldsymbol{u}_6^{(4)}=(0.68,\ 0.26,\ 0.06)^{\mathrm{T}}$$

$$\boldsymbol{u}_7^{(4)}=(0.455,\ 0.455,\ 0.09)^{\mathrm{T}},\ \boldsymbol{u}_8^{(4)}=(0.64,\ 0.10,\ 0.26)^{\mathrm{T}}$$

$$\boldsymbol{u}_9^{(4)}=(0.73,\ 0.21,\ 0.06)^{\mathrm{T}},\ \boldsymbol{u}_{10}^{(4)}=(0.64,\ 0.29,\ 0.07)^{\mathrm{T}}$$

$$\boldsymbol{u}_{11}^{(4)}=(0.27,\ 0.10,\ 0.63)^{\mathrm{T}}$$

于是

$$\boldsymbol{U}^{(4)}=\begin{pmatrix}0.58 & 0.20 & 0.69 & 0.46 & 0.27 & 0.68 & 0.455 & 0.64 & 0.73 & 0.64 & 0.27\\ 0.35 & 0.77 & 0.25 & 0.46 & 0.68 & 0.26 & 0.455 & 0.10 & 0.21 & 0.29 & 0.10\\ 0.07 & 0.03 & 0.06 & 0.08 & 0.05 & 0.06 & 0.09 & 0.26 & 0.06 & 0.07 & 0.63\end{pmatrix}$$

可求出 D 层关于目标 A 的合成排序向量

$$\boldsymbol{w}^{(4)}=\boldsymbol{U}^{(4)}\boldsymbol{w}^{(3)}=(0.56,\ 0.37,\ 0.07)^{\mathrm{T}}$$

可以计算出总一致性比率小于 0.1。我们看到尽管有个别矩阵，特别是最后一个判断矩阵的一致性较差，但由于相应的权很小，故不影响最后结果。从计算结果看，关于过河效益，建造桥梁为首选方案。

同过河效益的分析类似，在代价方面，经济上要考虑资本耗费、运行及维护费用、由于取消轮渡带来的经济后果。社会代价中，人民生活方式的改变被认为十分重要，其次是过河方式可能带来的交通拥挤，最后是不同过河方式导致居民迁移对社会的影响。环境代价是指各种过河方案对环境所造成的损害。以代价为目标、准则的判断矩阵如下：

A	B_1	B_2	B_3
B_1	1	5	7
B_2	1/5	1	2
B_3	1/7	1/2	1

B_1	C_1	C_2	C_3
C_1	1	7	9
C_2	1/7	1	5
C_3	1/9	1/5	1

B_2	C_4	C_5	C_6
C_4	1	1/3	1/5
C_5	3	1	1/5
C_6	5	5	1

B_3	C_7	C_8	C_9
C_7	1	3	4
C_8	1/3	1	1/3
C_9	1/4	3	1

C_1	D_1	D_2	D_3
D_1	1	7	9
D_2	1/7	1	5
D_3	1/9	1/5	1

C_2	D_1	D_2	D_3
D_1	1	1/3	8
D_2	3	1	9
D_3	1/8	1/9	1

C_3	D_1	D_2	D_3
D_1	1	1	9
D_2	1	1	9
D_3	1/9	1/9	1

C_4	D_1	D_2	D_3
D_1	1	4	9
D_2	1/4	1	8
D_3	1/9	1/8	1

C_5	D_1	D_2	D_3
D_1	1	1	9
D_2	1	1	9
D_3	1/9	1/9	1

C_6	D_1	D_2	D_3
D_1	1	1	9
D_2	1	1	9
D_3	1/9	1/9	1

C_7	D_1	D_2	D_3
D_1	1	3	8
D_2	1/3	1	6
D_3	1/8	1/6	1

C_8	D_1	D_2	D_3
D_1	1	3	7
D_2	1/3	1	5
D_3	1/7	1/5	1

C_9	D_1	D_2	D_3
D_1	1	1/6	7
D_2	6	1	8
D_3	1/7	1/8	1

经计算可得到各方案 D_1，D_2，D_3 关于过河代价的合成排序为

$$w^{(4)}=(0.632,\ 0.314,\ 0.054)^{\mathrm{T}}$$

进一步考察各方案的效益与代价的比：

桥梁：$\dfrac{效率}{代价}=\dfrac{0.56}{0.632}=0.886$

隧道：$\dfrac{效率}{代价}=\dfrac{0.37}{0.314}=1.178$

轮渡：$\dfrac{效率}{代价}=\dfrac{0.07}{0.054}=1.296$

从效益与代价比来看，本例数据所得的结论应选择轮渡。

例 10-10　假设某人在制定自己的食谱时有三类食品可选：肉、面包和蔬菜。这三类食品所含营养成分及单价见表 10-5。

表　10-5

食　品	维生素 A（IU/g）	维生素 B_2/(mg/g)	热量/(kJ/g)	单价（元/g）
肉	0.3527	0.0021	11.93	0.0275
面包	0	0.0006	11.51	0.006
蔬菜	25.0	0.002	1.04	0.007

该人体重为 55kg，每天对各类营养的最小需求为：

维生素 A　　7500　国际单位（IU）

维生素 B_2　　1.6338mg

热量　　8548.5kJ

考虑应如何制定食谱可使在保证营养需求的前提下支出最小？

若单纯考虑问题条件，容易建立下列线性规划模型：

设选择肉 x_1、面包 x_2、蔬菜 x_3，则有

$$\begin{cases}\min\ f=0.0275x_1+0.006x_2+0.007x_3\\ \text{s.t.}\ \ 0.3527x_1+25.0x_3\geqslant 7500\\ \quad\ 0.0021x_1+0.0006x_2+0.002x_3\geqslant 1.6338\\ \quad\ 11.93x_1+11.51x_2+1.04x_3\geqslant 8548.5\\ \quad\ x_1,\ x_2,\ x_3\geqslant 0\end{cases}\tag{1}$$

可以求出最优解为 $\boldsymbol{x}^*=(0,\ 687.44,\ 610.67)^{\mathrm{T}}$，$f^*=8.35$。即不吃肉，选面包 687.44g、蔬菜 610.67g，每日最低支出为 8.35 元。

在实际当中，这个方案很难被人接受，因为它不能照顾到人们对食物种类的偏好，当然可以结合偏好加入一些约束，如至少安排肉 140g（即 $x_1\geqslant 140$）等。

一个较有效的思路是把这个问题用层次分析法来求解。使用层次分析法求解最优化问题可以引入包括偏好等这类因素。

建立如图 10-8 所示层次结构。

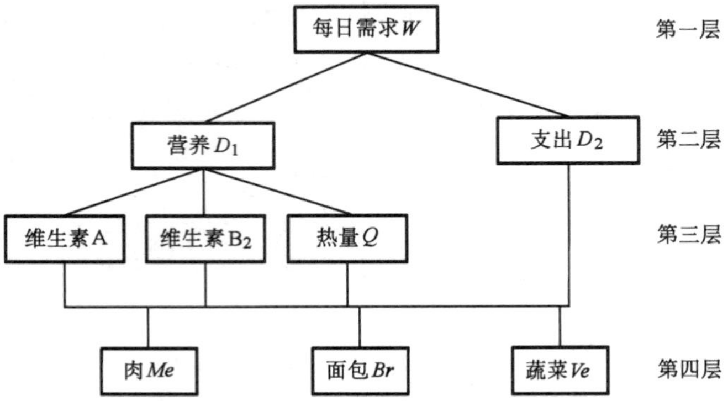

图 10-8

根据偏好建立如下两两比较判断矩阵：

W	D_1	D_2
D_1	1	3
D_2	1/3	1

D_1	A	B_2	Q
A	1	1	2
B_2	1	1	2
Q	1/2	1/2	1

可计算得到第二层关于 W 的排序权重向量为

$$\boldsymbol{w}^{(2)}=(0.75,\ 0.25)^{\mathrm{T}}$$

第三层可以看作有四个元素：维生素 A、维生素 B_2、热量 Q 及支出 D_2。

维生素 A、维生素 B_2、热量 Q 关于营养 D_1 的排序权重向量为

$$\boldsymbol{u}_1^{(3)}=(0.4,\ 0.4,\ 0.2)^{\mathrm{T}}$$

这个判断矩阵是一致性矩阵。第三层的价格 D_2 与第二层的价格因素 D_2 是一对一的关系。因此得到

$$\boldsymbol{U}^{(3)}=\begin{pmatrix}0.4 & 0\\ 0.4 & 0\\ 0.2 & 0\\ 0 & 1\end{pmatrix}$$

$$\boldsymbol{w}^{(3)}=\boldsymbol{U}^{(3)}\boldsymbol{w}^{(2)}=(0.3,\ 0.3,\ 0.15,\ 0.25)^{\mathrm{T}}$$

求第四层元素关于总目标 W 的排序权重向量时，用到第三层与第四层元素的排序关系矩阵，可以用原始的营养成分及单价的数据得到。注意到，单价对人们来说希望最小，因此应取各单价的倒数，然后归一。其他营养成分的数据直接进行归一计算，得到表 10-6。

表 10-6

	维生素 A	维生素 B_2	热量 Q	价格 D_2
肉 Me	0.0139	0.4468	0.4872	0.1051
面包 Br	0.0000	0.1277	0.4702	0.4819
蔬菜 Ve	0.9861	0.4255	0.0426	0.4130

此表的数据即矩阵 $\boldsymbol{U}^{(4)}$，可计算最终的综合权重向量为

$$\boldsymbol{w}^{(4)}=\boldsymbol{U}^{(4)}\boldsymbol{w}^{(3)}=(0.24,0.23,0.53)^{\mathrm{T}}$$

此结果表明，按这个人的偏好，肉、面包和蔬菜的比例取 0.24∶0.23∶0.53 较为合适。把这个比例代入式（1），引入参数变量 k，令 $x_1=0.24k$，$x_2=0.23k$，$x_3=0.53k$，则得到

$$\begin{cases}\min & f=0.01169k \\ \text{s.t.} & 13.3346k \geqslant 7500 \\ & 0.0017k \geqslant 1.6338 \\ & 6.0619k \geqslant 8548.5 \\ & k \geqslant 0\end{cases} \tag{2}$$

式（2）是通过把 x_1，x_2，x_3 代入式（1）得到的。

容易得到式（2）的解为 $k=1410.20$，故得到解

$$\boldsymbol{x}^*=(338.45,324.35,747.41)^{\mathrm{T}},\ f^*=16.49$$

即肉 338.45g、面包 324.35g、蔬菜 747.41g，每日的食品费用为 16.49 元。

显然，根据偏好建立的判断矩阵不同，得到的结果也会不同。如果认为上面的支出费用太高，可以适当降低第二层中的营养权重。例如取相等的权重，即取

W	D_1	D_2
D_1	1	1
D_2	1	1

类似地计算可得到解

$$x_1=256.61,\ x_2=417.48,\ x_3=655.47$$

即每日肉 256.61g、面包 417.48g、蔬菜 655.47g，总支出为 14.15 元。

进一步可计算出上面两个方案中各营养成分含量分别为：

前一方案：维生素 A　18804.52 国际单位（IU）

维生素 B_2　2.400mg

热量　8548.5kJ

后一方案：维生素 A　16477.33 国际单位（IU）

维生素 B_2　2.100mg

热量　8548.5kJ

层次分析法在一些优化问题中特别适用，如：①问题中存在一些难于度量的因素；②问题的结构在很大程度上依赖决策者的经验；③问题的某些变量之间内部存在相关性；④目标和约束相互之间有较密切的联系；⑤需要加入决策者的经验、偏好等因素。

习　题

1. 利用一致性求下列正互反矩阵的未知元素。

$$\boldsymbol{A}=\begin{pmatrix}1 & b_{12} & 3 & b_{14} \\ b_{21} & 1 & b_{23} & 5 \\ b_{31} & b_{32} & b_{33} & b_{34} \\ b_{41} & b_{42} & \dfrac{1}{3} & b_{44}\end{pmatrix}$$

2. 分别用幂法、方根法与和积法求下列矩阵的排序向量，并进行一致性检验。

$$A=\begin{pmatrix}1 & 4 & 3 & 7\\ \frac{1}{4} & 1 & \frac{1}{2} & \frac{1}{5}\\ \frac{1}{3} & 2 & 1 & 3\\ \frac{1}{7} & 5 & \frac{1}{3} & 1\end{pmatrix}$$

$$B=\begin{pmatrix}1 & \frac{1}{3} & 2 & 9\\ 3 & 1 & \frac{1}{5} & 4\\ \frac{1}{2} & 5 & 1 & 3\\ \frac{1}{9} & \frac{1}{4} & \frac{1}{3} & 1\end{pmatrix}$$

$$C=\begin{pmatrix}1 & 5 & 7 & 3 & 2\\ \frac{1}{5} & 1 & 4 & \frac{1}{5} & \frac{1}{9}\\ \frac{1}{7} & \frac{1}{4} & 1 & 3 & \frac{1}{8}\\ \frac{1}{3} & 5 & \frac{1}{3} & 1 & \frac{1}{3}\\ \frac{1}{2} & 9 & 8 & 3 & 1\end{pmatrix}$$

3. 计算例 10-9 中过河代价的各判断矩阵单一排序权重向量，各层元素关于总目标的综合排序向量，并进行一致性检验。

4. 计算例 10-10 最后一个方案的结果。

5. 结合自己所熟悉的情况，用层次分析法解决 1~2 个实际问题，例如：

（1）学校或班级评优秀学生，试给出若干准则，构造层次结构模型，并计算结果；

（2）购置个人计算机，考虑若干功能、价格等因素；

（3）利用报纸等传媒得到的信息，构造层次结构并建立判断矩阵，解决一些评估类的实际问题。

第11章

智能优化计算简介

本章对目前常用的几种智能优化计算算法做简单介绍，以使读者对它们有一个基本认识。内容包括神经网络、遗传算法、模拟退火算法和神经网络混合优化学习策略。

11.1 人工神经网络与神经网络优化算法

人工神经网络是近年来得到迅速发展的一个前沿课题。神经网络由于其大规模并行处理、容错性、自组织、自适应能力和联想功能强等特点，已成为解决很多问题的有力工具。本节首先对神经网络做简单介绍，然后介绍几种常用的神经网络，包括前向神经网络、Hopfield 网络。

11.1.1 人工神经网络发展简史

最早的研究可以追溯到20世纪40年代。1943年，心理学家 McCulloch 和数学家 Pitts 合作提出了形式神经元的数学模型。这一模型一般被简称为 M-P 神经网络模型，至今仍在应用，可以说，人工神经网络的研究时代，由此开始了。

1949年，心理学家 Hebb 提出神经系统的学习规则，为神经网络的学习算法奠定了基础。现在，这个规则被称为 Hebb 规则，许多人工神经网络的学习还遵循这一规则。

1957年，F. Rosenblatt 提出“感知器”模型，第一次把神经网络的研究从纯理论的探讨付诸工程实践，掀起了人工神经网络研究的第一次高潮。

20世纪60年代以后，数字计算机的发展达到全盛时期，人们误以为数字计算机可以解决人工智能、专家系统、模式识别问题，而放松了对“感知器”的研究。于是，从20世纪60年代末期起，人工神经网络的研究进入了低潮。

1982年，美国加州工学院物理学家 Hopfield 提出了离散的神经网络模型，标志着神经网络的研究又进入了一个新高潮。1984年，Hopfield 又提出连续神经网络模型，开拓了计算机应用神经网络的新途径。

1986年，Rumelhart 和 Meclelland 提出多层网络的误差反传（Back Propagation）学习算法，简称 BP 算法。BP 算法是目前最为重要、应用最广的人工神经网络算法之一。

自20世纪80年代中期以来，世界上许多国家掀起了神经网络的研究热潮，可以说神经网络已成为国际上的一个研究热点。

11.1.2 人工神经元模型与人工神经网络模型

人工神经元是一个多输入、单输出的非线性元件，如图 11-1 所示。

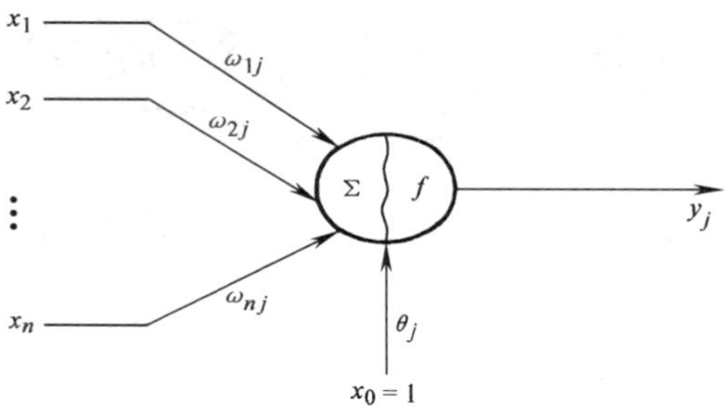

图 11-1

其输入、输出关系可描述为

$$\begin{cases} X_j = \sum_{i=1}^{n} \omega_{ij} x_i - \theta_j \\ y_j = f(X_j) \end{cases} \tag{11-1}$$

式中，$x_i(i=1, 2, \cdots, n)$ 是从其他神经元传来的输入信号；X_j 为神经元 j 的综合输入值；θ_j 是阈值；ω_{ij}表示从神经元 i 到神经元 j 的连接权值；$f(\cdot)$ 为传递函数。

人工神经网络是由大量的神经元互连而成的网络，按其拓扑结构来分，可以分成两大类：层次网络模型和互连网络模型。层次网络模型是神经元分成若干层顺序连接，在输入层上加上输入信息，通过中间各层，加权后传递到输出层后输出，其中有的在同一层中的各神经元相互之间有连接，有的从输出层到输入层有反馈；互连网络模型中，任意两个神经元之间都有相互连接的关系，在连接中，有的神经元之间是双向的，有的是单向的，按实际情况决定。

11.1.3 前向神经网络

1. 多层前向网络

一个 M 层的多层前向网络可描述为：

(1) 网络包含一个输入层（定义为第 0 层）和 $M-1$ 个隐层，最后一个隐层称为输出层。

(2) 第 l 层包含 N_l 个神经元和一个阈值单元（定义为每层的第 0 单元），输出层不含阈值单元。

(3) 第 $l-1$ 层第 i 个单元到第 l 层第 j 个单元的权值表为 $\omega_{ij}^{l-1,l}$。

(4) 第 l 层（$l>0$）第 j 个（$j>0$）神经元的输入定义为 $x_j^l = \sum_{i=0}^{N_{l-1}} \omega_{ij}^{l-1,l} y_i^{l-1}$，输出定义为 $y_j^l=f(x_j^l)$，其中 $f(\cdot)$ 为隐单元激励函数，常采用 Sigmoid 函数，即 $f(x)=[1+\exp(-x)]^{-1}$。输入单元一般采用线性激励函数 $f(x)=x$，阈值单元的输出始终为 1。

（5）目标函数通常采用

$$E=\sum_{p=1}^{P}E_p=\frac{1}{2}\sum_{p=1}^{P}\sum_{j=1}^{N_{M-1}}(y_{j,p}^{M-1}-t_{j,p})^2 \tag{11-2}$$

式中，P 为样本数；$t_{j,p}$ 为第 p 个样本的第 j 个输出分量。

2. BP 算法

BP 算法是前向神经网络经典的有监督学习算法，它的提出对前向神经网络的发展起过历史性的推动作用。对于上述的 M 层的人工神经网络，BP 算法可由下列迭代式描述，具体推导可参见神经网络的相关书目。

$$\begin{aligned}\omega_{ij}^{l-1,l}(k+1)&=\omega_{ij}^{l-1,l}(k)-\alpha(\partial E/\partial\omega_{ij}^{l-1,l}(k))\\&=\omega_{ij}^{l-1,l}(k)-\alpha\sum_{p=1}^{P}\delta_{j,p}^{l}(k)y_{i,p}^{l-1}(k)\end{aligned} \tag{11-3}$$

$$\delta_{j,p}^{l}(k)=\begin{cases}[y_{j,p}^{l}(k)-t_{j,p}]f'(x_{j,p}^{l}(k)) & l=M-1\\ f'(x_{j,p}^{l}(k))\sum_{m=1}^{N_{l+1}}\delta_{m,p}^{l+1}(k)\omega_{jm}^{l+1}(k) & l=M-2,\cdots,1\end{cases} \tag{11-4}$$

其中，α 为学习率。

实质上，BP 算法是一种梯度下降算法，算法性能依赖于初始条件，学习过程易于陷入局部极小。数值仿真结果表明，BP 算法的学习速度、精度、初值鲁棒性和网络推广性能都较差，不能满足应用的需要。实用中应按照需要适当改进。

11.1.4 Hopfield 网络

1982 年，Hopfield 开创性地在物理学、神经生物学和计算机科学等领域架起了桥梁，提出了 Hopfield 反馈神经网络模型（HNN），证明在高强度连接下的神经网络依靠集体协同作用能自发产生计算行为。Hopfield 网络是典型的全连接网络。在网络中引入能量函数以构造动力学系统，并使网络的平衡态与能量函数的极小解相对应，从而将求解能量函数极小解的过程转化为网络向平衡态的演化过程。

1. 离散型 Hopfield 网络

离散型 Hopfield 网络的输出为二值型，网络采用全连接结构。令 v_1，v_2，…，v_n 为各神经元的输出，ω_{1i}，ω_{2i}，…，ω_{ni} 为各神经元与第 i 个神经元的连接权值，θ_i 为第 i 个神经元的阈值，则有

$$v_i=f\left(\sum_{\substack{j=1\\j\neq i}}^{n}\omega_{ji}v_j-\theta_i\right)=f(u_i)=\begin{cases}1 & u_i\geqslant 0\\-1 & u_i<0\end{cases} \tag{11-5}$$

能量函数定义为 $E=-\frac{1}{2}\sum_{i=1}^{n}\sum_{\substack{j=1\\j\neq i}}^{n}\omega_{ij}v_iv_j+\sum_{i=1}^{n}\theta_iv_i$，则其变化量为

$$\Delta E=\sum_{i=1}^{n}\frac{\partial E}{\partial v_i}\Delta v_i=\sum_{i=1}^{n}\Delta v_i\left(-\sum_{\substack{j=1\\j\neq i}}^{n}\omega_{ji}v_j+\theta_j\right)\leqslant 0 \tag{11-6}$$

也就是说，能量函数总是随神经元状态的变化而下降的。

2. 连续型 Hopfield 网络

连续型 Hopfield 网络的动态方程可简化描述如下：

$$\begin{cases} C_i \dfrac{\mathrm{d}u_i}{\mathrm{d}t} = \sum\limits_{i=1}^{n} T_{ji} v_j - \dfrac{u_i}{R_i} + I_i \\ v_i = g(u_i) \end{cases} \tag{11-7}$$

式中，u_i，v_i 分别为第 i 个神经元的输入和输出；$g(\cdot)$ 为具有连续且单调递增性质的神经元激励函数；T_{ji} 为第 i 个神经元到第 j 个神经元的连接权；I_i 为施加在第 i 个神经元的偏置；$C_i>0$ 和 Q_i 为相应的电容和电阻，$1/R_i = 1/Q_i + \sum\limits_{j=1}^{n} T_{ji}$。

定义能量函数

$$E = -\frac{1}{2}\sum_{i=1}^{n}\sum_{j=1}^{n} T_{ij} v_i v_j - \sum_{i=1}^{n} I_i v_i + \sum_{i=1}^{n}\int_0^{v_i} g^{-1}(v)\,\mathrm{d}v / R_i \tag{11-8}$$

则其变化量

$$\frac{\mathrm{d}E}{\mathrm{d}t} = \sum_{i=1}^{n} \frac{\partial E}{\partial v_i}\frac{\mathrm{d}v_i}{\mathrm{d}t} \tag{11-9}$$

其中，

$$\begin{aligned} \frac{\partial E}{\partial v_i} &= -\frac{1}{2}\sum_{j=1}^{n} T_{ij} v_j - \frac{1}{2}\sum_{j=1}^{n} T_{ji} v_j + \frac{u_i}{R_i} - I_i \\ &= -\frac{1}{2}\sum_{j=1}^{n} (T_{ij} - T_{ji}) v_j - \left(\sum_{j=1}^{n} T_{ji} v_j - \frac{u_i}{R_i} + I_i\right) \\ &= -\frac{1}{2}\sum_{j=1}^{n} (T_{ij} - T_{ji}) v_j - C_i \frac{\mathrm{d}u_i}{\mathrm{d}t} \\ &= -\sum_{j=1}^{n} (T_{ij} - T_{ji}) v_j - C_i g^{-1}(v_i) \frac{\mathrm{d}v_i}{\mathrm{d}t} \end{aligned}$$

于是，当 $T_{ij}=T_{ji}$ 时，

$$\frac{\mathrm{d}E}{\mathrm{d}t} = -\sum_{i=1}^{n} C_i g^{-1}(v_i)\left(\frac{\mathrm{d}v_i}{\mathrm{d}t}\right)^2 \leqslant 0 \tag{11-10}$$

且当 $\dfrac{\mathrm{d}v_i}{\mathrm{d}t}=0$ 时，$\dfrac{\mathrm{d}E}{\mathrm{d}t}=0$。因此，随时间的增加，神经网络在状态空间中的轨迹总是向能量函数减小的方向变化，且网络的稳定点就是能量函数的极小点。

连续型 Hopfield 网络广泛用于联想记忆和优化计算问题。

11.2 遗传算法

遗传算法是模拟生物在自然环境中的遗传和进化过程而形成的一种自适应全局优化概率搜索算法。它最早由美国密歇根大学的 Holland 教授提出，起源于 20 世纪 60 年代对自然和人工自适应系统的研究。20 世纪 70 年代，De Jong 基于遗传算法的思想在计算机上进行了大量的纯数值函数优化计算实验。在一系列研究工作的基础上，20 世纪 80 年代由 Goldberg 进行归纳总结，形成了遗传算法的基本框架。

11.2.1 遗传算法概要

对于一个求函数最大值的优化问题，一般可描述为下述数学规划模型

$$\begin{cases} \max & f(\boldsymbol{X}) \\ \text{s.t.} & \boldsymbol{X} \in \mathbf{R} \\ & P \subseteq U \end{cases} \tag{11-11}$$

式中，$\boldsymbol{X}=(x_1, x_2, \cdots, x_n)^{\mathrm{T}}$ 为决策变量；$f(\boldsymbol{X})$ 为目标函数；U 是基本空间；$\mathbf{R}$ 是 U 的一个子集。

遗传算法中，将 n 维决策向量 $\boldsymbol{X}=(x_1, x_2, \cdots, x_n)^{\mathrm{T}}$ 用 n 个记号 $\boldsymbol{X}_i(i=1, 2, \cdots, n)$ 所组成的符号串 $\boldsymbol{X}$ 来表示

$$\boldsymbol{X}=\boldsymbol{X}_1\boldsymbol{X}_2\cdots\boldsymbol{X}_n \Rightarrow \boldsymbol{X}=(x_1, x_2, \cdots, x_n)^{\mathrm{T}}$$

把每一个 $\boldsymbol{X}_i$ 看作一个遗传基因，它的所有可能取值称为等位基因，这样，$\boldsymbol{X}$ 就可看作是由 n 个遗传基因所组成的一个染色体。染色体的长度可以是固定的，也可以是变化的。等位基因既可以是一组整数，也可以是某一范围内的实数值，或者是记号。最简单的等位基因是由 0 和 1 这两个整数组成的，相应的染色体就可表示为一个二进制符号串。这种编码所形成的排列形式 $\boldsymbol{X}$ 是个体的基因型，与它对应的 $\boldsymbol{X}$ 值是个体的表现型。染色体 $\boldsymbol{X}$ 也称为个体 $\boldsymbol{X}$，对于每一个个体 $\boldsymbol{X}$，要按照一定的规则确定出其适应度。个体的适应度与其对应的个体表现型 $\boldsymbol{X}$ 的目标函数值相关联，$\boldsymbol{X}$ 越接近于目标函数的最优点，其适应度越大；反之，其适应度越小。

遗传算法中，决策变量 $\boldsymbol{X}$ 组成了问题的解空间。对问题最优解的搜索是通过对染色体 $\boldsymbol{X}$ 的搜索来进行的，从而由所有的染色体 $\boldsymbol{X}$ 组成了问题的搜索空间。

生物的进化是以集团为主体的。与此相对应，遗传算法的运算对象是由 M 个个体所组成的集合，称为群体。与生物一代一代的自然进化过程相似，遗传算法的运算过程也是一个反复迭代的过程，第 t 代群体记作 $P(t)$，经过一代遗传和进化后，得到第 $t+1$ 代群体，它们也是由多个个体组成的集合，记作 $P(t+1)$。这个群体不断地经过遗传和进化，并且每次都按照优胜劣汰的规则将适应度较高的个体更多地遗传到下一代，这样最终在群体中将会得到一个优良的个体 $\boldsymbol{X}$，它所对应的表现型 $\boldsymbol{X}$ 将达到或接近于问题的最优解 $\boldsymbol{X}^*$。

生物的进化过程主要是通过染色体之间的交叉和染色体的变异来完成的。遗传算法中最优解的搜索过程也模仿生物的这个进化过程，使用所谓的遗传算子（Genetic Operators）作用于群体 $P(t)$ 中，进行下述遗传操作，从而得到新一代群体 $P(t+1)$。

（1）选择（Selection）。根据各个个体的适应度，按照一定的规则或方法，从第 t 代群体 $P(t)$ 中选择出一些优良的个体遗传到下一代群体 $P(t+1)$ 中。

（2）交叉（Crossover）。将群体 $P(t)$ 内的各个个体随机搭配成对，对每一个个体，以某个概率（称为交叉概率，Crossover Probability）交换它们之间的部分染色体。

（3）变异（Mutation）。对群体 $P(t)$ 中的每一个个体，以某一概率（称为变异概率，Mutation Probability）改变某一个或一些基因座上基因值为其他的等位基因。

11.2.2 遗传算法的特点

遗传算法是一类可用于复杂系统优化计算的鲁棒搜索算法，与其他一些优化算法相比，主要有下述几个特点：

（1）遗传算法以决策变量的编码作为运算对象。传统的优化算法往往直接利用决策变

量的实际值本身进行优化计算，但遗传算法不是直接以决策变量的值，而是以决策变量的某种形式的编码为运算对象，从而可以很方便地引入和应用遗传操作算子。

（2）遗传算法直接以目标函数值作为搜索信息。传统的优化算法往往不只需要目标函数值，还需要目标函数的导数等其他信息。这样，对许多目标函数无法求导或很难求导的函数，遗传算法就比较方便。

（3）遗传算法同时进行解空间的多点搜索。传统的优化算法往往从解空间的一个初始点开始搜索，这样容易陷入局部极值点。遗传算法进行群体搜索，而且在搜索的过程中引入遗传运算，使群体又可以不断进化。这些是遗传算法所特有的一种隐含并行性。

（4）遗传算法使用概率搜索技术。遗传算法属于一种自适应概率搜索技术，其选择、交叉、变异等运算都是以一种概率的方式来进行的，从而增加了其搜索过程的灵活性。实践和理论都已证明，在一定条件下遗传算法总是以概率 1 收敛于问题的最优解。

11.2.3 遗传算法的发展

20 世纪 60 年代，Holland 教授及其学生们受到生物模拟技术的启发，创造出了一种基于生物遗传和进化机制的适合于复杂系统计算优化的自适应概率优化技术——遗传算法。下面是在遗传算法的发展进程中关键人物所做出的主要贡献。

1. J. H. Holland

20 世纪 60 年代，Holland 认识到了生物的遗传和自然进化现象与人工自适应系统的相似关系，运用生物遗传和进化的思想来研究自然和人工自适应系统的生成以及它们与环境的关系，提出在研究和设计人工自适应系统时，可以借鉴生物遗传的机制，以群体的方法进行自适应搜索，并且充分认识到了交叉、变异等运算策略在自适应系统中的重要性。

20 世纪 70 年代，Holland 提出了遗传算法的基本定理——模式定理（Schema Theorem），奠定了遗传算法的理论基础。1975 年，Holland 出版了第一本系统论述遗传算法和人工自适应系统的专著《自然系统和人工系统的自适应性》（*Adaptation in Natural and Artificial Systems*）。

20 世纪 80 年代，Holland 实现了第一个基于遗传算法的机器学习系统——分类器系统，开创了基于遗传算法学习的新概念，为分类器系统构造出了一个完整的框架。

2. J. D. Bagley

1967 年，Holland 的学生 Bagley 在其博士论文中首次提出了“遗传算法”一词，并发表了遗传算法应用方面的第一篇论文。他发展了复制、交叉、变异、显性、倒位等遗传算子，在个体编码上使用了双倍体的编码方法。这些都与目前遗传算法中所使用的算子和方法类似。他还敏锐地意识到了在遗传算法执行的不同阶段可以使用不同的选择率，这将有利于防止遗传算法的早熟现象，从而创立了自适应遗传算法的概念。

3. K. A. De Jong

1975 年，De Jong 在其博士论文中结合模式定理进行了大量的纯数值函数优化计算试验，树立了遗传算法的工作框架，得到了一些重要且具有指导意义的结论。他推荐了在大多数优化问题中都比较适用的遗传算法参数，还建立了著名的 De Jong 五函数测试平台，定义了评价遗传算法性能的在线指标和离线指标。

4. D. J. Goldberg

1989 年，Goldberg 出版了专著《搜索、优化和机器学习中的遗传算法》。该书系统地总结了遗传算法的主要研究成果，全面而完整地论述了遗传算法的基本原理及其应用。

5. L. Davis

1991 年，Davis 编辑出版了《遗传算法手册》，书中包含了遗传算法在科学计算、工程技术和社会经济中的大量应用实例，该书为推广和普及遗传算法的应用起到了重要的指导作用。

6. J. R. Koza

1992 年，Koza 将遗传算法应用于计算机程序的优化设计及自动生成，提出了遗传编程的概念。Koza 成功地将提出的遗传编程方法应用于人工智能、机器学习、符号处理等方面。

11.2.4 遗传算法的应用

遗传算法提供了一种求解复杂系统优化问题的通用框架，它不依赖于问题的具体领域，对问题的种类有很强的鲁棒性，所以广泛应用于很多学科。下面列举一些遗传算法的主要应用领域。

（1）函数优化。函数优化是遗传算法的经典应用领域，也是对遗传算法进行性能测试评价的常用算例。对于一些非线性、多模型、多目标的函数优化问题，用其他优化方法较难求解，而遗传算法却可以方便地得到较好的结果。

（2）组合优化。遗传算法是寻求组合优化问题满意解的最佳工具之一。实践证明，遗传算法对于组合优化问题中的 NP 完全问题非常有效。

（3）生产调度问题。生产调度问题在很多情况下所建立起来的数学模型难以精确求解，即使经过一些简化之后可以进行求解也会因简化得太多而使求解结果与实际相差太远。现在遗传算法已经成为解决复杂调度问题的有效工具。

（4）自动控制。遗传算法已经在自动控制领域中得到了很好的应用，例如基于遗传算法的模糊控制器的优化设计、基于遗传算法的参数辨识、基于遗传算法的模糊控制规则的学习、利用遗传算法进行人工神经网络的结构优化设计和权值学习等。

（5）机器人学。机器人是一类复杂的难以精确建模的人工系统，而遗传算法的起源就来自于对人工自适应系统的研究，所以机器人学自然成为遗传算法的一个重要应用领域。

（6）图像处理。图像处理是计算机视觉中的一个重要研究领域。在图像处理过程中，如扫描、特征提取、图像分割等不可避免地存在一些误差，这些误差会影响图像处理的效果。如何使这些误差最小是使计算机视觉达到实用化的重要要求，遗传算法在这些图像处理中的优化计算方面得到了很好的应用。

（7）人工生命。人工生命是用计算机、机械等人工媒体模拟或构造出的具有自然生物系统特有行为的人造系统。自组织能力和自学习能力是人工生命的两大重要特征。人工生命与遗传算法有着密切的关系，基于遗传算法的进化模型是研究人工生命现象的重要理论基础。

（8）遗传编程。Koza 发展了遗传编程的概念，他使用了以 LISP 语言所表示的编码方法，基于对一种树形结构所进行的遗传操作来自动生成计算机程序。

（9）机器学习。基于遗传算法的机器学习，在很多领域中都得到了应用。例如基于遗传算法的机器学习可用来调整人工神经网络的连接权，也可以用于人工神经网络的网络结构优化设计。

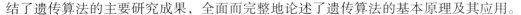

11.2.5 基本遗传算法

基本遗传算法（Simple Genetic Algorithms，简称 SGA）是一种统一的最基本的遗传算法。它只使用选择、交叉、变异这三种基本遗传算子，其遗传进化操作过程简单，容易理解，是其他一些遗传算法的雏形和基础，不仅给各种遗传算法提供了一个基本框架，同时也具有一定的应用价值。

1. 基本遗传算法的构成要素

（1）染色体编码方法。基本遗传算法使用固定长度的二进制符号串来表示群体中的个体，其等位基因是由二值符号集｛0，1｝所组成的。初始群体中每个个体的基因值可用均匀分布的随机数来生成。

（2）个体适应度评价。基本遗传算法按与个体适应度成正比的概率来决定当前群体中每个个体遗传到下一代群体中的机会多少。为正确计算这个概率，这里要求所有个体的适应度必须为正数或零。

（3）遗传算子。基本遗传算法使用下述三种遗传算子：选择运算使用比例选择算子，交叉运算使用单点交叉算子，变异运算使用基本位变异算子或均匀变异算子。

（4）基本遗传算法的运行参数。基本遗传算法有下述四个运行参数需要提前设定：群体大小 M，即群体中所含个体数目，一般取为 20~100；遗传运算的终止进化代数 T，一般取为 100~500；交叉概率 p_c，一般取为 0.4~0.99；变异概率 p_m，一般取为 0.0001~0.1。

（5）基本遗传算法的形式化定义。基本遗传算法可定义为一个 8 元组：

$$SGA=(C,E,P_0,M,\Phi,\Gamma,\Psi,T) \tag{11-12}$$

式中，C 为个体的编码方法；E 为个体适应度评价函数；P_0 为初始群体；M 为群体大小；Φ 为选择算子；Γ 为交叉算子；Ψ 为变异算子；T 为遗传运算终止条件。

2. 基本遗传算法的实现

（1）个体适应度评价。在遗传算法中，以个体适应度的大小来确定该个体被遗传到下一代群体中的概率。个体适应度越大，该个体被遗传到下一代的概率也越大；反之，个体的适应度越小，该个体被遗传到下一代的概率也越小。基本遗传算法使用比例选择算子来确定群体中各个个体遗传到下一代群体中的数量。为正确计算不同情况下各个个体的遗传概率，要求所有个体的适应度必须为正数或零，不能是负数。

为满足适应度取非负值的要求，基本遗传算法一般采用下面两种方法之一将目标函数值 $f(\boldsymbol{X})$ 变换为个体的适应度 $F(\boldsymbol{X})$。

方法一：对于目标函数是求极大化，方法为

$$F(\boldsymbol{X})=\begin{cases}f(\boldsymbol{X})+C_{\min} & f(\boldsymbol{X})+C_{\min}>0\\ 0 & f(\boldsymbol{X})+C_{\min}\leqslant 0\end{cases} \tag{11-13}$$

式中，$C_{\min}$ 为一个适当地相对比较小的数，它可用下面几种方法之一来选取：预先指定的一个较小的数；进化到当前代为止的最小目标函数值；当前代或最近几代群体中的最小目标值。

方法二：对于求目标函数最小值的优化问题，变换方法为

$$F(\boldsymbol{X})=\begin{cases}C_{\max}-f(\boldsymbol{X}) & f(\boldsymbol{X})<C_{\max}\\ 0 & f(\boldsymbol{X})\geqslant C_{\max}\end{cases} \tag{11-14}$$

式中，C_{max}为一个适当地相对比较大的数，它可用下面几种方法之一来选取：预先指定的一个较大的数；进化到当前代为止的最大目标函数值；当前代或最近几代群体中的最大目标值。

（2）比例选择算子。比例选择实际上是一种有退还随机选择，也叫作赌盘（Roulette Wheel）选择，因为这种选择方式与赌博中的赌盘操作原理非常相似。

比例选择算子的具体执行过程是：先计算出群体中所有个体的适应度之和；其次计算出每个个体的相对适应度的大小，此值即为各个个体被遗传到下一代群体中的概率；最后再使用模拟赌盘操作（即 0 到 1 之间的随机数）来确定各个个体被选中的次数。

（3）单点交叉算子。单点交叉算子是最常用和最基本的交叉操作算子。单点交叉算子的具体执行过程如下：对群体中的个体进行两两随机配对；对每一对相互配对的个体，随机设置某一基因座之后的位置为交叉点；对每一对相互配对的个体，依设定的交叉概率 p_c 在其交叉点处相互交换两个个体的部分染色体，从而产生出两个新个体。

（4）基本位变异算子。基本位变异算子的具体执行过程为：对个体的每一个基因座，依变异概率 p_m 指定其为变异点；对每一个指定的变异点，对其基因值做取反运算或用其他等位基因值来代替，从而产生出一个新的个体。

3. 遗传算法的应用步骤

遗传算法提供了一种求解复杂系统优化问题的通用框架。对于具体问题，可按下述步骤来构造：

（1）确定决策变量及其各种约束条件，即确定出个体的表现型 $\boldsymbol{X}$ 和问题的解空间。

（2）建立优化模型，即描述出目标函数的类型及其数学描述形式或量化方法。

（3）确定表示可行解的染色体编码方法，即确定出个体的基因型 $\boldsymbol{X}$ 及遗传算法的搜索空间。

（4）确定解码方法，即确定出由个体基因型 $\boldsymbol{X}$ 到个体表现型 $\boldsymbol{X}$ 的对应关系或转换方法。

（5）确定个体适应度的量化评价方法，即确定出由目标函数值 $f(\boldsymbol{X})$ 到个体适应度 $F(\boldsymbol{X})$ 的转换规则。

（6）设计遗传算子，即确定出选择运算、交叉运算、变异运算等遗传算子的具体操作方法。

（7）确定遗传算法的有关运行参数，即确定出遗传算法的 M，T，p_c，p_m 等参数。

11.2.6 遗传算法的模式定理

Holland 提出的模式定理，是遗传算法的基本原理，从进化动力学的角度提供了能够较好地解释遗传算法机理的一种数学工具，同时也是编码策略、遗传策略等分析的基础。

1. 模式与模式空间

遗传算法将实际问题表示成位串空间，以群体为基础，根据适者生存的原则，从中选择出高适应值的位串进行遗传操作，产生出下一代适应性好的位串集合，从而将整个群体不断转移到位串空间中适应值高的子集上，直到获得问题的最优解。在这一过程中，群体中是由哪些信息来指导和记忆寻优过程呢？Holland发现，位串中的某些等位基因的连接与适应值函数之间存在着某种联系，这种联系提供了寻优过程的指导信息，引导着群体在位串空间中的移动方向。

遗传算法在工作过程中，建立并管理着问题参数空间、位串空间（或者称为编码空间）、模式空间和适应值空间等四个空间及其之间的转换关系。如图 11-2 所示。

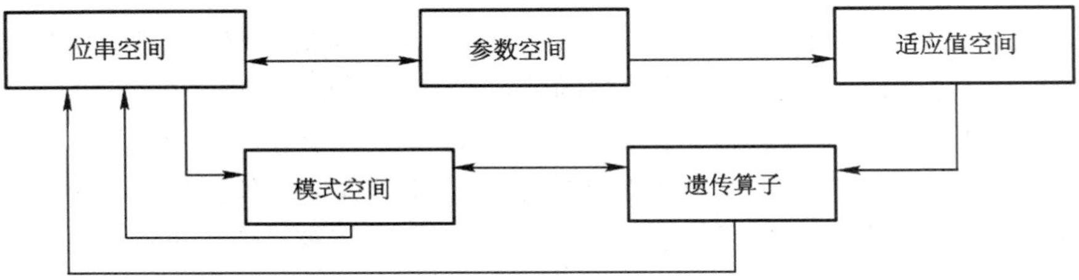

图 11-2

(1) 模式空间。采用字符集 $K=\{0,1\}$ 对位体参数进行二进制编码，位串空间表示为 $\boldsymbol{S}^L=\{0,1\}^L$，该空间的基数为 $|\boldsymbol{S}^L|=2^L$。

扩展字符集 $K'=\{0,1,*\}$，其中 * 是通配符，即可与 0 或 1 匹配。扩展位串空间表示为 $\boldsymbol{S}_e^L=\{0,1,*\}^L$，该空间的基数为 $|\boldsymbol{S}_e^L|=3^L$。

称 $\boldsymbol{S}_e^L$ 为 $\boldsymbol{S}^L$ 的模式空间。显然，包含 2^L 个位串的位串空间，对应着 3^L 个模式位串的模式空间。

(2) 模式。扩展位串空间 $\boldsymbol{S}_e^L=\{0,1,*\}^L$ 中的任何一个点，称为对应于位串空间 $\boldsymbol{S}^L=\{0,1\}^L$ 的一个模式（Schema）。

模式是由 $\boldsymbol{S}^L$ 中具有共同特征的位串所组成的集合，它描述了该集合中位串上的共同基因特征。例如，模式 00 * * 表示位串程度为 4，两个高位基因为 00 的位串集合，即 {0000，0001，0010，0011}。

(3) 模式的阶。模式的阶（Schema Order）是指模式中所含有 0，1 确定基因位的个数，记作 $O(H)$。

(4) 模式的定义长度。模式的定义长度（Defining Length）是指模式中从左到右第一个非 * 位和最后一个非 * 位之间的距离，记作 $\delta(H)$。

(5) 模式的维数。模式的维数（Schema Dimension）是指模式中所包含的位串的个数，也称为模式的容量，记作 $D(H)$，$D(H)=2^{L-O(H)}$。

(6) 模式的适应值。令 $m=m(H,t)$ 为模式 H 在第 t 代群体中所包含位串数量，模式在 t 代群体中包含的个体位串为 $\{a_1,a_2,\cdots,a_m\}$，称为模式 H 在群体中的生存数量或者采样样本，$a_j\in H$（$j=1,2,\cdots,m$），则模式 H 在第 t 代群体中的适应值估计（简称模式的适应值）为

$$f(H,t)=\sum_{j=1}^{m}\frac{f(a_j)}{m} \tag{11-15}$$

从编码空间来看，$m(H,t)$ 是当前群体中包含于模式 H 的个体数量，反映了所对应的模式空间的分布情况。该数量越大，说明群体搜索越集中于模式 H 代表的子空间。从模式空间来看，$m(H,t)$ 是模式 H 在当前群体中的个体采样数量，反映了所对应的编码空间的分布情况。该数量越大，说明群体中的个体越趋向相似和一致，在编码空间的搜索范围越小。例如，模式 $H=*101*$，则 $O(H)=3$，$\delta(H)=2$，$D(H)=2^{L-O(H)}=2^{5-3}=2^2=4$。可见，一个模式 H 由位串

长度 L、阶 $O(H)$ 、定义长度 $\delta(H)$ 、容量 $D(H)$ 和适应值 $f(H, t)$ 等五个指标来描述。

2. 模式生存模型

遗传算法在群体进化过程中，可以看作是通过选择、交叉和变异算子，不断发现重要基因，寻找较好模式的过程。高适应值的个体被选择的概率大于低适应值的个体。同样，根据模式适应值的定义：

选择算子对于模式的作用表现为，其适应值越高，被选择的概率也就越大，所以好的模式在群体中的个体采样数量会不断增加，其上的重要基因或者有效基因也得以遗传下来；对交叉算子来讲，如果它不分割一个模式的话，则该模式不变，反之可以导致模式消失或所包含的高适应值个体数量减少，同时交叉算子还可以创建新的模式；变异算子的变异率很小，对模式生成和破坏的概率也很小。假设 $P(t)$ 为第 t 代规模为 n 的群体，则 $P(t)=\{a_1(t), a_2(t), \cdots, a_n(t)\}$。

（1）选择算子对模式 H 生存数量的影响。假定在 t 代群体中模式 H 的生存数量为 $m(H,t)$，在选择操作过程中，个体按概率 $p_i = \dfrac{f(a_i)}{\sum_{i=1}^{n} f(a_i)}$ 被选择，则在第 $t+1$ 代，模式 H 的生存数量为

$$m(H, t+1) = \frac{m(H, t)nf(H)}{\sum_{i=1}^{n} f(a_i)} \tag{11-16}$$

将群体的平均适应值表示为 $\bar{f} = \dfrac{\sum_{i=1}^{n} f(a_i)}{n}$，故式（11-16）可表示为

$$m(H, t+1) = m(H, t)\frac{f(H)}{\bar{f}} \tag{11-17}$$

该式说明下一代群体中模式 H 的生存数量与模式的适应值成正比，与群体平均适应值成反比。当 $f(H)>\bar{f}$ 时，H 的生存数量增加；当 $f(H)<\bar{f}$ 时，H 的生存数量减少。群体中任一模式的生存数量都将在选择操作中按上式规律变化。

设 $f(H)-\bar{f}=c\bar{f}$，其中 c 为常数，则公式变为

$$m(H, t+1) = m(H, t)\frac{\bar{f} + c\bar{f}}{\bar{f}} = m(H, t)(1 + c) \tag{11-18}$$

群体从 $t=0$ 开始选择操作，假设 c 保持固定不变，则式（11-18）可以表示为

$$m(H, t) = m(H, 0)(1 + c)^t \tag{11-19}$$

可以看出，在选择算子作用下，模式的生存数量是以迭代次数为指数函数方式进行变化的。当 $c>0$ 时，模式的生存数量以指数规律增加；当 $c<0$ 时，生存数量以指数规律减少。这种变化仅仅是已有模式生存数量的变化，并没有产生新的模式。

（2）交叉算子对模式 H 生存数量的影响。交叉操作对模式的影响与其定义长度 $\delta(H)$ 有关。$\delta(H)$ 越大，模式被破坏的可能性越大。若染色体位串长度为 L，在单点交叉算子作用下，模式 H 的存活概率 $p_s=1-\delta(H)/(L-1)$。在交叉概率为 p_c 的单点交叉算子作用下，该模式的存活概率为

$$p_s \geqslant 1 - p_c \frac{\delta(H)}{L-1} \tag{11-20}$$

那么，模式 H 在选择、交叉算子共同作用下的生存数量可用下式计算：

$$\begin{aligned} m(H,\ t+1) &= m(H,\ t)\frac{f(H)}{\bar{f}}p_s \\ &\geqslant m(H,\ t)\frac{f(H)}{\bar{f}}\left(1 - \frac{p_c\delta(H)}{L-1}\right) \end{aligned} \tag{11-21}$$

可见，在选择算子、交叉算子共同作用下，模式生存数量的变化与其平均适应值及定义长度 $\delta(H)$ 密切相关。当 $f(H) > \bar{f}$，且 $\delta(H)$ 较小时，群体中该模式生存数量以指数规律增长；反之则以指数规律减少。

（3）变异算子对模式 H 生存数量的影响。对于群体中的任一个体，变异操作就是以概率 p_m 随机改变某一基因位的等位基因。为了使模式 H 在变异操作中生存下来，其上所有确定位的等位基因均不发生变化的概率为 $(1-p_m)^{O(H)}$。一般情况下 $p_m \ll 1$，所以模式 H 的生存概率可近似表示为 $(1-p_m)^{O(H)} = 1 - p_m O(H)$。那么，在选择、变异算子的共同作用下，模式的生存数量为

$$m(H,\ t+1) = m(H,\ t)\frac{f(H)}{\bar{f}}(1 - p_m O(H)) \tag{11-22}$$

综合考虑选择、交叉和变异算子的共同作用，模式的生存数量可表示为

$$m(H,\ t+1) \geqslant m(H,\ t)\frac{f(H)}{\bar{f}}\left(1 - p_c\frac{\delta(H)}{L-1}\right)(1 - p_m O(H)) \tag{11-23}$$

忽略高次极小项 $((p_c\delta(H)/(L-1))(p_m O(H))$，上式变为

$$m(H,\ t+1) \geqslant m(H,\ t)\frac{f(H)}{\bar{f}}\left(1 - p_c\frac{\delta(H)}{L-1} - p_m O(H)\right) \tag{11-24}$$

3. 模式定理

通过以上关于三个遗传算子对生存模式数量的影响分析，可以得出如下“模式定理”：

> **模式定理**：在选择、交叉、变异算子的作用下，那些低阶、定义长度短、超过群体平均适应值的模式的生存数量，将随着迭代次数的增加以指数规律增长。

这就是由 Holland 提出的模式定理，称之为遗传算法进化动力学的基本原理。该定理反映了重要基因的发现过程。重要基因的缔结对应于较高的适应值，说明了它们所代表的个体在下一代有较高的生存能力，是提高群体适应性的进化方向。

11.3 模拟退火算法

模拟退火算法（Simulated Annealing，简称 SA）的思想最早是由 Metropolis 等（1953）提出的，1983 年 Kirkpatrick 等将其用于组合优化。SA 算法是基于蒙特卡罗迭代求解策略的一种随机寻优算法，其出发点是根据物理中固体物质的退火过程与一般组合优化问题之间的

相似性。模拟退火算法在某一初温下，伴随温度参数的不断下降，结合概率突跳特性在解空间中随机寻找目标函数的全局最优解，即在局部最优解能概率性地跳出并最终趋于全局最优解。模拟退火算法是一种通用的优化算法，目前已在工程中得到广泛应用。

11.3.1　物理退火过程和 Metropolis 准则

简单而言，物理退火过程由以下三部分组成：

（1）加温过程。其目的是增强粒子的热运动，使其偏离平衡位置。当温度足够高时，固体将熔解为液体，从而消除系统原先可能存在的非均匀态，使随后进行的冷却过程以某一平衡态为起点。熔解过程与系统的熵增过程联系，系统能量也随温度的升高而增大。

（2）等温过程。物理学的知识告诉我们，对于与周围环境交换热量而温度不变的封闭系统，系统状态的自发变化总是朝自由能减少的方向进行，当自由能达到最小时，系统达到平衡态。

（3）冷却过程。其目的是使粒子的热运动减弱并渐趋有序，系统能量逐渐下降，从而得到低能的晶体结构。

Metropolis（米特罗波利斯）等在 1953 年提出了重要性采样法，即以概率接受新状态。具体而言，在温度 t，由当前状态 i 产生新状态 j，两者的能量分别为 E_i 和 E_j，若 $E_j<E_i$，则接受新状态 j 为当前状态；否则，若概率 $p_r=\exp[-(E_j-E_i)/kt]$ 大于 $[0,\ 1)$ 区间内的随机数，则仍接受新状态 j 为当前状态，若不成立则保留 i 为当前状态，其中 k 为玻尔兹曼（Boltzmann）常量。这种重要性采样过程在高温下可接受与当前状态能量差较大的新状态，而在低温下基本只接受与当前能量差较小的新状态，而且当温度趋于零时，就不能接受比当前状态能量高的新状态。这种接受准则通常称为 Metropolis 准则。

11.3.2　模拟退火算法的基本思想和步骤

标准模拟退火算法的一般步骤可描述如下：

（1）给定初温 $t=t_0$，随机产生初始状态 $s=s_0$，令 $k=0$。

（2）一般迭代步：

1）重复下述过程：

产生新状态 $s_j=\text{Genete}(s)$；

if　$\min\{1,\ \exp[-(C(s_j)-C(s))]\}\geqslant \text{random}[0,\ 1)$　$s=s_j$；

直到抽样稳定准则满足。转 2)。

2）退温 $t_{k+1}=\text{update}(t_k)$，并令 $k=k+1$。

直到算法终止准则满足。转（3）。

（3）输出算法搜索结果。

11.3.3　模拟退火算法关键参数和操作的设定

从算法流程上看，模拟退火算法包括三函数两准则，即状态产生函数、状态接受函数、温度更新函数、内循环终止准则和外循环终止准则。这些环节的设计将决定 SA 算法的优化性能。此外，初温的选择对 SA 算法性能也有很大影响。

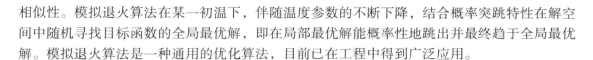

1. 状态产生函数

设计状态产生函数（邻域函数）的出发点应该是尽可能保证产生的候选解遍布全部的解空间。通常，状态产生函数由两部分组成，即产生候选解的方式和候选解产生的概率分布。

2. 状态接受函数

状态接受函数一般以概率的方式给出，不同接受函数的差别主要在于接受概率的形式不同。设计状态接受概率，应该遵循以下原则：

（1）在固定温度下，接受使目标函数值下降的候选解的概率要大于使目标值上升的候选解的概率。

（2）随着温度的下降，接受使目标函数值上升的解的概率要逐渐减小。

（3）当温度趋于零时，只能接受目标函数值下降的解。

状态接受函数的引入是SA算法实现全局搜索的最关键的因素，SA算法中通常采用 $\min\{1,\exp(-\Delta C/t)\}$ 作为状态接受函数。

3. 初始温度

初始温度 t_0、温度更新函数、内循环终止准则和外循环终止准则通常被称为退火历程（Annealing Schedule）。实验表明，初始温度越大，获得高质量解的概率越大，但花费的计算时间将增加。因此，初始温度的确定应折中考虑优化质量和优化效率，常用方法包括：

（1）均匀抽样一组状态，以各状态目标值的方差为初始温度。

（2）随机产生一组状态，确定两两状态间的最大目标值差 $|\Delta_{\max}|$，然后依据差值，利用一定的函数确定初始温度。例如，$t_0=-\Delta/(\ln p_r)$，其中 p_r 为初始接受概率。

（3）利用经验公式给出。

4. 温度更新函数

温度更新函数即温度的下降方式，用于在外循环中修改温度值。

目前，最常用的温度更新函数为指数退温函数，即 $t_{k+1}=\lambda t_k$，其中 $0<\lambda<1$，且其大小可以不断变化。

5. 内循环终止准则

内循环终止准则，或称Metropolis抽样稳定准则，用于决定在各温度下产生候选解的数目。在非齐时SA算法理论中，由于在每个温度下只产生一个或少量候选解，所以不存在选择内循环终止准则的问题。而在齐时SA算法理论中，收敛条件要求在每个温度下产生候选解的数目趋于无穷大，以使相应的马尔可夫链达到平稳概率分布，显然在实际应用算法时这是无法实现的。常用的抽样准则包括：

（1）检验目标函数的均值是否稳定。

（2）连续若干步的目标值变化较小。

（3）按一定的步数抽样。

6. 外循环终止准则

外循环终止准则，即算法终止准则，用于决定算法何时结束。设置温度终值是一种简单的方法。SA算法的收敛性理论中要求温度终值趋于零，这显然不符合实际。通常的做法是：

（1）设置终止温度的阈值。

（2）设置外循环迭代次数。

（3）算法收敛到的最优值连续若干步保持不变。

（4）检验系统熵是否稳定。

11.4 神经网络权值的混合优化学习策略

鉴于 GA，SA 的全局优化特性和通用性，即优化过程无须导数信息，可以基于实数编码构造 BPSA，BPGA 混合优化学习策略，以提高前向网络学习的速度、精度，特别是避免陷入局部极小的能力。

11.4.1 BPSA 混合学习策略

在 BPSA 混合学习策略中，采用以 BP 为主框架，并在学习过程中引入 SA 策略。这样做既利用了基于梯度下降的思路来提高局部搜索性能，也利用了 SA 的概率突跳性来实现最终的全局收敛，从而可提高学习速度和精度。

BPSA 混合学习策略的算法步骤如下：

（1）随机产生初始权值 $\omega(0)$，确定初温 t_1，令 $k=1$。

（2）利用 BP 计算 $\omega(k)$。

（3）利用 SA 进行搜索：

1）利用 SA 状态产生函数产生新权值 $\omega'(k)$，$\omega'(k)=\omega(k)+\beta$，其中 $\beta\in(-1,1)$ 为随机扰动。

2）计算 $\omega'(k)$ 的目标函数值与 $\omega(k)$ 的目标函数值之差 ΔC。

3）计算接受概率 $p_r=\min\{1,\exp(-\Delta C/t_k)\}$。

4）若 $p_r>\text{random}[0,1)$，则取 $\omega(k)=\omega'(k)$；否则 $\omega(k)$ 保持不变。

（4）利用退温函数 $t_{k+1}=vt_k$ 进行退温，其中 $v\in(0,1)$ 为退温速率。

若 $\omega(k)$ 对应的目标函数满足要求精度 ε，则终止算法，并输出结果；否则，令 $k=k+1$，转步骤（2）。

11.4.2 BPGA 混合学习策略

神经网络的连接权包含着神经网络系统的全部知识。反向传播的 BP 神经网络（Back Propagation Neural Network）的学习算法是基于梯度下降的，因而具有以下缺点：网络训练速度慢、容易陷入局部极小值、全局搜索能力差等。而遗传算法的搜索遍及整个解空间，因此容易得到全局最优解，而且遗传算法不要求目标函数连续、可微，甚至不要求目标函数有显函数的形式，只要求问题可计算。因此，将擅长全局搜索的遗传算法和局部寻优能力较强的 BP 算法结合起来，可以避免陷入局部极小值，提高算法收敛速度，很快找到问题的全局最优解。

BP 算法和遗传算法结合训练神经网络权重的主要步骤为：

（1）以神经网络节点之间的连接权重和节点的阈值为参数，采用实数编码。采用三层神经网络，设输入节点数为 p，输出节点数为 q，隐层节点数为 r，则编码长度 n 为

$$n=(p+1)r+(r+1)q \tag{11-25}$$

（2）设定神经网络节点连接权重的取值范围 $[x_{\min}, x_{\max}]$，产生相应范围的均匀分布随机数赋给基因值，产生初始群体。

（3）对群体中个体进行评价。将个体解码赋值给相应的连接权（包括节点阈值），引入学习样本，计算出学习误差 E，然后定义个体的适应度为

$$f=\frac{1}{1+E} \tag{11-26}$$

（4）对群体中的个体执行遗传操作：

1）选择操作。采用比例选择算子，若群体规模为 M，则适应度为 f_i 的个体 X_i 被选中进入下一代的概率为

$$p_i=\frac{f_i}{\sum_{j=1}^{M} f_j} \tag{11-27}$$

2）交叉操作。由于采用实数编码，故选择算术交叉算子。父代中的个体 X_1 和 X_2 以交叉概率 p_c 进行交叉操作，可产生的子代个体为

$$X_1'=aX_1+(1-a)X_2 \tag{11-28}$$

和

$$X_2'=(1-a)X_1+aX_2 \tag{11-29}$$

其中，a 为参数，$a\in(0, 1)$。

3）变异操作。采用均匀变异算子。个体 X_i 的各个基因位以变异概率 p_m 发生变异，即按概率 p_m 用区间 $[x_{\min}, x_{\max}]$ 中的均匀分布随机数代替原有值。

（5）引入最优保留策略。

（6）判断满足遗传算法操作终止条件否？不满足，则转步骤（3）；否则，转步骤（7）。

（7）将遗传算法搜索的最优个体解码，赋值给神经网络权重（包括节点阈值），继续采用 BP 算法优化神经网络的权重和阈值。

11.4.3 GASA 混合学习策略

采用三层前馈网络，GA 和 SA 结合训练神经网络权重的步骤如下：

（1）给定模拟退火初温 t_0，令 $k=1$。

（2）以神经网络节点之间的连接权重和节点的阈值为参数，采用实数编码。采用三层神经网络，设输入节点数为 p，输出节点数为 q，隐层节点数为 r，则编码长度 n 为

$$n=(p+1)r+(r+1)q \tag{11-30}$$

（3）设定神经网络节点连接权重的取值范围 $[x_{\min}, x_{\max}]$，产生相应范围的均匀分布随机数赋给基因值，产生初始群体。

（4）对群体中个体进行评价。将个体解码赋值给相应的连接权（包括节点阈值），引入学习样本计算出学习误差 E，然后定义个体的适应度为

$$f=\frac{1}{1+E} \tag{11-31}$$

（5）对群体中的个体执行遗传操作：

1）选择操作。采用比例选择算子，若群体规模为 M，则适应度为 f_i 的个体 X_i 被选中进

入下一代的概率为

$$p_i = \frac{f_i}{\sum_{j=1}^{M} f_j} \tag{11-32}$$

2）交叉操作。由于采用实数编码，故选择算术交叉算子。父代中的个体 X_1 和 X_2 以交叉概率 p_c 进行交叉操作，可产生的子代个体为

$$X'_1 = aX_1 + (1-a)X_2 \tag{11-33}$$

和

$$X'_2 = (1-a)X_1 + aX_2 \tag{11-34}$$

其中，a 为参数，$a \in (0, 1)$。

3）变异操作。采用均匀变异算子。个体 X_i 的各个基因位以变异概率 p_m 发生变异，即按概率 p_m 用区间 $[x_{\min}, x_{\max}]$ 中的均匀分布随机数代替原有值。

（6）引入最优保留策略。

（7）对群体中每一个个体引入模拟退火操作：

1）利用 SA 状态产生函数产生新基因值 $g'(k)$，$g'(k)=g(k)+\beta$，其中 $\beta \in (-1, 1)$，为随机扰动。

2）计算 $g'(k)$ 的目标函数值与 $g(k)$ 的目标函数值之差 ΔC。

3）计算接受概率 $p_r = \min\{1, \exp(-\Delta C/t_k)\}$。

4）若 $p_r>\text{random}[0, 1)$，则取 $g(k)=g'(k)$；否则 $g(k)$ 保持不变。

5）引入最优保留策略。

6）利用退温函数 $t_{k+1}=vt_k$ 进行退温，其中 $v \in (0, 1)$，为退温速率。

（8）判断满足遗传算法操作终止条件否？不满足，则转步骤（4）；否则，转步骤（9）。

（9）将遗传算法搜索的最优个体解码，赋值给神经网络权重（包括节点阈值）。

11.5 应用举例

铁路营业里程的预测，对国家宏观经济规划、铁路有关企业的生产和经营计划的制订，是非常重要的。铁路营业里程的数值受多个因素的影响，而且这些因素多是复杂的非线性因素。神经网络在非线性系统建模中广泛使用，采用前馈神经网络预测铁路营业里程。由于具有任意个节点的三层前馈网络可以以任意精度逼近一个连续函数，所以采用三层前馈网络。考虑到我国企事业系统大多以 5 年为计划期，故输入节点数 $n=5$；以连续 5 年的数据来预测第 6 年的数据，故输出节点数为 $m=1$。经过试算选取隐层节点数 $q=8$。当网络拓扑结构确定后，网络学习归结为确定网络的权值。

1. 原始数据序列、学习样本、测试样本

取 1980—2001 年我国铁路营业里程数据为原始数据序列（单位：10^4km）：

$\{x_n\}$ = {5.33, 5.39, 5.29, 5.41, 5.45, 5.50, 5.57, 5.58, 5.61, 5.69, 5.78, 5.78, 5.81, 5.86, 5.90, 5.97, 6.49, 6.60, 6.64, 6.74, 6.87, 7.01}

用于训练神经网络的学习样本和测试样本，见表 11-1。其中前 14 组数据为学习样本，最后 3 组数据为测试样本。

表 11-1

p	输入节点数据/10^4km					输出节点阈值/10^4km
1	5.33	5.39	5.29	5.41	5.45	5.50
2	5.39	5.29	5.41	5.45	5.50	5.57
3	5.29	5.41	5.45	5.50	5.57	5.58
4	5.41	5.45	5.50	5.57	5.58	5.61
5	5.45	5.50	5.57	5.58	5.61	5.69
6	5.50	5.57	5.58	5.61	5.69	5.78
7	5.57	5.58	5.61	5.69	5.78	5.78
8	5.58	5.61	5.69	5.78	5.78	5.81
9	5.61	5.69	5.78	5.78	5.81	5.86
10	5.69	5.78	5.78	5.81	5.86	5.90
11	5.78	5.78	5.81	5.86	5.90	5.97
12	5.78	5.81	5.86	5.90	5.97	6.49
13	5.81	5.86	5.90	5.97	6.49	6.60
14	5.86	5.90	5.97	6.49	6.60	6.64
15	5.90	5.97	6.49	6.60	6.64	6.74
16	5.97	6.49	6.60	6.64	6.74	6.87
17	6.49	6.60	6.64	6.74	6.87	7.01

2. BP 算法学习训练的结果

采用三层神经网络，经过试算选取隐层节点数 $q=8$，动量因子取值 0.6，学习速率取为 0.8。网络学习训练的结果见表 11-2 和表 11-3。

表 11-2

BP 神经网络				
学习次数	学习误差	实际数据/10^4km	预测值/10^4km	相对误差（%）
3002	0.021833	6.74	5.959161	-11.5851
		6.87	5.954750	-13.3224
		7.01	5.954465	-15.0576

表 11-3

节点之间权重和节点阈值		输入层 1	输入层 2	输入层 3	输入层 4	输入层 5	隐层节点阈值	输出层 1
隐层	1	-1.003625	-0.727998	-0.369330	0.520611	1.617877	-2.250533	1.105531
	2	-0.708512	-0.448735	-0.209442	-0.103912	-0.052789	1.254535	-1.515359
	3	0.554193	0.822974	-0.865788	-0.268366	0.414444	-1.399554	0.015785
	4	0.243930	0.510577	0.810132	-0.678555	-0.111095	-1.350508	-0.313754
	5	-0.156129	0.106521	0.354780	0.524401	0.655872	-0.461720	-0.343427
	6	-0.587574	-0.326802	-0.103586	-0.108413	-0.194713	1.743814	-1.639798
	7	-0.596193	-0.339680	-0.115395	-0.109106	-0.187001	1.782603	-1.853275
	8	0.905656	1.161622	-0.644511	-0.813303	-1.155800	2.049195	-2.627405
输出层节点阈值								-2.146681

3. BPSA 混合优化算法学习训练的结果

采用三层神经网络，经过试算选取隐层节点数 $q=8$，动量因子取值 0.6，学习速率取为 0.8。初始温度取 30000，退火速率取 0.8。网络学习训练的结果见表 11-4和表 11-5 所示。

表 11-4

BPSA 神经网络				
学习次数	学习误差	实际数据/10^4km	预测值/10^4km	相对误差（%）
1110	0.002339	6.74 6.87 7.01	6.595492 6.613467 6.619349	-2.1440 -3.7341 -5.5728

表 11-5

节点之间权重和节点阈值		输入层 1	输入层 2	输入层 3	输入层 4	输入层 5	隐层节点阈值	输出层 1
隐层	1	2.463044	33.028389	9.997607	-5.046765	-2.651281	-0.887619	0.076483
	2	2.793483	-4.511968	5.342437	0.904947	-10.738095	-5.969753	-2.945163
	3	0.747896	0.688220	-0.562083	4.210847	1.016797	6.171978	12.894426
	4	-3.130220	-7.246418	-4.461019	5.088262	1.616898	-4.981256	0.396711
	5	3.907992	-9.448885	2.551838	-1.197805	-17.565416	-11.841555	152.100769
	6	-26.980413	-37.412994	-14.535545	-1.790354	-30.847483	-12.178206	-14.707128
	7	2.774137	1.672866	-2.304316	0.659526	-1.647821	6.012952	-128.647888
	8	-1.981376	0.040480	1.086576	4.516848	2.170709	6.536786	3.898142
输出层节点阈值								-0.446569

4. BPGA 混合优化算法学习训练的结果

采用三层神经网络，经过试算选取隐层节点数 $q=8$，动量因子取值 0.6，学习速率取为 0.8。最大进化代数为 5000，种群中个体数目为 80，交叉概率为 0.6，交叉因子 a 为 0.6，变异概率为 0.001，初始权值的最小、最大值分别为-10.0，10.0。网络学习训练的结果见表 11-6 和表 11-7。

表 11-6

BPGA 神经网络				
学习次数（遗传算法搜索后）	学习误差	实际数据/10^4km	预测值/10^4km	相对误差（%）
619	0.003036	6.74 6.87 7.01	6.522854 6.495876 6.557264	-3.2217 -5.4458 -6.4584

表 11-7

节点之间权重和节点阈值		输入层 1	2	3	4	5	隐层节点阈值	输出层 1
隐层	1	3.202545	-2.726321	4.980141	-7.447078	8.289735	5.772695	3.087178
	2	-2.486515	2.013720	-4.447034	-8.024870	8.330725	-0.636630	-1.789744
	3	-2.502576	-7.561352	-0.842129	-3.078633	8.578509	-7.087863	-1.196340
	4	8.547687	-4.498800	3.947000	-0.998815	-3.671627	4.452668	4.613879
	5	0.662987	1.035421	9.378882	-5.381822	-9.316665	-3.330477	-5.378485
	6	1.860000	-8.060000	-0.040000	-3.160000	-3.020000	8.220000	2.280000
	7	-4.031953	0.695042	-2.806816	5.551961	1.529662	0.513623	5.137680
	8	-4.880000	9.180000	-6.420000	6.420000	1.800000	-9.720000	-0.434806
输出层节点阈值								-1.974800

5. GASA 混合优化算法学习训练的结果

采用三层神经网络，最大进化代数为 500，种群中个体数目为 80，交叉概率为 0.6，交叉因子 a 为 0.6，变异概率为 0.001，初始权值的最小、最大值分别为-10.0，10.0。初始温度取 30000，退火速率取 0.8，网络学习训练的结果见表 11-8和表 11-9。

表 11-8

GASA				
学习次数	学习误差	实际数据/10^4km	预测值/10^4km	相对误差（%）
500	0.000966	6.74	6.639984	-1.4839
		6.87	6.639964	-3.3484
		7.01	6.639980	-5.2785

表 11-9

节点之间权重和节点阈值		输入层 1	2	3	4	5	隐层节点阈值	输出层 1
隐层	1	0.039999	-5.762001	5.697999	-2.794000	26.395990	22.083996	18.504055
	2	-14.215994	-4.981997	17.528000	10.836001	-4.238001	-25.446005	-1.437112
	3	8.437998	-16.926001	-6.400001	29.401999	-26.136002	-18.839993	13.110501
	4	-2.086001	-1.944000	-3.936841	7.066701	6.931846	3.148504	-12.260104
	5	-7.803123	15.907043	-2.961499	-11.389932	-6.684065	-8.302293	3.727202
	6	-9.725577	-25.118416	2.021510	14.765192	-0.396678	-17.580406	2.534320
	7	23.112101	-20.070330	-23.658899	-33.163952	-25.534637	14.928686	-17.229042
	8	-18.317671	6.326551	-6.378065	11.890058	-9.075460	2.347119	10.733266
输出层节点阈值								3.200463

参 考 文 献

[1] FLETCHER R. Practical methods of optimization：Vol 1 [M]. New York：John Wiley & Sons，1980.

[2] FLETCHER R. Practical methods of optimization：Vol 2 [M]. New York：John Wiley & Sons，1981.

[3] 钱颂迪. 运筹学 [M]. 北京：清华大学出版社，1993.

[4] 摩特，爱尔玛拉巴. 运筹学手册：基础和基本原理 [M]. 中国运筹学会编辑出版委员会，译. 上海：上海科学技术出版社，1987.

[5] 刘宝光. 非线性规划 [M]. 北京：北京理工大学出版社，1988.

[6] 吴祈宗. 运筹学 [M]. 3 版. 北京：机械工业出版社，2013.

[7] 张建中，许绍吉. 线性规划 [M]. 北京：科学出版社，1990.

[8] BAZARAA M S，SHETTY C M. Nonlinear programming：theory and algorithms [M]. New York：John Wiley & Sons，1979.

[9] 于远许，罗远诠，朱俊三，等. 大连钢厂产品结构优化设计的数学方法 [J]. 数学的实践与认识，1984 (1)：2.

[10] GALLO G. Quadratic knapsack problem [J]. Mathematical Programming，1980，12：132-149.

[11] 王莲芬，许树柏. 层次分析法引论 [M]. 北京：中国人民大学出版社，1990.

[12] 王凌. 智能优化算法及其应用 [M]. 北京：清华大学出版社，2001.

[13] 周明，孙树栋. 遗传算法原理及应用 [M]. 北京：国防工业出版社，1999.

[14] 袁曾任. 人工神经元网络及其应用 [M]. 北京：清华大学出版社，1999.

[15] 杨建刚. 人工神经网络实用教程 [M]. 杭州：浙江大学出版社，2001.

[16] 朱剑英. 智能系统非经典数学方法 [M]. 武汉：华中科技大学出版社，1999.

[17] 韩伯棠. 管理运筹学 [M]. 5 版. 北京：高等教育出版社，2020.

[18] 焦永兰. 管理运筹学 [M]. 北京：中国铁道出版社，2006.

[19] 刁在筠，刘桂真，宿洁，等. 运筹学 [M]. 3 版. 北京：高等教育出版社，2007.